# 확률, 왜 그리고 어떻게 가르칠까?

Exploring Probability in School:
Challenges for Teaching
and Learning

그레이엄 A. 존스 엮음
신보미 · 이경화 옮김

KM 경문사

# 옮긴이 머리말

학교수학의 다른 분야와 마찬가지로 확률의 경우에도 기계적이고 맹목적인 학습이 아니라 개념을 이해하고 원리를 탐구하며 추론하고 의사소통하는 학습이 중요합니다. 그런데 확률과 통계는 학교수학의 다른 분야와 구별되는 특징이 있습니다. 이 책에서는 확률과 통계 중에서도 특히 확률에 초점을 두고 학교수학의 다른 분야와 구별되는 구체적인 특징과 그 특징이 학습에 미치는 영향 그리고 그 특징을 고려하여 앞서 말한 바람직한 학습을 유도하는 방법을 체계적으로 다루고 있습니다. 예를 들어, 학교수학의 다른 분야에서는 모델링에 의해 모종의 계산을 하였다면 그 결과를 그대로 제시하거나 문제 상황에 비추어 해석하는 것으로 모델링 활동을 마무리합니다. 그러나 다음 글에서 알 수 있듯이 확률 영역에서의 모델링은 그 성격에 있어 차이가 있습니다.

> 판단은 결정의 근거가 될 수는 있지만 판단만으로 결정이 이루어지지는 않는다. 이를테면, 자신의 환자 X가 질병 Y에 걸렸을 확률이 70%라고 판단한 의사가 있다고 하자. 그는 이 판단(믿음)에 의해 질병 Y의 치료를 결정할 수도 있지만, 이 판단만이 아니라 환자의 전체적인 몸 상태 그리고 특정 치료방법이 환자에게 미칠 잠재적인 영향 등을 고려하여 최종적인 결정을 내리게 된다(2장 참고).

확률은 위 상황과 같이 주관적인 판단을 수량화한 것이기도 하고, 실험이나 관찰에서 얻은 자료에 비추어 구한 값이기도 하며, 이론적인 계산에 의해 얻어낸 수치이기도 합니다. 이중에서 어떤 의미와 방법에 기초하여 확률을 구하였다면 그것으로 끝나는 것이 아니라 목표, 제약조건, 향후 추세에 대한 전망, 가치관, 전반적인 상황 등 다양한 요인과의 관련성을 고려하여 결론을 내리게 됩니다. 그러므로 확률은 판단의 일종이며 수학의 다른 분야에서와 구별되는 추론을 필요로 합니다. 이 책의 1부에서는 이와 같은 확률 고유의 특징이 인간 심리에 깊게 뿌리박힌 직관과 관련된다는 점, 그리고 그 미묘하고 복잡한 측면을 교육적으로 다루기 위해 노력했던 여러 연구를 소개하고 있습니다.

이 책의 2, 3, 4부에서는 초·중·고 학생들이 무작위성, 불확실성, 우연, 조합, 공정성, 사건, 표본공간, 표집, 변이 등 확률 관련 개념들에 대해 어떤 직관을 가지고 있는지 그리고 그 직관을 어떻게 활용하여 학습을 촉진할 것인지 다루고 있습니다. 다양한 연령대의 학생들이 어떤 방식으로 이러한 개념들을 접하고 활용하여 확률적인 판단을 내리는지에 대해 이해하는 것은 확률을 지도하는 교사가 해야 할 가장 중요한 일 중 하나입니다.

초등학생들은 무작위성을 통제 가능한 특성으로 생각하지만 중·고등학생이 되면서 무작위성에 대한 이러한 이해는 차츰 줄어듭니다. 그러나 이 책에서는 무작성에 대한 합리적인 직관이 교육받지 않은 상태에서 저절로 발달하는 것은 아니라고 설명합니다. 다시 말하면 성인들도 무작위성에 대해 여러 오개념을 가지고 있으며, 학습을 통해서만 무작위성에 대한 오개념을 극복할 수 있습니다(4장 참고).

6장에서는 공정성을 이해하는 수준에 대해 다루고 있습니다. 옮긴이들의 눈길을 끈 내용 중 하나는 학생들이 주사위의 모든 눈이 나올 가능성을 동일하다고 생각하면서도 실제로 주사위를 던지면 특정한 눈이 나올 가능성이 더 높거나 낮다고 생각한다는 것입니다. 이처럼 이론적으로 발전시킨 생각과 과거에 얻은 경험을 통해 형성된 신념 사이의 불일치는 확률을 가르치고 배우는 일이 그토록 어려운 이유에 대해 다소간의 실마리를 제공합니다.

지식으로 습득한 것과 경험에 비추어 해석하는 것 사이의 이러한 불일치는 중학생뿐만 아니라 고등학생에게도 나타나며 이는 다양한 확률 오개념의 형태로 표출됩니다. 10장에서 저자들은 조합에 대한 이해가 확률 계산의 주요한 토대 중 하나임을 강조하면서 조합 문제를 해결할 때 고등학생들이 보이는 여러 오개념의 특징에 대해 논의합니다.

우리나라 교사들은 확률을 매우 지도하기 어려운 단원 중 하나로 꼽습니다. 이 책에서 소개한 여러 연구는 확률 교육의 이러한 난제가 확률 개념 자체가 지닌 본성에서 기인한다고 설명합니다. 이러한 확률 개념의 특징은 역사적, 문화적, 사회적, 정치적 맥락에서 확률을 다루는데 매우 중요한 영향을 미치며 5부에서는 이 점에서 대해 좀 더 상세히 분석하고 있습니다. 또한 5부에서는 확률적 사고와 추론을 평가하는 도구와 전략에 대해 흥미로운 사례를 제시하고 있으며, 확률 교육에 대한 교사 전문성 개발을 위한 다양한 논점 및 시사점을 제공하고 있습니다.

이 책의 원제는 《학교에서 확률 탐구하기: 교수와 학습의 도전(Exploring probability in school: Challenges for teaching and learning)》입니다. 역서의 제목을 원제와

달리 《확률, 왜 그리고 어떻게 가르칠까?》라고 붙여보았습니다. 이 책의 저자들은 확률이 수학 및 관련 분야에서 어떤 역할을 담당하면서 학문적인 개념으로 발달하였으며 이론의 형태를 갖추게 되었는지를 확률의 본성과 관련하여 다루면서 왜 그러한 확률의 본질적 의미와 역할을 가르치고 배워야 하는지, 어떻게 가르치고 배워야 확률의 고유한 측면을 제대로 드러낼 수 있는지에 대해 깊이 천착하였기 때문입니다. 이상과 같은 질문에 답을 찾는 과정에서 확률의 역사적·심리적 기원, 확률 개념의 의미와 다양한 입장의 출현, 확률 직관과 확률적 사고의 관계, 확률 오개념과 확률 학습, 확률 교수-학습을 위한 환경 구축과 평가, 교사 전문성 개발 등 중요하고도 난해한 논점들이 드러납니다. 저자들은 이러한 논점을 한편으로는 정교한 이론적 설명으로, 다른 한편으로는 실천적 경험에서 얻은 풍부한 사례를 통해 다룸으로써 확률 교육에 대한 배경 지식이 부족한 연구자나 교사 모두 유익한 정보를 얻을 수 있도록 배려하고 있습니다.

우리나라의 수학교육은 시험에 대해 유독 감수성이 높은 것으로 알려져 있습니다. 이 점에 비추어보면 확률 교육은 주목받기 어려운 주제일지도 모릅니다. 이 도전적인 상황에서 왜 확률을 가르쳐야 하는지, 어떻게 가르쳐야 하는지를 고민하는 연구자와 교사가 아직도 상당수 있다는 것이 얼마나 감동을 주는지 모릅니다. 가르치고 배우기 어려운 내용일수록 더 연구가 필요하다는 진리를 되새기며 이 책이 그 연구에 조금이라도 도움이 되길 소망합니다. 수학교육의 변화와 희망을 위하여 함께 노력하시는 경문사의 조경희 사장님과 편집부에 깊은 감사의 마음을 전합니다.

2017년 9월
옮긴이 일동

# 머리말

GRAHAM A. JONES

어린 아동들의 확률적 사고를 주제로 박사학위 논문을 준비하고 있던 1973년에 나는 피슈바인(Efraim Fischbein)에게 편지를 보내어 내 학위논문과 관련된 몇 가지 질문을 하고 확률 직관에 대한 그의 연구에서 궁금한 점을 문의하였다. 이메일과 팩스가 없던 당시에 한 달이 채 못 되어 피슈바인으로부터 매우 정겨운 답장을 받고 몹시 기뻤던 것이 생각난다. 내 질문에 대한 답과 함께 확률적 사고에 대해 연구하게 된 것을 축하한다는 말에 덧붙여 피슈바인은 내 연구의 일정 부분이 확률 교육과 관련되었으면 한다고 조심스럽지만 솔직하게 조언하였다. 피슈바인은 확률을 가르치는 것이 상당히 어려운데, 이는 확률에 대한 이론적 개념과 실험적 개념을 연결할 필요가 있기 때문이라고 설명하면서 어린 아동들과 함께 이러한 연결을 만들어내는 것은 굉장히 흥미진진할 것이라고 말하였다. 그는 내가 이러한 도전을 받아들여 후속연구를 진행하였으면 한다고 제안하였다.

놀랍도록 사려 깊은 답장에 여러 번 반복하여 드러나는 피슈바인의 이상과 같은 견해를 실제로 나는 오랫동안 마음에 품어왔다. 예를 들어, Fischbein & Gazit(1984)은 이론적 활동과 실험적 활동 모두를 포함하는 교육 프로그램이 필요하다고 역설하면서 "이론적으로 계산한 확률과 관찰된 상대도수의 상호 역동성이야말로 효과적인 확률 직관의 발달에 크게 기여할 것"(p. 3)이라고 주장하였다.

피슈바인은 이론적 확률과 실험적 확률을 연결하는 것이 얼마나 중요한지 강조하면서 학생들이 수업을 받기 전부터 가지고 있는 일차 직관을 좀더 적절한 확률 개념으로 바꾸는데 필요한 표상을 제공하는 것 등과 같은 확률 교육의 어려움과 다양한 쟁점에 대해 다루었다.

그러므로 이 책은 확률 교수-학습의 어려움과 관련된 피슈바인의 지속적인 연구와 헌신에 대한 응답이다. 이 책을 계획하고 편집하면서 피슈바인의 답장에 담겨있던 정신을 녹이려고 하였을 뿐만 아니라 학교 교육과정을 통한 확률 교수-학습에 특별히 기여한 연구자들의 국제적인 연구 성과도 포함시키고자 하였다. 이 책이 피슈바인의 권고에 대한 뒤늦은 응답이기는 하지만, 모든 학년의 수학 교육과정에 확률과 통계가 포함됨에 따라 확률 교수-학습을 다룬 이 책의 출판은 비교적 시기적절하다고 볼 수 있다.

이 책은 폭넓은 독자층에게 특별한 흥미를 불러일으킬 것이라고 생각한다. 확률 교수-학습에 대한 전문적인 연구 동향을 아우르는 이 책의 여정은 수학교육과 수학, 심리학 분야의 신생 연구자들과 대학원생들의 관심을 끌 것이다. 교육과정 개발자, 교사교육자, 교사들은 학교급별로 제시된 학습 활동과 지도에 대한 함의로부터 상당한 시사점을 얻을 수 있을 것이다. 또한 확률과 무작위 현상에 대한 사람들의 반응을 다룬 문헌은 그 자체로 특별한 매력을 지니기 때문에 앞서 나열한 전문가들 이외의 독자들도 재미있게 이 책을 읽을 수 있을 것이다.

이 책의 저자들에게 진심으로 감사의 말을 전한다. 각 장을 집필하는데 특별한 전문성을 보여주었을 뿐만 아니라 하나의 팀으로서 나와 다른 저자들에게 셀 수 없는 상호간의 도움을 주었다. 또한 2단계의 준비 절차를 통해 초고가 작성되고 책으로서 체제를 갖출 수 있도록 도움을 준 마온(Shayne Mahon)에게 특별한 감사를 표한다. 더불어 40년이 넘는 시간 동안 변함없는 지지를 보내준 내 아내 매리언(Marion)에게도 감사한다. 매리언은 이 책의 각 장을 읽고 각 장에 담긴 글이 좀더 일관적인 형태를 띠도록 전문가다운 조언을 해주었다.

이 책의 출판에 지속적인 도움을 준 수학교육총서(Mathematics Education Library)의 편집부와 비숍(Alan Bishop)에게 특별히 감사한다. 또한 이 책의 계획 단계부터 검토 단계에 이르기까지 가치 있는 피드백과 통찰을 보여준 외부 검토자들에게도 심심한 감사의 마음을 전한다. 더불어 클루버 출판사(Kluwer Academic Publishers)의 편집팀에게도 감사한다. 수학교육총서의 편집장으로서 커다란 도움을 준 셸던(Marie Sheldon), 이 책을 준비하고 만드는 과정에서 저자들의 다양한 의견에 전문가다운 답변을 아끼지 않은 파나렐리(Mary Panarelli)에게 특별히 감사한다. 마지막으로 이처럼 창조적인 작업을 할 있도록 자극해 준 인디애나 대학(Indiana University)의 블랑(John Le Blanc) 박사에게 감사의 말씀을 드린다.

### 참고문헌

Fischbein, E., & Gazit, A. (1984). Does the teaching of probability improve probabilistic intuitions? *Educational Studies in Mathematics, 15*, 1-24.

# 도입

GRAHAM A. JONES 외 저자들

이 책을 집필하면서 저자들은 우리가 확률 교수-학습에 지대한 영향을 미친 대가들의 어깨 위에 서 있다는 것을 알게 되었다. 우리 모두는 피아제(Jean Piaget)와 인헬더(Barbel Inhelder)의 기념비적 연구(1951/1975)인 〈우연에 대한 아동들의 초기 아이디어(The Origin of the Idea of Chance in Children)〉와 피슈바인(Efraim Fischbein)의 책(1975), 《아동들의 확률적 사고의 직관적 토대(The intuitive Sources of Probabilistic Thinking in Children)》에서 최초의 아이디어를 얻었다. 좀더 최근 연구인 Kapadia & Borovcnik(1991)의 〈우연과의 조우: 교육에서 확률(Chance Encounters: Probability in Education)〉과 Shaugnessy(1992), Borovcnik & Peard(1996)의 통찰력 있는 논평을 통해 확률 교수-학습에 대한 연구가 점차 교실로 스며들게 되었다.

위와 같이 뛰어난 선구자들 덕분에 우리 자신의 사고방식과 연구에 중요한 토대를 마련할 수 있었으며, 선구자들이 개척한 분야를 진정으로 발전시키는 확률 교수-학습에 대한 안목을 얻을 수 있었다는 점에서 감사의 마음을 갖지 않을 수 없다. 또한 선구자들의 연구를 통해 우리는 다음 세대의 아동들이 확률에 대해 생각하는 방법에 영향을 미칠 것으로 보이는 독자들을 자극할 수 있게 되었다.

이 책이 만들어진 특별한 계기는 학교 교육과정에서 확률을 주류로 다루기 시작하였다는 것이다(예, Australian Education Council, [AEC], 1991, 1994; Department of Education and Science and the Welsh Office [DES], 1989; National Council of Teachers of Mathematics [NCTM], 1989, 2000). 확률이 학교 수학의 주류가 되었을 뿐만 아니라 초등단계에서 시작한 확률 학습을 대학 수준에까지 지속할 수 있다고 볼 정도로 확률 교육이 보편화되었다. 이처럼 학교 교육과정에 확률이 녹아든 것은 참으로 시기적절한 현상으로, 현재와 미래를 살아갈 아동들은 수학에서뿐만 아니라 대중매체, 기상학적 · 경제적 · 재정적 예측, 게임 · 스포츠 · 도박 등의 사회활동에서 우연 변이와 무작위 현상을 훨씬 더 자주 마주하게 될 것이기 때문이다. 학교에서 확률을 가르치게 됨에 따라 우연과 확률이 아동들의 삶에 미치는 영향과 교실 환경을 다룬 연구를 소개하는 전문서적의 필요성이 극명하게 대두되었는데, 이러한 서적을 통해 확률 교수-학습과 관련된 시사점을 얻을 수 있으며, 확률 교수-학습의 실제를 이 분야의 주요 연구에 비추어 검토할 수 있다. 이러한 전문서적은 확률 교수-학습에 대한 일관된 연구-기반 지식을 제공할 필요가 있으며, 확률 교육을 선도하는 역할을 하게 될 연구자, 교육과정 개발자, 교육 정책 입안자, 교사 교육자, 교사들에게 의미 있는 시사를 줄 수 있어야 한다. 우리는 이 책에서 이러한 요구사항을 모두 담아내고자 노력하였다.

## 01 확률 교수-학습의 난제

확률에 대해 탐구할 때 교사와 학생은 과학을 제외한 학교 교육과정의 다른 과목이나 수학의 다른 영역에서 경험하지 못한 독특한 성질과 마주하게 된다. 이러한 특징을 통해 수학 교육과정을 좀더 확장하거나 강화할 수 있지만, 한편으로 이러한 특징은 교수-학습에 특별한 어려움을 낳기도 한다. 확률에 대한 다면적인 관점을 다룰 때 겪게 되는 교수학적 어려움에 관한 피슈바인의 언급을 통해 이러한 어려움 중의 일부를 머리말에서 살펴보았다. 이하에서는 이러한 교수-학습의 난제를 좀더 정확하게 기술하여 이 책의 각 장에서 다룰 내용으로 확장하고자 한다.

1. 학교 수학 대부분과 관련되는 결정론적 사고에 대비되는 무작위성에 대한 인지적 요구.
2. (a) 주관적, (b) 고전적 또는 이론적, (c) 빈도적 또는 실험적(Fischbein, 1975)과 같이 다중적인 확률 개념을 다룰 때 발생하는 난제.
3. 다양한 수준의 학생들을 돕는데 활용할 수 있는, 확률 지식과 성향을 구체화한 과제 개발(Gal, 2002; 이 책 2장).
4. 확률 교수-학습에 대한 연구 성과를 교사와 교육 프로그램 개발자들이 의미 있게 이해할 수 있도록 해석하는 문제.

교사와 학생 모두가 무작위성 개념을 어려워한다(예, Batanero, Henry & Parzysz, this volume; Fischbein & Schnarch, 1997; Shaughnessy, 1977). 전 세계 수학 교육과정은 결정론적 사고를 필요로 하는 과제와 예로 가득 차 있으며, 결정론적인 접근에 대한 이러한 애착은 교실 활동을 뛰어넘어 사회·문화적 생활을 영위하는데 쓰이는 과학적인 경험과 수치적 활동에도 영향을 미친다. 일상생활에서 우리는 매번 무작위 사건을 마주하지만 결정론적 세계관이라는 근시안적 렌즈를 통해 이러한 무작위 사건을 평가한다.

이 책의 여러 장(1장, 10장, 4장, 6장)에서 살펴보게 되겠지만 아동들은 적어도 고전적·빈도적 접근 및 이들 사이의 관계를 인식함으로써 다면적인 확률 개념을 가질 수 있으며, 이러한 다면적인 확률 개념에 익숙해진 이후에야 비로소 확률에 대해 완벽하게 이해할 수 있다. 이러한 접근을 통해 교사와 아동들은, 직관적인 신념과 관찰에서 시작하여 실험적 확률 및 표본공간을 토대로 한 이론적 계산에 이르기까지 다양한 확률 개념을 직접 다룰 수 있다. 또한 Borovcnik & Peard(1996)는 "문화적 요인은 미국적 접근과 다른, 유럽 대륙의 교과목으로서 확률을 발달시키고 다룰 수 있도록 한다."(p. 239)고 설명하였다.

다양한 연령대의 학생들을 돕는데 필요한, 확률 지식과 성향을 구체적으로 담고 있는 과제 개발은 이제 막 시작 단계에 있는데, 이는 확률을 학교 교육과정에서 특히 초등학교에서 다루게 된 것이 비교적 최근의 일이기 때문이다. 확률을 교육과정에 처음으로 포함시킨 것(예, DES, 1989; NCTM, 1989)이 적어도 15년 이상은 되었지만, "확률적 소양"의 구성요소를 결정하는 것조차도 분명하지 않다(2장 참고). 대중매체나 다른 분야에서 얻을 수 있는 확률과 통계 관련 정보가 넘쳐남에 따라 아동들은 우연에 대한 용어를 해석하는 능력을 갖추어야 하는 요구에 직면하게 되었으며, 무작위성 개념에 친숙해져야 하고, 자신들이 읽고 들은 확률적인 설명을 비판적으로 평가할 수 있는 성향을 갖출 필요성이 대두되었다(Gal, 2002). "확률적 소양과 관련된 이러한 개념을 언제 도입할 것인가?", "이러한 개념을 어떻게 일관성 있게 조직할 것인가?"와 같은 질문이 앞으로 해결하고자 하는 모든 문제와 관련된다.

이는 확률 교수-학습에 대한 다양한 연구를 살펴볼 필요가 있음을 시사한다. 모든 연령대의 사람들이 나이만으로는 설명할 수 없는 오개념과 편향을 지니고 있으며, 다양한 수준의 확률적 사고를 보여준다는 연구 결과가 있다(예, Fischbein & Schnarch, 1997; Jones, Langrall, Thornton, & Mogill, 1997; Shaughnessy, 1977, 1992, Tversky & Kahneman, 1974; Watson, Collis, Moritz, 1997). 또한 교사가 확률 수업을 설계할 때 발생할 수 있는 교수학적·사회적 쟁점이 무수히 많다. 예를 들면 학생들의 개념 및 오개념을 기반으로 하기, 확률에 대한 고전적·빈도적 접근을 연결하기, 최근에 발명된 공학도구를 활용하기, 확률 교육 맥락에서 나타날 수 있는 사회적·문화적 쟁점을 다루기, 확률에 대한 교사 자신의 지식과 신념을 개발하기(Greer, 2001; Jones, Langrall, Thornton, & Mogill, 1999; Konold, Pollatsek, Well, Lohmeier, &

Lipson, 1993; Pratt, 2000; Watson & Moritz, 1998)와 같은 것이 이러한 쟁점과 관련된다. 결과적으로 이 책의 저자들은 교사들이 확률 교육을 시도할 때 디딜 수 있는 인지적·교수학적 발판을 마련할 필요가 있다. 이를 위해 이 책에서는 다양한 연령대의 학생들이 지니고 있는 확률적 사고에 대해 살펴볼 수 있는 기회를 제공할 것이다(4장, 6장, 7장, 8장, 10장, 11장). 또한 이 책에서는 확률을 가르치고 배우며 평가하는 교실 환경에 영향을 미치는 교수학적 기제와 사회·문화적 특징에 대해 살펴볼 것이다(12장; 13장; 14장).

이상에서 살펴본 확률 교수-학습의 난제 및 관련 선행 연구로부터 이 책의 집필 의도에 걸맞은 지식을 구체화할 수 있었다. 이 책의 목적과 각 장을 구성하게 된 배경을 다음 절에서 좀더 상세히 살펴봄으로써 앞서 논의된 여러 가지 도전들이 다양한 주제 및 학교급과 관련하여 검토되었음을 확인할 수 있을 것이다. 확률 교육과 관련된 여러 가지 주제와 학교급을 다룰 때 이 책에서는 해당 주제에 대한 주요 연구를 종합하여 주요한 이론적 아이디어를 설명함으로써 수업을 위한 시사점을 끌어내는데 목적을 두었다.

## 02 이 책의 목적

앞서 살펴본 것처럼 확률 교수-학습에 대해 검도하고 정리한 주요 연구가 상당히 많다(예, Borovncnik & Peard, 1996; Kapadia & Borovcnik, 1991; Shaughnessy, 1992). 이러한 선행연구는 모두 확률 교수-학습을 다룬 후속 연구에 기여하였으며, 이러한 이유 때문에 이 책의 집필에 핵심 토대가 되었다. 선행연구를 개관하는 것과 함께 이 책에서는 교육적 상황, 특히 오랜 세대를 거쳐 여러 학교급을 통해 지도해 온 확률에 대해 설명할 수 있는 행운을 가질 수 있었다. 교육적 상황과 관련하여 이 책에서 기술한 맥락에는 기본적으로 확률을 지도하는 교사들의 경험을 살펴본 지난 10년간의 연구와 교실에서 확률을 배우는 어린 아동들을 상당히 면밀하게 관찰한 결과를 포함하였다.

한편 학교 교육과정에 확률이 폭넓게 도입됨에 따라 새로운 연구가 활발해졌다. 확률 학습을 돕는 교육자들이 의미 있는 시사점을 얻을 수 있도록 이러한 연구를 소개하고 해석할 필요가 있다. 이와 관련하여 특히 이 책의 목적은 다음과 같은 쟁점을 다룬 연구를 개관하고 분석하는 것이다.

- 우연, 무작위성, 확률의 본성에 대한 두드러진 특징

- 시민을 위한 확률적 소양 및 전체 학교 교육과정에서 다룰 필요가 있는 확률의 특징에 대한 쟁점
- 초·중·고 학생들이 다룰 수 있는 확률에 대한 주요 아이디어의 개발 및 검토
- 초·중·고 학생들이 확률을 학습하는데 도움을 주는 교수학적 지식의 개발
- 확률을 가르치고 평가할 때 교사들이 마주하게 되는 사회적·교수학적 난제에 대한 지원 및 지속적인 교사 교육

이미 설명한 것처럼 이 책은 확률에 대한 주요 아이디어 및 확률 교수-학습과 관련하여 여러 학교급에서 다룰 수 있는 다양한 내용 요소에 특히 주목할 것이다. 이하에서는 이 책의 구성과 조직에 대해 좀더 상세히 살펴본다.

## 03 이 책의 구성 및 각 장 소개

머리말과 도입 다음에 있는 1부에서는 확률 및 확률 교육에 대한 여러 관점을 확인한다. 그 다음에 있는 2, 3, 4부에서는 각각 초·중·고등학교의 확률 교수-학습에 대해 살펴본다. 마지막 5부는 확률을 지도하는 맥락적 토대 및 평가, 교사교육에 대한 주요 쟁점을 다룬다.

### 1부 확률과 확률 교육에 대한 관점

1부에서는 우연, 무작위성, 확률의 본성과 관련된 기본 아이디어와 시민들을 위한 "확률적 소양"이 의미하는 바를 설명한다. 또한 약 50년 전에 확률 교수-학습을 다룬 여러 연구로부터 얻을 수 있는 확률 교육에 대한 이론적 아이디어를 개관한다. 기본적으로 1부에서는 학교급별 확률 교수-학습에 대해 상세히 살펴보기 전에, 확률 교육에 대한 수학적이면서 교육적인 토대를 구체화하는데 목적을 두었다. 이를 위해 한편으로는 우연에 대한 역사적 뿌리와 확률에 대한 다양한 해석을 살펴보고, 다른 한편으로는 확률적 소양을 갖추기 위해 어떤 종류의 지식이 필요한지 확인한다. 확률에 대한 학생들의 사전지식에는 어떤 것이 있으며, 교실에서 학생들은 어떤 종류의 확률 지식을 배우게 되는지에 대해서도 알아본다.

**1장 우연과 확률의 본성.** 이 장에서는 우연, 무작위, 확률의 다양한 의미를 살펴보고 교육과정과 수업을 위한 시사점을 모색한다. 인류 문명 전반에 걸쳐 사람들은 특히 우연 게임을 통해 불확실성에 폭넓게 직면하지만, 수학자들이 무작위성에 대한 양적 측도를

개발하여 확률에 대한 다양한 개념이 출현하게 된 것은 불과 4세기 전이다. 확률은, 조합론에 기초한 고전적 접근, 안정화되는 도수의 극한을 다루는 실험적 접근, 객관적인 수치와 주관적인 값 사이에서 나타나는 갈등 등과 관련된다. 최근에 들어서는 실제 무작위 상황과 이에 대한 이론적 해석을 구별하고자 하는 모델링 관련 접근이 등장하였다. 이와 같은 수학적인 발전에도 불구하고 각 연령대의 사람들은 확률에 대해 잘못된 직관을 지니고 있으므로 수업에서 이를 의식적으로 다룰 필요가 있다.

**2장 대중을 위한 "확률적 소양"에 대하여.** 이 장에서는 "확률적 소양", 즉 학생들이 실생활에서 확률을 활용할 수 있게 되기 위해서 필요한 지식과 성향에 주목한다. 이 장에서는 확률 지식이 상황화되는 분야를 규정하기 위하여 일반소양, 산술능력, 통계적 소양에 대한 다양한 모델을 확인한다. 이를 통해 확률적 소양 모델을 소개하는데 확률적 소양 모델에는 확률 지식과 관련되는 5가지 구성 요소와 확률 지식을 지탱하는 몇 가지 성향이 포함된다. 저자는 확률적 상황을 효과적으로 해석하여 그 상황에 참여하기 위해서는 지식 요소와 성향 요소 모두가 필요하다고 주장한다. 즉, 이 장에서는 교수학적 실행과 연구를 위해 모델을 제안하고 그 시사점을 검토한다.

**3장 확률 교수-학습에 대한 연구 개관.** 이 장의 저자들은 지난 50년 동안 진행된 확률 교수-학습에 대한 다양한 연구를 시간 순서에 따라 개관한다. 이 장은 피아제 시기(1950~1969), 피아제 이후 시기(1970~1989), 현대 시기(1990~ )로 단계를 나누어 확률 교수-학습 관련 연구를 범주화한다. 피아제 시기에서는 확률적 사고의 인지 발달을 다룬 피아제와 인헬더의 연구, 불확실한 환경에서 어떤 일을 추측해야 할 때 일반인들이 사용하는 전략을 분석한 심리학자들의 연구를 소개한다. 피아제 이후 시기는 피슈바인의 주요한 연구들로 특징지을 수 있는데, 한 가지는 심리학적 연구의 연장선에 있는 연구로서 불확실한 상황에서 내려지는 판단에 주목한 것이고, 다른 하나는 수업을 받기 전과 수업을 받는 과정에서 출현하는 학생들의 확률 개념에 대한 연구이다. 현대 시기에서는 확률을 학교 교육과정의 주류로 다루기 시작한 이후에 진행된 연구에 대해 살펴본다. 마지막 시기와 관련되는 연구는 이 책 전반에서 주목하는 연구들이다.

## 2부 초등학교에서 확률 교수-학습

2부에서는 약 5세에서 10세에 이르는 초등학생을 대상으로 수행된 확률에 대한 연구를 다룬다. 비교적 최근에 와서야 초등학교 수학 교육과정에 확률이 도입되었기 때문에 2부에서는 교육과정을 개발하고 수업을 진행하는 것과 관련하여 어린 아동들의 확률적 사고에서 드러나는 특징을 살펴볼 수 있는 연구를 종합적으로 소개한다. 이는 확률과 관련된 주요 아이디어를 구체화한 연구, 확률적 소양을 형성하는데 중심적인 역할을 하는 조합론에 대해 설명한 연구 등을 포함한다.

**4장 초등학생들의 확률적 추론.** 이 장에서는 초등학생들의 확률적 추론을 다룬 연구에 대해 개관하고 논의한다. 지난 50년간 진행된 주요 연구들은 확률에 대한 이해를 개발하기 위해 초등학생들에게 요구되는 개념, 기능, 사고습관 등과 관련되는 지식의 특징을 기술하였다. 이 장은 2개의 절로 구성되어 있는데, 첫 번째 절에서는 결정론적 상황과 우연 상황에서 아동들이 보이는 직관, 이해, 오개념 등에 대한 연구를 소개하고, 표본공간, 상대도수, 비율, 실험적 확률과 이론적 확률 등에 대해 아동들이 지닌 개념의 특징에 대해 밝힌 연구를 요약한다. 두 번째 절에서는 아동들이 확률적으로 추론하기 위해 필요한 이해를 어떻게 개발하는지에 주목하는 수업과 관련된 이론적 견해에 대해 살펴본다.

**5장 아동들의 조합적 추론 발달.** 기본적인 조합론적 아이디어는 기초 확률의 주요 토대이므로 확률을 지도할 때 이 점에 유의할 필요가 있다. 수학 교육과정에서 조합론이 이처럼 중요함에도 불구하고 특히 초등학교 수준에서는 조합론에 대한 지도가 경시되어 왔다. 이 장에서는 우선 조합론의 기본 아이디어를 탐색하고 이러한 아이디어를 통해 확률 영역에서 아동들의 초기 발달을 어떻게 도울 수 있을지를 검토한다. 이를 위해 다양한 유형의 조합 문제를 살펴보고 이러한 문제에 대해 아동들이 보이는 어려움을 기술한다. 이 장 후반부에서는 아동들의 조합적 추론을 다룬 연구를 개관한 다음 조합론과 관련된 주요한 아이디어에 아동들이 접근할 수 있도록 어떻게 도울 수 있을지를 논의하는 것으로 장을 마무리한다.

### 3부 중학교에서 확률 교수-학습

3부에서는 약 10세에서 14세에 이르는 중학생을 대상으로 확률 교수-학습을 진행할 때 고려해야 할 여러 가지 주요 쟁점을 분석한다. 좀더 구체적으로 3부에서는 확률과 관련하여 무작위성, 운, 실험적 확률과 이론적 확률, 단순사건과 복합사건, 조건부 확률과 독립과 같은 다양한 개념에 대한 중학생들의 이해를 분석한 연구들에 대해 살펴본다. 이를 통해 중학교 교육과정과 수업, 공학도구를 활용하는 학습 환경에 대한 시사점을 도출한다.

**6장 중학생들의 확률 추론.** 이 장은 중학교 수준에서 다룰 수 있는 기본적인 확률 아이디어와 이를 좀더 정교화한 개념을 먼저 소개한다. 이 장에서는 확률적 추론과 관련하여 다양한 쟁점을 다룬 연구들을 개관한다. 간단한 확률 계산과 비율적 추론의 활용뿐만 아니라 운·공정성·무작위 현상에 대한 신념, 우연과 관련된 용어의 사용과 등확률 편향, 복합사건·조건부사건·결합사건에 대한 이해, 확률적 추론의 일부로서 표집과 변이에 대한 인식, 맥락에서 확률적인 추론의 적용 등과 같은 주요 쟁점을 다룬다. 중학생들이 상급학교 학생들보다 좀더 적절하게 추론하는 몇 가지 사례를 분석함으로써 중학생을 대상으로 하는 확률 교수-학습의 시사점을 모색한다.

**7장 교사는 학생들이 확률을 잘 이해하도록 어떻게 도울 수 있는가?** 이 장은 분포와 큰 수의 법칙에 대한 아이디어가 중학생을 대상으로 하는 확률 교수-학습의 핵심 요소임을 주장하면서 시작한다. 그러나 이러한 주요 아이디어는 학생들이 확률을 좀더 쉽게 배울 수 있도록 한다는 미명하에 교육과정 문서에서 도외시되어 왔음이 드러난다. 최근 수십 년 동안 상당히 많은 연구가 학생들이 알지 못하는 것을 밝히는데 집중해 왔다. 유감스럽게도, 새로운 교수학적 시도의 출발점으로 삼을 수 있는 학생들의 직관이나 통계에 대한 학생들의 사전 아이디어와 관련하여 알려진 것이 거의 없다. 공학도구를 활용하는 한 가지 사례 연구를 설명함으로써 저자는 목표에 도달하는 것뿐만 아니라 분포와 큰 수의 법칙을 사용하는 것에도 주목하는 과제를 어떻게 설계할 것인지에 대해 제안한다.

**8장 복합사건 지도.** 복합사건과 관련되는 맥락(예, 동전과 주사위를 동시에 던지는 상황)에서 타당하게 확률을 예측하는 능력을 개발하는 것은 중학교에서 다루어야 할 핵심적인 학습 목표이다(NCTM, 2000). 이 장에서는 초등학교 고학년 학생들과 중학생들이 복합사건의 결과 집합을 구성하는 능력을 표본공간 개념과 연결하여 설명하고, 복합사건이 내재한 상황에서 타당하게 확률을 예측하는 능력을 맥락으로서 사건의 확률과 관련하여 다룬다. 이를 위해 저자는 2가지 유형의 연구를 검토한다. 한편으로는 인식론적 틀에 따라 학생들의 확률적 사고를 상세히 설명하는 것에 목표를 둔 연구이며, 다른 한편으로는 복합사건을 다루는데 필요한 주요 아이디어를 수업을 통해 학생들이 어떻게 습득하는지를 분석한 연구이다. 이러한 문헌 검토로부터 얻을 수 있는 수업과 연구를 위한 시사점에 대해 논의한다.

**9장 조건부 확률과 독립성의 아이디어를 어떻게 지도할까?** 이 장에서 저자들은 조건부 확률과 독립에 대한 중학생들의 확률적 사고를 탐색하고 이러한 개념들은 중학교 교육과정에서 다루기에 적절할 뿐만 아니라 중요하다고 주장한다. 조건부 확률과 독립에 대해 분석한 다음 학교 교육과정에 이들을 도입하는 것이 가능한지 검토하여 긍정적인 결론을 내린다. 이 장은 조건부 확률과 독립에 대한 중학생들의 개념과 오개념을 다룬 연구와 수업을 받기 전에 조건부 확률과 독립에 대한 아이디어에 중학생들이 어떻게 접근하는지를 분석한 연구에 주목한다. 또한 이 장에서는 수업을 받는 동안 조건부 확률과 독립에 대한 학생들의 사고가 발달하는 과정을 추적한 연구를 개관한다. 저자들은 중학교에서 조건부 확률과 독립을 지도하는 것과 관련하여 시사점을 모색하는 것으로 이 장을 마무리한다.

### 4부 고등학교에서 확률 교수-학습

4부는 약 15세에서 18세에 이르는 고등학생들이 무작위성, 조합, 조건부 확률, 독립, 연관과 같은 확률 관련 개념에 대해 지니고 있는 사고의 특징에 대해 탐색한다. 또한 고등학생을 대상으로 확률 분포에 대한 이해를 다룬 연구, 확률과 통계적 추론의 연결성에 대한 이해를 분석한 연구를 검토한다.

**10장 고등학생들은 확률에 대해 어떤 개념과 오개념을 갖고 있는가?** 이 장에서 저자는 고등학생들의 확률적 사고에 주목한 연구를 개관하고 고등학생들의 확률적 사고를 고등학교 교육과정의 핵심 요소와 관련시킨다. 특히 저자는 다음과 같은 확률 교육과정의 핵심 요소에 주목한 연구를 살펴본다: 조합적 추론과 문제해결, 무작위성 해석, 확률 오개념, 조건부 확률과 독립, 분할표에서 상관, 무작위 변수와 확률 분포, 표집과 추론, 시뮬레이션. 이러한 핵심 요소 각각에 대해 고등학생들이 일반적으로 보여주는 추론의 특징 및 오류와 장애를 연구 논문에서 발췌한 예시 문항을 통해 구체적으로 설명한다. 이를 통해 고등학생을 대상으로 하는 확률 교수-학습을 위한 시사점을 도출한다.

**11장 학생들이 확률과 통계적 추론을 연결시킬 수 있도록 어떻게 도울까?** 이 장에서는 비형식 추론에 대한 연구를 살펴보고 형식적 추론으로 나아갈 수 있는 교육 방법을 소개한다. 학생들이 확률적 사고와 통계적 사고를 연결시키는 토대를 마련할 수 있도록 중심에 주목하기, 분포에 대해 생각하기, 표집에 대해 생각하기, 결론 이끌어내기와 같은 전략을 제안한다. 이 장에서는 형식적 추론에 대한 고전적 접근과 실험적 접근 모두를 설명함으로써 다음과 같은 주요 질문에 답하고자 한다: 추론적 논증(inferential reasoning)을 위한 토대로서 어떤 확률 개념이 필요한가? 고등학생들이 다룰 수 있는 추론 통계값(inferential statistics)에는 어떤 것이 있는가? 추론적 논증을 위해 공학도구를 어떻게 활용할 수 있을까?

### 5부 교사와 확률

5부에서 저자들은 학교급과 관계없이 교사 및 확률 교육과 관련하여 대두되는 여러 가지 주요한 쟁점을 다룬다. 첫째, 교실에서 확률을 다룰 때 교사들이 직면하는 정치적·사회적·교수학적 어려움에 대해 설명한다. 둘째, 형성평가와 총괄평가뿐만 아니라 학생들의 학습 과정을 모니터링하는 문제 등을 포함하는 평가 관련 이슈를 분석한다. 마지막으로는 교사 교육 및 전문성 개발이 교사들의 확률 수업에 미친 영향을 분석한 연구에 대해 소개한다.

**12장 불확실성의 수학화에 대한 교수-학습:** 이 장은 확률에서 가르쳐야 할 것은 무엇이며, 이를 어떻게 가르칠 것인가에 대한 질문을 넘어서서 왜 확률을 가르쳐야 하는가에 대한 질문을 다룬다. 이러한 질문에 답하기 위해서는 역사적·문화적·사회적·정치적 맥락에 대한 분석이 필요하다. 문화적인 실행의 복합체로서 수학적 확률이 출현하여 기호적 발달을 통해 이론으로 정립되고 응용됨에 따라 수학의 한 분야가 그것이 모델링하는 현상에 굉장히 밀접하고 독특한 방식으로 통합되는 모습을 보여주었나. 확률 교육의 어려움에는, 확률을 형식적인 표현으로 격하시키는 것, 대체적으로 사회생활에 필요한 확률적 사고를 약화시키는 것 등이 포함된다. 저자들은 일상생활의 경험과 연결성을 형성하는 모델링의 중요성을 강조하면서 최상의 간학문적 주제인 확률의 가치를 역설한다.

**13장 확률적 사고와 추론의 평가.** 이 장은 확률적 사고와 추론에 대한 평가를 다양한 측면에서 다룬다. 도입에서는 평가의 목적에 대해 설명하고 확률적 사고와 추론의 의미를 규정한다. 짧은 절을 통해 평가 과제 유형을 간단히 소개한 다음 좀더 구체적인 예를 통해 여러 확률 문제를 상세하게 검토한다. 이후 절에서는 평가와 관련된 선행연구를 개관한다. 대안적인 평가 방법에 대해 논의한 다음 확률 교수-학습 평가에서 교사의 역할을 분석하는 것으로 장을 마무리한다.

**14장 교사 교육과 전문성 개발에서 확률**. 이 장의 목적은 확률에 대한 교사의 이해를 분석하고 이를 개발하는 방안을 모색하는 것이다. 이 장에서는 수학 교육에 대한 교사들의 계산 지향적 접근이 확률의 비결정론적 본성을 교사들이 제대로 이해하는데 어떤 영향을 미치며, 확률에 대한 학생들의 이해를 자극하는 교사들의 능력에 어떻게 작용하는지를 분석한다. 또한 확률에 대한 교사 지식과 신념을 다룬 연구를 소개하고, 확률적 아이디어를 지도하거나 시뮬레이션 도구를 활용하는 교사의 능력을 분석한 연구를 개관한다. 나아가 저자는 확률에 대한 교사 지식을 개발할 목적으로 진행된 교사 교육 프로젝트로부터 얻을 수 있는 시사점에 대해 논의한다.

## 04 결론

이 책을 통해 독자들이 우연과 확률의 흥미로운 특징을 인식하고 일상생활과 아동들의 생활에서 우연과 확률이 갖는 특별한 역할에 대해 이해하기를 바란다. 나아가 무작위 현상과 확률에 대한 인류의 매력적인 사고방법을 독자들이 이해함으로써 확률과 관련된 주요 아이디어를 학생들이 좀더 잘 이해할 수 있도록 고군분투하는 연구자, 교육자, 교사들이 직면한 어려움에 공감할 수 있기를 희망한다.

### 참고문헌


Australian Education Council. (1991). *A national statement on mathematics for Australian Schools*. Carlton, VIC: Curriculum Corporation.

Australian Education Council. (1994). *Mathematics: A curriculum profile for Australian schools*. Carlton, VIC: Curriculum Corporation.

Borovcnik, M. & Peard, R. (1996), Probability. In A. Bishop, K. Clements, & C. Keitel, J. Kilpatrick, C. Laborde (Eds.), *International handbook of mathematics education* (Part 1, pp. 239-288). Dordrecht, The Netherlands, Kluwer.

Department of Education and Science and the Welsh Office. (1989). *National curriculum: Mathematics for ages 5 to 16*. York, UK: Central Office of Information.

Fischbein, E. (1975). *The intuitive sources of probabilistic thinking in children*. Dordrecht, The Netherlands: Reidel.

Fischbein, E., & Schnarch, D. (1997). The evolution with age of probabilistic, intuitively based misconceptions. *Journal for Research in Mathematics Education, 28*, 96-105.

Gal, I. (2002). Adult statistical literacy: Meanings, components, responsibilities. *International Statistical Review, 70*(1). 1-25.

Greer, B. (2001). Understanding probabilistic thinking: The legacy of Eiraim Fischbein. *Educational Studies in Mathematics, 45*, 15-33.

Jones, G. A., Langrall, C. W., Thornton, C. A., & Mogill, A. T. (1997). A framework for assessing and nurturing young children's thinking in probability, *Educational Studies in Mathematics, 32*, 101-125.

Jones, G. A., Langrall, C. W., Thornton, C. A., & Mogill, A. T. (1999). Students' probabilistic thinking in instruction. *Journal for Research in Mathematics Education, 30*, 487-519.

Kapadia, R. & Borovcnik, M. (Eds.). (1991). *Chance encounters: Probability in education*. Dordrecht, The Netherlands: Kluwer.

Konold, C., Pollatsek, A., Well, A., Lohmeier, J., & Lipson, A. (1993).

Inconsistencies in students' reasoning about probability. *Journal for Research in Mathematics Education, 24*, 392-414.

National Council of Teachers of Mathematics. (1989). *Curriculum and evaluation standards for school mathematics*, Reston, VA: Author.

National Council of Teachers of Mathematics. (2000). Principles and standards for school mathematics. Reston, VA: Author.

Piaget, J., & Inhelder, B. (1975). *The origin of the idea of chance in children* (L. Leake Jr., P. Burrell, & H. D. Fischbein, Trans.). New York: Norton (Original work published 1951).

Pratt, D. (2000). Making sense of the total of two dice. *Journal for Research in Mathematics Eucation, 31*, 602-625.

Shaughnessy, J. M. (1977). Misconceptions of probability: An experiment with a small-group, activity-based, model building approach to introductory probability at the college level. *Educational Studies in Mathematics, 8*, 285-316.

Shaughnessy, J. M. (1992). Research in probability and statistics. In D. A. Grouws (Ed.), *Handbook of research on mathematics teaching and learning* (pp. 465-494). New York: Macmillan.

Tversky, A., & Kahnemati, D. (1974). Judgment under uncertainty: Heuristics and biases. *Science, 185*, 1124-1131.

Watson, J. D., Collis, K, F., & Moritz, J. B. (1997). The development of chance measurement. *Mathematics Education Research Journal 9*, 60-82.

Watson, J. D., & Moritz, J. B. (1998). Longitudinal development of chance measurement. *Mathematics Education Research Journal, 10*, 103-127.

# 차례

# 1부

# 확률과 확률 교육에 대한 관점

1장

# 우연chance과 확률의 본성

CARMEN BATANERO, MICHEL HENRY, BERNARD PARZYSZ

> 확률 이론은 사실상 상식을 수학화한 것일 뿐이다. 이를 통해 우리는 직관(instinct)에 의해서는 파악하기 어려운 것에 대해서도 정확하게 인식할 수 있는 확실한 사고 전략을 갖게 되며, … 우리를 혼란에 빠트리는 착각을 피할 수 있다. … 이보다 더 가치 있는 학문은 없으며 공교육에서 다루어야 할 이보다 더 유용한 학문도 없다. (Laplace, 1986/1825, pp. 206-207)

## 01 도입

개념을 형식화하는데 역사적으로 드러났던 인식론적 장애를 분석하는 것은 수학 학습에서 학생들이 겪는 어려움을 이해하는데 도움이 되기 때문에, 수학교육자들은 어떤 개념의 역사 발생 과정에서 드러나는 인식론적 문제에 주요한 관심을 둔다. 이는 확률 분야에서 무엇보다 중요한데, 확률을 다룰 때 사람들은 실제 현상에 대해 이론적인 해석을 내린 학문적 지식을 이해해야 할뿐만 아니라, 자신들의 전형적인 오개념과 신념, 미래에 일어날 사건에 대한 주술적인 예측과 다를 바 없는 자신들의 지식에 대처해야 하기 때문이다. 베르누이(Jacques Bernoulli, 1713/1987)가 쓴 책인 《추측술(Arc Conjectandi)》 4장에 따르면 미래는 오직 전지전능한 절대자에게 속한 것이었기 때문에 미래에 일어날 사건에 대해 짐작해 보는 것은 수세기 동안 상상조차 할 수 없는 일이었다. 그러나 이러한 신성한 관계도 도박사가 판돈을 거는 것을 막지는 못하였다. 다만, 이러한 내기를 수치적으로 다루는 것은 직관의 영역에 해당하는 것으로 간주되었다.

16세기에 카르다노(Gerolamo Cardano)는 처음으로 확률적 사고에 진전을 가져왔는데, 그는 이길 수 있는 조합을 계산하여 내기를 하곤 하였다. 그러나 확률적 사고와 관련된 결정적인 진전은 파스칼(Blaise Pascal)과 페르마(Pierre de Fermat)의 서신 교환에서 이루어졌으며(Pascal, 1654/1963a), 이에 대한 내용을 파스칼의 책인 《Traité du Triangle Arithmétique》(Pascal 1654/1963b, Edwards 1987)에서 확인할 수 있다. 파스칼과 페르마는, 게임에 참여한 사람들이 상금을 받을 가능성이 서로 다른 상태에서 게임이 중단되었을 때 형이상학적(metaphysics) 접근 대신 계산을 통해 각 사람이 이길 가능성을 구하였다. 근원사건에 대한 등확률성(equiprobability)을 가정하는 것은 이러한 우연게임에서 복합사건의 확률을 예측하는데 가장 중요한 준거가 된다.

이후 확률 개념은 형이상학적 요소와 실제를 연결시키는 방식에 따라 다양한 해석을 얻게 되었으며(Hacking, 1975), 신생 학문인 확률은 그 형식적 발달에 있어 직관과 개념적 성장 사이의 불균형에서 오는 여러 가지 역설을 낳았다(Borovcnik, Bentz, & Kapadia, 1991). 예를 들어, 많은 학생들은 주사위 2개를 던졌을 때 '5와 6을 얻을 가능성'과 '6과 6을 얻을 가능성'이 같다고 생각한다. 이외에도 Székely(1986)에는 투스카니의 대공이 갈릴레오(Galileo)에게 보낸 최초의 확률 문제와 같은 여러 가지 예시가 있으며, 이 장에서 이러한 문제들에 대해 살펴볼 것이다.

확률에 대해 완벽한 공리체계를 갖게 된 오늘날에도, 기본적인 개념을 해석하거나 통계적인 활동에서 이러한 개념의 역할을 설명하는데 여전히 많은 논란이 있다. Borovcnik & Peard(1996, p. 249)는 확률적 추론이 논리적 추론이나 인과적 추론과는 다르다는 것을 지적하면서 확률에 대한 반직관적인 결과는 초등 수준에서도 발견된다고 하였다. 이는 고도의 추상적인 작업을 수행할 때만 반직관적인 결과를 얻게 되는 수학의 다른 분야와는 완전히 대조를 이룬다. 이러한 이유로 고등학생들도 잘못된 직관을 지속적으로 갖게 되며 확률 학습에 상당한 어려움을 느끼게 된다(Batanero, Serrano & Green, 1998; Batanero & Sanchez, 이 책 10장; Fischbein, Nello, Marino, 1991; Jones & Thornton, 이 책 3장; Langrall & Mooney, 이 책 4장; Shaughnessy, 1983, 1992; Watson, 이 책 6장). 이와 관련된 전형적인 예는 다음과 같다. 여러 막대기 중에서 가장 짧은 막대기를 뽑으면 이기는 게임을 한다고 할 때, 첫 번째 사람이 가장 짧은 막대기를 뽑으면 그 다음 사람은 이를 뽑을 수 없기 때문에 첫 번째 사람이 이길 확률이 가장 크다고 생각하는 것이다. 이 게임에서 이길 확률이 모든 사람들에게 같다는 사실은 보통의 확률 직관과는 반대된다.

이 장에서는 우연과 무작위성, 확률의 본성과 관련된 여러 가지 해석을 살펴보고 이처럼 다양한 개념이 어떻게 서로를 상호 보완하며 교육과정 목표에 영향을 미치는지 알아볼 것이다. 이로부터 결과적으로 학교 수학에서 확률 교수-학습에 대한 시사점을 모색하고자 한다.

## 02 우연과 인과성

### 우연에 대한 여러 해석

인류가 지적으로 시간과 공간을 인식하게 되면서 상차 일어나게 될 사건에 대해 근본적인 불확실성이 존재함을 알게 되었다. 우연에 대한 아이디어는 문명의 역사만큼 오래되었지만 오늘날에 이르기까지의 여러 가지 사상사와 결부되어 이와 관련된 다양한 개념이 존재한다. 미래에 일어날 사건에 대해 우리가 느끼는 불확실성을 묘사하려는 여러 시도가 있었는데, 예를 들면 다음과 같다.

- 신이나 초자연적인 존재에 의해 사전에 결정된 운명을 믿는 것
- 개체마다 다른, 사적인 우연 요소의 특징을 가정하는 것
- 세상의 근원과 진화를 지배하지만 그 일부만이 알려진 법칙의 필연성과 불가피성을 인정하는 것
- 운에 의한 것이라고밖에 설명할 수 없는, 거시적인 현상을 일으키는 미시적인 원인의 필연적인 복잡성을 다루는 것
- 본질적으로 무질서한, 절대적인 자연적 본성으로 무작위성의 존재를 가정하는 것.

이런 모든 해석을 볼 때 무작위성을 정의하는 것이 얼마나 어려운지 이해할 수 있다. Bennett(1993)와 Courtebras(2001)는 우연에 대한 여러 가지 개념을 역사적·철학적·심리적 측면에서 분석하였다. 이러한 개념 중 일부는 아동과 초보자들에게서 여전히 드러난다(4, 6장 참조: 6장에서는 우연과 관련된 용어의 역할을 다룬다). 그러나 학문적인 지식의 발달과 합리적인 사고 교육에 힘입어 무작위 현상에 대한 이해에 주목할 만한 진전이 있었다. 간단한 역사적 개관을 통해 이러한 진전에 대해 살펴보고자 한다.

### 우연, 인과성, 결정론의 역사

정육면체 주사위나 복사뼈(astragali, 양과 같이 말굽을 가진 짐승의 발꿈치 뼈)와 같이 우연을 생성하는 도구는 수메르, 아시리아, 이집트 문명에서부터 존재하였으며 이들은 미

래를 예측하거나 의사결정을 내릴 때 활용되었다. 우연게임은 고대 로마에서 상당히 성행하여 통제의 대상이 되기도 하였다(Hacking, 1975, p. 25). 그러나 무작위성에 대한 과학적 개념은 고대를 거쳐 중세까지도 존재하지 않았다. Bennett(1993)에 따르면 이 시대에 우연이라는 것은 운에 의한 것으로 인식되었으며 인과성과 연결되어 다루어졌다. 이러한 관점에 따라 그리스의 철학자들은 무작위성에 대해 다양한 견해를 표명하였다. 데모크리토스(Democritus)는 세상에 존재하는 모든 것은 우연과 필요가 결합된 결과라고 주장하였다. 아리스토텔레스(Aristotle)에 따르면 어떤 현상은 2개 또는 그 이상의 사건이 예측하지 못한 우연에 의해 겹치면서 발생하는데, 이러한 사건은 서로 독립인 다양한 요인에 영향을 받기 때문에 최종 결과가 순전히 우연의 결과인 것처럼 보이게 된다.

아리스토텔레스의 철학은 중세시대에 만연하였는데, 이 당시 평범한 사람들의 주요한 행동양식은 주술적인 사고와 미신에 기초하였다. 르네상스 시대에는 이신론적(deist)* 결정론이 주류를 이루었으며 디드로(Denis Diderot)는 이러한 세태를 다음과 같이 요약하였다: "그것은 어딘가에 완전하게 쓰여 있다"(Diderot, 1796/1983). 이러한 개념은 베르누이가 자신의 책인 《추측술(Ars Conjectandi)》 4장을 도입할 때 특히 잘 표현하였다: "과거, 현재, 미래로부터 태양 아래에 있는 모든 것과 현재 존재하는 것, 장차 존재하게 될 것은 객관적이고 완전한 확실성 자체를 향유한다. … 장차 존재하게 될 모든 것이 확실성에 의해 구현되지 않는다면 창조주가 자신의 전지전능한 영광을 어떻게 지키는지 알 수 없다"(Bernoulli, 1713/1987, p. 14).

100년이 지난 후, 라플라스(Pierre Simon Laplace)는 라이프니츠(Leibniz)가 언급한 "쾌락주의자의 맹목적인 우연"(Leibnitz, 1710/1969)에 영감을 받아 자신의 결정론적 사고를 "충분한 이유의 원리(principle of sufficient reason)"로 설명하였다. 이 후에 라플라스는 그의 책 《확률에 대한 철학적 시론(Essai Philosophique sur les Probabilitbés)》에 다음과 같이 기술하였다: "어떤 것이든 그것이 발생하도록 하는 원인이 없다면 일어날 수 없다는 분명한 원리에 비추어 볼 때, 현재의 사건은 앞서 일어난 어떤 사건과 연결될 수밖에 없다." 라플라스는 다음과 같은 경구를 통해 그의 견해를 드러내었다. "전 우주의 현재 상태는 앞선 어떤 것의 결과이면서 뒤따를 무엇인가의 원인으로 인식될 필요가 있다"(Laplace, 1814/1995, p. vi).

이상에 따르면 우연은 단지 "무지의 표현"이며, 라플라스 학파의 결정론은 19세기

■

**역자 주** 이신론은 18세기 계몽주의 시대에 등장한 신학이론이다. 이 이론에 따르면 세계를 창조한 유일신이 존재하기는 하지만 신은 실세계와 별도로 존재하며 세계를 창조한 뒤에는 우주 법칙을 바꾸거나 인간에게 접촉하는 인격적인 존재가 아니다. 한편 이 이론은 인간이 이성을 통해 창조주인 신의 존재와 우주의 법칙을 인식할 수 있다고 본다.

까지 과학적 사고의 주요한 기초가 되었다. 이러한 견해에 따르면 어떤 상황에 본질적으로 내재된 우연은 인정되지 않으며, 인간에게 선택과 결정의 자유를 주는 우발성(contingency)이라는 "이차적 원인(secondary cause)"도 받아들여질 수 없다. 이러한 견해는 당연히 철학자들에 의해 도전을 받았으며 끊임없는 논쟁을 불러일으켰다. 이는 또한 실제 세계와 과학자들의 관계에도 의문점을 남겼다(Thom, 1990). 결정론에 따르면 자연의 개념은 자연적인 실제(reality)인가? 아니면 자연이라는 것을, 법칙과 가정이 결합된 공식과 같은 수학적 모델로 표현되는, 하나의 이상적인 세계로 발전하는 이론적인 체계로 이해해야 하는가?

20세기 초에 푸앵카레(Henri Poincaré)는 우연을 인식하는 것이 필연적으로 어떤 자연 현상을 지배하는 법칙에 대한 무지를 의미하는 것은 아님을 지적하였다. 나아가 푸앵카레는 절대 기체의 법칙과 브라운 운동을 예로 들어 거시적인 현상이 미시적 수준에서는 원칙적으로 무작위성을 지님에도 불구하고, 거시적인 측면에서의 규칙성은 결정론적 법칙에 의해 설명될 수 있다고 하였다. 푸앵카레는 그의 책 《확률의 미적분학(Calcul des Probabilités)》에서 다음과 같이 기술하였다: "우연을 무지와 같게 볼 필요가 있는가?"(Poincaré, 1912/1987, p. 3). 푸앵카레는 우연을 다음과 같이 규정하였다:

> 우리가 알아챌 수 없을 만큼의 아주 사소한 원인에 의해 우리가 인식할 수 있을 정도의 두드러진 결과가 생기고, 우리는 이를 우연 때문이라고 말한다. … 초기 조건의 미세한 차이가 최종적인 현상에서 커다란 변화를 낳을 수 있다. … 예측이 불가능하게 되고 우리는 이를 운에 의해 일어난 현상으로 본다. (Poincaré, 1912/1987, p. 4-5)

그러나 20세기 과학자들 대부분은 여전히 결정론적 세계관을 지니고 있었다. "신은 주사위 게임을 하지 않는다."는 아인슈타인의 천명을 톰(Rene Thom)은 다음과 같이 반복하였다(Thom, 1986, p. 24). "우연과 결정론이 충돌할 때, 과학은 이유의 원리에 따라 결정론 쪽에 선다."

### 20세기의 우연 개념

현대 과학은 자연현상 중에 우연이라는 것이 본질적으로 존재할 수 있는지, 있다면 그것을 어느 정도로 정확하게 관찰할 수 있을지에 대해 관심을 두고 있다. 하이젠베르크(Werner Heisenberg)가 원자 역학에서 제기한 불확실성의 원리에 따르면 입자의 운동은 무작위 함수로만 설명될 수 있으며, 입자의 위치와 속도를 동시에 기술하는 것은 이론적으로 불가능하다(Kojeve, 1932/1990). Jacques Monod(1970)의 유전학과 Ilya Prigogine & Isabelle Stengers(1979)의 열역학을 통해 고유한 우연 현상이 존재한다는 사고가 받아들여졌다. 푸앵카레가 예상하였듯이 Edgar Morin(1990)와 같은 인식론자들은 본질적으로 존재하는 우연 개념을 받아들임으로써 복잡성의 기초 개념을 설명하였다. 현대에 들어 카오스, 결정론, 우연, 복잡성을 다룬 연구가 상당히 많이 등장하였다. David Ruelle(1991)와 같은 수학자들은 복잡계를 모델링하기 위하여 카오스 이론을 발전시켜 이러한 현상에 대한 이해에 기여하였다.

우연 및 필연성에 대한 철학적 개념과 확률에 대한 인식론적 개념이 무엇이든 간에 이는 현대 수학의 확률 이론과 양립할 수 있다. 우연 및 필연성, 확률에 대한 서로 다른 해석을 다루는데 적절한 공리론이 개발되면서 수학에서는 철학적, 인식론적 논쟁이 불필요하게 되었다. 이에 무작위 실험은 수학적인 개념 그 자체가 되었으며, 각각의 구체적인 무작위 실험에서 우연의 본질이 무엇이든 간에 확률론의 공리를 만족하는 확률 모델을 단순히 적용함으로써 각 사건이 일어날 확률을 구할 수 있게 되었다. 그러나 교사는 우연 및 필연성, 확률과 관련된 다양한 해석 등을 이해할 필요가 있는데, 교사들이 우연 현상을 다루거나 확률 직관과 지식을 사용할 때 학생들에게 암묵적인 영향을 미칠 수 있기 때문이다.

## 03 무작위성과 확률

### 초기 단계

Bellhouse(2000)는 드 푸르니발(Richard de Fournival, 1201~1260)이 13세기에 쓴 글인 《De Vetula》를 분석하였다. 벨하우스(Bellhouse)는 이 글에 있는 서사시 하나를 번역하였는데 그 중 한 구절은 주사위 3개를 던져 나온 눈의 수의 합에 내기를 거는 게임에 대한 설명이 있다. 이 시는 관찰된 도수와 가능한 수의 배열을 계산한 값 사이의 관계를 다룬 가장 오래된 기록으로 꼽힌다. “16개의 수를 얻을 수 있지만 가장 큰 값과 가장 작은 값은 좀처럼 나오지 않고 중간에 있는 값들은 자주 나오기 때문에 이 16개의 수를 얻을 가능성은 같지 않다”(Bellhouse, 2000, p. 134).

시인은 주사위 3개를 던졌을 때 56가지*의 “겉보기 배열(observable configurations of points)”로 드러나는 216가지의 실제 경우의 수와, 주사위 3개를 던져 얻을 수 있

■

**역자 주** 주사위 3개를 던졌을 때 나올 수 있는 경우 중에서 동일한 수의 배열에 해당하는 (1, 2, 3), (1, 3, 2), (2, 1, 3), (2, 3, 1), (3, 1, 2), (3, 2, 1)과 같은 경우를 1가지로 세어 ${}_6H_3$=56을 구한 값이다.

는 눈의 수의 합 16가지를 연결시켜 눈의 합 각각을 얻게 될 가능성을 구한 다음, 그 가능성에 따라 내기를 하도록 제안하였다. “이를 통해 내기에서 얼마나 따거나 잃을지 정확하게 알 수 있다”(Bellhouse, 2000, p. 135).

시인은 이상과 같은 방법을 통해 일어날 사건의 가능성을 수량화할 수 있다고 주장하였다. 주사위 3개를 던졌을 때 나오는 눈의 수의 합에 내기를 거는 게임 상황에 대해 1620년에 투스카니의 대공이 갈릴레오에게 제기한, 역사적으로 최초의 확률 문제라고 알려진 문제를 살펴보자. 눈의 합이 9가 되는 경우의 수와 10이 되는 경우의 수는 6으로 정확히 같기 때문에 각 경우는 같은 빈도로 일어나야 한다. 그러나 시행을 여러 번 반복하여 보면 눈의 합이 10이 되는 경우가 9가 되는 경우보다 더 많이 일어닌다. 이 역설을 설명하기 위해 갈릴레오는 주사위 3개에서 나오는 눈의 수에 순서를 고려하는 현대적인 조합론의 방법에 따라 정확한 답을 구하였다. 눈의 합이 9가 되는 경우의 수는 25가지이고, 눈의 합이 10이 되는 경우의 수는 27가지이다.

16세기 카르다노는 공정한 우연게임을 만들기 위해서는 일어날 것 같은 결과의 상대적인 비중을 고려해야 한다고 주장하였다. 카르다노(1663/1961)는 자신이 쓴 《우연게임의 책(Liber de Ludo Aleae)》에서 조합적인 계산법과 일반적인 규칙을 설명하였다. 일어날 것 같은 결과의 경우의 수를 통해 모든 가능성을 구하여 각각의 가능성을 서로 비교해 보아라. 두 사람이 하는 게임이 이러한 비율에 따라 진행되면 각 사람은 동일한 조건에서 겨룰 수 있게 된다(Pichard, 2001, p. 17).

### 고전적 해석

다양한 확률 개념이 출현하면서 우연과 무작위성이 확률이라는 용어를 통해 설명되었으며 이는 오늘날까지 지속되고 있다. 우연과 무작위성에 대한 설명은 확률 개념을 바라보는 관점에 따라 다르다. 이에 대한 첫 번째 연구자는 우연과 무작위성의 개념을 기댓값과 관련하여 해석하였다. 파스칼(1654/1963a)은 중단된 게임의 “가치(value)”를 각 사람이 이길 가능성에 비례하여 상금을 나눔으로써 계산하였다. 파스칼은 그의 책 《Traité du Triangle Arithmétique》에서 각 사람이 전체 상금을 따게 될 확률에 비례하여 상금을 분배하는 것이 공정하다고 주장하였다(Pascal, 1654/1963b).

호이겐스(Christiaan Huygens)는 파스칼에게 영감을 얻어 확률에 대한 첫 번째 논문 〈주사위 게임의 이론(De Ratiociniis in Aleae Ludo, Huygens, 1657/1998)〉을 썼다. 이 논문의 세 번째 정리를 현대적인 용어로 풀어보자면, 어떤 사람이 상금 $a$ 을 따게 될 확률이 $p$ 이고 상금 $b$ 을 따게 될 확률이 $q$ 라면 이 사람이 따게 될 상금은 $pa+qb$ 로 기대할 수 있다.

라이프니츠도 같은 방법으로 다음과 같이 설명하였다(Leibniz, 1676/1995, p. 161).

> 어떤 상황이 2가지 경우에 서로 다른 기댓값을 갖는다면 그 상황 전체의 기댓값은 결과의 전체 횟수로 나눈 각 경우의 기댓값의 합이 될 것이다.

페르마가 1654년 9월에 파스칼에게 보낸 편지에서 언급한 확률 개념인 고전적 접근은 드 무아브르(Abraham de Moivre)가 《우연의 원칙(The Doctrine of Chances)》에서 언급한 것처럼 확률에 대한 최초의 정의로 간주된다.

> 그러므로 앞으로 일어날 일에 대한 우연의 횟수를 분자로, 그 일이 일어나든지 일어나지 않든지에 대한 전체 우연의 횟수를 분모로 하는 분수를 택하면 이 분수는 일어날 일의 확률로서 적절한 정의가 된다(de Moivre, 1718/1967, p. 1).

역사적으로 초기 연구자들은 우연 상황에서 일어날 수 있는 결과의 무작위성을 장차 일어나게 될 사건에 대해 자신들이 생각하는 불확실성과 연관시켜 설명하였다. 베르누이는 《추측술(Ars Conjectandi)》에서 다음과 같이 기술하였다. “확률은 확실성의 정도를 의미하는 것으로, 전체의 부분으로서의 확실성과는 다르다”(Bernoulli, 1713/1987, p. 16).

라플라스는 1795년에 교사 교육 기관 협의회에서 부분적으로 소개한 적이 있는 《확률에 대한 철학적 시론(Essai Philosophique sur les Probabilitbilités)》을 1814년에 출판하였다. 이 책에서 라플라스는 구체적인 상황의 수학적 확률을 정의하였는데 필수 개념인 등확률을 결정하는 주관적인 견해에 대해 설명하였다. 라플라스는 확률이 일정 부분의 무지와 지식을 동시에 드러낸다고 언급한 후, 다음과 같이 설명하였다.

> 가능성에 대한 이론에서는 같은 종류의 모든 사건에 대해 그 사건이 일어날 횟수가 같다고 간주하는데, 실제로는 같다고 볼 수 없는 경우에도 그러하다.

그런 다음 가장 주요한 확률을 정의하였다.

> 확률은 간단히 말해서 분수인데, 분자는 사건이 일어날 횟수이고 분모는 일어날 수 있는 모든 사건의 횟수이다(Laplace, 1814/1995, p. ix).

확률에 대한 고전적 개념에 따르면 어떤 대상이 어떤 모임에서 무작위로 선택되었다는 것은 그 대상이 선택될 확률이 그 모임의 다른 대상이 선택될 확률과 같다는 의미이다("hasard du tirage au sort", Lahanier-Reuter, 1999에서 재인용). 확률에 대한 라플라스의 정의는 서로 다른 사건의 등확률성을 판단하는데 주관적인 해석을 토대로 하였다는 점에서 논쟁을 일으켰다. 주사위 1개를 던질 때나 우연게임을 진행할 때처럼 등확률성이 명백한 상황도 있지만 복잡한 실생활 맥락은 그렇게 간단하지가 않다. 베르누이는 《추측술(Ars Conjectandi)》에서 전염병의 확산이나 날씨 현상을 예로 들어 이 점을 지적하였다. 등확률성은 "매우 드문 경우에만 관찰되며 우연게임이 아닌 상황에서는 일어나지 않는다"(p. 40). 이어서 베르누이는 실제 사건에서 확률이 어떻게 결정되는지 설명하였다. "이론적으로는 알지 못하지만 적어도 실험을 해볼 수는 있다. 즉, 비슷한 많은 경우에 결과를 관찰하여 확률을 구할 수 있다"(p. 42). 베르누이는 구체적인 사건의 확률에 대한 객관적이고 빈도적인 접근을 제안하였다.

### 빈도적 접근

무작위 실험의 반복 시행에서 관찰된 규칙성에 기초하여 장차 일어나게 될 사건의 가능성을 수량화하는 것과 관련된 이론적인 연구는 불과 3세기 전에 시작되었다. 이때 베르누이는 큰 수의 법칙(law of large numbers)을 증명함으로써 확률에 대한 빈도적 예측을 정당화하였다. 현대적인 용어를 빌리면 이 정리는 다음과 같이 기술할 수 있다. 같은 실험을 충분히 반복하면 어떤 사건의 상대도수와 그 확률 $p$의 차를 임의의 수보다 작게 만들 수 있는 확률을 1과 원하는 만큼 가깝게 만들 수 있다.[■]

무작위 실험에서 동일한 시행을 충분히 반복하였을 때 어떤 사건의 상대도수가 안정화되어간다는 사실은 이미 오래전부터 알려져 온 사실이었다. 이처럼 안정화되어 가는 수치가 고전적인 확률과 관련됨을 보인 베르누이의 증명에 의해 확률은 무작위 사건의 객관적 특징이라는 사실이 확인되었다. 상대도수의 안정성이 관찰되면 상대도수가 가까워지는 값은 확률의 물리적인 근삿값으로 간주할 수 있다. 레니(Alfred Renyi)는 다음과 같이 주장하였다. "확률은 관찰자와 무관한 값으로, 여러 번 시행해본 다음 어떤 사건이 일어난 도수를 나타낸다. 확률에 대한 수학적인 이론은 물리적 양(magnitude)과 같이 측정될 수 있는 객관적인 가능성을 다룬다"(Renyi 1966/1992, p. 26).

나아가 빈도적 접근에 따르면 확률은 상대도수가 안정되어 갈 때 그 값이 가까워지

■
**역자 주** 어떤 시행에서 사건 A가 일어날 확률이 $p$일 때, $n$ 회의 독립시행에서 사건 A가 일어나는 횟수를 $X$ 라고 하면, 임의의 양수 $h$ 에 대하여 $\lim_{n\to\infty} P\left(\left|\frac{X}{n}-p\right|<h\right)=1$ 이 성립한다.

는 가상의 수로 정의된다(von Mises, 1928/1953; Renyi, 1966/1992; Ventsel, 1973). 빈도적 접근은 관찰된 도수가 가까워지는 값이 존재한다고 가정한다. Gnedenko & Kolmogorov(1954)에 따르면 "만약 수학적 확률이 동일한 조건하에 수행된 반복 실험 결과에서 얻은 상대 도수를 통해 구체적으로 드러나지 않는다면 수학적 확률 자체는 의미가 없는 개념이다."

그러나 실제 상황에서는 빈도적 접근을 위해 물리적으로 충분히 많은 시행을 반복하는 것이 쉽지 않다. 또한 사건의 확률을 적절히 예측하는데 어느 정도의 시행이 필요한지 결정하는데도 어려움이 있다. 또한 계량 통계(econometrics)에서 종종 일어나듯이 동일한 조건하에서 오직 1번만 발생하는 사건의 확률을 빈도적 접근으로는 해석할 수 없다. 그러나 확률에 대한 빈도적 정의와 관련하여 가장 두드러진 비판은, 확률에 대한 빈도적 정의가 추상적인 수학적 대상과 실험에 의해 얻어진 경험적인 도수를 혼동하게 만들 수 있다는 점이다. von Mises(1928/1952)의 공리 체계에 따르면 확률은 상대도수의 이론적인 극한값으로 간주된다. 그러나 확률에 대한 이러한 개념은 모델과 실제 상황을 혼동하게 만드는 교수학적 문제를 야기할 수 있는데, 구체적인 문제를 해결하기 위해 확률과 무작위 변수에 대한 추상적인 지식을 활용할 필요가 있는 학생들이 모델링 과정을 이해하는데 어려움을 느낄 수 있다.

### 주관적 견해

빈도적 접근이 고전적 견해에 비해 상대적으로 진보적이기는 하지만 이 역시도 여러 논란으로부터 자유롭지 못하였다. 1763년에 발표된 베이스 정리(Bayes' formula)는 직관을 거스르는 질문을 야기하였다. 이 공식은 여러 원인에 의해 다양한 결과 중 하나가 발생하였을 때, 각각의 원인에 의해 해당하는 결과가 발생하였을 가능성을 알려준다. 이처럼 어떤 원인에 대한 확률은 새로운 정보가 작용함으로써 변경될 수 있기 때문에 빈도적 개념을 통해 전제된 확률의 객관적 특징이 사라지게 된다. Keynes(1921), Ramsey(1931), de Finetti(1974)는 확률을 주어진 결과에 대해 개인이 갖고 있는 정보에 의해 결정되는 개인적인 신념라고 설명하였다(Cabriá, 1992; Hacking, 1975). 이와 관련하여 De Finetti(1974)는 "확률은 존재하지 않는다"고 주장하기도 하였다. De Finetti(1974)는 객관적인 존재를 가정하는 것은 잘못되고 위험한 개념을 형성한다고 지적하였다. 확률은 이론적인 개념이기 때문에 확률에 대한 추정값은 관찰자의 지식, 관찰되는 상황, 관찰자가 수집할 수 있는 자료처럼 다양한 변수에 의해 결정된다. 따라서 확률이 실제로 존재한다고 생각하게 되면 확률을 설명하기 위해 선택한 이론적 모델과 실제 상황 사이에 혼란이 발생하게 된다.

이와 같은 주관적 견해에 따르면 어떤 사람에게는 무작위적인 현상이 다른 사람에게는 그렇지 않을 수 있다. 무작위성은 더 이상 물리적인 "객관적" 성질이 아니라 주관적인 특징을 지니며 확률은 길이나 무게와 같이 측정될 수 있는 것이 아니라 특정 개개인이 느끼는 불확실성의 정도를 나타내는 것에 불과하다(Kyburg, 1974). 측도론의 선구자인 보렐(Émile Borel)에 따르면 "확률론을 부적절하게 적용함으로써 발생하는 다양한 실수를 극복하기 위해서는 확률의 주관적 특징을 강조하기만 하면 된다." 보렐은 "어떤 사건의 확률은 항상 어떤 지식 체계와 관련되기 때문에 모든 사람들에게서 동일할 필요는 없다"(Borel, 1930/1991, pp. 70-71)고 주장하였다.

이상과 같은 주관적 접근의 영향으로, 확률을 예측하기 위해 동일한 상황에서 반복 실험을 해보는 것은 더 이상 필요하지 않게 되었다. 반복 시행이 필수적인 것은 아니라는 사실로 인해 확률론의 적용 분야가 확장되었으며, 특히 경제적인 결정을 내릴 때 더욱 그러하였다(Saporta, 1992). 오늘날 신베이스주의 학파는 의심스럽고 알 수 없는 현상, 심지어 비무작위적인 현상에 대해서도 확률을 계산한다. 그러나 관찰자마다 다르게 평가되는 결과의 과학적 특징은 무엇이란 말인가? 객관주의자들과 주관주의자들 간에 발생하는 이러한 교수학적 논쟁의 해결책은 확률론의 수학적 모델로부터 찾을 수 있다.

### 수학적 형식주의

20세기 전반에 걸쳐 다양한 학파들이 확률에 대한 수학적 형식화를 시도하였다. 콜모고로프(Andrei Kolmogorov, 1933/1950)는, 특수한 유형의 측도로 확률을 다룬 보렐(Borel, 1930/1991)의 견해에 따라 무작위 경험에서 일어날 수 있는 모든 결과를 나타내는 집합(표본공간)을 고려하였다. 콜모고로프는 확률에 대한 만족스러운 공리체계를 유도하기 위하여 집합론과 측도론을 적용하였으며, 르베그 적분을 사용하였는데, 여러 학파들은 확률의 본성과 관련된 철학적 해석과는 별개로 이러한 공리체계를 받아들였다. 이렇게 하여 확률은 수학적인 대상이 되었으며, 확률 모델은 무작위적 실제를 단순화하여 설명하고 해석하는데 활용되었다. 확률론은 여러 분야에 응용되어 그 효율성을 증명하였지만, 특별한 형태로 유도된 이러한 모델로 인해 실험적으로 검토될 필요가 있는 판단 전략과 이론적인 가설이 나타났다. 또한 확률은 측도론의 특수한 경우로만 다루어지기 어려운 점이 있었는데, 확률과 관련된 독립성이나 극한이론이 중요한 역할을 하였기 때문이다. 라플라스와 가우스에서 시작하여 콜모고로프와 둡(Doob)에 이르기까지 확률론 연구자들에 의해 수행된 여러 연구 결과와 지적인 구조는 이 흥미로운 분야로 젊은 연구자들을 끌어들이기에 충분하였다(Cabriá, 1992).

### 무작위성과 무작위적 결과에 대한 직관

통계적 추론에 대한 이론이 개발됨에 따라 무작위적 과정과 무작위적 결과에 대한 개념적 차이를 구분할 필요성이 대두되면서, 무작위로 숫자 열(sequence of random digits)을 만드는 무작위적 과정의 모델을 고안하던 중에 흥미로운 사실이 발견되었다. 결정론적 알고리즘에 의해 유사무작위(pseudorandom) 숫자를 얻을 가능성이 존재하기 때문에, 숫자 열이 생성되는 과정과는 별개로 생성된 숫자 열 자체에 대한 검토가 필요함을 인식하게 되었다. 이러한 논쟁에 의해 무작위성의 개념에 대한 형식화가 진행되었다(Fine, 1971).

직관적으로(특히 아동들에게서) 우연이라는 것은 미리 예측할 수 없는 것으로 이해된다. 따라서 주사위 1개를 6번 던지면 [1, 2, 3, 4, 5, 6]이 [2, 5, 1, 6, 4, 3]보다 덜 일어날 것처럼 보인다. 사람들에게는 불규칙적인 것으로 보이는 숫자 열을 선택하는 것이 더 안정적이라는 신념이 있다. Parzysz(2004)에 따르면 20세기 전반에 걸쳐 이와 같은 예측불가능성을 설명하기 위해 다양한 개념이 출현하였다. 예를 들면, Borel(1909)이 소개한 균등분포 숫자 열(equidistributed digits)이나 표준 숫자들(normal numbers)이 있다.

Fine(1971)은 무작위적 결과를 정의하기 위한 여러 가지 접근법에 대해 논의하였다. von Mises(1928/1952)는 사람들이 직관에 기초하여 어떤 경우를 무작위적 결과로 해석하는지 연구하였다. 본 미제스(von Mises)에 따르면 어떤 결과가 일어날지 예측함으로써 게임에서 이길 가능성을 파악해야 하는 우연게임에서는 이길 수 있는 전략을 직관적으로 알아내는 것이 불가능할 때 사람들은 그 결과가 무작위적이라고 생각한다. von Mises & Martin-Löf(1966)에 따르면 무작위적 결과는 어떤 통계적인 검사를 통해서도 눈에 띄는 규칙성을 찾을 수 없는 경우를 말한다. Kolmogorov & Chaitin (1975)의 견해에 따르면 무작위적 결과는 보다 규칙적인 하위 요소에 의해 생성될 수 없을 만큼 매우 불규칙하며 복잡하다(Zabell, 1992; Delahaye, 1999). 본 미제스와 콜모고로프의 이론적 접근에 따르면 완전한 무작위성은 무한히 많은 숫자 열에만 적용할 수 있기 때문에 무작위성은 오직 이론적인 개념이 될 뿐이다.

## 04 핵심적인 확률stochastic 아이디어

### 학교 수학에서 대학 수학에 이르기까지 점진적으로 구성되는 개념

확률 교육의 핵심은 서로 다른 학교 급에서 다룰 필요가 있는 주요 내용을 검토하여 이를 통해 학생들이 자신의 삶을 준비할 수 있도록 돕는 방안을 모색하는 것이다(2장 참조). 앞 절을 통해 확률론이 역사적으로 발달하는 과정을 개관하면서 핵심적인 확률 아이디어를 살펴보았다. Heitele(1975)는 기본적인 수학적 개념을 다양한 형식화 수준으로 학습할 수 있다는 Bruner(1960)의 견해에 따라 이러한 확률 아이디어를 분석하였다. 나선형 교육과정에 기초하여 이러한 형식화는 학교 수학에서 대학 수학에 이르기까지 좀더 복잡한 인지적·언어적 수준으로 확장됨으로써 구체화되었다. Heitele(1975)는 어린 아동이 핵심적인 확률 아이디어에 대한 직관적인 모델을 형성한 다음 추후에 올바른 분석적 지식을 구성하도록 도울 수 있다고 제안하였다. 수학적으로 잘 훈련된 사람들조차도 다양한 역설로 인해 혼동을 겪는 확률 분야에서는 이러한 지도 전략이 무엇보다 중요하다. 실제로 확률 영역에서는 주요 내용에 대한 형식적인 지도에 앞서 직관적인 이해를 강조할 필요가 있다. Feller(1950)에 따르면 심지어 성인들도 확률 직관을 성장시킬 수 있지만, 이미 형성된 부적절한 직관은 수정하기가 어려워서 이후 학습에서 장애를 초래할 수도 있음에 유의하여야 한다(Fischbein, 1975).

Heitele(1975)는 핵심적인 확률 아이디어의 목록을 작성하면서 확률의 심리 발생과 역사 발생 과정을 고려하였는데, 확률 개념을 다루는 것이 어렵기는 하지만 중요하다는 점이 이 두 분야를 통해 증명되었기 때문이다. 이하에서는 Heitele(1975)에 의해 언급된 주요 아이디어를 간난히 살펴보고자 한다.

### 무작위 실험, 사건, 표본공간

무작위 실험에서 발생할 수 있는 모든 가능성을 나열함으로써 일어날 수 있는 결과뿐만 아니라 어떤 사람이 게임에서 이길 가능성과 질 가능성을 설명하는 것은 우연게임에 대한 초기 연구에서 필수적인 내용이었다. 몇 가지 고전적인 확률 문제를 해결하려는 초기 시도는 잘못된 표본공간을 구성함으로써 자주 실패하곤 하였다. 표본공간은 확률을 계산하기 위해 설정한 공리를 만족하는 집합을 구성하는 토대로서, 일어날 수 있는 모든 결과의 집합이 되어야 한다는 콜모고로프의 견해에 따라 그 개념이 점차로 발전하였으며 형식화되었다. 이러한 공리 체계는 확률 영역이 수학의 한 분야로서 비약적으로 발전하는데 전환점이 되었다. Fischbein(1975)은 표본공간 개념의 인식론적 측면에서, 특히 결정론적 사고에 얽매어 있는 어린 아동일수록 무작위 상황에서 발생하는 모든 결과의 집합보다는 하나의 사건에만 집중하는 경향이 있다고 지적하였다. 이와 비슷한 양상을 Konold(1989)는 "결과적 접근(outcome approach)"이라고 설명한 바 있다. 어린 아동을 대상으로 하는 확률 교육 프로그램을 운영한 Jones, Langrall, Thornton, & Mogill(1999)에 따르면 표본공간 개념과 관련된 오개념을 극복하는 것은 확률적 사고능력을 갖춘 아동들의 주요 특징이다(4장 참조).

### 덧셈 법칙

복합사건을 단순 구성 요소로 나누는 것은 단순사건을 토대로 복잡한 확률을 유도하는 효과적인 방식이다(8장 참조). 확률에 대한 두 번째 공리에 의해 복합사건의 확률을 단순사건을 이용하여 구할 수 있다. 수학에서 일반적으로 적용되는 규칙처럼, 이러한 아이디어가 받아들여지면 이는 점진적으로 일반화된다. 이 법칙은 서로소인 두 사건의 합집합에서 출발하여 사건의 개수가 고정된 경우 또는 변하는 경우로 확장되며, 연속인 표본공간에서 확률을 계산할 때는 적분으로 그 합을 대신하게 된다.

### 독립성과 조건부 확률

확률 개념과 직관 사이에 복잡한 관계는 독립성 개념과 관련하여 드러난다. 앞 절에서 살펴보았듯이 확률 개념은 독립성을 본질적인 특징으로 갖는 우연게임에 대한 연구에서 출발하였다: 주사위나 동전은 앞선 시행의 결과를 기억하지 않는다. 18세기 중반이 되어서야 독립성 개념이 인식되었으며 명확해졌다. 독립성은 직관적인 이해로부터 출발하였다. 두 사건 중 하나가 다른 것에 영향을 미치지 않으면 두 사건은 독립이다. 이러한 아이디어를 확률적으로 해석하면 다음과 같이 곱셈 법칙으로 표현할 수 있다:

$$P(A \cap B) = P(A) \times P(B)$$

라플라스와 가우스가 독립적인 측정으로부터 발생하는 "작은" 오차 값에 대한 극한 분포를 연구함에 따라, 독립성 개념은 정규분포가 출현하게 되는 주요 계기가 되었다. 콜모고로프에 의해 확률의 토대가 공리 체계로 정교해지면서 독립성의 정의와 개념이 바뀌게 되었는데, 이는 확률적으로 독립성이 곱셈 법칙에 의해 정의되었기 때문이다. 이러한 새로운 정의는 독립성에 대한 직관적인 의미가 그 정의에서 사라졌다는 이유로 여러 연구자들에 의해 비판을 받았다(von Mises, 1928/1952). 즉, 어떤 사건은 확률적으로는 독립이지만 직관적으로는 그렇지 않을 수 있으며, 직관적으로는 독립이지만 확률적으로는 그렇지 않을 수 있게 되었다.

독립성에 대한 직관적인 아이디어와 형식적인 정의 사이에 연결을 추구하는 역사적

과정에서 발생하였던 어려움이 확률 교육에서도 동일하게 나타나며, 이는 조건부 확률 문제를 다룰 때 주요한 장애 요인이 된다. 조건부 확률과 관련된 오개념은 통계 교육에서 자주 논의되었으며 이 책의 다른 장에서도 기술될 것이다(예, 6장, 9장, 10장).

복합 실험에서 확률을 계산하기 위해서는 해당 실험이 종속적인지 아닌지를 살펴볼 필요가 있다. 여기서 논의하는 것은 실험 그 자체이며, 동일한 실험을 통해 일어나는 사건을 말하는 것이 아니다. Heitele(1975)에 따르면 학생들은 복합 실험에 대한 학습을 통해 복잡한 모델을 구성하기 위해 보다 간단한 모델을 활용하는 수학적인 전략도 배울 수 있다.

### 확률의 균등분포

앞서 기술된 아이디어들은 강력하기는 하지만, 단순사건의 확률을 설정하는 출발점으로서 객관적인 기준을 정하는데 도움이 되지는 못한다. 이와 관련하여 가능한 전략은 물리적 대칭성이 존재하는 상황에 라플라스의 등확률 규칙이나 동일성 원리(indifference principle)를 적용하는 것이다. 우연게임이나 유한 표본공간을 가진 실험에 이 전략을 적용하는 것은 자연스럽지만 앞서 살펴보았듯이 이 역시도 주관적인 판단을 토대로 한다. 그러나 아동들은 무작위 생성자를 주관적으로 해석하거나 "운이 있는 수"를 믿는 경향이 있기 때문에 어른들에게는 자명한 사건의 등확률성을 때때로 쉽게 이해하지 못할 수도 있다(Truran, 1996).

### 조합론

조합론은 단순히 확률 계산에만 쓰이는 도구는 아니지만, 조합론과 확률 사이에는 매우 깊은 연관성이 존재한다. Piaget & Inhelder(1951/1975)의 인식론적 접근에 따르면 매우 초보적인 무작위 실험이 아닌 경우에는 조합적인 능력이 없는 아동이 확률과 관련된 아이디어를 이해하는 것은 불가능하다. 수학적인 관점에서 볼 때, 확률과 조합론 간의 연결성은 복합 실험에서 눈에 띄게 드러난다. 복합사건의 표본공간을 구성하는 과제를 해결하기 위해서는 조합적인 구성 과정을 적용해야 하기 때문이다. 또한 순열(arrangement)과 조합은 복합 실험을 통해 정의된다(복원 또는 비복원 상황에서 순서를 고려하는 선택, 복원 또는 비복원 상황에서 순서를 고려하지 않는 선택). 이러한 이유로 조합적인 배치(configuration)나 복합 무작위 실험을 이해하는데 수형도를 사용하는 것은 어쩌면 당연한 일이다(조합론에 대한 기초적인 분석과 학생들의 조합적 추론에 대한 연구가 5, 8, 10장에 제시되어 있다).

### 무작위 변수와 분포 모델

확률과 관련된 가장 강력한 아이디어 중 하나가 20세기에 등장하였으며, 이는 여러 가지 역설과 장애를 해결하였을 뿐만 아니라 확률의 적용 분야를 우연게임 이상으로 확대하였다. 무작위 변수가 일상생활의 다양한 맥락에서 드러났으며 무작위 변수에 대한 분포 모델의 개수가 상당히 늘어났다. 확률적인 과정에서뿐만 아니라 이러한 아이디어에 대한 일반화와 확장이 이변량 무작위 변수나 다중변량 무작위 변수에서도 나타났다. 무작위 변수는 기댓값의 아이디어와 관련된다. 기댓값은 우연게임과 매우 밀접하게 관련되는데, 이는 확률 개념의 역사 발생 과정의 초창기에 등장하였다. 아동들에게 무작위 변수와 기댓값의 개념을 직관적으로 소개함으로써 나중에 배우게 될 이항분포, 기하분포, 균등분포, 지수분포, 정규분포와 같은 형식적인 확률 모델에 대한 이해를 촉진할 수 있다.

### 큰 수의 법칙

충분히 많은 시행을 반복하였을 때 주어진 결과의 상대도수가 점차로 안정되어 가는 경향은 수세기 전부터 인지되어 왔으며 베르누이에 의해 수학적인 이론으로 해석되었는데, 이는 앞서 살펴보았듯이 확률에 대한 빈도적 정의를 정당화한다. 이 이론을 현대적으로 일반화한 것이 큰 수의 법칙이다. 이 법칙을 통해 확률과 통계가 연결되며, 이러한 연결에 의해 통계는 실험 과학의 방법론적 도구로서 정당성을 얻게 된다. 독립적이며 예측불가능한 결과로 이루어진 분포에 규칙성이 존재하므로, 자연 현상의 무작위적 요소와 비무작위적 요소를 분리함으로써 무작위성의 수학적 모델을 발견하거나 이를 제어할 가능성을 모색할 수 있다. 그러나 이 아이디어 역시 상당히 복잡한 개념으로, 무작위 수렴이라는 구체적인 특징을 이해하기가 어려우며 충분한 시행, 동시 발생(coincidences), 예측할 수 없는 패턴 등과 같은 개념도 반직관적이다(6, 10장 참조).

### 표집

전체 모집단을 대상으로 하는 연구를 수행하는 것이 불가능하기 때문에 모집단과 관련된 지식의 대부분은 표본의 2가지 특징인 대표성과 변이성(variability)에 기초하여 얻어진 것이다. 여러 표본은 모집단을 대표하거나 대표해야 하므로, 이들은 모집단과 비슷한 특징을 지닐 것으로 간주되지만 한편으로 표본 각각은 서로 다른 특징을 지닐 것이라는 변이성도 염두에 두어야 한다. Kahneman, Slovic, & Tversky(1982)와 같은 심리학 연구에 따르면 표본의 대표성을 지나치게 강조함으로써 무작위 표집에서 드러나는 변동을 충분히 다루지 못하였으며 표집 변이성에 표본의 크기가 미치는 영향도

적절히 논의하지 못하였다.

### 모델링과 시뮬레이션

20세기에 확률 지식은 기하와 같이 순수 수학적인 이론으로 조직되었다. 수학적인 접근을 통해 실제 현상에 대한 사회적인 해석이 시작됨에 따라, 확률과 관련되는 대상의 본질에 대한 논쟁이 완화되었으며, 우연의 본성과 관련된 다양한 철학적 개념을 수용하게 되었다. 확률의 공리적 기초가 지닌 추상적인 특징 덕분에 확률에 대한 상징체계를 구성하는 모델을 활용할 수 있게 되었으며, 이를 통해 실제로 발생하는 확률 문제를 구체화할 수 있게 되었다. 오늘날 구체적인 상황을 모델링하는 것은 과학적 지식을 다루는데 주요한 단계가 되었으며 확률은 단순한 모델이 강력한 힘을 발휘하는 영역으로 주목받게 되었다. 그러므로 확률과 통계 지도는 모델링 학습과 통합될 필요가 있다.

Heitele(1975) 역시 핵심적인 확률 아이디어 목록에 시뮬레이션 아이디어를 포함시켰다. 다양한 실제 상황의 유사구체적(pseudoconcrete) 모델인 시뮬레이션을 통해 수학적인 형식주의에 의존하지 않고도 무작위 상황을 분석할 수 있게 되었다. 그러므로 시뮬레이션은 실제 상황과 수학적인 모델 사이에 매개체 역할을 수행한다. 교수학적 도구로서 시뮬레이션은 학생들의 확률 직관을 개선하는데 기여한다. 또한 시뮬레이션을 통해 모델링 과정의 다른 단계를 학생들에게 지도할 수 있으며, 학생들이 모델과 실제 상황을 구별하도록 하는데도 도움을 줄 수 있다.

## 05 확률 교육을 위한 함의

앞서 논의된 바를 통해 확률의 다양한 본성(Cabriá, 1992)이 드러났으며, 특히 확률의 이중성(Hacking, 1975)을 살펴볼 수 있었다. 이처럼 다양한 측면은 교수학적으로 단단히 얽혀 있기 때문에 이들 중 1가지로 확률 교육이 제한되어서는 안 된다. 확률은 선험적인 불확실성의 정도를 나타내는 동시에 개인적인 신념의 정도를 나타내기도 한다(De Finetti, 1974).

확률에 대한 철학적 측면 및 이론적 발달과 관련된 논쟁은 확률 교육에도 영향을 미쳤다(Henry, 1997b; 수학 교육과정에서 다루는 확률 내용에 영향을 미친 요인에 대한 세부적인 분석을 위해서는 12장 참조). 1970년대 이전에는 조합적인 계산을 토대로 한 고전적 확률이 중학교 교육과정에서 주류를 이루었다. 이후 소위 "새수학" 시대에는 공리적 접근이 이를 보완하였다. 실제로 조합적인 추론은 매우 어렵기 때문에 이러한 접근은 학생들에게 상당한 어려움을 초래하였다. 또한 여러 과학 분야에 확률이 다양하게 적용되는 맥락은 학교 수학을 통해 소개되지 않았으며 중학교 교사들은 수업을 통해 우연게임만을 다룸으로써 확률을 수학의 부수적인 분야로 지도하였다.

최근 들어 학교 수학에서 확률을 다루는 것에 대한 관심이 확대됨과 동시에 컴퓨터가 발달함에 따라, 확률 개념을 상대도수가 안정화되는 극한을 통해 실험적으로 도입하려는 추세가 등장하기 시작하였다. 이제 확률은 통계적 경험에서 발생하는 다양한 문제를 해결하기 위한 이론적인 도구로 변화되었다. 통계적 질문에 대한 확률 모델은 교육적 맥락에서 핵심적인 역할을 하게 되었는데, 이는 겉으로는 단순해 보이지만 모델과 실제 상황 사이의 혼동에 의해 발생하는 것으로 보이는 다양한 역설을 학생들이 해결하는데 최상의 방법을 찾도록 도와주기 때문이다(Girard, 1997). 예를 들어 동전 1개를 2번 던져서 적어도 1번 뒷면을 얻어 게임에서 이길 확률을 구하는 상황을 생각해 보자. 이처럼 단순한 문제에 대해 유명한 수학자들도 서로 다른 표본공간 모델을 적용함으로써 각기 다른 풀이 방법을 제시하였다. 실제로 1776년에 달랑베르(D'Alembert)는 《프랑스 백과사전(French Encyclopedia)》에서 이 확률을 $\frac{2}{3}$라고 하였는데, 이는 달랑베르가 첫 번째에 뒷면이 나온 경우(이 경우에 게임은 끝난다), 첫 번째에 앞면이 나오고 두 번째에 뒷면이 나온 경우, 첫 번째와 두 번째에 모두 앞면이 나온 경우와 같이 3개의 서로 다른 등확률 사례를 고려하였기 때문이다. 《철학적 시론(Essai Philosophique)》에서 라플라스는 4개의 사건 (뒷면, 뒷면), (뒷면, 앞면), (앞면, 뒷면), (앞면, 앞면)에 대해 등확률을 가정함으로써 이 문제의 답이 $\frac{3}{4}$이라고 설명하였다. 이 문제는 매우 간단하지만 학생들과 함께 연구해볼 만한 역설을 보여준다. 학생들은 2개의 모델 중에 어떤 것이 해당 상황에 더 적합한지 시뮬레이션을 통해 결정한 다음, 1가지 방법이 다른 것보다 적절한 이유를 수학적으로 설명하려고 시도할 수 있다.

확률 모델로 무작위 상황을 설명하는 것은 고전적·주관적·빈도적 접근 사이에 존재하는 논쟁을 극복하는데 기여한다. 이러한 현대적 개념을 통해 수학적인 대상으로 확률을 다룰 수 있으며, Popper(1959)가 다른 것들에 비해 자주 발생하는 어떤 결과의 특징이라고 설명한 확률을 수량화할 수 있다.

교수학적 관점에서 볼 때, 모델링 과정을 3단계로 구분하는 것이 적절하다(Henry, 1997a, 2001). 특히 첫 번째 단계에 주목할 필요가 있는데, 이 단계에서 학생들은 구체적 수준에서 실제 상황을 관찰하고 자신들의 언어로 이를 기술한다. 이러한 기술에는 탐구하고자 하는 문제(작업가설 working hypotheses) 상황과 비교하여 어떤 것을 선택하여야 할 때 실제 상황에 대한 추상화와 단순화가 이루어진다. 또한 이러한 기술은 이론적 견해, 즉 사전에 형성된 일반적인 모델에 기초한 과학적 지식에 의해 통제된다. 예를 들면 선거 여론 조사에서 무작위로 선택된 응답자가 어떤 질문에 대해 "예", "아니오"로 대답하는 것을, 2가지 색깔의 공이 $p$와 $1-p$의 비율로 들어 있는 베르누이의 항아리에서 공 1개를 임의로 꺼내는 것으로 설명할 수 있다. 이때 작업가설은 단순화된 이상적 대상들의 체계를 표현하게 된다. 이것이 유사구체적 모델 수준이다. 선거 여론 조사의 예를 보면, 모집단에서 선택된 응답자는 "예"라고 대답할 확률이 모두 같으며(성별, 나이, 사회적 신분과는 무관하게), 일정 기간 동안 이러한 경향은 바뀌지 않는다고 가정한다.

두 번째 모델링 단계는 모델의 공식화(formalization) 단계로서, 여기에서는 확률적 계산이 가능한 기호적 체계로 유사구체적 모델을 표현할 수 있다는 전제가 존재한다. 이를 위해 표본공간 $\Omega$을 수학적으로 표현하고 표본공간의 부분 집합으로 사건을 규정할 필요가 있다. 또한 작업가설을 모델의 전제로 번역할 필요가 있으며, 최종적으로 확률분포를 $\Omega$에 대한 추상적인 측도로 정의하여야 한다. 이로부터 확률 이론을 활용하여 제안된 문제를 해결할 수 있는 방안을 모색할 수 있다. 앞서 살펴본 선거 여론 조사의 예에서는 $n$명 중에 긍정적인 답변을 얻을 가능성을 추정하기 위하여 이항 분포 개념을 도입하고, $n$개 중에 $x$개를 얻을 확률을 구하되, 이 과정에서 $n$이 충분히 클 때 이항분포가 정규분포에 근사한다는 사실을 활용할 수 있다.

세 번째 모델링 단계에서는 처음 문제로 되돌아가서 유사구체적 모델과 관련된 수학적인 결과를 해석할 필요가 있다. 이를 통해 수학적인 결과와 실제 상황의 관련성을 살펴볼 수 있으며 해결 방안과 작업가설이 연결됨으로써 의미있는 결과를 얻을 수 있다(모델의 정당화). 선거 여론 조사의 예에서 사용하였던 이론적 모델의 전제는, 실생활에서는 $p$값이 정치적인 상황에 따라 변하며 젊은 세대의 투표 성향은 다른 세대와 다르다는 점 등에 비추어 검토될 필요가 있다.

컴퓨터의 발달로 확률과 통계에서 무작위 변수를 생성할 때 시뮬레이션을 활용하는 것이 가능해졌다. 그러나 시뮬레이션 도구로 컴퓨터를 사용할 때는 시뮬레이션되는 상황에 대한 모델의 특징이 적절하게 기술되어야 하며 작업가설이 명시적으로 언급되어야 한다. 이론적으로 의미있는 시뮬레이션이 되기 위해서는 수행하고자 하는 무작위 경험에 이론적 모델이 부합하여야 한다. 또한 시뮬레이션을 통해 교수학적 효과를 얻기 위해서는 이론적 모델에 대해 아는 바가 없는 학생들이 주어진 경험에 기초하여 시뮬레이션을 이해할 수 있어야 하므로, 시뮬레이션 자체가 학생들의 실제 경험과 가능한 한 비슷하여야 한다. 서로 다른 시뮬레이션 활동을 다룰 때 학생들이 자신들의 경험과 시뮬레이션의 유사성을 인식하여 모델의 아이디어를 추상화할 수 있으며, 문제 해결의 강력한 도구로 시뮬레이션을 인식할 수 있다.

마지막으로 완전한 실험적인 접근만으로 확률을 지도하는 것은 불가능하다는 사실을 지적하고자 한다. 시뮬레이션을 통해 실제 상황에서 발생하는 확률 문제를 해결하였을 때조차도 그것이 가장 최적의 해결 방법이라는 것을 보장할 수는 없다. 왜냐하면 시뮬레이션을 통해 구한 해는 모델을 설정하기 위해 가정한 이론적 전제와 작업가설에 의존하기 때문이다. 진정한 확률 지식은 다소 형식적인 확률 이론을 통해 얻을 수 밖에 없지만, 학생들이 이러한 수준에 도달하기 위해서는 확률에 대한 실험적인 경험으로부터 점차적으로 시작하여야 한다(11장 참조).

## 참고문헌


Batanero, C., Serrano, L., & Green, D. R. (1998). Randomness, its meanings and educational implications. *International Journal for Mathematics Education in Science and Technology, 29*(1), 11-123.

Bellhouse, D. R. (2000). De Vetula: a medieval manuscript containing probability calculations. *International Statistical Review, 68*(2), 123-136.

Bennett, D. J. (1993). *The development of the mathematical concept of randomness; educational implications* (Doctoral dissertation, New York University, 1993). Dissertation Abstracts International, 54, 449A.

Bernoulli, Jacques (1987). Ars Conjectandi-4eme partie (N. Meunier, Trans.) Rouen: IREM. (driginal work published in 1713).

Borel, E. (1909). Presque tous les nombres réels sont normaux [Almost all the real numbers are normal]. *Rendiconti del Circulo Matemático di Palermo, 27*, 247-271.

Borel, E. (1991). *Valeur pratique et philosophie des probabilités* [Practical and philosophical value of probability]. Paris: Jacques Gabay (Original work published in 1930).

Borovcnik, M., Bentz, H. J., & Kapadia, R. (1991). A probabilistic perspective. In R. Kapadia & M. Borovcnik (Eds.), *Chance Encounters: Probability in Education* (pp. 27-73). Dordrecht: Kluwer.

Borovcnik, M., & Peard, R. (1996). Probability. In A. J. Bishop, K. Clements, C. Keitel, J. Kilpatrick, & C. Laborde (Eds.), *International handbook in mathematics education* (Part 1, pp. 239-288). Dordrecht: Kluwer.

Bruner, J. S. (1960), *The process of education*. Cambridge, MA: Harvard University Press.

Cabria, S. (1992). *Filosofia de la probabilidad* [Philosophy of probability]. Valencia, Spain: Tirant lo Blanc.

Cardano, G. (1961). *The book on games of chances*. New York: Holt, Rinehart & Winston. (Original work Liber de Ludo Aleae; included in Opera Omnia, Vol. 1, published in 1663).

Chaitin, G. J. (1975). A theory of program size formally identical to information theory. *Journal of the Association for Computing Machinery, 22*, 329-340.

Courtebras, B. (2001). Sur quelques conceptions du hasard [Regarding some conceptions of chance]. In M, Henry (Coord.), *Autour de la modelisation en probabilités* (pp. 95-132). Commission Inter-IREM Statistique et Probabilités Besançon: Presses Universitaires Franc-Comtoises.

De Finetti, B. (1974). *Theory of probability*. London: John Wiley.

Delahaye, J. P. (1999). *Information complexité et hasard* [Information, complexity and chance] (2nd ed.). Paris: Hermes Science Publications.

Diderot, D. (1983). *Jacques le Fataliste* [Jacques the Fatalist]. Paris: Le Livre de work published 1853).

Edwards, A. (1987). *Pascal's arithmetical triangle*. London: Oxford University & Charles Griffin.

Feller, W. (1950). *An introduction to probability theory and its applications* (Vol. 1). New York: John Wiley.

Fermat, P. (1989). *Précis des oeuvres mathematiques*. Paris: Jacques Gabay (Original work published 1853).

Fine, T. L. (1971). *Théories of probability*. An examination of foundations. London: Academic Press.

Fischbein, E. (1975). *The intuitive sources of probabilistic thinking in children*. Dordrecht, The Netherlands: Reidel.

Fischbein, E., Nello, M. S., & Marino, M. S. (1991). Factors affecting probabilistic judgments in children in adolescence. *Educational Studies in Mathematic, 22*, 523-549.

Girard, J. C. (1997). Modélisation, simulation et expérience aléatoire [Mode simulation and random experience]. In *Enseigner les probabilités au lycée* (pp. 73-76). Reims: Commission Inter-IREM Statistique et Probabilités.

Gnedenko, B. V., & Kolmogorov, A. N. (1954). *Limit distributions for sum of independent random variables* (K.. L. Chung, Trans.). Cambridge, MA: Add Wesley.

Hacking, I. (1975), *The emergence of probability*. Cambridge, MA: Cambridge University Press.

Heitele, D. (1975). An epistemological view on fundamental stochastic ideas. *Educational Studies in Mathematics, 6*, 187-205.

Henry, M. (1997a). Notion de modèle et modelisation dans l'enseignement [Notion of model and modeling in teaching]. *In Enseigner les probabilités au lycée* (pp.

77-84). Reims: Commission Inter-IREM Statistique et Probabilités.
Henry, M. (1997b). L'enseignement des statistiques et des probabilités [Teachii statistics and probability]. In P. Legrand (Coord.), *Profession enseignan maths en college et en lycée* (pp. 254-273). Paris: Hachette-Éducation.
Henry, M. (2001). (Coord.), *Autour de la modelisation en probabilités* [Around modeling in probability]. Besançon: Presses Universitaires Franc-Comtoises.
Huygens, C. (1998). *Du calcul dans les jeux de hazard* [The calculus in gam, chance]. In Œuvres complètes, t. 14, La Haye, 1888-1950. (Original work Ratiociniis in Aleae Ludo, published 1657).
Jones, G. A., Langrail, C. W., Thornton, C. A., & Mogill, A. T. (1999). Student's probabilistic thinking in instruction. *Journal for Research in Mathematics Education, 30*(5), 487-519.
Kahneman, D., Slovic, P., & Tversky, A. (Eds.), *Judgement under uncertainty: Heuristics and biases*. New York: Cambridge University Press.
Keynes, J, M. (1921), *A treatise on probability*. London: Macmillan.
Kojeve, A. (1990). *L'idée du déterminisme dans la physique classique et dans, la physique moderne* [The idea of determinism in classical and modern physique]. Paris: Librairie Générale Française, le Livre de Poche-essais (Original published 1932).
Kolmogorov, A. (1950). *Foundations of probability's calculation*. New York: Chelsea Publishing Company (Original work, Grundbegriffe der wahrscheinlichkeitsrechnung, published 1933).
Konold, C. (1989). Informal conceptions of probability. *Cognition and Instruction*, Gabay (Original work published 1912), 6, 59-98.
Kyburg, H. E. (1974). *The logical foundations of statistical inference*. Boston: Reidel.
Lahanier- Reuter, D. (1999). *Conceptions du hasard et enseignement des Gallimard, Folio Essais. probabilités statistiques* [Conceptions of chance and teaching of statistics and probability]. Paris: Presses Universitaires de France.
Laplace, P. S. (1986). *Essai Philosophique sur les probabilités* [Philosophical essay on Probabilities], Paris: Christian Bourgois (Fifth edition of the original work, published 1825).
Laplace P. S. (1995). *théorie analytique des probabilités* [Analytical theory of probabilities]. Paris: Jacques Gabay. (Original work published 1814).
Leibniz, G. W. (1969). *Théodicée*. Paris: Garnier-FIammarion (original work published 1710).
Leibniz, G. W. (1995). L'estime des apparences [The estimation of appearance]. In M. Parmentier (Ed.), *21 manuscrits sur les probabilités, la théorie des jeux, l'espérance de vie.* paris: Vrin (original work published 1676).
Martin-Löf, P. (1966). The definition of random sequences. *Information and Control*

*9*, 602-619.
Mises, R. von (1952). *Probability, statistics and truth* (J. Neyman, O. Scholl, & E. Rabinovitch, Trans.). London: William Hodge and company. (Original work published 1928).
Moivre, A. de (1967). *The Doctrine of Chances* (3rd ed.). New York: Chelsea Publishing (Original work published 1718).
Monod, J. (1970). *Le hasard et la nécessité, essai sur la philosophic naturelle de la biologie moderne* [Chance and necessity, an essay on natural philosophy in modern biology]. Paris: Editions du Seuil.
Morin, E. (1990). *Science avec conscience* [Science with conscience]. Paris: Editions du Seuil, Points Sciences.
Parzysz, B. (2004). Quelques questions à propos des tables et des générateurs pseudo-aléatoires [Some questions about pseudo random numbers, tables, and generators ]. In B. Chaput (Coord.), *Statistique au lycée*. Paris: Commission Inter-IREM & APMEP.
Pascal, B. (1963a). Correspondance avec Fermat [Correspondence with Fermat]. In *Oeuvres Complètes* (pp. 43-49). Paris: ed. Seuil. (Original letter 1654).
Pascal, B. (1963b). Traité du triangle arithmétique [A treatise on the arithmetical triangle]. In *Oeuvres Complètes* (pp. 57-62). Paris: ed. Seuil. (Original work published 1654).
Piaget, J. & Inhelder, B. (1975). *The origin of the idea of chance in children.* (L. Leake Jr., P; Burrell, & H. D. Fischbein, Trans.). New York: Norton. (Original work published 1951)
Pichard, J. F. (2001). Les probabilités au tournant du XVIIIe siècle [Probability at the beginning of XVIII century]. In M. Henry (Coord.), *Autour de la modélisation en probabilités* (pp. 13-46). Besançon: Presses Universitaires Franc-Comtoises.
Poincaré, H. (1987). *Calcul des probabilités* [Probability calculus], Paris: Jacques Gabay (Original work published 1912),
Popper, K. (1959). The propensity interpretation of probability. *British Journal of Philosophy of Science, 10*, 25-42.
Prigogine, I., & Steengers, I. (1979). *La nouvelle alliance* [The new alliance]. Paris: Gallimard, Folio Essais.
Ramsey, F. (1931). Truth and probability. In R. B. Braithwaite (Ed.), *The foundations of mathematics and other logical essays* (pp 156-198). London: Kegan Paul.
Renyi, A. (1992). Calcul des probabilités [Probability calculus] (L. Félix, Trans.) Paris: Jacques Gabay (Original work published 1966) Ruelle, D., (1991). *Hasard et chaos* [Randomness and chaos]. Paris: Odile Jacob.

Saporta, G. (1992). *Probabilités, analyse des donnees et statistiques* [Probability, data analysis and statistics]. Paris: Technip.

Shaughnessy, J. M. (1983). Misconceptions of probability, systematic and otherwise: Teaching probability and statistics so as to overcome some misconceptions. In D. R. Grey, P. Holmes, V. Barnett, & G. M. Constable (Eds.), *Proceedings of the First International Conference on Teaching Statistics* (pp. 784-801). Sheffield, UK: Teaching Statistics Trust.

Shaughnessy, J. M. (1992). Research in probability and statistics. In D. A. Grouws (Ed.), *Handbook of research on mathematics teaching and learning* (pp. 465-494). New York: Macmillan.

Szekely, G. J. (1986). *Paradoxes in probability theory and mathematical statistics.* Dordrecht, The Netherlands: Reidel.

Thorn, R. (1986). Preface. In Edition of P. S. Laplace, *Essai philosophique sur les probabilités*, (pp. 5-27). Paris: Christian Bourgois, Épistémé.

Thom, R. (1990). Postface au débat sur le déterminisme [Postface to the determinism debate]. In P. Krzysztof (Ed.), *La querelle du déterminisme, Philosophic de la science d'aujourd'hui* (pp. 266-279), Paris: Gallimard, Le débat.

Truran, J. M. (1996). Children's misconceptions about the independence of random generators. In L. Puig & A. Gutiérrez (Eds.), *Proceedings of the 20th conference of the International Group for the Psychology of Mathematics Education* (pp. 331-338). University of Valencia, Spain.

Ventsel, H. (1973). *Théorie des probabilités* (Probability theory). Moscow: Mir.
Zabell, S. L. (1992). The quest for randomness and its statistical applications. In F. Gordon & S. Gordon (Eds.), *Statistics for the XXI Century* (pp. 139-166). Washington, DC: The Mathematical Association of America.

2장

# 대중을 위한 "확률적 소양"에 대하여: 구성요소와 교육적 딜레마

IDDO GAL

확률은 삶의 진정한 지표이다. (Cicero)
우연은 준비되어 있는 지성에게 호의적이다. (Louis Pasteur)

## 01 도입

학생들은 확률에 대해 무엇을 배워야 하며, **왜** 배워야 하는가? 이 질문에 대해 수학 및 통계 교육의 측면에서 보통 2가지 대답이 제시된다. 첫째, 확률은 근대 교육의 주요 지식 분야인 수학과 통계의 한 영역이라는 것이다. 즉, 확률을 배우는 것은 표집(sampling)과 통계적 유의성(statistical significance)처럼 심화 내용을 학습하거나(Scheaffer, Watkins, & Landwehr, 1998) 다른 과학 분야의 주제를 연구하는데 기초가 된다. 둘째, 확률을 배우는 것은 학생들이 미래의 삶을 준비하는데 필수적이라는 것인데, 무작위 사건과 우연 현상은 일상생활에서 늘 마주칠 수 있기 때문이다(Bennett, 1998; Beltrami, 1999; Everitt, 1999).

확률 학습에 대한 내적·외적 고찰로부터 얻은 2가지 이유가 서로 배타적인 것은 아니다. 2가지 모두 의미가 있으며 교육 내용과 교육 과정의 설계 및 실행에 영향을 미친다. 그러나 이 장에서는 수학과 통계학의 주요 내용인 확률의 외적 측면을 충분히 강조할 필요가 있음을 지적하고자 한다. 성인들이 적절히 이해하여 대처할 필요가 있는 확률적 상황의 본질을 살펴보고 이를 위해 요구되는 지식과 교육적 경험의 의미에 대해 알아보고자 한다. 실세계의 요구는 교육과정 설계나 교사 연수에 영향을 미치는 요인으로서 뿐만 아니라, 교실에서 무엇을 가르치고 평가할 것이며 어떤 점에 가치를 두어야 할지에 대한 지침으로서 고려되어야 한다.

이 장에서는 "확률적 소양(probability literacy)"에 주목하고자 한다. 확률적 소양은 실세계의 확률 문제 상황과 관련하여 학생들이 적절한 소양을 갖추도록 하는데 필요한 지식과 성향(disposition)을 의미한다. 이 장은 3개의 절로 구성되어 있는데, 1절에서는 확률 지식이 상황화되는 맥락을 설명하는 성인의 소양(adult literacy), 산술 능력(numeracy), 통계적 소양이라는 모델을 검토한다. 2절에서는 확률적 지식과 관련되는 5가지 기본 요소에 대해 논하고, 성인으로서 실세계의 확률적 상황을 효과적으로 해석하고 다루는데 필요한 성향에 대해서 알아본다. 3절에서는 교육적인 실행과 연구에 있어 시사점을 살펴본다.

## 02 핵심 개요Big Picture: 성인의 소양, 산술 능력, 통계적 소양

### 맥락에서 확률

앞서 살펴본 것처럼 학교에서 확률을 가르치고 배워야 하는 주요 이유 중 하나는 우연 현상이 다양한 방식으로 실생활에 스며 있기 때문이다. 확률 및 불확실성 개념은 성인들이 마주하게 되는 다양한 상황에서 드러난다. 예를 들어 대중매체, 마케팅 담당자, 공무원, 의사, 상담자, 연구기관 등이 제공하는 의학적, 재정적, 환경적 위험 요소와 관련된 예보에서 확률 및 불확실성 개념을 찾아볼 수 있다. 확률을 전문적으로 다루든 다루지 않든 간에, 모든 성인은 삶의 매순간마다 확률적인 요소와 마주하게 되며, 다양한 수준의 예측가능성과 불가능성을 해석하고 이에 대처해야 한다(Gigerenzer, Swijtink, Porter, Daston, Beatty, & Kruger, 1989; Gal, 2000). 또한 모든 사람은 확률에 대한 정규 교육을 얼마나 받았는가와 관계없이 어떤 사건의 가능성(likelihood)에 대해 **예측하여야** 한다.

그렇지만, 실생활에서 어떤 사건은 일어나거나(가끔은 다른 빈도와 강도로) 일어나지 않는다. 예를 들어, 심장마비에 걸리는 것, 내일 비가 오는 것, 복권에 당첨되는 것, 파산하는 것, 원전에 사고가 일어나는 것 등이 그러하다. 확률은 형식적인 수학 기호로 표현되든 비형식적인 방식으로 표현되든 간에, 사건에 실재하는 특징이 아니라 사건이 일어날 가능성에 대한 **해석**에서 비롯된 것이다. 이러한 해석은 외적인 상황으로 작용하는 요인 및 해당 상황에 처한 개인 사이의 상호 작용에 의해 달라진다. 다음 **보**

험(insurance)의 예를 살펴보자.

> **“보험”**. 당신 부부가 이제 막 첫 아이를 낳았다. 30세에 부모가 되었으니 생명보험에 가입해야 하고 의료보험을 갱신해야 한다고 어머니께서 말씀하셨다. 당신은 과체중이며 선천적으로 심장에 문제가 약간 있고, 재정 능력에는 한계가 있다. 의사에 따르면 당신과 체중이 비슷한 사람들은 “심장 질환을 가질 위험이 일반인보다 최소한 50% 정도 높고 이러한 위험은 심장 병력이 있는 사람이라면 더욱 높아”진다. 어머니는 당신과 형제들이 매 겨울마다 중이염을 앓곤 했다는 점을 근거로 들어 “네 아이도 2주에 1번은 틀림없이 소아과에 갈 것 같다”고 말씀하신다. 보험 설계사는 당신이 생명보험에 지금 가입한다면 보험료가 상대적으로 저렴하겠지만 “나이가 더 들었을 때 발생할 수 있는 건강상의 문제에 대한 통계 자료를 볼 때 40대나 50대에 생명보험에 가입한다면 보험료가 확실히 두 배는 될 것이다”고 하였다.
> [질문]: 당신은 어떻게 하겠는가? 10년 혹은 20년 후에 중대한 심장 질환이 발생할 가능성은 얼마나 되는가? 장차 일어날지도 모를 심장 질환의 위험에 대해 더 많은 정보를 찾아보겠는가? 다이어트를 계속 하겠는가? 의료보험을 갱신하겠는가? 지금 생명보험을 들겠는가, 아니면 기다리겠는가?

위와 같은 상황에서 당신의 판단에 영향을 미치는 요인에는 여러 가지가 있을 수 있다. 예를 들면 **일반 상식**(world knowledge, 심장 질환의 원인 등과 같은 사실이나 가정에 대한 지식), **개인적 성향**(예, 위험을 감수하는 것을 얼마나 싫어하는지; 공적인 통계 자료를 얼마나 신뢰하는지), **확률 관련 용어에 대한 해석**(예, “위험이 최소한 50% 정도 높은”, “확실히 두 배”), 직·간접적으로 주어진 수량적 정보를 **이해하거나, 조작하거나, 비판적으로 분석하는 능력**(예, “평균” 체중인 사람이 실제로 심장 질환을 가질 확률은 얼마인가? 그것보다 “50% 정도 높다”는 것은 어느 정도 높다는 것을 의미하는가?) 등이 있다.

확률적 상황에서 사람들의 생각과 행동은 **다양한** 배경 지식과 성향에 영향을 받는다. 이 절의 나머지 부분에서는 서로 관련되어 있으면서도 각각 구분되는 복잡한 3가지 구성 요소로서, 확률적 소양을 구성하는 주요 틀(framework)인 소양, 산술 능력, 통계적 소양에 대하여 논의한다.

### 소양(Literacy)

전통적인 의미에서의 소양은 사회생활을 하는데 최소한으로 요구되는 읽고 쓰는 능력을 의미한다. “소양”이라는 용어가 활동(예, “컴퓨터 소양”)과 연결되면 소수 사람들만이 획득할 수 있는 전문 기능 및 지식과 달리 **모든** 시민이 갖추어야 하는 **최소한**의 기초적인 기능을 연상시킨다. 그러나 많은 학자들은 소양이 의미하는 바를 이처럼 단순하게 해석하는 것에 반대하였으며, 이 단어의 복잡성에 대해 면밀히 조사할 필요가 있다고 주장하였다(Venezky, 1990). 이러한 상황은 확률적 소양에 대해서도 비슷하게 발생한다.

목표 지향적으로 행동하는 능력을 설명할 때 소양이라는 용어가 사용되면, 이는 실제에 대한 지식과 형식적·비형식적인 기능뿐만 아니라 신념과 태도, 사고방식, 비판적 시각 등과 같은 폭넓은 결합체(cluster)를 의미한다(Gal, 2002a). 수학에서는 성인이 이해하고 다루어야 하는 일상생활의 복잡한 본질을 해석하는데 필요한 "수학적 소양"(Kilpatrick, 2001)이나 "양적 소양"(quantitative literacy, Steen, 2001)이라는 개념을 통해 학교 교육을 받은 사람들이 지녀야 할 수학적 지식의 의미가 확대되었다(NCTM, 2000).

이와 동시에 최근 몇 년 동안 다른 실용 분야에서도 "소양"의 의미에 대한 개념적 확장이 있었다. 이와 가장 관련 있는 내용은 "건강관리 소양"(health literacy, Nutbeam, 2000)과 "과학적 소양"(scientific literacy, American Association for the Advancement of Science, 1995; Shamos, 1995)이다. 여러 논문은 이러한 영역에서 필요한 기능으로 확률에 대한 이해가 필수적이라고 지적하였는데, 예를 들어 예측(예, 지구 온난화)에 대한 이해 또는 일시적이면서 누적적인 위험(예, 콘돔을 사용하지 않는 성관계로부터 기인하는)에 대한 이해가 그러하다.

### 산술 능력(Adult Numeracy)

산술 능력은 소양보다 덜 사용되는 용어로, 그 의미에 대해 아직까지 몇 가지 합의만이 이루어진 상태이다. 1가지 관점은, 소양을 읽고 쓰는 최소한의 능력으로 간주하듯이 산술 능력을 기본적인 계산 능력으로 보는 것이다(Baker & Street, 1994). 이 장과 여러 연구(예, Johnston, 1999)에서는 산술 능력을 보다 폭넓은 의미로 다루는데, 이는 성인으로서 살아가는 실세계의 수량적 측면을 효율적이면서 비판적으로 다루는 능력 및 성향에 초점을 맞춘다. Gal(2000)은 산술 능력을 기능과 지식의 총체, 성향적인 요인(신념과 태도, 사고방식), 산술적 상황에서 효과적으로 대처하는데 필요한 일반적인 의사소통 능력과 문제해결 능력 등으로 규정하였다.

여기에서 산술적 상황은 수나 양적 정보, 수학적인 아이디어나 요소를 포함하는 시각적·언어적 정보와 관련된다. 산술적 상황은, 계산(computation), 해석(interpretation), 결정(decision)이라는 3가지 주요 유형으로 기술될 수 있는데 이들 모두가 확률적 소양을 논하는데 필수적이다.

계산(또는 생성) 상황은 수나 양, 대상이나 시각적 요소를 세거나, 수량화하거나, 계산하거나, 그 외의 어떤 조작을 적용하여 결과적으로는 새로운 수를 창조(생성)하도록 하는 상황을 의미한다. 예를 들어 쇼핑을 할 때 구매한 상품의 총액을 계산한다든지, 우연게임에서 가능성을 예측하는 것 등이 이에 해당한다.

해석 상황에서 사람들은 양적인 문제와 관련되는 정보를 이해할 필요가 있지만 수나 양을 직접적으로 조작할 필요는 없다. 예를 들면, 해석 상황은 신문에서 퍼센트, 무작위 표본, 부작용과 같이 어떤 사건이 발생할 가능성에 대한 여론 조사나 의학 실험에 대한 기사를 읽었을 때 발생할 수 있다. 해석 상황에서의 일반적인 반응은 판단을 내리거나 의견을 갖는 것이다. 그러나 이러한 의견 또는 판단은 계산(또는 생성) 과제에서처럼 그 반응을 "옳다" 또는 "그르다"로 분류할 수 없다. 오히려 이러한 반응은, 반응 자체의 적절성(reasonableness), 반응이 토대로 하는 주장과 근거의 질에 의해 판단되어야 한다.

결정 상황은 보통 상충되는 목표(goal)나 제약(constraint), 불확실성(uncertainty) 등이 존재할 때 발생하며, 이 상황에서 사람들은 행동 방식을 결정할 필요가 있다. 결정에는 여러 가지 세부 유형이 있는데 그 중에는 **계획**(자원을 활용하기 위해 적절한 방법을 구체화하거나 설계하여 선택하는 것; Secretary of Labor's Commission on Achieving Necessary Skills, 1991), **선택**(주어진 여러 가지 방안 중에서 하나 또는 그 이상의 전략을 고르는 것; Clemen & Gregory, 2000), **평가**(evaluation, Yates, 2001) 등이 있다. 해석 상황에 대한 반응과 비교해 볼 때, 결정 상황에서의 반응은 **보험**의 예에서처럼 보다 주관적인 특징을 지니는데, 이는 향후 추세, 선호도, 가치 체계, 확률적 판단 등과 관련된 개인적인 가정(assumption)에 크게 의존하기 때문이다.

심리학 연구에서는 어떤 사건이 일어날 확률과 관련하여 사람들이 내리는 판단에 대해 오랫동안 주목해 왔다. 여러 연구에 따르면(Kahneman, Slovic, & Tversky, 1982; Fischhoff, Bostrom, & Quadrel, 1993), 판단(judgement)은 그것이 만들어지는 맥락에 영향을 받는다. Yates(2001)는 판단이 결정(decision)을 뒷받침하지만 결정과는 구분된다고 하였다. 예를 들어 환자 X가 질병 Y에 걸렸을 가능성이 70%라는 의사의 신념은 그 환자가 질병 Y를 앓고 있다고 보고 이를 치료하기로 한 의사의 결정을 뒷받침하는 판단이 된다. 그러나 실제로 의사는 환자의 전체적인 상태, 결정의 잠재적 영향 등과 같은 **맥락적** 정보를 고려하여 결정을 내린다.

이는 확률적 판단을 내려야 할 때, 계산 상황, 해석 상황, 결정 상황 사이에 구별이 모호해짐을 보여준다. 사건이 일어날 확률에 대한 의견은 해석적이거나 주관적인 사고 과정을 거쳐 내려진 것이지만, 계산이나 예측을 근거로 할 수도 있다(Cosmides & Tooby, 1996). 이러한 모호성은 확률에 대한 3가지 견해인 **고전적**, **빈도적**, **주관적** 접근을 다룰 때 고려되어야 하며, 이 점에 대해서는 이 책의 다른 장에서 다루었다(1장 참조).

확률적 소양과 관련하여 종합적인 산술 능력을 개발할 필요가 있는지를 반성적으로 검토해보면, 확률 자체를 계산하는 것에만 국한된 지식은 직업을 유지하는데 좀처럼 필요하지 않다는 점에 주목할 필요가 있다. 미국에서 고용주 수백 명을 대상으로 실시한 설문조사에 따르면(Packer, 1997), 직장 생활에 적응하기 위해서는 그래프와 도표에 대한 친숙도, 변이(variation)에 대한 이해, 기술 통계에 대한 친밀감 등과 같은 통계적 지식이 필요하다. 따라서 성인이 개인적, 공동체적, 사회적 영역에서 확률적인 진술을 **해석**하거나 확률적인 판단을 **생성**하고 확률적인 **결정**을 내릴 필요가 있을 때 제 역할을 수행하기 위해서는 이와 관련된 확률 지식을 기본적으로 지니고 있어야 한다.

### 통계적 소양

확률적 소양이 통계적 소양과 밀접하게 관련된다는 생각은 통계 및 수학 교육에서 등장하였으며, 이는 성인 대부분이 통계적 정보의 생산자라기보다는 소비자라는 점을 전제로 한다. Wallman(1993)은 미국 통계 협회(American Statistical Association)의 협회장 취임 연설에서 일상생활에 스며 있는 통계 자료를 이해하고 비판적으로 평가하는 대중들의 능력이 개발될 필요가 있으며, 공적이든 사적이든 전문적이든 개인적이든 간에 어떤 결정을 내릴 때 통계적 사고가 필수적이라는 점을 대중들이 인지해야 한다고 지적하였다.

Gal(2002a)에 따르면 통계적 소양이란 통계적 정보, 자료(data)에 기초한 주장, 확률적 현상 등을 해석하고 비판적으로 평가하여 그와 관련된 의견을 개진하는 능력을 말한다. 또한 갈(Gal)은, 통계적 소양에 따라 행동하기 위해서는 인지적 요소와 성향적 요소 모두를 통합적으로 활성화할 필요가 있다고 주장하였다. 인지적 요소는 다음 5가지 기초 지식, 즉 소양적 능력(literacy skills), 통계적 지식(비형식적이더라도 일정 수준의 확률적 지식을 갖는 것을 포함하여), 수학적 지식, 맥락적 지식 또는 일반 상식, 고려할 필요가 있는 비판적 질문에 대한 지식과 관련된다. 성향적 요소에는 비판적 태도가 포함되는데, 이는 통계적 접근의 장점에 대한 신념, 자신의 통계적 사고 능력에 대한 신념, "공적인" 근거나 전문가로부터 얻은 정보에 대해 비판적인 시각을 가져야 한다는 신념 등과 같은 확고한 믿음뿐만 아니라 이 역시도 기꺼이 의심하려는 태도를 의미한다.

Watson(1997)은 통계적 소양의 개발을 위해 이를 정교화하는 과정을 다음 3가지 수준으로 설명하였다. 확률과 통계 용어에 대한 기본적인 이해, 사회적인 논의의 맥락에서 드러나는 통계적 언어와 개념에 대한 이해, 통계적 주장에 의심을 품는 태도를 유지하는 능력. 여러 연령대의 학생들이 확률과 관련된 과제를 포함하여 다양한 과제를 해결하는 과정을 분석한 결과 이러한 3가지 수준이 드러남을 확인할 수 있었다(Watson, & Callingham, 2003). 또한 Watson & Callingham(2003)은 학생들의 통계적 소양이 발현되는데 핵심적인 역할을 하는 맥락과 그 맥락 내에서 통계적 지식을 활용하는 능력의 중요성을 강조하였다.

대중은 확률적 정보를 해석하거나 생성할 뿐만 아니라 어떤 결정을 내려야 하는 다양한 실생활 상황에 대처하기 위하여 "확률적 소양"을 지닐 필요가 있다. 그러나 성인의 수양, 산술 능력, 통계적 소양에 대한 논의가 이루어진 것에 비해 확률적 소양을 구성하는 확률 관련 지식과 성향에 대한 세부 내용은 상대적으로 거의 주목을 받지 못하였다. 다음 절에서는 확률적 소양을 구성하는 이러한 요소에 대해 자세히 살펴본다.

## 03 확률적 소양: 지식과 성향

이 절에서는 확률적 소양의 구성 요소가 되는 5가지 주요 지식과 몇 가지 성향에 대해 설명한다. 표 1에 있는 요소는 Gal(2002a)이 통계적 소양의 구조를 설명할 때 활용한 틀에 따라 추출된 것이다.

이상과 같은 노넬에 내해 몇 가시 주목할 짐이 있다. 첫째, 표 1에 제시된 요소는 설명을 쉽게 하기 위하여 구분한 것이다. 그러나 모든 요소는 실제로 사용되거나 학습되는 과정에서 복잡한 방식으로 상호작용한다. 이는 어느 한두 가지 요소에만 집중하여 지도하는 것은 "확률적 소양"에 따라 행동하도록 하는데 충분치 않음을 시사한다.

둘째, 성향 요소는, 그 중요성에도 불구하고 지면상의 한계로 충분히 설명하지 못하였다. 성향 요소의 몇 가지 핵심 개념은 다른 연구(Rutherford & Ahlgren, 1990; Mcleod, 1992; Gal, 2000; 2002a; 2002b)에서 상세히 다룬 바 있다. 성향은 실생활이든 교실이든 간에 우연과 불확실성이 존재하는 상황에서 확률적 정보에 따라 생각하고 행동할 때 주요한 역할을 한다. 뒤에서 이와 관련된 몇 가지 사례를 제시할 것이다. 또한 성향은, 학교에서 처음 확률을 접했을 때 배운 것보다 더 많은 것을 학습하여 확률적 소양을 개발하고자 하는 의지에도 영향을 미친다(Gal, Ginsburg & Schau, 1997). 성향 요소가 이 장에서 자세히 다루어지지 않는다고 하여 교육과정 개발자, 교사, 학생, 연구자들의 주목을 받을 가치가 없는 것처럼 해석되어서는 안 된다.

---

**지식 요소**

1. 핵심 개념(big ideas) : 변이(variation), 무작위성, 독립, 예측가능성/불확실성
2. 확률 계산 : 사건의 확률을 예측하거나 구하는 방법
3. 언어 : 가능성에 대해 의사소통하는데 필요한 용어와 전략
4. 맥락 : 다양한 맥락과 공적·사적인 담화에서 확률적인 쟁점과 정보의 역할 및 의미에 대한 이해
5. 비판적 질문 : 확률을 다룰 때 반성적인 검토

**성향 요소**

1. 비판적 견해
2. 신념과 태도
3. 불확실성과 위험에 대한 개인적 정서(예, 위험에 대한 반감)

**표 1. 확률적 소양의 구성요소**

셋째, 확률적 소양 모델의 5가지 지식 요소는 산술 능력이나 통계적 소양처럼 역동적이고 상대적인 개념이므로 이에 대해 개괄적으로 설명하고자 한다. 확률 영역과 관련된 지식이나 이해 수준을 구분하는데 필요한 명확한 용어가 정의되어 있지 않으며, 그 수준도 문화와 생활 맥락에 따라 다양하게 변화될 수 있다. 학생들이 지닌 상식과 추상적인 개념을 다루는 능력, 확률과 우연, 불확실성에 대한 자신과 타인의 의견을 비판적으로 사고하는 능력 등은 학생들이 속한 생활환경 및 연령에 영향을 받는다.

### 핵심 개념

몇 가지 기본적인 "핵심 개념" 특히 **무작위성, 독립, 변이** 등에 익숙해지는 것은 확률적인 진술의 근거, 표현, 해석, 의미 등을 이해하는 능력의 토대가 된다(Moore, 1990; Snell, 1988; Peterson, 1998). 이러한 핵심 개념의 어떤 측면은 수학 기호나 통계 용어로 표현될 수 있다. 그러나 그 본질은 형식적인 표현에 의해서 충분히 설명될 수 없다. 학생들은 핵심 개념의 추상적 본질을 직관적으로 이해하여야 한다.

**무작위성**은 여러 통계학자들에 의해 논의되었지만 여전히 파악하기 힘든 개념이다. Bennett(1988)에 따르면 무작위성은, 동전 1개를 10번 던져서 나온 앞면과 뒷면의 배열에 규칙이 있어 보이느냐 그렇지 않느냐와 같이 어떤 결과에서 드러나는 특징을 이른다는 것이 1가지 견해이다. 또 다른 견해에 따르면 무작위성은 어떤 배열이 생성되는 과정(process)과 관련된다(동전 1개를 던져 앞면을 10번 얻게 되는 경우처럼 배열

자체에는 규칙이 있어 보일지라도). 이런 관점에 따르면 "무작위" 과정이란 실세계에서 일어나는 사건의 결정론적 원인을 예측할 수 없는 경우를 이른다(Beltrami, 1999). 이러한 모호성 때문에 무작위성 개념은 제대로 정의되어 있지 않으며 연구자, 교사, 학생들에 의해 비공식적으로만 논의되는 실정이다. **독립**은 사건들 간에 서로 연관이 없으며 하나의 사건이 다른 사건에 의해 예측될 수 없는 상황을 의미한다. **변이**(와 변이의 수량화 및 변이를 없애려는 요구)는 어떤 유형의 통계적 조사에서도 이를 적절히 다루고자 하는 기본적인 동기로 구체화된다(Moore, 1990). 확률 맥락에서 변이는 확률에 대한 빈도적 관점의 토대로서, 어떤 사건이 일어날 것인가에 대한 예측이 얼마나 확실한지를 생각할 때 사건의 발생 여부와 그러한 사건이 발생하는 과정이 변화할 것이라는 아이디어를 의미한다.

여러 이유로 무작위성, 독립, 변이는 언뜻 보기와는 달리 좀더 복잡한 개념이다. 첫째, 이 개념들은 각각 서로 상충되지만 상호보완적인 개념(complementary alter-ego)을 짝으로 갖는다: 규칙성(regularity), 동시성(co-occurrence), 안정성(stability). 그러나, 이러한 특징은 마치 그것이 당연한 것처럼 간주되어 교수-학습 상황에서는 좀처럼 논의되지 않는다. 둘째, 이들 핵심 개념에 의해 만들어지는 3개의 쌍[■]은 분리된 **연속체**로 설명된다. 주사위나 회전판과 같은 특별한 도구에 의해서 생성되는 사건이 아닐 경우에는 양극단의 중간 수준에 해당하는 현상이 가시적으로 드러날 수 있다(예, 폭풍우의 발생은 완전히 무작위적인 사건도 아니고, 완전히 규칙적인 사건도 아니다). 셋째, 이들 3개의 쌍은 분리되면서도 서로 연관되어 있으므로 학생은 이들 사이의 관계를 인지할 필요가 있다. 예를 들어 완벽하게 무작위적인 과정을 통해 생성된 결과가 무작위적인 과정의 영향을 덜 받고 만들어진 결과보다 변이를 더 가질 수 있다.

무작위성, 독립, 변이에 대한 개념은 그 자체로서뿐만 아니라, 네 번째 핵심 개념인 **예측가능성**과 **불확실성**(그리고 **위험** 및 **신뢰**와 관련되는 개념)을 이해하는데 주요한 기초로서 다루어져야 한다. 예측가능성과 불확실성은 어떤 사건(예, 폭풍우 치는 밤, 복권 당첨)이 일어날 가능성에 대한 전반적인 지식의 상태와 관련된다. 어떤 사건이 일어날 가능성을 설명하기 위해서는 **확률적 진술**(statement of probability)이 필요하다(예, 10%의 가능성, 1000번 중에 1번). 그러나 사건이 일어날 확률에 대해 진술하는 것은 그 사건의 발생과 관련하여 예측가능성이나 확실성에 대해 언급하는 것과는 다르다. 사건의 예측가능성은 사건의 발생에 영향을 미치는 생성 과정에 대한 가정(assumption)과 확률을 예측하기 위해 사용한 정보의 질에 의존한다.

■
**역자 주** (무작위성, 규칙성), (독립, 동시성), (변이, 안정성)

교사들 대부분이 선호하는 무작위 생성 도구인 동전을 던졌을 때, 앞면이 나올 가능성은 50%라고 말할 수 있다. 이는 동전 던지기에서 일어날 수 있는 개별적인 결과는 알 수 없지만 충분히 많은 시행에서 일어날 수 있는 결과를 예측하였다는 점에서 상당한 성과라고 볼 수 있다. 이러한 성과는 그 결과가 생성되는 과정을 무작위성 및 독립에 비추어 살펴봄으로써 가능하며, 실험을 통해 충분히 많은 시행에서 드러나는 패턴의 안정성을 검토함으로써 도달할 수 있다.

그러나 무작위 생성 도구에 의해 만들어지는 사건이 아닐 때, 그 사건의 발생 여부는 우리가 알지 못하는 별도의 과정에 의해 영향을 받는다. 이런 경우에 확률적인 설명을 하기 위해서 예측의 신뢰 수준을 제시하여야 하며, **확실성에 대한 언급**(statement of certainty)을 추가하여야 한다. 확실성에 대한 언급은 비형식적인 다양한 방법으로 제공될 수 있다. 앞서 살펴본 **보험**의 예에서 의사는 "당신의 경미한 심장 질환이 중대한 질환으로 발전할 것 같지는 않다는 점을 **매우 확신**합니다."와 같이 말할 수 있다. 확실성에 대한 아이디어는 형식적으로 "오차범위(margin of error)"나 "유의수준(level of significance)" 같은 통계적 개념에 의해 구체화되는데, 오차범위나 유의수준을 이해하기 위해서는 무작위 표집과 표집 분포에 친숙하여야 하며, 이는 무작위성, 독립, 변이, 확실성과 같은 핵심 개념에 대한 이해에 기초한다(Beyth-Mrsom & Dekel(1985)는 형식적·비형식적인 방법으로 신념의 정도를 규정하는 문제에 대해 상세한 논의를 진행하였다).

### 확률 계산

학생들은 확률을 구하는 방법에 익숙해질 필요가 있다. 이를 통해 확률적인 설명을 이해할 수 있으며, 사건이 일어날 가능성을 예측할 수 있고 확률에 대해 의사소통할 수 있다. 이를 위해서는 확률에 대한 3가지 견해인 고전적·빈도적·주관적 관점을 골고루 지닐 필요가 있다(1장 참조).

교과서에서는 고전적 관점이 우세하므로, 0-1척도로 확률을 표현하거나 주사위 2개를 던져 "6"과 "6"의 눈을 얻을 가능성과 같이 동시에 일어나는 사건의 확률을 조합적인 방식으로 구하도록 함으로써 확률 계산에 익숙해지도록 한다. 교사들은 고전적 또는 빈도적 접근의 형식적 측면을 보다 강조하는데, 그 이유는 표집 분포나 물리 체계(또는 화학 체계)가 작동하는 원리와 같이 심화 내용을 학습하는데 이들이 활용되기 때문이다. 그러나 학문적이지 않은 분야에서는 확률을 단순하고 직접적인 방법으로 계산하지 않으며, 3가지 관점을 균형 있게 종합하는 방법으로 예측하고 판단한다. 보통은 **비확률적인 정보**까지 포함하는 다양한 정보가 활용되며, 보다 복잡한 판단 과정을 거쳐 종합된 결과가 확률이다.

앞서 살펴본 **보험**의 예와 같은 상황에 처했다고 생각해 보자. 생명보험과 의료보험에 가입할지 말지를 결정하기 위해서는 다양한 종류의 통계적·비통계적 정보 모두를 종합적으로 살펴야 한다. 예를 들면, 확률과 확실성에 대한 의사의 언급, 의사가 제공한 통계 결과, 어머니가 알려준 것들, 자신의 건강 상태에 대한 신념 등이 있다. 확률에 대해 의사가 언급한 내용은 그 자체로 다양한 정보, 예를 들어 여러 의학 저널에 실린 누적 자료, 당신의 영양 상태와 운동 습관, 가족력 등을 해석한 결과이다.

이상에 따르면 사람들은 확률적 판단을 내리기 위해 여러 가지 방법을 알아야 하고, 그러한 판단은 다양한 정보를 **종합**하여 얻어진다는 것을 인식할 수 있어야 한다. 또한 사람들은 근거라는 아이디어에 익숙해져야 하고, 근거마다 질이 다르기 때문에 이 역시 검토되어야 한다는 것을 이해하여야 한다. 마지막으로 사람들은 확률적 진술을 언급한 사람이 그 확률을 얼마나 신뢰하는지 보여주는 확실성에 대한 진술과 함께 확률적 진술이 제시되어야 함을 알아야 한다. 이러한 것들을 아는 것은 매우 간단해 보이지만, 교실에서 이를 구현하기 위해서는 형식적인 확률 개념만을 다루는 기본적인 수업이 아니라 다양한 교수 경로를 가능하게 하는 창의적인 수업을 설계할 필요가 있다.

여러 연구자들에 따르면 학생들은 베이스 정리(Bayes' theorem)에 기초한 **조건부 확률**의 심화된 아이디어를 알아야 한다. 예를 들어, Utts(2003)는 모든 학생들이 $P(A|B)$와 $P(B|A)$의 차이, 즉 감기에 걸렸을 때 열이 날 확률은 열이 날 때 감기에 걸렸을 확률과 다르다는 것을 깨달아야 한다고 주장하였다. 베이스 정리의 본질을 이해함으로써 사고의 오류를 피할 수 있으며(예, Baron, 2000), 두 종류의 조건부 확률을 종종 혼동하는 전문가들이나 일반인들이 제시하는 잘못된 확률적 판단을 간파할 수 있다.

## 언어

여러 학자들은 확률과 가능성을 표현하고 이에 대해 의사소통하는데 다양하게 사용되는 "가능성과 관련된 언어"를 학생들이 이해해야 한다고 지적하였다(Rutherford, 1997; Scheaffer et al, 1998; Steen, 2001). 교육의 국면에서는 별로 주목받은 적이 없는 이 부분에 대해 이 절에서는 2개의 하위 절로 나누어 설명한다. 하나는 **추상적 구조**와 관련되는 용어와 문구에 대한 이해를, 다른 하나는 **실제**로 일어날 수 있는 사건의 가능성을 표현하거나 설명하는 다양한 방법에 대한 이해를 다룬다.

### ■ 추상적 구조

앞서 살펴보았듯이, 확률 영역에서는 여러 가지 복잡한 개념, 특히 변이성, 무작위성, 독립, 예측(불)가능성과 (불)확실성뿐만 아니라 우연, 가능성, 위험 등을 이해할 필요가 있다(Everitt, 1999). 이처럼 추상적인 용어는 간단한 말이나 구체물에 의해 설명될 수 있는 뚜렷한 정의를 가지고 있지 않기 때문에 그 의미를 파악하기가 어렵다. 추상적인 용어의 의미를 알기 위해서는 복합적인 사고 과정을 거칠 필요가 있다.

확률과 관련된 추상적 개념을 설명하는 단어는 굉장히 많으며 이는 교실 안팎에서 폭넓게 사용된다. 예를 들어, 학생들은 전문적인 의미로 사용되거나("**무작위** 표본을 선택했다") 미디어를 통해 비형식적으로 사용되는("무작위적 폭력이 거리에서 계속되어…") "무작위(random)"라는 단어를 접하게 된다. 당연히 학생들은 교사가 예상하지 못한 다양한 의미를 "무작위"라는 단어에 부여한다(Gal, Mahoney & Moore, 1992). 수학교육의 다른 분야에서처럼(Pimm, 1987; Gal, 1999), 학생들은 교실에서 사용되는 단어의 의미가 일상생활에서 보다 더 제한적이며 명확하다는 사실을 인식해야 한다. 수학 교실에서 사용되는 용어가 일상적인 담화에서의 의미를 반드시 담고 있을 필요는 없다(Halliday, 1979). 이러한 상황은 학생들의 이해력에 영향을 줄 수 있으며, 교실 담화에서 갈등을 일으키거나 모호성을 증진시킬 수 있다(Konold, 1991). 그러므로 교사들은 명확한 언어로 추상적인 개념을 설명하여야 하고, 추상적인 개념을 사용할 때는 일관된 방식을 따라야 한다. 또한 교사들은 추상적인 용어를 이해하고 사용하는 학생들의 능력에 대해서도 주목하여야 한다.

■ 실제로 일어날 수 있는 사건에 대한 확률

사건이 일어날 가능성은 분수(예, 50/50), 퍼센트, 비율 등과 같이 0-1척도 또는 그림 등을 통해 다양한 방식으로 표현된다. 그러므로 학생들은 서로 다른 표현간의 변환 가능성을 이해하여야 하며 이러한 변환을 쉽게 할 수 있어야 한다. 또한 "200,000분의 1"이나 "0.0035의 가능성"처럼 아주 작은 수뿐만 아니라 **보험**의 예에서 "50% 정도 높은 위험" 등과 같은 진술의 의미 등을 이해하는데 필요한 일반적인 수학적 지식도 당연히 지니고 있어야 한다.

그러나 확률은 **구어적**으로 의사소통되며 확률적 진술뿐만 아니라 **확실성**과 관련된 언급이 포함되기 때문에 확률에 대한 양적 표현에만 집중하는 것으로는 충분하지 않다. 보험의 예에서 어머니가 사용한 단어를 살펴보면, 확률적 진술에는 "… 네 아이는 2주에 1번은 소아과에 가게 될 것이다"가 있다. 빈도에 대한 이상의 설명에는 0-1척도가 사용되지 않았으며, 분수도 퍼센트도 비율도 사용되지 않았기 때문에 학교에서 배운 확률적 표현과는 완전히 다르다. 그렇지만 이는 분명히 가능성을 나타내고 있다. (이는 "한 주에 1번꼴로 병원에 갈 가능성이 50%이다"로 번역할 수는 있지만 이러한 번역이 실생활 맥락에서는 적절해 보이지 않는다). 나아가 어머니는 확률적 진술에 앞서 확실성과 관련하여 언급하였는데,[■] "나는 …를 매우 확신한다"가 그것이다. 이와 유사한 문구("나는 …을 의심한다")는 수치적인 언급을 수반하지 않아서 형식적인 확률 이론에 따라 수로 표현할 수 없다. 그러나 사람들은 이와 비슷한 문구를 사용할 가능성이 있다. 예를 들어 확률을 예측할 때 사용한 근거가 믿을 만하지 않거나, 서로 충돌하는 여러 가지 정보를 주관적인 방법으로 통합하여 활용한 경우에 수치적인 언급을 수반하지 않는 문구를 사용할 수 있다.

사람들이 구두로 확률을 언급할 때 부여하는 의미에 대해 다양한 맥락에서 연구된 바 있다. Wallsten, Budescu, Rapoport, Zwick, & Forsyth(1986)은 "~할 것 같은(likely)", "아마도(probably)", "분명히(surely)"와 같은 단어 또는 수식어(예, "거의~할 것 같지 않은(very unlikely)", "상당히 그럴듯하게(quite possibly)")를 통해 전달되는 가능성을 사람들이 서로 다르게 해석한다고 지적하였다. Wallsten 등에 따르면 사람들은 어떤 용어는 굉장히 좁은 범위의 가능성을 나타내는 것으로 해석하는 반면(예, "거의 확실한(almost certain)"은 대략 1.00 ~ 0.85의 확률과 같다), 다른 용어에는 상당히 넓은 범위의 확률을 부여하거나 "행운(good chance)"과 같이 불분명한 용어를 사용하였다. 더욱이 사람들은 현상에 대해 **알려진 정도**(base rate)에 기초하여 동일한 문구도 다른 확률로 해석하였다(Wallsten, Fillenbaum, & Cox, 1986).

학생들은 확률과 확실성을 표현하는데 사용되는 수치와 구어적 수단에 내재된 복잡성과 애매성을 이해하여야 한다. 학생들은 가능성과 확실성에 대한 자신들의 생각을 말이나 글로 표현할 기회를 가져야 하며, 다른 사람들이 표현한 말과 글도 이해할 수 있어야 한다. 이를 통해 학생들은 "가능성과 관련된 동일한 용어"가 다른 의미를 나타낼 수 있다는 것을 깨달을 수 있으며, 이로부터 적절한 언어를 선택하는 능력을 개발할 수 있다(Beyth-Marom & Dekel, 1985; Konold, 1991).

### 맥락

확률과 관련된 문제에 대해 소양을 갖춘다는 것은 핵심 개념과 확률 계산, 가능성과 관련된 언어에 대해 알고 있을 뿐만 아니라, 확률적인 문제해결 과정과 의사소통의 역할에 대해서도 인지하고 있음을 의미한다. 맥락에 대한 지식에는 부분적으로 이상과 같은 내용이 포함되며, 통계적 소양을 이루는 5가지 기초 지식으로 Gal(2002a)에 의

■

**역자 주** 원어로 I am quite sure that …에 해당하므로 that 이하에 있는 확률적 진술에 앞서 확실성과 관련된 용어 sure가 나타난다.

해서 소개된 바 있는 "상식"도 맥락에 대한 지식과 관련된다. 그런데 여기서 말하는 "맥락적 지식"을 갖는다는 것은, (a) 서로 다른 사건과 과정에 대해 가능성과 무작위성의 역할을 아는 것, (b) 일상생활에서 가능성과 확률에 대한 아이디어가 드러나는 상황을 아는 것 등을 의미한다.

실용적 관점에서 보든 교육적 관점에서 보든 맥락적 지식을 갖는 것은 중요하다. 가능성과 무작위성이 실생활의 사건과 과정에 다방면으로 영향을 미친다는 것을 이해하게 되면 어떤 사건은 예측하기 쉽고 어떤 사건은 예측하기 어려운지 판단할 수 있게 된다. 맥락적 지식은 또한 앞서 살펴보았던 여러 가지 내용을 앎으로써 가능성과 그 이면에 존재하는 확실성을 진술하는데 주요 기반이 된다. 맥락을 이해하는 것은 서로 다른 상황에서 발생하는 확률과 불확실성에 대해 학습해야 하는 **이유**를 설명해주기 때문에 교육적으로도 중요하다. 이를 통해 확률을 배워야 하는 동기를 유발할 수 있으며, 확률에 대해 배운 것을 사회적으로 의미있는 맥락에서 활용할 수 있게 된다.

표 2는 무작위성, 변이, 확률, 위험 등과 같은 개념이 드러나면서도 이들의 중요성을 설명할 수 있는 유용한 예로 이루어진 10개의 영역을 나타낸다. 이 외에 다른 영역을 조사하는 것도 가능하지만 이러한 영역을 찾는 원리는 동일해야 한다. 서로 다른 사회적 역할 — 직장인, 관리자, 계획입안자, 부모, 소비자, 환자, 학습자, 시민, 환경운동가, 사회운동가, 피서객, 스포츠 팬, 발명가, 도박꾼 등 — 을 수행할 때 마주칠 수 있는 다양한 맥락과 관련되는 가능성 및 무작위성의 편재(omnipresence)를 묘사할 수 있어야 한다. Gigerenzer 등(1989), Paulos(1995), CHANCE 프로젝트 결과물(Snell, 2002)과 같은 다양한 출처에서 유용한 예를 찾을 수 있다.

1. 자연과 물리 현상(예, 날씨, 진화)
2. 기술 공정(예, 품질관리, 제조)
3. 인간 행동(예, 서비스 분쟁, 스포츠, 운전)
4. 의약품, 공공 의료(예, 유전적 질병, 흡연의 위험)
5. 재판과 범죄(예, 지문이나 DNA 대조)
6. 경제와 산업(예, 투자시장, 보험)
7. 연구와 통계(예, 표집, 통계적 추론)
8. 공공정책과 예측(예, 면제)
9. 우연게임, 도박과 내기(예, 주사위, 복권)
10. 개인적인 결정(예, 안전띠 매기, 대학 입학)

**표 2. 확률적 소양과 관련되는 맥락의 예**

### 비판적 질문

확률적 소양 모델의 마지막 지식 요소는 확률과 확실성에 대한 진술을 들었을 때나 확률을 예측해야 할 때 마땅히 고려해야 하는 비판적 질문이 무엇인지 아는 것과 관련된다. 확률적 정보에 대해 비판적인 견해를 가져야 하는 이유를 알아보기 위해 2003년 9월 23일자 CNN 웹사이트에 실린 뉴스(그림 1)를 살펴보자.

> **연구 : 루게릭병 발병률, 걸프전 참전병에게서 더 높게 나타나**
> 워싱턴(AP)-두 가지 새로운 연구 결과에 따르면, 1991년 걸프전에 참전한 병사들에게서 루게릭병으로 진단받은 사람이 걸프전에 참전하지 않은 병사나 45세 미만인 성인들에 비해 적어도 두 배 정도 높다.

그림 1. 참전병의 발병률

그림 1의 내용은 루게릭병에 걸릴 확률에 대해 말하고 있는가? 간단해 보이는 이 내용을 완벽하게 이해하기 위해서 독자는 다음과 활동을 하여야 한다:

1. 기사 내용은 어떤 병에 걸린 가능성에 대해 주장하고 있지만, **상대적** 용어인 "두 배정도(twice as likely)"를 사용하고 있으며, 실제 확률(이에 대해 아는 사람이 거의 없을 듯한)은 알려주고 있지 않다는 점에 주목하여야 한다.
2. 기사 내용의 확률적 진술이 모호하다는 점에 주목하여야 한다. 왜냐하면 "적어도(at least)"라는 수식어는 2가지 다른 이미를 나타내는데 사용될 수 있기 때문이다. 주어진 수("두 배")의 어림값을 의미하는데 쓰일 수도 있고(즉, 실제 값은 두 배보다 클 수도 있다), 서로 다른 두 비율 — 비교 대상이 되는 걸프전에 참전하지 않은 병사나 45세 미만인 성인 중에서 루게릭병으로 진단받은 사람의 비율 — 의 **평균**(average)으로 그 확률을 나타내는데 사용될 수도 있다.
3. 주어진 정보를 이해하는데 기사에는 **분명하게 드러나지 않은** 맥락적 정보가 필수적이라는 점을 인지할 필요가 있다. 만약 독자가 걸프전 참전병의 질병 발병률이 일반인보다 높은지 그렇지 않은지 또는 독성 화학 약품에 노출되었기 때문인지 그렇지 않은지 등에 대해 논란이 있음을 알고 있다면, 루게릭병의 발병률이 "두 배 정도 되는 것"을 아는 것은(실제 확률은 모를지라도) 의미가 있다.

위의 예에 따르면 독자는 확률적 진술을 있는 그대로 받아들여서는 안 되며 비판적인 질문을 제기할 수 있어야 한다. 여러 연구는 양적 주장에 대해 비판적인 질문을 제기할 수 있는 능력의 중요성에 대해 지적한 바 있다. 예를 들어, Thistlewaite(1990)는 모든 학생들이 확률적 진술을 한 사람의 목적, 논리, 추론 과정에 대해 의문을 제기할 필요가 있음을 알아야 한다고 주장하였다. Rutherford & Ahlgren(1990)은 실생활에서 얻을 수 있는 통계적 정보에 대해 "비판적으로 반응"하는 능력을 가질 필요가 있음을 지적하면서 그와 관련된 유용한 예를 제공하였다. Utts(1996, 2003)와 Gal(2002a)은 연구 결과의 질에 영향을 미치는 연구 방법론(예, 설계와 표집, 측정 도구)에 대해 학생들이 알아야 하고, 통계적인 결과를 기술하고 해석할 때(예, 잘못된 그래프의 사용, 인과 관계와 상관 관계의 구별, "유의미한" 차이의 실용적인 의미, "표본오차"의 의미에 대한 이해 등) 발생할 수 있는 전형적인 문제와 편향을 인식할 수 있어야 한다고 하였다.

확률적 소양의 맥락에서 비판적 질문을 제기함으로써 해결될 수 있는 문제(issue)의 범위가, 설문조사나 실험 연구에서 얻은 통계적 정보에 대해 제기되는 질문에 비해 상당히 넓다. 앞서 살펴본 루게릭병의 예에서처럼 확률적인 주장은 통계적인 연구 결과에 기반하기 때문에 마지막 문단 또는 비판적 견해와 관련된 폭넓은 논의에서 드러나는 모든 문제는 의미가 있다. 그러나 관련된 핵심 개념의 복잡성에 비추어볼 때, 대부분의 문제는 확률을 예측하는 다양한 방법, 출처가 다양한 정보를 주관적으로 통합하는 것의 역할(**보험**의 예 참조), 확률을 설명하는데 사용되는 수치적·구어적 도구에 대한 해석의 필요성 등을 인식하는 것과 관련된다. 또한 확률적 소양은 개인적이거나 공동체적인 결정 과정의 일부로서 생성 상황에서도 필요하다.

앞서 살펴보았듯이 확률적인 주장을 이해하고 평가하는데 도움을 주는 질문에 대해 완벽하게 논하는 것은 이 장의 내용을 벗어난다. 표 3은 해석적 맥락에서 확률적 정보를 접했을 때 제기될 수 있는 주요 질문을 개관한다. 이러한 질문은 확률적 소양 모델에 속하는 4가지 지식 요소와 모두 연관이 있으나, 통계적 소양 또는 산술 능력과 관련하여 비판적인 추가 질문이 제기될 수 있다(Gal, 2000; 2002a). 표 3에 제시된 질문이 모든 상황에 적용될 수 있는 것은 아니다. 그럼에도 불구하고 5가지 영역과 관련되는 질문을 비형식적으로라도 간단하게나마 제기해보려고 노력하는 것이 수업에서는 중요하다.

마지막으로 표 3에 제시된 영역에 덧붙여서 비판적인 질문을 제기하는 것은 확률을 예측할 때 발생할 수 있는 "사고 오류"나 편향된 판단을 알아내는데 유용하다는 점에 주목할 필요가 있다. 여러 연구에 따르면 통계를 배운 사람들조차도 종종 부적절한 방법으로 확률을 예측하며, 바람직하지 않은 방법으로 무작위성, 독립, 변이, 위험에 대해 사고한다(3, 6, 10장 참조).

이러한 현상이 발생하는 이유가 여전히 논의 중에 있지만(Kahneman et al, 1982;

1. **맥락.** 확률적 진술이 내려진 분야는 어떤 특징이 있는가? 논의되는 문제는 어떤 점에서 무작위성, 독립, 변이 등과 관련되는가?
2. **출처.** 확률적 주장의 출처는 어디인가(예, 기관, 개인)? 그 출처의 자격 수준, 전문지식, 특성, 동기는 무엇인가?
3. **과정.** 주어진 출처로부터 어떻게 확률적 주장이 만들어졌는가? 어떤 유형의 정보가 출처로 사용되었는가(예, 등확률 사건에 대한 "고전적" 분석; 빈도적 정보, 공적인 통계값 또는 연구 결과와 관련된 데이터)? 논의되는 문제와 이러한 데이터가 무슨 관련이 있는가? 자료의 질은 어떠한가? 여러 출처가 사용되었다면 그 정보가 어떻게 통합되거나 충돌되는가?
4. **정보의 의미.** (수치적으로 또는 구어적으로) 제시된 확률적 진술이 무엇을 의미하는가? 이러한 진술을 다른 방식으로 보다 명확하게 번역하거나 표현할 필요가 있는가? 확률적 진술이 언급하는 것이 정확하게 무엇인가? (어떤 진술에서 P(A|B)와 P(B|A)가 혼용되거나 출처가 애매한 확률 문구가 사용될 때 의미에 대한 논쟁이 일어난다.)
5. **반성적 해석.** 이 정보는 어떻게 해석되어야 하는가? 맥락, 출처, 유도 과정, 정보의 의미에 있어 명확성이 충분히 설명되고 있는지 질문해 보았는가? 상식에 비추어 볼 때 예측은 적절한가? 나 자신이 설정한 가정과 내 지식에는 오류가 없는가? 사용된 출처와 관련하여, 나 자신의 관심사, 의도, 주의(caution), 위험에 대한 반감 등과 같은 것 때문에 확률을 과도하게 예측하거나 축소하여 다루지는 않았는가?

**표 3. 확률적 주장을 해석할 때 제기될 수 있는 비판적 질문의 영역**

Gigerenzer et al., 1999), 이러한 실수나 오개념의 작동 원리가 정확하게 파악되지는 않았을지라도 학생들이 저어도 이들에 대해 인식하는 것은 중요하다. 예를 들어 "도박사의 오류(gambler's fallacy)"나 "확률 경기(probability matching)"와 같은 현상을 활용하여 확률적 상황에서 사람들이 사용하는 추론이나 전략이 얼마나 다양한지를 학생들이 파악하도록 할 수 있다(Gal & Baron, 1996). 또한 학생들은 보수적 성향, 지나친 확신, 유효성과 같은 부정적인 견해가 어떤 사건의 확률을 판단할 때 미치는 영향에 대해서 이해할 수 있다. 이와 관련하여 주의 깊게 선택한 사례를 통해 주관적인 해결 과정뿐만 아니라 형식적인 이론을 조망하도록 도울 수 있으며, 무작위 과정과 우연 현상에 대한 사람들의 신념과 태도가 복잡하기 때문에 이를 단순화하거나 예측 가능한 것으로 간주하지 말아야 한다는 점도 설명할 수 있다.

## 04 결론 및 시사점

확률은 실생활 상황의 폭넓은 문제 해결 과정과 직·간접적으로 얽혀 있다. 사람들은 해석, 생성, 판단이 필요한 확률적 정보를 효과적으로 다룰 수 있어야 한다. 이 장에서는 확률적 상황을 효과적으로 다루는데 필요한 5가지 지식 요소(핵심 개념, 확률 계산, 언어, 맥락, 비판적 질문)와 성향을 제안하는 모델을 개관하였다. 이러한 확률적 소양의 요소는 과학적 소양이나 건강관리 소양을 규정하는 방식처럼, 일반소양, 산술 능력, 통계적 소양과 같이 전반적이면서도 상호 관련되는 요소들로 규정된 주요 능력과 필수 기능에 의해 상황화되었다.

확률적 소양과 관련된 이러한 견해는, 대부분의 학교 교육과정에서 확률에 대한 고전적 관점 및 빈도적 관점과 관련된 형식적 지식만을 전달하는데 집중하는 경향을 반대하는 것으로 보인다. 예를 들어 현대 사회의 시민이 지녀야 하는 주요 개념을 종합하여 제시한 《문화적 소양 사전》(Hirsch, Kett, & Trefil, 2002)은 확률을 다음과 같이 설명하였다:

> 0과 1 사이의 수로 어떤 사건이 일어날 가능성을 나타낸다. 보통 확률은 비로 표현된다. 해당 사건이 일어난 실험 결과의 횟수를 일어날 수 있는 모든 실험 결과의 횟수로 나눈다. 따라서 카드 한 벌에서 클로버 10개가 그려진 카드를 뽑을 확률은 1:52, 즉 52분의 1이다.

이 개념은 이론적으로는(technically) 수용할 만하다. Moore(1990)는 확률론이 다음과 같은 이유로 수학의 중심부에 해당한다고 주장하였다. "관찰하는 것 이상으로 가능성을 상세히 기술하는 것이 가능하다⋯ 간단한 가정으로부터 기대하지 못한 엄청난 결과를 이끌어내는 수학의 힘을 인상적으로 보여준다"(p. 118). 실제로 많은 학자들은 우연게임과 같이 간단해 보이는 상황으로부터 교수학적으로 매우 유용한 예를 제시하였다(예, Snell, 1988; Feldman & Morgan, 2003). 이러한 게임은 17세기에 파스칼(Pascal)과 페르마(Fermat)가 확률을 체계적으로 연구할 수 있게 하였던 동기와 맥락을 제공하였다(1장 참조).

그러나 《문화적 소양 사전》의 확률 정의는 다음과 같은 이유로 교육자들에게 오해를 불러일으킬 수 있다.

1. 실용적, 문화적 맥락에서 실제로 확률이 사용되는 다양한 상황을 검토하지 않았다.
2. 성인의 일반적인 소양, 산술 능력, 통계적 소양과 같이 보다 폭넓은 맥락에서 확

률에 대한 논의를 진행하지 않았다.

3. "확률 교육"은 주로 확률을 계산하는 기술적(technical) 지식을 전달하는 것이라는 인상을 심어줄 수 있다.

대부분의 일상생활에서 사람들은 어떤 상황을 해석하여 적절한 판단을 내리기 위해 확률적 소양을 활성화시킬 필요가 있다. 이러한 활동은 0과 1 사이에 순전히 수치적인 표현으로 확률적 정보를 다루는 것만으로는 충분하지 **않다**. 예를 들어 일기예보에서 비가 올 가능성은 구어적 설명을 통해 퍼센트로만 표현된다. 그런데 왜 교과서와 학교 시험에서는 0과 1 사이의 수로 확률을 계산하는 것만 강조되어야 하는가? 역사적인 이유 이외에도, 교사들이 교실에서 간단한 무작위 생성 도구로 시범을 보이는 까닭을 쉽게 설명할 수 있다. Albert(2003)는 교사와 시험 출제자들이 문제의 난이도를 쉽게 조작할 수 있기 때문에 "주사위 2개를 2번 던져서 모두 '5'의 눈이 나올 확률은 얼마인가?"와 같이 단순한 문장제를 선호한다고 지적하였다.

확률 계산만을 강조하는 이러한 경향에 대처하기 위해서는 확률적 소양 개발을 위한 교육과정 설계에 대한 외적 요구에 주목할 필요가 있다. 많은 학자들과 단체들은 수학 수업을 계획할 때 실생활의 실용적 요구가 고려되어야 한다고 주장해 왔으며, 이러한 주장은 최근 대부분의 교육과정 틀에 실질적으로 반영되고 있다(NCTM, 2000; Packer, 1997; Rychen & Salganic, 2003; Stein, 2000). 과학 발전을 위한 미국 협회(American Association for the Advancement of Science)의 프로젝트 2061(Project 2061)을 주도한 러더퍼드(James Rutherford)에 따르면 양적 소양은 **맥락적**이기 때문에 그 구성 요소를 결정할 때 수학 자체보다는 수학적인 능력과 통찰이 요구되는 맥락이 우선적으로 고려되어야 한다.

### 균형 있는 교수와 전이(skill transfer)에 대한 주목

학생들이 수학적 확률 자체를 이해하도록 할 것인지, 학생들의 확률적 소양(이 장에서 개괄된)을 개발하여 그들의 산술 능력이나 양적 소양을 신장시킬 것인지를 결정하는 것이 핵심적인 문제이다(Steen, 2001). 기술적·절차적 지식이 아니라 확률적 소양을 다루기 위한 교수 설계를 위해서는 핵심 개요(big picture)를 알아야 한다. 이 장에서 설명한 5가지 지식 요소와 성향은 조정된(coordinated) 균형 잡힌 관점으로 다루어야 한다.

이 장에서 확률적 소양의 구성 요소로 소개한 지식 요소와 성향을 개발하는데 필요한 교수 전략과 방법에 대해서는 부분적으로만 이해되어 있다. 분명한 것은 학습 활동과 평가가 표 2에서 제시된 것과 같이 의미있는 상황 맥락을 통해 진행되어야 한다는 것이다. 다만, 확률적 소양과 같이 맥락적인 능력을 개발하고자 하는 경우에는 교실 내에서의 학습이 교실 밖 상황으로 **전이**될 것인가에 필수적으로 주목할 필요가 있다. 학습에 대한 인지적 연구(예, Lovett & Greenhouse, 2000)에 따르면 학생들이 핵심적인 하위 기능을 이해하거나 활용할 기회를 갖지 못한 경우에는 새로운 과제(예, "전이 과제")를 제대로 해결하지 못하였다. 이는 교실에서 계산 연습용 과제와 탈맥락화된 과제(예, 회전판 돌리기나 주사위 던지기)만을 다룬 학생들은 그들이 마주치게 될 실생활의 다양한 확률적 상황과 정보를 해석하고 검토하며 비판적으로 사고하는데 어려움이 있음을 시사한다.

기존의 교육 방법은 확장되어야 하고, 계산 절차나 확률의 수학적 측면 이외의 것을 다루는 새로운 교육 방법이 개발되어야 한다. 여러 대안 중에 컴퓨터를 단순히 계산 수행이나 시뮬레이션 실행, 그래프를 그리는 도구가 아니라 다양하게 활용할 수 있는 방안을 논의해볼 필요가 있다. 컴퓨터의 활용에 대한 논의에서 중요한 것은, 핵심 개념, 가능성에 대한 언어, 확률적 정보나 숫자를 해석하는 맥락, 확률적 정보에 대한 비판적 질문 등을 함께 다룰 수 있는가이다(Grinstead & Snell, 1997). 이러한 활동은, 수업에서 연습문제로 제시되는 구조화된 상황과는 다른, 실제적인 확률적 상황과 정보를 학생들이 다루게 될 때 의미 있게 수행될 수 있다. 예를 들어 학생들에게 확률과 확실성에 대한 명확한 진술이나 암묵적인 표현 등을 인터넷에서 찾아보도록 하는 활동 등이 있을 수 있다: 웹사이트로 제공되는 언론 기사, 의료기관의 게시물, 제약 회사 광고, 일기 예보, 통계청 보도자료, 정치적 주장 등. 또한 학생들에게 수치적 표현을 생성하거나 그래프를 그려주는 컴퓨터 프로그램을 활용하도록 요구할 수도 있다. 한편 학생들에게 실험이나 시뮬레이션의 결과를 요약하는 글을 쓰도록 하거나 여러 웹사이트 또는 다른 학생의 글에서 찾아볼 수 있는 확률과 확실성에 대한 의사소통 정보를 비평하도록 요구할 수도 있다.

일단 교수의 초점이 계산 과제와 연습 이상의 것으로 옮겨져서 의사소통 활동뿐만 아니라 해석 상황과 판단 상황을 고려하게 되었다면, 교사가 실시하는 평가방법 역시 재고되어야 한다(이 책 13장 참조). 평가는 수업 중에 학습한 어떤 원리에 대한 이해 정도뿐만 아니라 새로운 과제에 대한 학생들의 적응력과 성향 요소를 동시에 확인하여야 한다. 마지막으로 이 장에서 제시된 비전과 교수-학습 과정이 합치되어 학생들이 교실 밖에서도 확률적 소양에 따라 행동할 수 있을 정도가 되기 위해서는 보다 많은 후속 연구가 필요하다.

## 참고문헌


Albert, J. H. (2003). College students' conceptions of probability. *The American Statistician, 57*(1), 37-45.

American Association for the Advancement of Science (1995). *Benchmarks for science literacy*, Washington, DC: Author.

Baker, D., Sc Street, B. (1994). Literacy and numeracy: Concepts and definitions. In T. Husen & E. A. Postlethwaite (Eds.), *Encyclopedia of education* (Vol.6, pp. 3453-3459). New York: Pergamon Press.

Baron. J. (2000). *Thinking and deciding* (3rd ed.). New York: Cambridge University Press.

Beltrami, E. (1999). *What is random? Chance and order in mathematics and life*. New York: Copernicus/Springer-Verlag.

Bennett, D. L (1998). *Randomness*. Cambridge, MA: Harvard University Press.

Beyth-Marom, R., & Dekel, S. (1985). *An elementary approach to thinking under uncertainty*. Hillsdale, NJ: Erlbaum.

Clemen, R., & Gregory, R. (2000). Preparing adult students to be better decision makers. In I. Gal (Ed.), *Adult numeracy development: Theory, research, practice* (pp. 73-86). Cresskill, NJ: Hampton Press.

Cosmides, L., & Tooby, J. (1996). Are humans good intuitive statisticians after all? Rethinking some conclusions from the literature on judgment under uncertainty. *Cognition, 58*, 1-73.

Dessart, D. (1989). Teaching probability and statistics in general secondary education. In R. Morris (Ed.), *Studies in mathematics education: The teaching of statistics* (pp. 139-154). Paris. UNESCO.

Everitt, B. S. (1999). *Chance rules: An informal guide to probability, risk, and statistics*. New York: Copernicus/Springer-Verlag.

Feldman, L. & Morgan, F. (2003). The pedagogy and probability of the dice game HOG. *Journal of Statistics Education 11*(2). [Online: www.amstat.org/publications/jse/v11 n2/feldman.html]

Fischhoff, B., Bostrom, A., & Quadrel, M. J. (1993). Risk perception and communication. *Annual Review of Public Health, 14*, 183-203.

Gal, I. (1999). Links between literacy and numeracy. In D. A. Wagner, B. Street, & R. L. Venezky (Eds.), *Literacy: An international handbook* (pp. 227-231). Boulder, CO: Westview Press.

Gal, I. (2000). The numeracy challenge. In I. Gal (Ed.), *Adult numeracy development: Theory, research, practice* (pp. 9-31). Cresskill, NJ: Hampton Press.

Gal, I. (2002a). Adult statistical literacy: Meanings, components, responsibilities, *International Statistical Review, 70*(1), 1-25.

Gal, I. (2002b). Dispositional aspects of coping with interpretive numeracy tasks.

*Literacy and Numeracy Studies, 11*(2), 47-61.

Gal, I., & Baron, J. (1996). Understanding repeated simple choices. *Thinking and Reasoning, 2*(1), 1-18.

Gal, I., Ginsburg, L., & Schau, C. (1997). Monitoring attitudes and beliefs in statistics education. In I. Gal & J. B. Garfield (Eds.), *The assessment challenge in statistics education* (pp. 37-51). Amsterdam: IOS Press.

Gal, I., Mahoney, P., & Moore, S. (1992). Children's use of statistical terms. In W. Geeslin & Graham K. (Eds.), *Proceedings of the 16th annual meeting of the International Group for Psychology in Mathematics Education* (Vol. 3, p. 1 Durham, New Hampshire.

Gigerenzer, G., Swijtink, Z., Porter, T., Daston, L., Beatty, J. & Kruger, L. (1989). *The empire of chance: how probability changed science and everyday life*. New York: Cambridge University Press.

Gigerenzer, G., Todd, P. M., & the ABC Research Group (1999). *Simple heuristics that make us smart*. New York: Oxford University Press.

Green, D. (1989). School pupils' understanding of randomness. In R. Morris (Ed.), *Studies in mathematics education: The teaching of statistics* (pp. 27-39). Paris: UNESCO.

Grinstead, C. M., & Snell, L. J. (1997). *Introduction to probability* (2nd ed.). Washington, DC: American Mathematical Society. [Online: http://www.dartmouth.edu/~chance].

Halliday, M. A. K. (1979). *Language as social semiotic: The social interpretation of language and meaning*. London: Edward Arnold Publishers Ltd.

Hirsch, E. D., Kett, J. F., & Trefil, J. (2002). *The new dictionary of cultural literacy*, (3rd ed.). New York: Houghton Mifflin.

Johnston, B. (1999). Adult numeracy. In D. A. Wagner, R. L. Venezky, & B. V. Street (Eds.), *Literacy: An international handbook* (pp. 242-247). Boulder, CO: Westview Press.

Kahneman, D., Slovic, P., & Tversky, A. (Eds.) (1982). *Judgment under uncertainty: Heuristics and biases*. Cambridge: Cambridge University Press.

Keeier, C., & Steinhorst, K. (2001). A new approach to learning probability in the first statistics course. *Journal of Statistics Education, 9*(3). [Online: www.amstat.org/publications/jse/v9n3/keeler.html]

Kilpatrick, J. (2001). Understanding mathematical literacy: The contribution of research. *Educational Studies in Mathematics 47*(1), 101-116.

Konold, C. (1991). Understanding students' beliefs about probability. In E. von Glaserfeld (Ed.), Radical constructivism in mathematics education (pp. 139-156), Dordrecht, The Netherlands: Kluwer.

Lovett, M. C., & Greenhouse, J. B. (2000). Applying cognitive theory to statistics instruction. *The American Statistician, 54*(3), 196-206.

McLeod, D. B. (1992). Research on affect in mathematics education: A reconceptualization, In D. A. Grouws (Ed), *Handbook of research on mathematics teaching and learning* (pp. 575-596). New York: Macmillan.

Moore, D. S. (1990). Uncertainty. In L. A. Steen (Ed.), *On the shoulders of giants: New approaches to numeracy* (pp. 95-137). Washington, DC: National Academy Press.

National Council of Teachers of Mathematics.(2000). *Principles and standards for school mathematics*. Reston, VA: Author.

Nutbeam, D. (2000). Health literacy as a public health goal: A challenge for contemporary health education and communication strategies into the 21st century. *Health Promotion International, 15*(3), 259-267.

Packer, A. (1997). Mathematical Competencies that employers expect. In L. A. Steen (Ed.), *Why numbers count: quantitative literacy for tomorrow's America* (pp. 137-154). New York: The College Board.

Packer, A. (1997). Mathematical Competencies that employers expect. In L. A. Steen (Ed.), Why numbers count: quantitative literacy for tomorrow's America (pp. 137-154). New York: The College Board.

Paulos, J. A. (1995). *A mathematician reads the newspaper*. New York; Anchor Books/Doubleday.

Peterson, I. (1998). *The jungles of randomness: A mathematical safari*. New York: Wiley.

Pimm, D. (1987). *Speaking mathematically: Communication in mathematics classrooms*. London: Routledge.

Rutherford, J. F. (1997). Thinking quantitatively about science. In L. A. Steen (Ed.), *Why numbers count: quantitative literacy for tomorrow's America* (pp. 60-74). New York: The College Board.

Rutherford, J. F., & Ahlgren, A. (1990). *Science for all Americans*. New York: Oxford University Press.

Rychen, D. S., & Salganic, L. H. (Eds) (2003). *Key competencies for a successful life and a well-functioning society*. Gottingen, Germany: Hogrefe & Huber.

Scheaffer, R. L., Watkins, A. E., & Landwehr, J. M. (1998). What every high-school graduate should know about statistics. In S. P. Lajoie (Ed.), *Reflections on statistics: Learning, teaching and assessment in Grades K-12* (pp. 3-31). Mahwah, NJ: Lawrence Erlbaum.

Secretary of Labor's Commission on Achieving Necessary Skills (SCANS). (1991). *What work requires of schools: A SCANS report for America 2000*. Washington, DC: U.S. Government Printing Office.

Shamos, M. H. (1995). *The myth of scientific literacy*. New Brunswick, NJ: Rutgers

University Press.

Snell, L. J. (1988). *Introduction to probability*. New York: Random House,

Snell, L. J. (2002). But how do you teach it? *International Statistical Review, 70*(1), 45-46.

Steen, L. A. (2001). *Mathematics and democracy: The case for quantitative literacy*. Washington, DC: Woodrow Wilson National Fellowship Foundation.

Stein, S. (2000). *Equipped for the future content standards: What adults need to know and be able to do in the 21st century*. Washington, DC: National Institute for Literacy. [Online: www.nifl.gov/lincs/co1 1ections/eff/eff_publications.html]

Thistlewaite, L. L. (1990). Critical reading for at-risk students. *Journal of Reading, 55*(8), 586-593.

Utts, J. (1996). *Seeing through statistics*. Belmont, CA: Wadsworth.

Utts, J. (2003). What educated citizens should know about statistics and probability. *The American Statistician, 57*(2), 74-79.

Venezky, R. L. (1990). Definitions of literacy. In R. L. Venezky, D. A. Wagner, & B. S. Ciliberti (Eds.), *Towards defining literacy* (pp. 2-16). Newark, DE: International Reading Association.

Wallman, K. K. (1993). Enhancing statistical literacy: Enriching our society. *Journal of the American Statistical Association, 88*, 1-8.

Wallsten, T. S., Budescu, D. V., Rapoport, A., Zwick, R., & Forsyth, B. (1986). Measuring the vague meanings of probability terms. *Journal of Experimental Psychology: General, 115*(4), 348-365.

Wallsten, T. S., Fillenbaum, S., & Cox, J. A. (1986). Base rate effects on the interpretations of probability and frequency expressions. *Journal of Memory and Language, 25*, 571-587.

Watson, J. (1997). Assessing statistical literacy through the use of media surveys. In I. Gal & J. Garfield, (Eds.), *The assessment challenge in statistics education* (pp. 107-121). Amsterdam, The Netherlands: International Statistical Institute/IOS Press.

Watson, J. M., & Callingham, R. (2003). Statistical literacy: A complex hierarchical construct. *Statistics Education Research Journal, 2*(2), 3-46.

Yates, F. J. (2001). Outsider impressions of naturalistic decision making. In E. Salas & Klein G. (Eds). *Linking expertise and naturalistic decision making* (pp. 9-33). Mahwah, NJ: Erlbaum.

3장

# 확률 교수-학습에 대한 연구 개관

GRAHAM A. JONES and CAROL A. THORNTON

> 성인에게 확률 직관이 있으며 수와 공간 같은 실용적인 대상을 다루는 직관과 확률 직관의 역할이 다르다면, 당장 다음과 같은 2가지 질문이 제기될 수 있다: 그러한 확률 직관은 선천적인 것인가, 후천적으로 개발되는 것인가, 만약 후천적이라면 어떻게 개발될 수 있는가? (Piaget & Inhelder, 1951/1975, p. xiv)

## 01 도입

확률적 사고의 개발과 확률 교수-학습에 대한 연구는 최근 50년 동안 다양하게 진행되어 왔다. 앞서 인용한 것처럼 많은 연구가 선천적 또는 후천적 경험을 통해 얻게 되는 확률 직관과 태도의 본성을 탐구하였다.

이 분야에서의 초기 연구는 피아제(Piaget)와 인헬더(Inhelder)뿐만 아니라 다양한 이론적 배경을 가진 심리학자들에 의해 1950년대와 1960년대에 수행되었다. 이러한 연구는 확률적 사고 및 직관의 구조와 그 개발을 주로 다루었으며, 확률적 정보가 알려지지 않은 무작위 상황에서 어떤 일이 발생할 가능성을 예측하는 과제에 성인이나 아동이 어떻게 반응하는지를 조사하였다. 비록 이 시기의 연구가 학교 교육 내용으로서 확률에 관심을 둔 것은 아니었지만 이러한 연구, 특히 피아제의 연구는 확률 교육에 대한 이후 연구에 지대한 영향을 미쳤다.

1970년대와 1980년대에는 피아제와 같은 맥락에서 확률 개념과 직관의 본질을 다룬 연구가 등장하였다(예, Fischbein, 1975). 다른 심리학자들(예, Tversky & Kahneman, 1974)은 확률적 판단을 내릴 때 사용되는 발견술과 전략에 대해 연구하였다. 또한 이 시기에는 수학교육에서도 확률에 대한 연구가 시작되었다. 이러한 연구(예, Jones, 1974; Green, 1983)는 다양한 연령의 미취학 아동들에게서 나타나는 확률적 사고에 관심을 두었다. 그러나 확률 교수-학습에 주목한 수학교육 연구자들(예, Shepler 1970; Steinbring, 1984)도 있었다. 이러한 연구의 대부분은 무작위 현상(random phenomena)과 확률을 **고전적** 관점에서 다루었으며, 일부 연구만이 **빈도적** 관점과 **주관적** 관점을 통합하여 무작위 현상과 확률을 설명하였다(1장 참조). 이 모든 연구는 학교 교육과정에 확률이 도입되기 이전에 이루어졌다.

모든 학교급에서 확률을 다루도록 한 개정교육과정(예, Australian Education Council [AEC], 1991; Department of Education and Science and the Welsh Office [DES], 1991; National Council of Teachers of Mathematics [NCTM], 1989, 2000)의 출현으로 확률 교수-학습에 대한 연구가 급성장하기 시작하였다. 이러한 연구에는 교실(예, Watson, Collis, & Moritz, 1997)과 교수실험(예, Batanero & Serrano, 1999; Jones, Langrall, Thornton, & Mogill, 1999) — 테크놀로지를 활용하는 경우도 포함하여(Pratt, 2000) — 에서 학생들이 보이는 확률적 추론의 특징을 다룬 인지적 연구가 포함된다. 이 시기에는 교육과정과 교실 수업을 개선하고자 하는 요구에 의해 연구가 진행되었다.

확률 교수-학습에 대한 이상과 같은 연구의 역사적 개관에 기초하여 이 장에서는 관련 연구를 시대 순서에 따라 다음과 같이 1단계 피아제의 시기, 2단계 피아제 이후 시기, 3단계 현재 시기로 분류한다. 각 단계에 속하는 연구를 분석한 다음 확률 교수-학습을 위한 이론적인 발달 및 시사점을 기술한다.

## 02 1단계: 피아제의 시기

이 절의 제목이 말해주듯이, 이 시기의 확률적 사고에 대한 연구는 피아제와 인헬더의 연구가 주도하였다. 두 사람의 연구가 확률 교수-학습과 직접적으로 연관되어 있지는 않지만, 이들의 연구는 연구 목적, 방법, 결과에 이르기까지 매우 심층적이면서도 광범위한 내용을 다루고 있어 뒤이은 다른 두 단계의 연구에 주요한 토대를 제공한다.

확률적 사고의 구조와 발달에 대한 피아제와 인헬더의 연구(1951/1975)는 수, 공간, 비례 추론, 물리적 인과성과 같은 인지 발달에 대한 피아제 연구의 일부이다. 피아제와 인헬더가 수행한 확률 연구의 주요 취지는 정신적 조작의 구조와 그 발달 단계에 대한 피아제의 인식론을 뒷받침하는데 있었다. 이들의 확률 연구는 다음 아이디어에 대한 개념적 추론과 관련하여 의미있는 결과를 제시하였다: 무작위화(randomization), 표본공간, 조합, 가장 잘 일어날 것 같거나 거의 일어날 것 같지 않은 사건, 주어진 사건이 가장 잘 일어날 것 같은 표본공간, 확률분포, 큰 수의 법칙.

피아제와 인헬더(1951/1975)는 4~15세 학생 20명을 대상으로 진행한 면담 결과를 바탕으로 학생들의 인지 발달 단계를 전조작기(4~7세), 구체적 조작기(8~11세), 형식적 조작기(11세 이후)의 3단계로 분류하였다. 피아제와 인헬더에 따르면 이러한 발달 단계의 순서는 불변하지만 각 단계를 겪게 되는 나이는 학생들의 지능, 경험, 문화에 따라 다양하게 나타난다. 피아제와 인헬더는 모든 학생들이 실제로 형식적 조작기에 도달할 수 있는 것은 아니라고 하였다.

**전조작기**에 있는 아이들은 어떤 장치를 흔들어 그 안에 있는 색깔 공을 무작위로 섞을 수 있다는 사실을 이해하지 못하거나 섞여 있는 형태에 규칙이 있다고 생각하였다. 학생들은 회전판의 바늘이 표본공간의 어떤 색깔에서도 멈출 수 있음을 인식하였으나, 그 바늘의 움직임 역시 지나치게 규칙적인 것으로 파악하였으며, 확실성과 불확실성을 구분하는데 어려움이 있었다. 조합을 통해 표본공간의 결과를 열거할 때, 학생들은 이를 무작위로 구하였으며 체계적이거나 전략적인 근거를 사용하지 않았다. 가장 잘 일어날 것 같거나 거의 일어날 것 같지 않은 사건에 대한 판단과 주어진 사건이 가장 잘 일어날 것 같은 표본공간(그림 1)에 대한 결정은 오직 개수를 비교하는 것만으로 그 준거를 삼았다. 피아제와 인헬더에 따르면 이러한 판단은 "지각적이며 주관적인 직관계(world of perceptive and subjective intuitions)"(p. 136)에 근거한다. 또한 적절한 조건하에서 구체물을 무작위로 움직여서 만들어지는 직사각형 모양(rectangular shape)의 확률 분포*를 예측해 보도록 하였을 때, 학생들은 어떤 것도 예측하지 못하거나 지나치게 규칙적인 모양이 나타난다고 답변하였다. 큰 수의 법칙에 대한 이해가 없었기 때문에 학생들은 시행횟수가 증가함에 따라 모양이 점점 고르게 되며 대칭적이 된다는 사실을 인식하지 못하였다.

**구체적 조작기**에 있는 학생들은 무작위로 혼합(mixing)할 수 있다는 점을 이해하였지만 여전히 예측가능성과 가역성을 지나치게 크게 생각하였다. 학생들은 회전판의 바늘이 바로 이전 시행에서 멈추었던 색깔 위에 다시 멈출 수 있다는 것을 인지하였으며, 확실성과 불확실성을 구분할 수 있었다. 학생들은 조합을 통해 가능한 표본공간 전체를 구할 수 있었으며, 이때 사용한 전략이 적절한 이유를 설명할 수 있었으나 항상 그렇지는 않았다. 가장 잘 일어날 것 같거나 거의 일어날 것 같지 않은 사건에 대해 판단하거

■
**역자 주** 주사위와 같은 구체물을 여러 번 던졌을 때 나오는 눈의 확률 분포는 직사각형 모양에 가깝다.

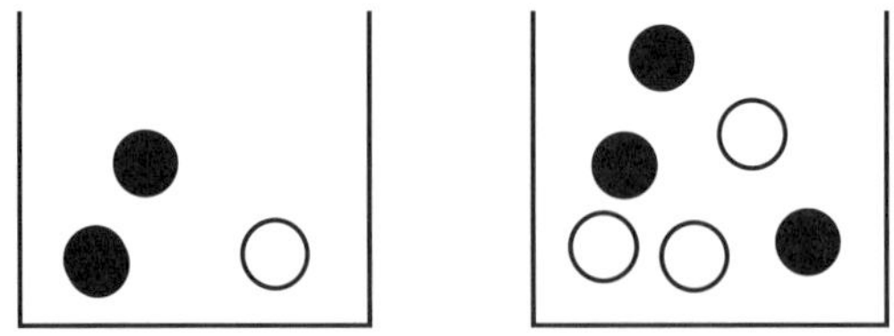

자루를 각각 흔들어 자루에 들어 있는 검은 공과 흰 공을 섞는다. 각 자루에서 1개씩 공을 꺼낼 때 검은 공을 꺼낼 가능성이 더 큰 것은 어떤 것인가? 이유는 무엇인가?

**그림 1. 어떤 표본공간이 더 큰 가능성을 갖는가?**

나 주어진 사건이 가장 잘 일어날 것 같은 표본공간을 결정할 때 개수를 비교하였으며 비율적 추론을 활용할 수는 없었다(그림 1). 구체물에 의해 생성된 직사각형 모양의 확률분포를 예측해보도록 하였을 때, 경우에 따라서 학생들은 완전한 분포나 거의 대칭적인 분포를 생각해 내었다. 그러나 시행횟수가 증가함에 따라 분포가 점점 고르면서 대칭적이 되는 이유를 큰 수의 법칙과 관련하여 인식하지는 못하였다.

**형식적 조작기**에 있는 학생들은 무작위 혼합의 실제적 본질, 가역성이 불가능한 현상, 가능한 순열의 수가 충분히 클 때 드러나는 큰 수의 법칙 등을 인식할 수 있었다. 학생들은 회전판을 돌린 결과를 바로 나열할 수 있었으며, 조합을 이용하여 가능한 표본공간 전체를 체계적이고 정확한 전략을 통해 구할 수 있었다. 가장 잘 일어날 것 같거나 거의 일어날 것 같지 않은 사건에 대해 판단하거나 주어진 사건이 가장 잘 일어날 것 같은 표본공간을 구할 때 개수를 비교하였으며, 주어진 사건이 가장 잘 일어날 것 같은 표본공간을 선택할 때(그림 1) 비율적 추론을 활용하였다. 구체물로 생성된 직사각형 모양의 확률분포를 예측할 수 있었으며 비율에 대한 이해를 바탕으로 분포의 대칭성을 다룰 수 있었다. 또한 학생들은 시행횟수가 증가함에 따라 분포가 더 고르면서 대칭적이 된다는 사실을 인식할 수 있었는데, 이는 학생들이 큰 수의 법칙을 이해하고 있음을 보여준다.

이처럼 피아제와 인헬더는 형식적 조작기가 되어서야 비례 추론과 조합 추론이 가능하기 때문에 형식적 조작기 이전에는 확률을 배울 수 없다고 주장하였다. 구체적 조작기의 학생들이 확실성과 불확실성을 구별할 수 있었고 제한된 상황에서 확률을 수량화하기 시작하였지만, 형식적 조작기가 되어서야 확률을 다룰 수 있다는 피아제와 인헬더의 주장에 의해 30년 이상 동안 확률 교육은 고등학교와 대학에서만 진행하는 것으로 제한되었다.

이 시기에 다른 심리학 연구들(예, Offenbach, 1965; Siegel & Andrews, 1962;

Stevenson & Zigler, 1958)은, 다양한 연령대의 아동들이 결과가 2가지로 나타나는 무작위 실험에서 그 결과를 어떻게 예측하는지 조사하였다. 일련의 시행이 있다는 것을 "가르쳐준 것"을 제외하고는 어떤 확률적 조건도 제공되지 않았다. 연구 결과에 따르면 6~9세의 아동들은 확률적 조건과 유사한 전략을 찾으려는 경향을 보였다. 또한 6~9세의 아동들은 3~20세에 속하는 다른 연령대의 아동들보다 최대화 전략(maximizing strategy; 가장 잘 일어날 것 같은 결과의 확률을 1로 두는 것)을 덜 사용하였다. 또 다른 연구(예, Gratch, 1959)는 위와 같이 결과가 2가지로 나타나는 무작위 상황에서 성인과 아동들이 결과의 배열을 어떻게 예측하는지 조사하였다. 이러한 연구에 따르면 어린 아동들(6~9세)은 높은 연령대의 아동들이나 성인보다 시행에서 2가지 결과가 교대로 나타날 가능성을 더 크게 보는 경향이 있었다. 이들 연구는 무작위화와 확률에 대한 학생들의 사고 특징을 빈도적 관점에서 다루었으나, 전통적으로 주요하게 다루어 온 조합과 고전적 확률에 대한 학생들의 사고에 대해서는 설명하지 않았다(Scheaffer, Watkins, & Landwehr, 1998, p. 16).

이 시기에 수행된 연구에서는 확률 교육에 대한 관심이 제한적이었음에도 불구하고, 학교 교육과정 전반에 확률을 도입하고자 하는 진지한 시도가 있었다. 미국에서 Page(1959), CCSM(Cambridge Conference on School Mathematics, 1963), SMSG(School Mathematics Study Group, 1996)는 확률을 초등학교에서부터 지도해야 한다는 점을 다양한 방법으로 주장하였다. 유럽에서 Varga(1969a, 1969b)는 초등학교와 중학교에서 조합과 확률 모두를 다루는 광범위한 교육과정 개발 연구를 수행하였다. 보다 국제적인 관점에서 Engel(1996)는 유럽과 미국의 초등학교와 중등학교의 확률 교육을 분석하였다. 이러한 노력에도 불구하고 이 시기의 연구 대부분은 초등학교와 중학교에 확률을 도입하는데 상대적으로 거의 관심을 두지 않았다고 볼 수 있다.

## 03 2단계: 피아제 이후 시기

이 시기에는 아동과 성인의 확률적 사고에 대한 연구가 풍부하게 진행되었다. 피아제의 연구에 영향을 받은 많은 연구들이 바람직한 확률 개념 발달과 오개념을 밝히는데 주목하였다. 한편으로 이 시기는 확률 교육이 아동의 확률적 사고에 미치는 영향을 연구하기 시작한 시기라고도 요약할 수 있다. 이 시기에는 피슈바인(Fischbein)의 연구가 상당한 주목을 받았으며 널리 소개되었으므로 피슈바인의 연구를 살펴보는 것으로

이 절을 시작하고자 한다. 또한 확률에 대한 심리학자들의 지속적인 연구와 수학교육 학자들에 의해 급격하게 주목된 확률 관련 연구를 살펴본다.

### 피슈바인의 연구: 확률 직관

피슈바인의 초기 연구(예, Fischbein, Pampu, & Manzat, 1969, 1970a, 1970b)가 아동의 확률적 사고 발달에 대한 피아제의 연구에 기초하고 있지만, 피슈바인은 교육적인 상황에서 아동들이 보이는 반응에 처음으로 관심을 두었다. 발달과 교육 모두에 대한 이러한 관심은 일차(primary) 직관과 이차(secondary) 직관에 대한 연구로 이어졌다(Fischbein, 1975).

Fischbein(1975)에 따르면 **직관**(intuition)은 인지적 능력이나 신념으로, 즉흥성(spontaneous), 전체성(global), 내적 확실성(self-evident)이라는 특징을 갖는다(p.117). 또한 사람들은 확률 직관과 함께, 수나 기하, 물리와 같은 영역에서도 직관을 드러낸다. 피슈바인 이론의 핵심은 직관이 적응적(adaptable)이기 때문에 체계적인 교육에 의해 형성될 수 있다는 것으로, 이는 피아제의 견해와 반대된다. 이러한 이론적 토대 위에서 피슈바인은 일차 직관과 이차 직관의 중요한 차이를 설명하였다.

Fischbein(1975)에 따르면 **일차 직관**은 체계적인 교육을 필요로 하지 않는 개인적 경험에서 비롯된 인지적 신념이다. 예를 들어 어린 아동은 그림 2와 같은 질문에 일차 확률 직관을 사용하여 "검은색이 잘 나올 것 같아요. 왜냐하면 검은색은 내가 가장 좋아하는 색이니까요"라고 주관적인 주장을 펼 수 있다.

**이차 직관**은 교육 — 일반적으로 특정한 과제 맥락에서 — 에 의해 습득되고 재구성된 인지적 신념이다. 예를 들면, 앞서 살펴보았던 아동은 "잘 나올 것 같다"는 개념을 학습한 다음에는, 주관적 신념에 따른 일차 직관을 회전판에서 각각의 색(그림 2)이 차지하는 영역의 넓이를 구하도록 하는 이차 직관으로 대체할 것이다. 개인의 일차 직관은 교육을 통해 재구성될 수 있지만, 사라지는 것은 아니며 맥락적으로 다른 과제를 다룰 때는 다시 등장할 수 있다. 본질적으로 개인은 일차 직관을 없앤다기보다 특정한

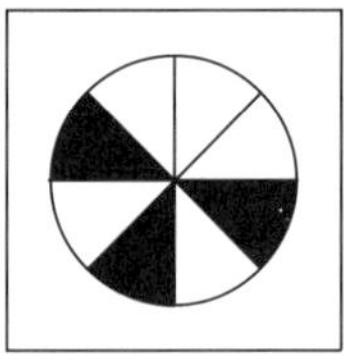

위 회전판을 돌리면 어떤 색깔이 잘 나올 것 같은가?

**그림 2. 회전판 문제**

과제와 관련하여 이차 직관을 형성하는 것으로 볼 수 있다. 피슈바인에 따르면 이차 직관의 형성은 즉흥적이면서도 완전한 형태로 일어난다. Shaughnessy(1992 p. 480)는 이를 "형태주의 심리학자들이 말한 '아하(Aha)' 경험과 같다"고 설명하였다.

Fischbein(1975)은 직관의 한계도 지적하였다. 피슈바인에 따르면 직관이 적응적이기는 하지만 특정 맥락에서는 지나친 경우가 있다. 예를 들어, 그림 1에서 검은 공이 많은 주머니를 고르려는 직관은 공의 비율을 고려해 볼 때 너무 제한적이다. 피슈바인은 직관이 문제 해결에 유용할 수 있지만 오개념을 낳을 수 있다고 하였다.

피슈바인의 연구는 교육에 의한 직관의 변화를 다루었기 때문에 확률 교수-학습과 관련하여 특별히 의미 있는 시사를 제공한다. 일련의 연구(Fischbein, Pampu, & Manzat, 1969, 1970a)에서, 미취학 아동 및 3학년과 6학년 학생들을 대상으로 사고 전략과 그룹화 원리(grouping principles)에 대한 사전수업을 진행한 나음, 그림 1과 같은 과제를 제시하여 주어진 사건이 가장 잘 일어날 것 같은 표본공간을 고르도록 하였다. 사전수업 이후에도 미취학 아동들은 해당 과제를 거의 해결하지 못하였지만, 일부 3학년 학생들과 6학년 학생들은 의미 있는 결과를 보여주었다. 조합과 관련된 과제를 다룬 다른 연구에서도 비슷한 결과를 얻었다(Fischbein, Pampu, & Manat, 1970b).

이후 Fischbein & Grazit(1984)는 12개 단원으로 구성된 교육 프로그램에 참여한 5, 6, 7학년 학생 285명의 확률 지식과 직관의 특징을 조사하였다. 통제군과 비교해 볼 때 실험군은 확률 내용과 관련된 지식에서 의미 있는 차이를 보였지만, 확률 직관에 대한 결과는 그렇게 분명하지 않았다. 실제적인(practical) 활동에 참여한 학생들의 직관은 어느 정도 발달하였지만 대부분의 경우 확률적 아이디어는 5학년 학생들이 이해하기에 어렵다는 사실이 드러났다. 피슈바인은 교육을 통해 확률에 대한 직관적 아이디어가 개발될 수 있다고 생각하기는 하였지만(Shaughnessy, 1992), "… 직관적 아이디어 중에는 분석되지 않은 부분이 있으며 제한된 분석 도구가 사용되었기 때문에 여러 측면에서 여전히 불분명하다"고 언급하였다(Fischbein, Nello, & Marino, 1991, p. 523).

연구가 진전됨에 따라 Fischbein(1975, 1987)은 학생들의 확률 직관 발달의 특징을 미취학기, 구체적 조작기, 형식적 조작기의 3단계로 설명하였다. 피슈바인은 고전적 개념 및 빈도적 개념을 활용하여 각 단계에 해당하는 확률 직관의 종류를 가능성에 대한 직관, 상대도수에 대한 직관, 승산(odds)의 예측, 조합 계산(operation)으로 설명하였다. 이러한 단계는 피아제와 인헬더가 제시한 단계(1951/1975)와 겹치는 부분이 있지만, 피슈바인은 각 단계의 특징에 교육의 효과를 포함시키고 있다는 점에서 고유

| 단계 | 가능성/상대도수에 대한 직관 | 승산의 예측 | 교육의 효과 | 조합 계산 |
|---|---|---|---|---|
| 미취학기<br>(<7세) | • 가능성/상대도수에 대한 직관이 다소간의 예측불가능성과 관련된다.<br>• 가능성/상대도수에 대한 직관에 따라 시행 결과를 예측한다. | • 승산을 예측할 때 경우에 따라서는 확률적 판단에 기초한다. | • 교육이 거의 영향을 미치지 않는다. | • 구체물을 활용하여 조합을 이해하는 부분적인 능력이 있다. |
| 구체적 조작기<br>(7~12세) | • 가능성이 조직적인 개념적 구조가 된다.<br>• 가능성/상대도수에 대한 직관에 오개념이 있다. | • 기본적인 상황에서 승산을 직관적으로 비교한다. | • 전략을 비교할 때 배운 것을 활용한다.<br>• 비율적 사고가 충분히 학습되지 않는다. | • 시행착오를 거쳐 조합 계산의 간단한 절차를 습득한다. |
| 형식적 조작기<br>(>11~12세) | • 추상적인 추론 능력이 발달함에 따라 보다 풍부한 확률 개념을 갖게 된다.<br>• 가능성/상대도수에 대한 직관이 여전히 인과적 종속성을 지닌다.<br>• 예측을 위해 조건을 고려할 수 있다. | • 승산을 활용한 비교가 보다 정교해 진다. | • 교육에 의해 확률이 구성된다. | • 체계적인 절차를 완전하게 구성하지는 못하지만 교육에 의해 개발된다. |

**표 1. 피슈바인의 발달 단계에 대한 Way(2003)의 요약**

성을 지닌다. Way(2003)가 정리한 피슈바인의 발달 단계를 개괄적으로 살펴보면 표 1과 같다.

피슈바인과 동료들의 연구(예, Fischbein & Schnarch, 1997)가 이 장에서 제시하게 될 다음 단계에서도 의미있는 영향력을 갖지만, 이 시기에 수행된 획기적인 연구들이 가장 큰 영향력을 갖는다. 한편으로 확률 직관에 관한 피슈바인의 연구는 이 책에서 다루어진 것보다 훨씬 많은 확률 연구에 영감을 주었다. 또한 교육 맥락에 대한 피슈바인의 연구 성과를 통해 지난 15년간 확률과 관련하여 교육과정과 수업에서 드러난 다양한 현상을 예견할 수 있었다.

### 심리학의 주요한 공헌: 발견술(heuristic)

확률 직관에 대한 피슈바인의 연구로부터 불확실한 상황에서 내려지는 판단

(judgement)에 대한 카너만(Kahneman)과 트버스키(Tversky)의 연구(예, Kahneman, & Tversky, 1972)로 넘어오는 것은 어떤 면에서 보면 자연스럽다. 비록 피슈바인이 불확실한 상황에서 내려지는 판단과 확률 직관을 동일시하지는 않았지만, 이 둘은 외부 현실이라는 모델을 개체가 인식함으로써 형성된 신념이기 때문이다(Shaughnessy, 1992, p. 480).

카너만과 트버스키의 연구에서 핵심은 발견술과 편향(bias)을 다룬 것이다. Kahneman & Tversky(1972)에 따르면 **발견술**은 통계적으로 서툰 사람들이 확률을 예측하거나 불확실한 상황에서 판단을 내릴 때 사용하는 전략이다. 이러한 전략은 확률을 예측할 때는 유용하지만 편향이나 오개념을 낳을 수도 있다. 카너만과 트버스키가 언급한 대표적인 3가지 발견술은 **대표성**(representativeness), **이용가능성**(availability), **소성과 고성**(adjustment and anchoring)이다. 이러한 3가지 발견술에 대한 설명이 개괄적이기는 하지만(Tversky & Kahneman, 1974), 이 발견술의 특정한 측면은 확률 학습을 다룬 많은 연구의 주목을 받았다.

■ 대표성

대표성 발견술에 의존하는 사람들은 사건 A가 전형적인 정도에 따라 그 다음에 일어나는 사건 B의 확률을 어림한다(Tversky & Kahneman, 1974, p. 1125). 예를 들어, 동전 1개를 5번 던져서 앞면이 연속하여 5번 나왔다면, 대표성 발견술을 따르는 사람들은 앞면이 5번 나온 이전 결과에 지나치게 주목하여 여섯 번째 시행에서 뒷면이 나올 가능성이 높다거나(부적 최근성 또는 도박사의 오류, negative recency or gambler's fallacy), 반대로 앞면이 나올 가능성이 높다(정적 최근성, positive recency)고 생각한다(Cohen, 1960). 복잡한 확률을 다룰 때 모든 연령대의 사람들이 대표성 발견술을 사용하는 것이 관찰되었으며, 이는 확률 교수-학습에서 대표성 발견술에 주목할 필요가 있음을 시사한다(4, 7장 참조).

■ 이용가능성

이용가능성 발견술을 사용하는 사람들은 이전에 자신에게 일어난 적이 있는 사건이 더 잘 일어난다고 생각한다(Kahneman & Tversky, 1974, p. 1134). 예를 들어, 자신의 형이 주사위 게임에서 "6의 눈이 잘 나오는 결과"를 얻은 적이 있는 아동은 주사위를 던졌을 때 6의 눈이 나올 확률이 더 높다고 생각한다. 이용가능성 발견술을 사용하는 학생들에 대한 연구가 많지는 않지만, 교사들은 이와 관련된 학생들의 성향을 인지할 필요가 있다.

■ 조정과 고정

조정과 고정 발견술을 사용하는 사람들은 문제에서 주어진 정보에 의해 조정된 초기값에 기초하여 확률을 부적절하게 예측한다(Kahneman & Tversky, 1974, p. 1137; Slovic & Lichtenstein, 1971). 이 발견술의 2가지 예인 결합 오류(conjunction fallacy)와 분리 오류(disjunction fallacy)를 확률 관련 연구에서 흔히 볼 수 있다. **결합 오류**를 사용하는 아동은 주사위 1개를 던졌을 때 6의 눈이 연속적으로 2번 나올 가능성은 6의 눈이 1번 나오는 가능성보다 크다고 생각한다. 이와는 대조적으로 **분리 오류**를 사용하는 아동은 주사위 1개를 1번 던져서 6의 눈이 나올 가능성은 주사위 1개를 3번 던져서 적어도 1번 6의 눈이 나올 가능성보다 크다고 생각한다. 이 2가지 발견술은 특히 중학교와 고등학교 수업에서 중요한 의미를 갖는다(6, 10장 참조).

불확실한 상황에서 내려지는 판단에 대한 카너만과 트버스키의 연구는 발견술의 존재를 밝힌 것 이상의 의미를 갖는다. 이 연구는 인과성과 귀인(attribution), 큰 수의 법칙, 복합 확률과 같은 주요 아이디어를 고전적·빈도적·주관적 확률의 관점에서 통합하였다. 카너만과 트버스키의 이러한 노력에도 불구하고, 이 시기와 다음 시기에 수행된 심리학자와 수학교육학자들의 후속 연구에서는 카너만과 트버스키의 발견술에 대한 연구에만 관심을 두었다.

## 발견술에 대한 후속 연구

카너만과 트버스키의 연구에 영향을 받아 수행된 이 시기의 모든 연구를 개관하는 것은 불가능하다. 그러나 폴크(Falk), 코놀드(Konold), 샤우네시(Shaughnessy)의 연구는 이 책에서 살피고자 하는 주제와 특별히 관련이 깊기 때문에 이를 소개하고자 한다. 또한 이 시기에 폭넓게 주목을 받았던 Garfield & Ahlgren(1988)의 연구를 요약하고자 한다.

조건부 확률이 중학교, 고등학교, 대학교의 확률 교육과정에서 핵심 요소가 됨에 따라, 조건부 확률과 관련된 편향을 다룬 Falk(1988, 1989)가 주요한 의미를 갖게 되었다. 그에 따르면 조건사건 이전에 조건사건에 의해 조건화되는 사건이 일어나는 경우* 학생들은 조건부 확률을 결정하는데 어려움을 겪는다. 예를 들어, 검은 공 2개와 흰 공 2개가 들어 있는 항아리에서 비복원으로 공을 2개 꺼낼 때, 두 번째가 검은 공일 때 첫 번째가 검은 공일 확률을 구하는 문제를 생각해 보자. 이 문제를 풀 때 학생들은 조건적 사고와 인과적 사고를 혼용함으로써 해당 문제는 풀 수 없다고 답하거나

■

**역자 주** 조건부 확률 P(A | B)에서 조건사건 B보다 사건 A가 먼저 일어난 경우를 말한다.

두 번째 사건은 첫 번째 사건에 영향을 미칠 수 없기 때문에 구하고자 하는 확률은 0.5라고 주장한다. **시간 축 오류**(fallacy of the time axis)로 알려진 이 발견술은 학생들이 조건 사건과 조건화되는 사건을 다룰 때 보이는 오개념 중 하나이다(고등학교 수학과 관련하여 폴크의 연구에 대해 더 논의하기 위해서는 이 책의 10장을 참조하기 바란다).

**결과적 접근**(outcome approach)으로 알려진 발견술에 대한 연구인 Konold(1983, 1989)는 이 시기에 시작하여 다음 시기까지 이어졌다. 코놀드는, 동전을 5번 던져서 앞면이 5번 나왔을 때 여섯 번째에는 뒷면이 나올 가능성이 높다고 생각하는 학생의 사고에 대해 카너만과 트버스키가 분석한 내용과는 다른 설명을 제시하였다. 코놀드에 따르면 이는 학생들이 대표성 전략을 사용하였기 때문이 아니라, 그 결과가 일어날 확률을 구체적으로 구하는 대신 다음에 나올 결과를 예측하는 과제로 주어진 과제를 인식하였기 때문에 발생한다(결과적 접근). **결과적 접근**은 가능성 및 독립과 같은 개념을 학생들이 이해하는데 다양한 형태로 영향을 미친다(7장 참조).

한편, 학생들이 사용하는 발견술에 교육이 미치는 영향을 살핀 연구가 있다. Shaughnessy(1977)는 대학생들이 사용하는 발견술을 분석하기 위하여 12주 동안의 집중 교육 프로그램을 실행하였다. 샤우네시는 학생들의 발견술을 알아보기 위해 교육 프로그램 실행 전후에 카너만과 트버스키가 사용한 것과 비슷한 과제를 활용하여 사전·사후검사를 실시하였다. 실험군이 통제군에 비해 발견술과 편향에 덜 의존하는 것으로 나타났음에도 불구하고 샤우네시는 이러한 편향이 학생들의 사고에 얼마나 깊이 배어 있는지를 확인하고자 하였다. 샤우네시는 학생들이 가지고 있는 발견술을 극복하도록 하기 위해서는 학생들을 직접적으로 활동에 참여하게 하여야 한다고 강조하였다. Konold(1989b), Garfield & delMas(1989)는 대학생들의 편향을 바꾸는 것이 상당히 어렵다는 것을 확인하였다. 이들 대학생 중 다수가 가르치는 직업을 택한다는 사실은 학교에서 확률 교육의 난제를 해결하는 것이 그리 희망적이지 않을 수 있음을 보여준다(14장 참조).

### 확률적 사고와 교육에 대한 연구

이 시기에는 수학교육자들에 의해 많은 연구가 수행되었으며, 이러한 연구는 카너만과 트버스키보다는 피아제와 피슈바인에게서 더 큰 영향을 받았다. 이들은 교육 프로그램을 연구 자체와 결합시키거나 수업 과정을 검토하는 다양한 연구를 진행하였으며, 여러 가지 확률 개념에 대한 학생들의 사고를 조사하였다. 이러한 연구는 보통 5~16세의 여러 학년급에 속하는 학생들을 대상으로 하였다.

존스(Jones)의 연구(1974)는 1학년에서 3학년 학생 162명을 대상으로 수행되었다. 존스는 표본공간, 가장 잘 일어날 것 같은 사건, 주어진 사건이 가장 잘 일어날 것 같은 표본공간(2가지 유형), 가능성이 동일한 근원사건을 갖는 표본공간과 같은 5가지 개념에 대한 확률적 사고를 평가하기 위해 임상면담(clinical interview)을 실시하였다. 확률적 사고를 평가하기 위해 이산 구체물(discrete, 상자 속의 공), 단위 구체물(unit, 같은 크기로 분할된 회전판)*, 전체 구체물(gross, 단위가 없는 회전판) 중 1가지의 구체물이 제공되었다. 회전판을 다룰 때는 연속(contiguous) 회전판이나 불연속(non-contiguous) 회전판을 이용하여(그림 3 참조), 각 사건의 결과(색깔, 기호, 음영)를 생각해 보도록 하였다.

존스에 따르면 1학년 학생 대부분의 확률적 사고가 그다지 대단하지는 않았지만, Inhelder & Piaget(1958)와는 반대로 1학년 학생 30%와 2학년 학생 10%만이 단순사건 표본공간(예, 주사위 1개를 던지는 것)에서 일어날 수 있는 결과를 나열하는 데 어려움을 겪었다. 결과를 나열하는 대신에 이 학생들은 일어날 수 있는 사건을 예측할 때 결정론적 입장을 취하였다. 학습과 관련하여 존스는 이산 구체물과 단위 구체물이 전체 구체물보다 정상적인 확률적 사고 개발에 도움이 되며, 학생들은 불연속 회전판에서 일어나는 사건을 연속 회전판에서 일어나는 사건보다 훨씬 어려워한다고 하였다. 후자와 관련하여 존스는 학생들이 불연속 회전판에서 일어난 결과를 종합하는데 어려움이 있다고 설명하였다. 존스의 연구는 **초등학교** 학생들의 확률적 사고를 분석하여 확률 교수의 영향에 주목한 여러 연구(예, Carlson, 1970; Leffin, 1971; Hoemann & Ross, 1971)와 같은 맥락에 있다.

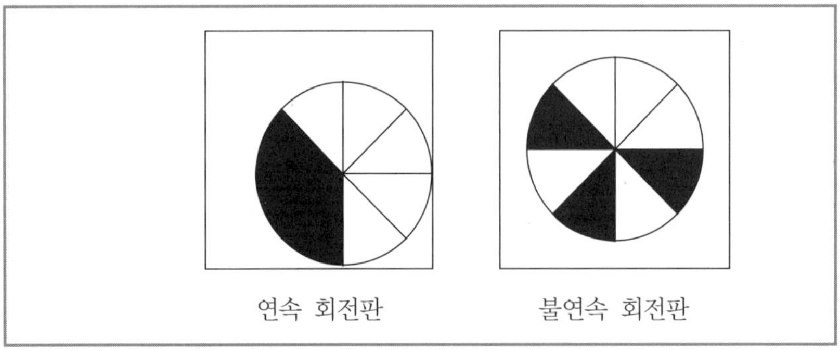


**그림 3. 연속 회전판과 불연속 회전판**

■
**역자 주** 단위 구체물과 전체 구체물에 해당하는 회전판의 예는 각각 다음과 같다.

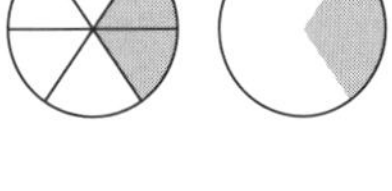

Green(1979, 1983)은 중학교 학생 약 3,000명(11~16세)을 대상으로 조사연구를 실시하였다. 그린(Green)은 존스가 사용하였던 것과 비슷하게 확률과 관련된 개념인 무작위성의 표현, 표본공간, 수형도, 가장 잘 일어날 것 같은 사건, 주어진 사건이 가장 잘 일어날 것 같은 표본공간(그림 1), 복합사건과 독립에 대해 학생들이 어떻게 생각하는지 지필 검사를 통해 알아보았다. 그린에 따르면 모든 연령대의 학생들이 무작위 분포와 무작위가 아닌 분포를 구별하는데 어려움이 있었으며, 무작위 배열의 특징을 인식하지 못하였다. 존스와 같이 그린도 학생들이 표본공간을 이해하는데 상당한 장애를 갖고 있으며, 특히 불연속 회전판에서 일어나는 사건에 대해 혼란스러워 한다고 지적하였다. 그린은 또한, 학생들이 주어진 사건이 가장 잘 일어날 것 같은 표본공간을 묻는 문제를 해결할 때 비율을 사용하지 않으며, 곱셈 원리(multiplication principle)를 사용하는 것과 관련하여 어려움이 있다고 설명하였다. 그린은 16세 이하의 학생 대부분이 피아제가 말한 형식적 조작기에 도달하지 못하였으며, 무작위성에 대한 16세 학생들의 이해 수준도 상당히 제한적이라는 결론을 내렸다. Green(1988)은 또한 7~11세 초등학생 1,600명을 대상으로도 연구를 수행하였다. 이 연구 결과는 그린의 초기 연구와 매우 비슷하였으며, 지필검사를 사용한 Leffin(1971)의 연구 결과와도 거의 일치하였다. 그린은 "영국의 확률(stochastic) 교육 상황을 냉혹하게 묘사"하였으며 그의 연구에서 학생들이 보여준 오류를 극복하도록 하기 위해서는 학교에서 집중적이고 체계적인 수업이 진행될 필요가 있다고 제안하였다(Shaughnessy, 1992, p. 479).

확률 교육과 관련된 연구로서 앞서 살펴본 Fischbein & Gazit(1984) 이외에도 이 시기에는 확률을 가르치는 것에 대한 다양한 연구가 있었다(Austin, 1974; Kipp, 1975; Shepler, 1970). 이러한 연구는 확률 학습에 교육이 미치는 영향을 평가하였을 뿐 아니라, 확률 지도를 특별히 염두에 누지 않은 일반적인 교수 모델의 의미를 확률 교육과 관련하여 검토하였다. 예를 들어, 셰플러(Shepler)는 완전 학습(mastery learning) 원리(Bloom, 1968)에 근거하여 6학년 학생들을 대상으로 4주 동안 확률을 지도하는 프로그램을 개발하였다. 이 수업에서는 경험적 확률과 이론적 확률 모두에 주목하였으며, 표본공간, 단순사건과 복합사건의 확률, 큰 수의 법칙과 같은 주요 개념을 다루었다. 이러한 수업에 참여한 학생들은 확률과 관련된 문제를 적절히 해결하였으며, 사전에 설정한 규준에 따라 14개의 목표 중 11개를 성취하였다. 흥미롭게도, 완전 학습에 도달하지 못한 목표는 큰 수의 법칙, 경험적 확률(상대도수), 경험적 확률과 이론적 확률의 관계 등에 대한 내용이었다.

앞서 논의된 연구에 의해 확률 학습을 위한 교수 이론이 만들어지기 시작하였지만, 이 시기의 후기에 수행된 슈타인브리그(Heinz Steinbring)의 연구는 확률의 독특한 특징과 교육이론의 관계에 주목하도록 하는 계기를 마련하였다. 확률(stochastic)의 본질에 대한 인식론적 분석을 통해 Steinbring(1991)은 경험적(빈도적) 측면과 이론적(고전적) 측면 모두에서 확률을 검토하였으며 확률과 가능성의 상호관계에 주목하였다. 슈타인브리그은 경험적 상황(대상)이든 고전적인 수학적 모델(기호)이든 어느 1가지만으로는 가능성과 확률의 의미를 적절히 표현할 수 없다고 주장하였다. 오히려 Steinbring(1984)은, 두 꼭지점에 각각 대상(object)과 기호(sign)가 있으며 세 번째 꼭지점에 개념(concept)이 있는 "삼각형" 관계로 확률과 가능성을 설명하였다. 세 꼭지점의 관계를 통한 이와 같은 설명은, 가능성의 의미를 규정하였을 뿐만 아니라 교실에서 학습이 일어나도록 수업을 조직할 때 필요한 교수학적 지향점을 제안하였다. 교수학적 삼각형에서 학습은 무작위 상황에 대한 개인적인 판단으로부터 시작된다. 경험적 상황과 가설적인 이론적 모델을 비교함으로써 일반화가 일어나며 무작위 상황의 보다 정확한 특징이 파악된다. 슈타인브리그과 셰플러의 연구는 10년 이상 떨어져 있는데, 셰플러는 고전적 접근과 빈도적 접근을 분리하는 것처럼 보이는 반면 슈타인브리그은 이들을 동시에 상호보완적으로 설명하고 있다는 점이 흥미롭다. 이러한 차이는 셰플러의 연구에서 학생들이 경험적 확률과 관련된 목표를 달성하지 못한 이유를 설명해 주는 것으로 볼 수도 있다. 이는 또한 확률 개념의 풍부함과 관련하여 논의할 필요가 있는 질문을 야기한다.

슈타인브리그이 경험적 확률과 이론적 확률의 관계를 강조함으로써, 시뮬레이션과 실험적 자료(data)를 생성하는 소프트웨어 환경을 제공하는 컴퓨터가 강력한 도구로 대두되었다. Biehler(1991)는 교사와 학생이 현실적인 확률 문제를 다룰 수 있도록 하는 컴퓨터의 가치를 소개하기 위해서 **개념-도구 간격**(concept-tool gap)이라는 용어를 사용하였다. 여기에서 컴퓨터는 복잡한 계산을 수행하는 단순한 도구라기보다는 시뮬레이션을 실행할 수 있도록 하는 대안적 전략을 제공한다(p. 170). Biehler(1991)의 연구뿐만 아니라, 미국의 TERC(Technical Education Research Center, Hancock, 1988)와 미네소타 대학에서 확률 교육과 관련하여 컴퓨터가 지닌 잠재성을 보여주기 위한 연구가 시작되었다(Garfield & delMas, 1989).

2단계의 연구 중 특히 피슈바인, 카너만과 트버스키, 그린, 슈타인브리그의 연구는 다음 단계에서 일어날 확률 교육과정의 폭넓은 발달(예, AEC, 1991; DES, 1991, NCTM, 1989)에 인지적·교수학적 조망을 제공하였다. 또한 이 시기의 연구는 다음 단계의 확률 교수-학습에서 새롭게 제기되는 도전을 지원하는데 필요한 지속적인 연구의 주요한 토대가 되었다.

## 04 3단계: 현재 연구

지난 15년간 진행된 전 세계적인 교육과정 개혁(예, AEC, 1994; NCTM, 1989, 2000; DES, 1991)에 의해 학생들이 배워야 할 수학의 범위가 확대되었다. 이러한 확대에는 확률과 통계가 교육과정의 주류가 된 것도 하나의 이유가 되었으며, 이는 모든 학교급에 걸쳐 확률 교수-학습에 대한 연구 활동을 가속화하였다. 더욱이 학습에서 사회적 구성주의와 상호작용 활동을 지향하는 교육이론(Cobb & Bauersfeld, 1995; Vygotsky, 1978)의 등장으로, 교실상황을 직접적으로 다룬 연구가 주목을 받았다. 특히, 여러 연구들은 공학도구를 사용하는 수업 상황뿐만 아니라 일반 수업상황에서 드러나는 학생들의 확률 개념을 개관하였으며, 학생 개개인의 성장과 전반적인 확률적 추론의 특징을 기술하였다.

이 단계의 연구가 이 책 전반의 초점이 될 것이기 때문에 이 단계에 대한 이 장의 개관은 실질적으로 1, 2단계의 내용에 비해 간단하게 진행하고자 한다. 사실상, 3단계의 내용은 이 책의 다른 장에서 다룰 것에 대해 기본적인 방향을 소개하는 것이 될 것이다.

### 교육과정 연구

**확률과 통계**가 수학교육과정에서 주류가 되었음에도 불구하고, 확률을 도입하는 근본적인 이유에 대해 여전히 의구심이 있으며, 특히 초등학교에서 확률을 다루어야 하는지에 대해 여러 논란이 있다. 이러한 우려는 Steinbring(1992)이 강조한 경험적 확률과 이론적 확률 사이의 관계보다는 고전적 접근에 집착하는 경향에서 일정 부분 유래한다고 볼 수 있다. 다시 말하면, 고등학교와 대학 교육과정에는 표집 분포, 가설검정, 신뢰구간(11장 참조)과 같이 확률과 통계 사이에 분명한 연결을 보여주는 개념이 있지만, 고전적 접근의 근시안적 시각에서 본다면 초등학교와 중학교 교육과정에는 확률과 통계의 연결고리가 빈약하다. 이러한 현상은 확률 교육에 대해 더 강한 근거를 찾고, 모든 연령대를 위한 핵심적인 확률 아이디어를 구체화하기 위해 새로운 연구가 필요함을 시사한다.

수많은 교육과정 연구(Clemen & Gregory, 2000; Evans, 2000; Gal, 2000, 2002; Kosonen & Whinne, 1995; Scheaffer, Watkins, & Landwehr, 1998)는 확률 교육의 중요성을 주장할 때 인식론적 입장을 취하였다. 이들은 확률이 다양한 종류의 지식을 드러낸다고 생각하였다. 확률은 미디어, 광고, 게임, 스포츠에서 발생하는 무작위 사건, 위험(risks), 우연 현상과 관련된다. 좀더 명확하게 말하면 이러한 연구는 모든 시민을 위한 "확률적 소양"의 개념을 규정하고, 이를 개발하기 시작하였다(Gal, 2002; Gal, 2장). 모든 시민을 위한 확률적 소양이라는 개념은 모든 학교급의 수학 교육과정에 확률을 포함시키는 것에 대한 강력한 근거를 제시해줄 뿐만 아니라 성인으로서 사회생활을 영위하는데 필요한 확률 관련 지식의 핵심 영역을 구체화하는데 기여하였다. 여기에는 가능성 관련 용어를 다루는 능력, 무작위성에 대한 지식, 확률 추정에 필요한 기초 지식 습득, 가능성 예측에서 변이성과 변이성의 역할에 대한 지식, 공적 · 사적인 선택에서 확률적 사고의 역할에 대한 이해 등이 포함된다. 이러한 연구의 일부는 확률과 관련된 성향(예, 위험에 대한 신념)과 확률 교수-학습에 이러한 성향이 갖는 시사점을 검토하였다.

### 확률 학습에 대한 연구

이 시기의 확률 학습에 대한 연구 대부분은 새로운 교육과정 개발과 교육과정 개선을 위한 수업 실행을 지원하려는 목적에서 수행되었다. 모든 시기의 연구가 확률에 대한 학생들의 개념과 이해에 주목하였지만, 이 시기의 연구는 모든 학교급(초등학교, 중학교, 고등학교, 대학교)의 다양한 연령대에 속하는 학생들을 대상으로 보다 폭넓은 확률 지식을 다루고 있다. 폭넓은 확률 지식의 범위에는 고전적 접근뿐만 아니라 빈도적 접근과 주관적 접근 역시 반영되었다. 실질적으로 확률 학습에 대한 이 시기의 연구는 다양한 연령대의 학생들이 지닌 확률 지식과 신념에 대해 교사들이 인식할 수 있도록 하려는 의도에서 진행되었다.

학생들의 연령대와 관련하여 이 시기의 연구는 다양한 교육 군을 다루고 있다: **대학생과 예비교사**(Begg & Edward, 1999; Konold, 1991; Konold, Pollatsek, Well, Lohmeier, & lipson, 1993; Stohl, 14장; Watson, 2001), **고등학생**(Batanero & Sanchez, 10장; Batanero & Serrano, 1999; Batanero, Serrno, & Garfield, 1990; Batanero, Serrano, & Green, 1998; Castro, 1998; Maher & Speiser, 2002), **중학생**(Tarr & Jones, 1997; Watson, 6장; Watson et al., 1997; Watson & Moritz, 1998), **초등학생**(English, 5장; Jones, Langrall, Thonton, & Mogill, 1997; Jones, Thornton, Langrall, & Tarr, 1999; Langrall & Mooney, 4장; Way, 2003).

개념적 주제에 대한 학생들의 추론과 확률적 신념을 다룬 다수의 연구도 있다: **무작위성**(Battanero & Serrano, 1999; Folk & Konold, 1997; Pratt, 1998); **운**(Amir & Williams, 1999); 공정성(Watson & Moritz, 2003a); **가능성에 대한 언어**(Tarr, 2002; Watson & Moritz, 2003b); **표본공간**(Jones et al., 1997, 1999); **확률 측정**(Watson et al., 1997); **조건부 확률과 독립**(Batanero, Extepa, Godino, & Green, 1996; Falk,

1988; Konold et al, 1993; Tarr & lannin, 9장; Tarr & Jones, 1997); **복합사건**(Polaki, 2002a; Polaki, 8장, Pratt, 2000; Watson & Moritz, 2002); **확률 분포**(Batanero, Tauber, & Sanchez, 출판 예정; Dessart, 1996; Pfannkuch, 이 책); **기댓값**(Schlottmann, 2001); **변이**(Shaughnessy, Watson, Moritz, & Reading, 1999; Watson, 6장); **직관과 오개념**(Fischbein, Nello, & marino, 1991; Fischbein & Schnarch, 1997; Konold et al., 1993; Lecoutre, 1992); **시뮬레이션**(Benson & Jones, 1999; Biehler, 1991, 1993; Zimmermann & Jones, 2002). 이러한 연구의 대부분은 이 책의 나머지 장에서 검토될 것이다.

또한 교수 상황에서 드러나는 학생들의 전반적인 사고 경향에 주목한 연구가 시작되었다. 심리적·사회적 요인을 모두 고려하는 교수 실험 설계의 출현(예, Cobb, 2000)에 의해 확률에 대한 교실 연구가 진행되었다(Brousseau, Brousseau, & Warfield, 2002; Jones et al., 1999; Pratt, 2000; Polaki, 2002a, 2002b; Pratt & Noss, 2002; Tarr, 1997; Zimmermann, 2002). 이러한 연구는 확률에 대한 학습 궤도(Simon, 1995), 핵심 과제, 마이크로월드(microworld)와 같은 소프트웨어의 특징을 제시하였으며, 확률에 대한 "사회 수학적 준거"와 "교실 수학적 실제"(Cobb, 2000, pp. 322-325)를 기술하였다.

### 교육과 수업 환경

이 절에서는 앞서 소개한 연구들이 확률 학습을 위한 교육 및 수업 환경에 대해 무엇을 강조하였는지 살펴본다. Hawkins(1990)에 따르면 개념적 구조와 문제해결 도구를 지도하는 것으로는 확률적 사고를 충분히 다룰 수 없다. 추론 방식을 학습하고 바람직한 식관의 견고한 체계를 개발할 수 있도록 하여야 한다.

어떤 학습 환경에서도 교사는 중요한 역할을 한다. Greer & Mukhopadhya(12장 참고)는 확률 교육에 대한 교사들의 준비가 충분하지 않은 상태에서 확률이 수학 교육의 주류로 도입되었다고 지적하였다. 여러 연구는 확률에 대한 교사 지식의 중요성을 강조하였으며(Bright & Friel, 1998; Burgess, 2002; Pereira-Mendoza, 2002; Speiser & Walter, 2001; Stohl, 14장; Watson, 2001), 교사들이 확률과 관련된 학생의 인지에 대해서도 알아야 한다고 주장하였다(Haller, 1997; Kvatinsky & Even, 2002; Sanchez, 2002). 학생의 인지에 대한 지식과 관련하여 Cobb 등(1991)은 교사가 학생들의 사전 지식뿐만 아니라 학생들의 수학적 지식을 촉진하는 방법을 알기 위해서는 교사 자신이 여러 수학 영역에 대한 인식론적 틀을 갖고 있어야 한다고 주장하였다. 학생의 확률적 사고에 대한 이 시기의 많은 연구들은 학생들의 사전 지식과 직관의 특징을 분석하여 수업에서 교사들이 이를 활용할 수 있도록 하거나 교사 교육의 소재로 다루어질 수 있도록 구체화였다.

Greer & Mukhopadhya(12장)에 따르면 확률은 문화적 구성체로서, 역사적으로 철학 및 종교 문제와 깊이 관련됨에도 불구하고(Hacking, 1975), 역사적·문화적 맥락과는 거의 무관하게 도입되었다. Shaughnessy(1992) 역시 집단과 문화적 차이를 조사한 연구가 거의 없다고 비판하였다. 최근에 간문화적인 연구와 사회적 배경에 주목한 연구가 조금 더 수행되기는 하였지만(Amir & Williams, 1999; Li & Pereira-Mendioza, 2002; Peard, 1995; Polaki, 2002a, 2002b; Volkova, 2003), 이상과 같은 샤우네시의 비판은 여전히 유효하다.

학습 환경에 대한 이 시기의 연구에 흥미로운 발전이 있었다: 목표 및 활동, 예측되는 학습 경로 등을 포함하는 학습 궤도의 생성(Jones et al., 1999), 고전적·빈도적·주관적 접근간의 개념적 연결을 위한 진보(Brousseau, Brousseau, & WArfield, 2002; Castro, 1998; 이 책 4, 6, 10, 14장), 컴퓨터 공학의 역할(Paparistodemou, Noss, & Pratt, 2002; Pratt, 2000, 7장; Pratt & Noss, 2002), 학생의 이해와 추론에 대한 모니터링과 평가(Chance, 2002; Joliffe, 1997; Joliffe, 1997; Joliffe, 13장; Konold, 1995; Metz, 1997).

현대 시기인 3단계의 확률 연구에 대한 역사적 의미를 평가하기에 아직은 이르지만, 이 책을 비롯하여 다양한 연구가 이전 두 단계에 비해 굉장히 많이 수행되고 있는 것은 분명하다. 3단계에 진행된 연구에 대한 역사적인 평가는 이러한 연구가 교사와 학생들에게 다양한 비계를 제공하는지와 연구의 관점이 확률의 독특한 인식론적 특징과 일관되는지에 달려 있다.

## 05 맺음말

이 장에서는 지난 50년 동안 수행된 확률 교수-학습에 대한 연구를 역사적으로 소개하면서 1990년 이전에 진행된 연구에 좀더 주목하였다. 이러한 초기 연구는 현대 연구에 의미있는 시사를 주었을 뿐만 아니라, 학교 교육과정에 확률을 전면적으로 도입하는데 중요한 역할을 하였다.

현대 연구에 대해서는 그 개요만 다루었는데, 상세한 검토는 이 책의 나머지 장에서 다룰 것이다. 이는 강력한 확률적 아이디어와 교육 수준이 다른 학습자라는 2가지 상호 관련된 관점에 의해 진행될 것이다.

확률 교수-학습과 관련하여 해야 할 연구가 많지만 과거의 역사에 비추어 볼 때 미래의 연구자들은, Freudenthal(1970)의 “수학의 전 영역을 통틀어 기술적인 면에서 그 맹목적 신념이 가장 맹렬하게 비난받는 분야는 확률이다. 확률은 수학의 다른 어떤 영역보다도 비판적인 사고를 필요로 한다.”(p. 167)와 같은 경고에 주의를 기울여야 한다. 프로이덴탈(Freudenthal)의 통찰은 연구자들에게 맹목적 기교보다는 비판적 사고에 중점을 둔 확률 학습을 추구하라는 도전과 확률 교육을 통해 다른 수학 영역의 지도에도 필요한 교수학적 통찰을 얻으라는 기회를 동시에 제공한다.

## 참고문헌


Amir, G. S., & Williams, J. S, (1999). Cultural influences on children's probabilistic thinking. *Journal of Mathematical Behaviour, 18*(1), 85-107.

Austin, J. D. (1974). An experimental study of the effects of three instructional methods in basic probability and statistics. *Journal for Research in Mathematics Education, 5*, 146-154.

Australian Education Council. (1991). *A national statement on mathematics for Australian schools*. Carlton, VIC: Curriculum Corporation.

Australian Education Council. (1994). *Mathematics: A curriculum profile for Australian schools*, Carlton, VIC: Curriculum Corporation.

Batanero, C., Estepa, A., Godino, J. D., Green, D. R. (1996). Intuitive strategies and preconceptions about association in contingency tables. *Journal for Research in Mathematics Education, 27*, 151-169.

Batanero, C. & Serrano, L. (1999). The meaning of randomness for secondary students. *Journal for Research in Mathematics Education, 30*, 558-567.

Batanero, C., Serrano, L., & Garfield, J. B. (1990). Heuristics and biases in secondary school students' reasoning about probability. In L. Puig and A. Gutierrez (Eds.), *Proceedings of the 20th conference of the International Group for the Psychology of Mathematics Education* (Vol. 2, pp. 51-58). University of Valencia, Spain.

Batanero, C., Serrano, L, & Green, D. R. (1998). Randomness, its meanings and educational implications. *International Journal for Mathematics Education in Science and Technology, 29*(1), 11-123.

Batanero, C., Tauber, L., & Sanchez, L. (in press). Students' reasoning about the normal distribution. In D. Ben Zvi 8 L J. Garfield (Eds.), *The challenge of developing statistical literacy, reasoning and thinking*. Dordrecht, The Netherlands: Kluwer.

Begg, A. & Edwards, R. (1999, December). T*eachers' ideas about teaching statistics.* Paper presented at the combined annual meeting of the Australian Association for Research in Education and the New Zealand Association for Research in Education. Melbourne.

Benson, C. T. (2000). *Assessing students' thinking in modeling probability contexts.* Unpublished doctoral dissertation, Illinois State University, Normal.

Benson, C. T., & Jones, G. A. (1999). Assessing students' thinking in modeling probability contexts. *The Mathematics Educator, 4*(2), 1-21.

Biehler, R. (1991). Computers in probability education. In R. Kapadia & M. Borovcnik (Eds.), *Chance encounters: Probability in education* (pp. 169-21 Dordrecht, The Netherlands: Kluwer.

Biehler, R. (1993). Software tools and mathematics education. In C. Keitcl & K. Ruthven (Eds.), *Learning through computers: Mathematics and educational technology* (pp. 68-100). Berlin: Springer Verlag.

Bloom, B. (1968). *Learning for mastery. UCLA-CSEIP Evaluation Comment, 1*(2). Los Angeles: Center for the Study of Evaluation of Instructional Programs.

Bright, G. W., & Friel, S. N. (1998). Teacher development in statistics education. In S. P. Lajoie (Ed.), *Reflections on statistics: Learning, teaching and assessment Grades K-12* (pp. 56-74). Mahwah, NJ: Lawrence Erlbaum.

Brousseau, G., Brousseau, N., & Warfiekl, V. (2002). An experiment on 1 teaching of statistics and probability. *Journal of Mathematical Behavior, 20*, 363-411.

Burgess, T. (2002). Investigating the "data sense" of preservice teachers. In Phillips (Ed.), *Proceedings of the Sixth International Conference on the Teaching of Statistics*(On CD). Hawthorn, VIC: International Statistical Institute.

Cambridge Conference on School Mathematics. (1963). *Goals for school mathematics.* Boston: Houghton Mifflin.

Carlson, J. S. (1970). The development of probabilistic thinking in children: comparison of two methods of assessment. *Journal of Genetic Psychology, 116,* 263-269.

Castro, C. S. (1998). Teaching probability for conceptual change. *Educational Studies in Mathematics, 35*, 233-254.

Chance, B. (2002). Concepts of statistical thinking and implications for instruction and assessment. *Journal of Statistics Education, 10*(3).
[Online:www.amstat.org/publications/jse/v10n3/chance.html]

Clemen, R., & Gregory, R. (2000). Preparing adult students to be better decisi makers. In I. Gal (Ed.), *Adult numeracy development: Theory, research, a practice*. Cresskill, NJ: Hampton Press.

Cobb, P. & Bauersfeld, H. (1995). *The emergence of mathematical meanii Interaction in classroom cultures.* Hillsdale, NJ: Lawrence Erlbaum Associates.

Cobb, P., Wood, T., Yackel, E., Nicholls, J., Wheatley, G., Trigatti, B., & Perlwitz, M. (1991). Assessment of a problem-centered second-grade mathematics project. *Journal for Research in Mathematics Education, 22*, 3-29.

Cobb, P. (2000). Conducting teaching experiments in collaboration with teachers. In A. E. Kelly & R. A. Lesh (Eds.), *Handbook of research design in mathemat and science education*, (pp. 307-334). Mahwah, NJ: Erlbaum.

Cohen, J. (1960). *Chance, skill, and luck: The psychology of guessing and gambling*. Baltimore, MD: Penguin Books.

Dessart, D. J. (1995). Randomness: A connection to reality. In P. A. House (Ed.), *Connecting mathematics across the curriculum: 1995 Yearbook* (pp. 177-181). Reston, VA: National Council of Teachers of Mathematics.

Department of Education and Science and the Welsh Office. (1991). *National curriculum: Mathematics for ages 5 to 16*. York, UK: Central Office of Information.

Engel, A. (1966). Initiation la théoric des probabilities. In *New trends in mathematics teaching* (Vol. 1, pp. 159-174), Paris: UNESCO.

Evans, J. (2000). *Adults' mathematical thinking and emotions: A study of numerate practices*. Routledge-Falmer, London.

Falk, R. (1981). The perception of randomness. In *Proceedings of the fifth conference of the International Group for the Psychology of Mathematics Education* (pp. 222-229). Grenoble, France: University of Grenoble.

Falk, R. (1988). Conditional probabilities: Insights and difficulties. In R. Davidson & J. Swift (Eds.), *Proceedings of the Second International Conference on Teaching Statistics* (pp. 714-716). Victoria, BC: University of Victoria.

Falk, R. (1989). The judgement of coincidences: Mine versus yours. *American Journal of Psychology, 102*, 477-493

Falk, R. & Konold, C. (1997). Making sense of randomness. Implicit encoding as a basis for judgment. *Psychological Review, 104*, 301-318

Fischbein, E. (1975). *The intuitive sources of probabilistic thinking in children*. Dordrecht, The Netherlands: Reidel.

Fischbein, E. (1987). *Intuition in science and mathematics*. Dordrecht, The Netherlands: Reidel.

Fischbein, E,, Ileana, B., & Minzat, I. (1971). Primary and secondary intuitions in the introduction of probability. *Educational Studies in Mathematics, 4*, 264-280.

Fischbein, E., & Gazit, A. (1984). Does the teaching of probability improve probabilistic intuitions? *Educational Studies in Mathematics, 15*, 1-24.

Fischbein, E., Nello, M. S., & Marino, M. S. (1991). Factors affecting probabilistic judgments in children in adolescence. *Educational Studies in Mathematics, 22*, 523-549.

Fischbein, E., Pampu, I., & Manzat, L (1969). Initiation aux probabilities a l'ecole elementaire. *Educational Studies in Mathematics, 2*, 16-31.

Fischbein, E., Pampu, I., & Manzat, I. (1970a). Comparisons of ratios and the chance concept in children. *Child Development, 41*, 377-389.

Fischbein, E., Pampu, I., & Manzat, I. (1970b). Effects of age and instruction on combinatory ability in children. *The British Journal of Experimental Psychology, 40*, 261-270.

Fischbein, E. & Schnarch, D. (1997). The evolution, with age of probabilistic, intuitively-based misconceptions. *Journal for Research in Mathematics Education, 28*, 96-105.

Freudenthal, H. (1970). The aims of teaching probability. In L. Rade (Ed.), *The teaching of probability and statistics* (pp. 151-168). Stockholm: Almqvist & Wiksell.

Gal, I. (2000), *Adult numeracy development: Theory, research, practice*. Cresskill, NJ: Hampton Press.

Gal, I. (2002). Adult statistical literacy: Meanings, components, responsibilities. *International Statistical Review, 70*(1), 1-25.

Garfield, J. & Ahlgren, A. (1988). Difficulties in learning basic concepts of probability and statistics: Implications for research. *Journal for Research in Mathematics Education, 19*, 44-63.

Garfield, J., & delMas, R. (1989). Reasoning about chance events: Assessing and changing students' conceptions of probability. In C. Maher, G. Goldin, & B. Davis (Eds.), *Proceedings of the 13th conference of the International Group for the Psychology of Mathematics Education* (Vol. 2, 189-195). Rutgers, NJ: Rutgers University Press.

Gratch, G. (1959). The development of the expectation of the non-independence of random events in children. *Child Development, 30*, 217-227.

Green, D. R. (1979). The chance and probability concepts project. *Teaching Statistics, 1*(3), 66-71.

Green, D. R. (1983). A survey of probability concepts in 3000 pupils aged 11-16 years. In D. R. Grey, P. Holmes, V. Barnett, & G. M.. Constable (Eds.), *Proceedings of the First International Conference on Teaching Statistics* (pp. 766-783). Sheffield, UK: Teaching Statistics Trust.

Green, D. R. (1988). Children's understanding of randomness: Report of a survey of 1600 children aged 7-11 years. In R. Davidson & J. Swift (Eds.), *Proceedings of the Second International Conference on Teaching Statistics* (pp. 287-291). Victoria, B.C.: University of Victoria.

Grouws, D. A. (Ed.). (1992). *Handbook of research on mathematics teaching and Learning*. New York: Macmillan.

Hancock, C. (1988). *Hands on data: Direct manipulation environments for data organization and analysis*. Proposal funded by the National Science Foundation

Cambridge, MA: TERC.

Hacking, I. (1975). *The emergence of probability*. Cambridge, MA: Cambridge University Press.

Haller, S. K. (1997). *Adopting probability curricula: The content and pedagogica content knowledge of middle grades teachers*. Unpublished doctoral dissertation University of Minnesota.

Hawkins, A. (1990). *Training teachers to teach statistics*. Voorburg, The Netherlands: International Statistical Institute.

Hoemann, H. W., & Ross, B. W. (1971). Children's understanding of probability concepts. *Child Development, 42*, 221-236.

Inhelder, B., & Piaget, J. (1958). *The growth of logical thinking from childhood to adolescence* (A. Parsons & S. Milgram, Trans.). New York: Basic Books.

Jolliffe, F. (1997). Issues in constructing assessment items for the classroom. In I, Gal & J. B. Garfield (Eds.), *The assessment challenge in statistics education* (pp. 191-204). Amsterdam, The Netherlands: IOS Press.

Jones, G. A. (1974). *The performances of first, second, and third grade children on five concepts of probability and the effects of grade, I.Q., and embodiments on their performance*. Unpublished doctoral dissertation, Indiana University, Bloomington.

Jones, G. A., Langrall, C. W., Thornton, C. A., & Mogill, A. T. (1997). Framework for assessing and nurturing young children's thinking in probability. *Educational Studies in Mathematics, 32*, 101-125.

Jones, G. A., Langrall, C. W., Thornton, C. A., & Mogill, A. T. (1999). Students' probabilistic thinking in instruction. *Journal for Research in Mathematics Education, 30*, 487-519.

Jones, G. A., Thornton, C. A., Langrall, C. W., & Tarr, J. E. (1999). Understanding students' probabilistic reasoning. In L. V. Stiff & F. R. Curcio (Eds.), *Developing mathematical reasoning in Grades K-12: 1999 Yearbook* (pp. 146-155) Reston, VA: National Council of Teachers of Mathematics.

Kahneman, D., & Tversky, A. (1972). Subjective Probability: A judgement of representativeness. *Cognitive Psychology, 3*, 430-454.

Kahneman, D., Slovic, P., & Tversky, A. (1982), J*udgment under uncertainty: Heuristics and biases*. Cambridge: Cambridge University Press.

Kipp, W. E. (1975). *An investigation of the effects of integrating topics of elementary algebra with those of probability within a unit of mathematics prepared for college basic mathematics students*. Unpublished doctoral dissertation, University of Minnesota, Minneapolis.

Konold, C. (1983). *Conceptions about probability: Reality between a rock and a hard place*. Unpublished doctoral dissertation, University of Massachusetts, Boston.

Konold, C. (1989a). Informal conceptions of probability. *Cognition and Instruction, 6*, 59-98.

Konold, C. (1989b). An outbreak of belief in independence? In C. Maher, G. Goldin, & B. Davis (Eds.), *Proceedings of the 13th conference of the International Group for the Psychology of Mathematics Education* (Vol. 2, 203-209). Rutgers, NJ: Rutgers University Press.

Konold, C. (1991). Understanding students' beliefs about probability. In E. von Glasersfeld (Ed.), *Radical constructivism in mathematics education* (pp. 139-156). Dordrecht, Netherlands: Kluwer.

Konold, C. (1995). Issues in assessing conceptual understanding in probability and statistics. *Journal of Statistics Education* (Online), *3*(1).

Konold, C., Pollatsek, A., Well, A., Lohmeier, J., & Lipson, A. (1993). Inconsistencies in students' reasoning about probability. *Journal for Research in Mathematics Education, 24*, 392-414.

Kosonen, P. & Whinne, P. H. (1995). Effects of teaching statistical laws on reasoning about everyday problems. *Journal of Educational Psychology, 87*(1), 33-46.

Kvatinsky, T. & Even, R. (2002). Framework for teacher knowledge and understanding of probability. *Proceedings of the Sixth International Conference on the Teaching of Statistics* (On CD), Hawthorn, VIC: International Statistical Institute.

Lecoutre, M. P. (1992). Cognitive models and problem spaces in "purely random" situations. *Educational Studies in Mathematics, 23*, 557-568.

Leffin, W. W. (1971). *A study of three concepts of probability possessed by childt in the fourth, fifth, sixth, and seventh grades*. Unpublished doctoral dissertation University of Wisconsin, Madison.

Li, J., & Pereira-Mendoza, L. (2002). Misconceptions in probability. In B. Phillips (Ed.), *Proceedings of the Sixth International Conference on Teaching Statistics* (On CD), Hawthorn, VIC: International Statistical Institute.

Maher, C. A. & Speiser, R. (2002). The complexity of learning to reason probabilistically, *Working group at the 25th annual meeting of North American Chapter of the International Group for the Psychology of Mathematics Education* (pp. 103-108). Athens, GA.

Maher, C. A., Speiser, R., Friel, S., & Konold, C. (1998). Learning to reason probabilistically. In S. B. Berenson, K. R. Dawkins, M. Blanton, W. N. Coulombe, J. Kolb, K. Norwood, L. Stiff (Eds.), *Proceedings of the 20th Annual Meeting of the North American Chapter of the International Group for the Psychology of Mathematics Education* (pp. 82-87). Columbus, OH: ERIC Clearinghouse for Science, Mathematics, and Environmental Education.

Metz, K. E. (1997). Dimensions in the assessment of students' understanding a application of chance. In I. Gal & J. B. Garfield (Eds.). T*he assessment challenge in statistics education* (pp. 223-238). Amsterdam, The Netherlands: IOS Press.

National Council of Teachers of Mathematics. (1989). *Curriculum and evaluation standards for school mathematics*. Reston, VA: Author.

National Council of Teachers of Mathematics. (2000). *Principles and standards for school mathematics*. Reston, VA: Author.

Offenbach, S. I. (1965). Studies of children's probability learning behavior II: Effect of method and event frequency. *Child Development, 36*, 952-961.

Page, D. (1959) Probability. In P, S. Jones (Ed.), *The growth of mathematical ideas Grades K-12: 24th Yearbook* (pp. 229-271). Washington, DC: National Council of Teachers of Mathematics.

Paparistodemou, E., Noss, R., & Pratt, D. (2002). Developing young children's knowledge of randomness. In B. Phillips (Ed.), *Proceedings of the su International Conference on the Teaching of Statistics* (On CD). Hawthorn, VI International Statistical Institute.

Peard, R. (1995). The effect of social background on the development probabilistic reasoning. In A. J. Bishop (Ed.), *Regional collaboration mathematics education* (pp. 561-570). Melbourne, VIC: Monash University.

Pereira-Mendoza, L. (2002). Would you allow your accountant to perform surgery? Implications for the education of primary teachers. In B. Phillips (Ed.), *Proceedings of the Sixth International Conference on the Teaching Statistics* (On CD). Hawthorn, VIC: International Statistical Institute.

Piaget, J., & Inhelder, B. (1975). *The origin of the idea of chance in students* (L. Leake, Jr., P. Burrell, & H. D. Fischbein, Trans), New York: Norton (Original work published 1951).

Polaki, M.. V. (2002a). Using instruction to identify key features of Basotho elementary students' growth in probabilistic thinking. *Mathematical Thinking. and Learning, 4*, 285-314.

Polaki, M. V. (2002b). Using instruction to identify mathematical practices associated with Basotho elementary students' growth in probabilistic reasoning. *Canadian Journal of Science, Mathematics and Technology Education, 2*, 357-370.

Pratt, D. (1998). The coordination of meanings for randomness. *For the Learning of Mathematics, 18*(3), 2-11.

Pratt, D. (2000). Making sense of the total of two dice. *Journal of Research in Mathematics Education, 31*, 602-625.

Pratt, D. & Noss, R. (2002). The microevolution of mathematical knowledge: The case of randomness. *Journal of the Learning Sciences, 11*(4), 453-488.

Resnick, L. B. (1983). Towards a cognitive theory of instruction. In S. G. Paris & G. M, Olson, & W. H. Stevenson (Eds.), *Learning and motivation in the classroom* (pp. 5-38). Hillsdale, NJ: Erlbaum.

Sanchez, E. S. (2002). Teachers 1 beliefs about usefulness of simulations with the educational software Fathom for developing probability concepts in statistics classroom. In B. Phillips (Ed.), *Proceedings of the Sixth International Conference on the Teaching of Statistics* (On CD). Hawthorn, VIC: International Statistical Institute.

Scheaffer, R. L., Watkins, A. E., & Landwehr, J, M. (1998). What every high school graduate should know about statistics. In S. P. Lajoie, (Ed.), R*eflections on statistics: Learning, teaching; and assessment in grades K-12* (pp. 3-31). Mahwah, NJ: Erlbaum.

Scholttmann, A. (2001). Children's probability intuitions: Understanding the expected value of complex gambles. *Child Development, 72*, 103-122.

School Mathematics Study Group (1966), *Probability for primary grades: Teachers' commentary*. Pasadena, CA: A. C. Vroman.

School Mathematics Study Group (1966). *Probability for intermediate grades: Teachers' commentary*. Pasadena, CA: A. C. Vroman.

Siegel, S. & Andrews, J. M. (1962). Magnitude of reinforcement and choice behavior in children. *Journal of Experimental Psychology, 63*, 337-341.

Simon, M. A. (1995). Reconstructing mathematics from a constructivist pedagogy. *Journal for Research in Mathematics Education, 26*, 146-149.

Shaughnessy, J. M. (1977). Misconceptions of probability: An experiment with a small-group, activity-based, model building approach to introductory probability at the college level. *Educational Studies in Mathematics, 8*, 285-316.

Shaughnessy, J. M. (1992). Research in probability and statistics. In D. A. Grouws (Ed.), *Handbook of research on mathematics teaching and learning* (pp. 465-494). New York: Macmillan.

Shaughnessy, J. M., Watson, J. D., Moritz, J. B., & Reading, C. (1999, April). *School mathematics students' acknowledgment of statistical variation. Paper presented at the Research Presession*, 77th annual meeting of the National Council of Teachers of Mathematics, San Francisco, CA.

Shepler, J. L. (1970). Parts of a systems approach to the development of a unit in probability and statistics for the elementary school. *Journal for Research in Mathematics Education, 7*, 197-205.

Slovic, P. & Lichtenstein, S. (1971). Comparison of Bayesian and regression approaches to the study of information processing in judgment. *Organizational Behavior and Human Performance, 6*, 649-744.

Speiser, R. & Walter, C. (2001). Two dice, two sample spaces. In L.

Pereira-Mendoza (Ed.), *Proceedings of the Fifth International Conference on Teaching Statistics* (pp. 61-66). Singapore: International Statistical Institute.

Steffe, L. P. (1983, July). *The teaching experiment methodology in a constructivist research program.* Paper presented at the Fourth International Congress on Mathematical Education, Boston.

Steffe, L. P. (1991). The constructivist teaching experiment: Illustrations and implications. In E. von Glassersfeld (Ed.), *Radical constructivism in mathematics education* (pp. 177-194). Dordercht, The Netherlands: Kluwer.

Steffe, L. P., & Thompson, P. W. (2000). Teaching experiment methodology: Underlying principles and essential elements. In A. E. Kelly & R. A. Lesh (Eds.), *Handbook of research design in mathematics and science education* (pp. 267-306). Mahwah, NJ: Erlbaum.

Steinbring, H. (1991). The theoretical nature of probability in the classroom. In R. Kapadia & M. Borovcnik (Eds.), *Chance encounters: Probability in education* (pp. 135-168). Amsterdam, The Netherlands: Kluwer.

Steinbring, H. (1984). Mathematical concepts in didactical situations as complex systems: The case of probability. In H. Steiner & N. Balacheff (Eds.), *Theory of mathematics education (TME: ICME 5): Occasional paper 54* (pp. 56-88). Bielefeld: IDM.

Stevenson, H., W., & Zigler, E. F. (1958). Probability learning in children. *Journal of Experimental Psychology, 56*, 185-192

Tarr, J. E. (1997). *Using research-based knowledge of students' thinking in conditional probability and independence to inform instruction.* Unpublished doctoral dissertation, Illinois State University, Normal.

Tarr, J. E. (2002). The confounding effects of "50-50 chance" in making conditional probability judgments, *Focus on Learning Problems in Mathematics, 24*, 35-53.

Tarr, J. E., & Jones, G. A. (1997). A framework for assessing middle school students' thinking in conditional probability and independence. *Mathematics Education Research Journal, 9*, 39-59.

Tversky, A., & Kahneman, D. (1971), Belief in the law of small numbers. *Psychological Bulletin, 76*, 105-110.

Tversky, A., & Kahneman, D. (1974). Judgment under uncertainty: Heuristics and biases. *Science, 185*, 1124-1131.

Tversky, A., & Kahneman, D. (1982). Causal schemas in judgments under uncertainty. In D. Kahneman, P. Slovic, & A. Tversky (Eds.), *Judgment under uncertainty: Heuristics and biase*s (pp. 117-128). Cambridge, UK: Cambridge University Press.

Tversky, A., & Kahneman, D. (1983). Extensional versus intuitive reasoning: The conjunction fallacy in probability judgement. *Psychological Review, 90*, 293-315.

Varga, T. (1969a). Combinatorial and probability for the young (Part 1). *Journal for Structural Learning, 1*, 49-99.

Varga, T. (1969b). Combinatorial and probability for the young (Part 2). *Journal for Structural Learning, 7*, 139-161.

Volkova, T. (2003). *Assessing Russian children's thinking in probability*. Unpublished master's thesis, Illinois State University, Normal.

Vygotsky, L. (1978). *Mind in society: The development of higher psychological processes*, Cambridge, MA: Harvard University Press.

Watson, J. M. (2001). Profiling teachers' competence and confidence to teach particular mathematics topics: The case of chance and data. *Journal of Mathematics Teacher Education 4*, 305-337.

Watson, J. M., Collis, K. F., & Moritz, J. B. (1997). The development of chance measurement. *Mathematics Education Research Journal, 9*, 60-82.

Watson, J. D., & Moritz, J. B. (1998). Longitudinal development of chance measurement. *Mathematics Education Research Journal, 10*, 103-127.

Watson, J. D., & Moritz, J. B. (2002). School students' reasoning about conjunction and conditional events. *International Journal of Mathematics Education in Science and Technology, 33*(1), 59-84.

Watson, J. D. & Moritz, J. B. (2003a). Fairness of dice: A longitudinal study of students' beliefs and strategies for making judgments. *Journal for Research in Mathematics Education, 34*, 270-304.

Watson, J. D. & Moritz, J. B. (2003b). The development of comprehension of chance language: evaluation and interpretation. *School Science and Mathematics, 103*, 65-80.

Way, J. (2003). *The development of children's notions of probability*. Unpublished doctoral dissertation, University of Western Sydney.

Zimmermann, G. M. (2002). *Using research-based knowledge of students' thinking in simulation to inform instruction*. Unpublished doctoral dissertation, Illinois State University, Normal.

Zimmerman, G. M., & Jones, G. A. (2002). Probability simulation: What meaning does it have for high school students? *Canadian Journal of Science, Mathematics, and Technology Education, 2*, 221-237.

# 2부

# 초등학교에서 확률 교수-학습

4장

# 초등학생들의 확률적 추론

CYNTHIA W. LANGRALL and EDWARD S. MOONEY

> 확률은 전문적인 내용과 해에 이르는 절차로만 구성되어 있지 않다. 확률은 학교 수학의 다른 영역에서와 다른 사고방식을 요구한다. 확률을 배울 때 학생들은 새로운 직관을 구성해야 한다. (Fischbein & Schnarch, 1997, p. 104)

## 01 도입

확률은 인과적인 방식이나 결정론적 수단으로 설명할 수 없는 사건을 기술하는 방식이다. 그러나 어린 아동들은 결정론적 방식으로 세계를 바라보는 경향이 있으며, 우연 현상을 일으키는 원인이 존재한다고 생각한다. Fischbein & Schnarch(1997)에 따르면 확률은, 학교 수학에서 전형적으로 다루는 사고 유형과는 다른 사고방식을 필요로 한다. 실제로 확률 영역에서는 새로운 직관을 구성할 필요가 있는데, 주관적 판단보다는 추론과 분석에 기초를 두어야 한다. 아동들은 확률적으로 추론하는데 필요한 사고력을 어떻게 발달시킬 수 있을까? 어떤 개념과 능력을 통해 확률적 추론을 개발할 수 있을까? 형식적이든 비형식적이든, 어떤 종류의 경험을 통해 새로운 직관을 개발하도록 자극할 수 있을까?

이 장에서는 지난 50년간 진행된 확률 교수-학습에 대한 연구를 이러한 질문과 관련하여 검토하되, 특히 5세부터 11세 초등학생들의 확률 직관과 개념을 살펴보고자 한다. 이 장은 2개의 절로 구성된다. 첫 번째 절에서는 확률적 추론과 관련하여 구체적인 개념과 능력을 다룬 연구들을 개관하고, 두 번째 절에서는 확률 지도를 위한 이론적 관점에 대해 논의한다.

## 02 확률적 추론과 관련된 개념 및 능력

여러 나라에서 확률에 대한 초등학생들의 이해를 다룬 연구가 수행되었다. 예를 들어 최근에는 레소토(Polaki, Lafoka, & Jones, 2000), 키프로스(Lamprianou & Lamprianou, 2003), 그리스(Kafoussi, 2002), 러시아(Volkova, 2003)에서 이러한 연구가 있었다. 또한 여러 나라의 초등학교 수학교육과정에서는 확률적 추론과 관련되는 개념 및 능력을 주요한 요소로 다루고 있다(Barovcnik & Peard, 1996). 미국(National Council of Teachers of Mathematics, 2000), 호주(Australian Education Council, 1994), 영국(DES, 1991)의 교육과정 지침서는 확률에 대한 기본 개념을 학교 교육과정을 통해 다루도록 일관되게 권고하고 있다(Moore, 1990)

무어(David Moore, 1990)는 초등학교 저학년 아동들이 우연 현상에서 얻은 데이터를 탐색함으로써 발달시킬 수 있는 핵심적인 확률 개념을 제시하였다. 이러한 기본 개념을 발달시키기 위해 학생들은 확률의 개념적 측면과 질적 측면을 다룰 수 있어야 한다. 특히 학생들은 다음과 같은 활동을 수행하여야 한다.

- 사건의 전반적인 패턴을 파악할 수 있어야 하고, 사건의 결과를 인과적으로 설명하려는 시도의 한계를 알아야 한다;
- 시행을 충분히 반복하였을 때 상대도수의 안정성을 인식할 수 있어야 한다;
- 사건의 결과가 유한인 집합의 확률을 구할 수 있어야 하고, 관찰된 비율과 이러한 확률을 비교할 수 있어야 한다;
- 확률에 의해 설명된 규칙성을 시행 횟수가 작은 무작위 사건에 적용할 수 있다는 신념을 극복하여야 한다;
- 확률에 대한 수학적인 모델을 구성하는데 비율에 대한 이해를 적용할 수 있고 "서로소인 집합 $A, B$에 대하여 덧셈 법칙 $P(A \text{ 또는 } B) = P(A) + P(B)$과 같은 기본 법칙 및 공리"를 이해하여야 한다(pp. 120-121).

무어는 중간 수준에 해당하는 확률 개념으로, 조건부 확률, 독립, 무작위 추출과 분포를 언급하였다. 무어에 따르면 확률의 기초가 수학적으로는 간단하기 때문에 확률 개념이 학생들의 직관과 일정 부분 상충될 수 있다는 사실이 간과되기 쉽다(p. 119).

이 장에서는 초등학생들이 지니고 있는 핵심적인 확률 개념에 주목하고자 한다. 이를 위해 결정성(determinacy)과 불확실성, 무작위성, 표본공간, 상대도수와 비례성(proportionality), 실험적 확률과 이론적 확률 등과 관련된 아동들의 직관과 이해, 오개념에 대해 분석한 연구를 살펴보고자 한다. 이를 통해 초등학생들의 확률적 이해를 개발하는데 필요한 개념, 능력, 사고습관 등에 대한 최근의 동향을 알아보고자 한다.

### 결정성과 불확실성

연구자들마다 아동들이 불확실성을 이해할 수 있다고 보는 연령이 다르다. Byrnes & Beilin(1991)의 문헌연구에 따르면 그 연령대는 4세부터 10세까지 다양하게 나타난다. Byrnes & Beilin(1991)은 이처럼 연구 결과에 큰 차이가 있는 것은 과제의 특징 때문일 수 있다고 설명하였다.

Piaget & Inhelder(1951/1975)의 인지발달 모델에 따르면 확실성과 불확실성을 구별하는 능력은 7세 이후에야 나타난다. 그러나 여러 연구는 미취학 아동들도 비결정성과 예측불가능성이 존재하는 상황을 인식할 수 있다고 하였다(예, Byrnes & Beilin, 1991; Harvath & Lehrer, 1998; Kuzmak & Gelman, 1986). Fischbein(1975)에 따르면 미취학 아동들은 무작위 사건을 통제할 수 있다는 신념에 기초하여 주관적인 판단에 따라 사건을 해석하기는 하지만 예측불가능한 상황과 추론 가능한 사건을 구별할 수는 있다. Fay & Klahr(1996)은 자신들의 연구에 참여한 4~5세 아동들이 결정론적 상황과 비결정론적 상황 모두를 인식할 수 있었다고 주장하였다. Fay & Klahr(1996)에 따르면 아동들은 결정론적 상황을 비결정론적 상황보다 쉽게 인지하였다.

이상에 따르면 초등학생들도 불확실성을 인식할 수 있다고 보는 것이 타당하다. 그러나 아동들이 불확실성에 대해 인식할 수 있으며 이를 수용할 수 있다고 해서 결정론적 사고를 사용하지 않는 것은 아니다. 여러 연구에 따르면 성인들뿐만 아니라 아동들도 우연 현상을 결정론적으로 설명하려는 경향을 보인다(예, Jones, Langrall, Thornton, & Mogill 1997; Kahneman & Tversky, 1982; Konold, 1991; Metz, 1998b; Shaughnessy, 1992). 결정성과 관련된 식관을 이용하려는 성향은 나이가 들어도 사라지지 않는다. Fischbein(1975)은 이러한 현상이 결정론적인 설명을 지향하는 문화적 편향에서 기인한다고 보았으며, 이러한 문화적 편향은 정규교육과정의 뚜렷한 특징이라고 지적하였다.

### 무작위 현상의 특징

무작위 현상에서 개개의 결과는 불확실하지만 충분히 많은 횟수로 반복된 사건의 결과는 규칙적인 패턴을 갖는다(Moore, 1990). 무작위 실험에서는 여러 가지 결과가 나타날 수 있고 실제 결과를 예측하는 것은 불가능하지만, 일어날 수 있는 전체 결과는 결정되어 있으며 오랜 기간에 걸쳐 진행된 그 결과의 분포는 예측할 수 있다. 무작위성의 개념은 불확실성과 복잡하게 엉켜 있으며 무어가 설명한 확률 개념의 핵심 영역과 밀접하게 관련된다. 불확실성과 같이, 무작위 현상에 대한 아동들의 지식을 분석한 연구의 결과도 연구에서 활용된 과제의 특징에 영향을 받았다(Truran, 1994). Piaget & Inhelder(1951/1975)가 도입한 대다수의 고전적인 확률 과제가 현대에도 사용되었다. 이러한 과제는 **무작위 혼합**(random mixture) 과제, **무작위 분포**(random distribution) 과제, **무작위 추출**(random draw)-**무작위 생성**(random generator) 과제로 분류할 수 있다.

■ 무작위 혼합 과제

Piaget & Inhelder(1951/1975)에 따르면 학생들은 "원인의 독립성을 인식하지 못한 채 원인의 상호작용을 고려한다거나 원인의 상호작용을 고려하지 않으면서 원인의 독립성을 생각"(pp. 1-2)하기 때문에 우연을 과소평가하는 경향이 있다. 따라서 Piaget & Inhelder(1951/1975)의 첫 번째 실험에서는 무작위 혼합에 대한 아동들의 직관을 연구하는데 목표를 두었다. Piaget & Inhelder(1951/1975)는 색깔 공이 들어 있는 **기울어진 상자** 도구(그림 1 참조)를 제작하였는데, 박스가 시소처럼 기울어짐에 따라 공이 한쪽 끝에서 다른쪽 끝으로 굴러가도록 만들었다. 박스를 여러 번 기울여본 다음 아동들에게 공이 어떻게 섞일 것 같은지 예측하게 하였다.

Piaget & Inhelder(1951/1975)에 따르면 4~7세 아동들은 공이 무작위로 혼합될 것이라는 점을 인식하지 못하였다. 오히려 아동들은 공의 위치가 변화하는데 규칙적인 패턴이 있을 것이라고 예측하였으며 공이 원래 있던 위치로 되돌아올 것이라고 생각하였다. 7~11세 아동들은 공이 점차로 섞일 것이라고 예측하였다. 또한 이 아동들은 공이 원래 위치로 돌아갈 것 같지는 않다고 생각하였다. 11세 이상의 아동들은 가능한 조합과 순열을 고려하면서 좀더 분석적으로 예측하였다. Piaget & Inhelder(1951/1975)는 11세 이상의 아동들이 무작위 혼합이 일어나는 과정을 이해했다고 판단하였다.

Paparistodemou, Noss, & Pratt(2002)는 무작위 혼합 과제와 관련하여 좀더 현대적인 접근 방식을 택하였는데, 어린 아동들(6~8세)에게 이차원 공간인 컴퓨터 게임 환경에서 공을 무작위로 움직여 보는 시뮬레이션을 진행하도록 하였다. 이 게임에는 무작위

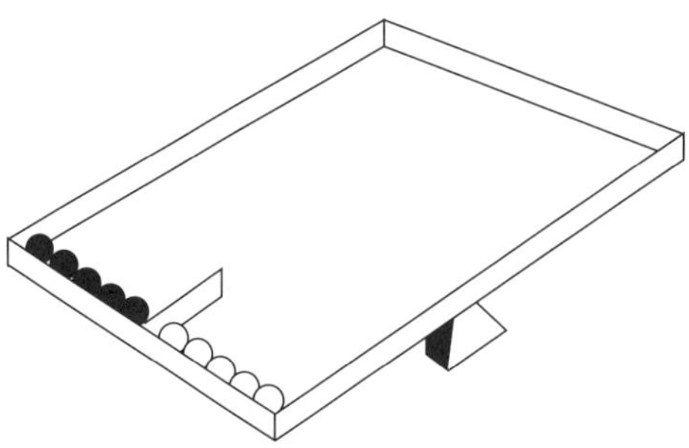

그림 1. 피아제(Piaget)의 기울어진 상자 도구

로 움직이는 흰 공 1개가 있는데, 흰 공이 고정되어 있는 빨간 공과 파란 공에 부딪히면 점수를 얻는다(예, 부딪힌 빨간 공의 개수에 따라 점수를 매긴다). 이 게임의 목적은 빨간 공과 파란 공의 위치, 크기, 개수를 바꿔서 게임을 공정하게 만드는 것이었다.

Paparistodemou 등(2002)은 아동들에게 컴퓨터 게임을 소개하기 전에 기울어진 박스 과제를 활용하여 면담을 진행하였다. 아동들 대부분은 공이 규칙적으로 배열될 것이라고 예측하였으며 무작위 혼합에 대해 거의 생각하지 못하였다. 그러나 아동들은 컴퓨터 게임 활동을 진행하면서 무작위 혼합과 관련되는 다양한 개념을 고려하기 시작하였다. 연구자들에 따르면 게임을 공정하게 만들기 위해 아동들이 세운 전략(마구잡이 운동, 복잡한 운동, 대칭적인 배치, 같은 크기의 공)은 무작위 혼합에 대한 이해가 구성되기 시작하였음을 보여준다. 기본적으로 아동들은 결과를 설명할 수 있었으며 더 나아가 공이 무작위로 움직이는 것에 대해 기술할 수도 있었다.

Paparistodemou 등(2002)은 이산적인 사건과 관련된 여러 상황이나 보드 게임보다는 역동적인 컴퓨터 게임이, 아동들이 일상적으로 경험하는 무작위 운동을 좀더 정확하게 반영한다고 주장하였다. Paparistodemou 등(2002)에 따르면 컴퓨터 게임 맥락에서 "무작위 혼합을 이해하는데 필요한 인식론적 토대를 형성하는 표현 수단이 좀더 잘 구성"(p. 40)되었을 수 있다. 이 연구 결과는 아동들이 이해할 수 있는 바에 대한 연구자들의 생각을 확장할 필요가 있음을 보여준다.

■ 무작위 분포 과제

Piaget & Inhelder(1951/1975)에 따르면 무작위 혼합에 대한 경험을 통해 분포의 규칙성과 관련되는 큰 수의 법칙을 고려하는 단계에 이르게 된다. 이러한 현상을 분석하기 위한 과제에는 정사각형 보도블록에 떨어지는 빗방울 시뮬레이션이 있다. 아동들이 정사각형 보도블록에 빗방울을 분포시키는 방식에 따라 무작위성에 대한 이해 수준을 살펴볼 수 있다. Piaget & Inhelder(1951/1975)에 따르면 7세 이하의 아동들은 정사각형 안에 균등하게 점을 찍거나 1개 또는 2개의 인접한 정사각형 안에 집중적으로(전체적으로 분포시키지 않고) 점을 찍었다. 7~11세 아동들은 불규칙적인 분포를 만들었는데, 이들은 빗방울의 개수가 증가함에 따라 점점 규칙성을 띠도록 구성하였다. Piaget & Inhelder(1951/1975)는 아동들의 이러한 반응이 큰 수의 법칙에 대한 이해를 반영한다기보다는 "비례성에 대한 질적 직관"(p. 54)에 기초한다고 설명하였다. 이와 달리 11세 이상 아동들은 비례성, 조합, 큰 수의 역할 등에 대한 이해를 바탕으로 점차적으로 균등 분포(uniform distribution)를 구성하였다.

Green(1988)은 7~11세 아동을 대상으로 빗방울 과제를 활용하여 동일한 연구를 수행하였는데, 연령이 높아짐에도 불구하고 "무작위(또는 준무작위) 패턴에 대한 선호도가 별로 증가하지 않았다"(p. 289)고 주장하였다. Green(1988)은 이러한 현상이 무작위성 개념에 대한 아동들의 불충분한 이해에 의한 것인지 아니면 특정한 과제에 대한 이해나 해석의 부족에 의한 것인지에 대하여 의문을 갖고, 빗방울 과제를 게임 상황으로 바꾸었다. 이 게임은 번호가 적힌 말(counter)을 무작위로 선택하면 번호의 눈금에 해당하는 정사각형 안에 점이 찍히도록 설계되었다. Green(1988)에서 아동들은 무작위 추출을 통해 자신들만의 눈금을 만들었으며 이미 만들어진 일련의 눈금이 무작위 분포를 반영하는지 평가하였다. Green(1988)에 따르면 "준무작위" 패턴을 보이는 불확실한 과제에 대해서는 아동들의 능력에 의미 있는 발전이 없었지만, 규칙적인 패턴과 무작위적인 패턴을 보다 직접적으로 보여주는 과제를 활용함으로써 연령이 높아짐에 따라 해당 과제를 해결하는 아동들의 능력도 향상되었다.

분포 개념이 확률을 이해하는데 핵심 요소임에도 불구하고 무작위 현상에 대한 초등학생들의 이해와 관련하여 무작위 분포 맥락의 과제가 거의 다루어지지 않았다. Piaget & Inhelder(1951/1975), Green(1988)이 활용한 과제는 아동들의 추론을 이해하는데 거의 도움을 주지 못하였다. 좀더 연령대가 높은 학생들을 대상으로 한 연구(Dessart, 1995; Green, 1983; Konold et al., 1993)에 따르면 무작위 분포를 인지하거나 구성하는 것은 상당히 어렵다. 실제로 Shaugnessy(1992)는, "인류가 뭔가를 '무작위로' 선택할 일은 별로 없다"(p. 475)고 주장하기도 하였다. 아동들의 분포에 대한 개념을 확인하기 위해서는 다른 방법이 필요하다.

■ 무작위 추출-무작위 생성 과제

대부분의 확률 과제는 무작위 추출 상황(예, 눈을 감고 항아리에서 물건 꺼내기) 또는 무작위 생성 활동(예, 동전 던지기, 주사위 던지기, 회전판 돌리기)과 관련된다. Piaget & Inhelder(1951/1975)에 따르면 무작위 혼합 상황이나 무작위 분포 상황보다는 무작위 추출 상황에서 아동과 과제간의 상호작용 양상이 좀더 복잡하다. 무작위 혼합 과제나 무작위 분포 과제에서 아동들은 관찰자의 입장인 반면, 무작위 추출 상황에서 아동들은 적극적인 참여자가 된다. 무작위 추출-무작위 생성 과제는 "논리와 수학을 우연 현상에 적용하는 출발점" (p. 95)으로 활용할 수 있으며, 확률을 수량화하는 수준으로 학생들의 사고를 개발하는데 주요한 역할을 한다.

무작위 추출-무작위 생성 과제는 여러 연구에서 활용되었으며(예, Fischbein, Nello, & Marino, 1991; Jones et al., 1997; Kelly & Watson, 2002; Piaget & Inhelder, 1975; Ritson, 1999; Truran, 1995; Way, 1996; Watson, 1998), 이러한 연구에 따르

면 초등학생들은 물활론적(animistic) 신념*이나 주관적 판단에 따라 무작위 추출이나 무작위 생성 활동의 결과를 설명하는 경향이 있다. 예를 들어, 아동들은 무작위 생성자가 뭔가를 알고 있거나 어떤 결과가 일어나기를 원한다고 생각한다. 미신이나 운이 결과를 결정하며, 외적인 영향력이나 힘, 심지어 자기자신이 무작위 상황을 통제할 수 있다고 믿는다. 그러나 한편으로는 아동들이 이와 같이 초보적인 해석을 넘어설 수 있음을 보여주는 근거도 있다.

Metz(1998b)는 무작위성과 관련된 이해의 발달적 측면과 비발달적(nondevelopment) 측면을 알아보기 위한 연구에서 (무작위 혼합 과제뿐만 아니라) 무작위 추출-무작위 생성 과제를 활용하였다. Metz(1998b)는 실험적인 요소가 있는 고전적 확률 과제를 활용하여 5세와 8세 아동, 대학생들의 추론 과정을 분석하였는데, 이 과제는 예측, 실험, 반성을 통해 학습을 촉진할 의도에서 개발된 것이었다. 이 과제에는 기울어진 구슬 상자, 원하는 색깔이 가장 잘 나올 것 같은 회전판을 선택하는 보드 게임 등이 포함되었다. 항아리에 들어 있는 공의 색깔을 추측하기 위해 공을 꺼내보는 과제도 있었다. Metz(1998b)에서 활용된 과제의 예와 면담 질문은 그림 2와 같다.

Metz(1998b)에 따르면 무작위성 개념을 구성하는 것은 매우 복잡하며 성인들뿐만 아니라 어린 아동들도 지속적인 어려움을 느낀다. Metz(1998b)가 설명하였듯이, 이러한 어려움은 어떤 상황이 예측불가능성이나 무작위성과 관련되는 불확실성을 내포하고 있는지 아닌지를 알아내기가 어렵다는 사실에 기인한다고 볼 수 있다. 이러한 어려움은 다음과 같이 여러 가지 형태로 드러나는데, (a) 어떤 사건을 충분히 반복하였을 때 나타나는 패턴을 그 사건의 불확실성과 관련하여 해석하지 못하는 것, (b) 사람이나 장치(예, 회전판)가 사건을 통제할 수 있다는 신념, (c) 일종의 순서, 목적, 이유를 토대로 사건이 발생한다는 믿음 등이 있다.

Metz(1998b)는 유치원생들(5세)이 확률적 상황을 무작위 현상과 관련하여 해석하지 못하며, 그 개념에 대해 약간의 이해를 보인 아동들도 이를 일관되게 사용하지는 못하였다고 하였다. Metz(1998b)에 따르면 유치원생들은 질서나 규칙성이 우연 상황의 특징이라고 생각하는 경향이 있다. 구슬이 들어 있는 기울어진 상자 과제에서 어떤 아동은 구슬이 원래 자리로 되돌아온다고 생각하였다. 회전판 과제에서 아동들은 우연이라는 요소를 무시하면서 회전판이 어떻게 분할되어 있는지에 따라 그 결과가 정해진다고 생각하였다. 항아리 과제에 대해서도 아동들은 구슬을 몇 번 꺼내보지 않고도 항아리에 들어 있는 공의 색깔이 어떠한지 예측할 수 있다고 생각하였다.

■
**역자 주** 우주 만물에 영혼이 있다는 믿음

**회전판 과제**

**1:1(빨강:노랑) 회전판과 3:1(빨강:노랑) 회전판 중에서 선택**

보드 게임을 해보자. 상대방은 빨간 칩을, 나는 노란 칩을 갖는다. 상대방은 차례가 되면 회전판을 돌리고 회전판이 빨간색에서 멈추면 한 칸 앞으로 움직인다. 노란색에서 멈추면 움직이지 못하고 다음 차례가 될 때까지 기다린다. 내 차례에는 회전판이 노란색에서 멈추면 한 칸 앞으로 움직이고, 빨간색에서 멈추면 움직이지 못하고 다음 차례를 기다린다. 마지막 칸에 먼저 도착한 사람이 이긴다. 어떤 회전판을 선택하는 것이 유리한가? 이유는?

- 가능한 질문: 상대가 거기에 도착했을 때 나는 어디에 있을 것 같은가? 왜 그렇게 생각하는가? 확신할 수 있는가? 왜 그런가? 왜 이런 일이 일어났을까[일련의 결과와 관련하여]? 내가 계속 이길 수 있을까? 내가 이길 가능성이 얼마라고 생각하는가? 상대가 이길 가능성이 얼마라고 생각하는가? 왜 내가(상대가) 그렇게 앞에 있을까? 이 게임은 공정한가? 상대가 어떻게 이겼는가? 이 회전판을 선택하면 이길 수 있을까? 아니면 불가능할까?

**항아리 과제**

**빨간 공 15개와 초록 공 5개가 들어 있는 (두꺼운 천으로 입구를 덮은) 불투명한 항아리**

항아리에 빨간 공과 초록 공이 들어 있다. 빨간 공과 초록 공의 개수가 같은지 아니면 한 종류의 공만 들어 있는지에 대해서는 알 수 없다. 항아리 안을 들여다보거나 항아리를 뒤집어 공을 모두 쏟아내지 않고, 각 색깔의 공이 몇 개씩 들어 있는지 어떻게 알 수 있을까?

- 가능한 질문: 공 1개를 꺼내서 색깔을 확인하면 어떨까? 어떤 결정을 내릴 수 있는가? 그 공을 다시 항아리에 집어넣고 다른 공을 꺼냈다면 어떤 설명을 할 수 있을까? 이러한 시행을 여러 번 반복한다면 어떨까? 이렇게 하는 것이 도움이 될까? 어디 1번 해보자. 항아리에 들어 있는 빨간 공과 초록 공의 개수가 같은지 아니면 한 종류의 공만 들어 있는지에 대해서 확실히 알 수 있을 때까지 항아리에서 공을 하나씩 꺼내 보는 시행을 계속해 보자. 항아리 안에 2가지 색깔의 공이 몇 개씩 들어 있는지 이제 알 것 같은가? 왜 확신할 수 있는가? 정말로 확신할 수 있는 다른 방법이 있는가? 항아리 안을 들여다볼까? ______________가 있을 때 왜 ________라고 생각하였는가?

그림 2. Metz(1998b, pp. 356-359)가 활용한 회전판 과제와 항아리 과제

이와는 대조적으로 3학년 학생(8세) 대다수는 무작위성 개념을 이해하는 것으로 드러났다. 그러나 이들은 무작위성에 기초하여 상황을 일관성 있게 해석하지는 못하였으며, 무작위성에 대해 알게 된 것을 활용할 때 과제의 특성에 영향을 받았다. 예를 들어, 3학년 학생들의 절반은 무작위성과 관련하여 회전판 과제를 해석할 수 있었지만, 어떤 아동도 항아리에서 구슬을 꺼내는 것을 무작위 현상으로 인식하지는 못하였다.

Metz(1998b)에 참여한 모든 대학생들은 무작위 현상과 관련하여 상황을 해석할 수 있었지만, 종종 결정론적인 해석을 내림에 따라 불확실한 상황을 인식하는데 어려움을

겪었다. Metz(1998b)에 따르면 확률 과제를 다룬 대학생들이 보인 어려움에 비추어 볼 때, 아동들이 무작위성과 관련하여 보여준 한계는 단순히 발달상의 결함에서 기인한다고 볼 수는 없다.

프랫(Pratt, 1998; 2000; 이 책 7장; Pratt & Noss, 2002)은 아동들이 무작위 현상에 부여하는 의미에 대해 깊은 통찰을 제공하였으며, Metz(1998b)가 설명한 아동들의 구체적인 어려움에 대해서도 보다 상세히 설명하였다. (성인뿐만 아니라) 아동들도 다양한, 심지어 서로 충돌하는 직관을 지닐 수 있다는 전제하에, 프랫은 "개인이 자신의 신념과 마주할 수 있도록" 하는 환경을 설계하였다. 프랫은 **우연 생성기**(Chance-Maker)라는 마이크로월드를 설계하였는데, 이는 무작위 생성자인 **장치**(gadget, 전자적으로 작동하는 동전, 회전판, 주사위)로 되어 있으나 간혹 고장이 나서 무작위적이지 않은 결과를 만들어내기도 한다. 아동들은 도구(tool)를 가지고 장치가 제대로 작동하도록 수리한다. 1가지 도구는 작업 상자(working box)로, 여기에는 장치로부터 일어날 수 있는 모든 가능한 결과(확률 분포)가 나열된다. 다른 도구에는 시행을 충분히 많이 할 수 있게 하는 반복 버튼, 시행 결과를 수치로 표현하거나 시각적으로 나타내도록 하는 다양한 옵션이 있다. 프랫은, 아동들이 우연 생성기 환경과 상호작용함으로써 자신들의 비형식적인 이해를 분명히 설명할 수 있고 장치가 어떻게 작동할지와 관련되는 자신들의 직관을 구체적으로 드러낼 수 있으며, 고장난 장치를 검사하고 수리하면서 새로운 지적 체계를 구성할 수 있다고 생각하였다.

Pratt(1998, 2000, 이 책 7장)에 따르면 우연 생성기(Chance-Maker) 환경에 참여하기 앞서, 컴퓨터 장치를 통해 과제를 수행한 지 얼마 되지 않아 10~11세 아동들은 무작위성에 대한 4가지 비형식적인 이해의 특징을 보여주었다. 아동들은 무작위성의 개념을 예측불가능성(다음 결과를 예측할 수 없다), 불규칙성(일련의 사건에 패턴이 없다), 통제불가능성(결과를 물리적으로 통제할 수 없다), 공정성(장치는 대칭적이며 공평한 결과를 생성한다)과 같은 구성요소와 관련지었다.

마이크로월드와 상호작용하는 과정에서 아동들은 고장난 장치를 검사하고 수리하기 위해 이러한 비형식적인 의미에 의존하였다. 처음에 아동들은 결정론적인 방식으로 과제에 접근하였다. 아동들은 장치가 이상하게 작동하는 이유를 추측한 다음, 그 추측을 시험해 보았으며 무작위성과 관련된다고 생각하는 특정한 의미에 기초하여 이러한 추측을 거부하거나 받아들였다. 경우에 따라서는 자신들의 추측을 모두 조사하여 장치가 무작위로 작동한다고 분명하게 말할 수 있을 때까지 이러한 과정을 계속하여 반복하였다. 이와 같은 진단적 과정을 통해 드러난 주요 특징에 따르면, 처음에 아동들은 장치가 짧은 기간 동안 작동한 결과에 비추어 어떤 결정을 내렸다. 심지어 아동들은 장치가 오랜 기간 동안(즉, 충분히 많은 시행 횟수) 작동하는 과정을 관찰한 이후에도 무작위성과 관련된 비형식적인 의미에 기초하여 장치가 어떻게 작동하는지를 해석하였다.

결과적으로 아동들이 결과가 일어나는 빈도수를 염두에 두고, 장치에서 그래프가 그려지는데 영향을 미치는 작업 상자(working box)를 수정함에 따라 새로운 지적 구조를 구성하게 되었다. Pratt & Noss(2002)는 이러한 지식의 구조를 큰 수의 토대 — "시행의 횟수가 커질수록 원그래프는 더 고르게 된다"(p. 471)와 분포의 토대 — "작업 상자에서 특정 결과가 자주 일어날수록 원그래프의 해당 영역이 더 커진다"(p. 472)라고 특징지었다.

이상의 결과에 따르면 2가지 사실에 주목할 필요가 있다. 첫째, 우연 생성기(Chance-Maker) 마이크로월드는 Piaget & Inhelder(1975), Green(1988)이 사용한 과제보다 분포 개념을 탐구하기에 더 생산적인 맥락을 제공한다. 둘째, 우연 생성기 환경을 통해 아동들은 장치가 오랫동안 작동하도록 하여 그 결과를 검토할 기회를 가질 수 있다. 이는 새로운 지적 구조를 발달시키는데 주요한 역할을 하였다. Pratt(1998)는 다음과 같이 언급하였다:

> 아동들이 결정론적으로 행동한다는 사실에 의견의 일치가 이루어지지 않았다. 이는 예측가능성의 **결핍**, 패턴의 **결핍**, 통제의 **결핍**과 같은 다양한 속성의 **결핍**만으로 결정론적인 행동을 특징짓는 것이 확률적인 인식을 분석하는데 한계가 있기 때문이다. 확률에 대한 풍부한 인식은, 긍정적인 특징을 확인하는 것과 관련되며 오랜 시간에 걸쳐 일어나는 결과를 살펴봄으로써 가능하다. (p. 7)

### 확률 요소

초등학생들이 무작위 현상의 특징을 무작위 추출 과제와 무작위 생성 과제를 통해 탐구할 때, 사건이 일어날 가능성을 구하는 상황에 마주하게 되며 실험적 상황과 이론적 상황 모두에서 확률을 수량화하는 방향으로 나아가게 된다. 이는 Pratt(1998, 2000)에서 분명하게 드러났다. 실험적 확률에 대한 아동들의 이해를 다룬 연구가 거의 없으며(예, Jones, Thornton, Langrall, & Tarr, 1999; Horvath & Lehrer, 1998), 몇몇 연구는 아동들의 이해를 이론적 확률과 관련하여 분석하였다(예, Acredolo, O'Connor, Banks, & Horobin, 1989; Falk, 1983; Fischbein, Pampu, & Minzat, 1970; Piaget & Inhelder, 1975). 그러나 이 분야에서 진행된 연구의 결과 역시 무작위 현상과 관련된 연구 결과만큼 다양하다.

확률의 다양한 본성을 다루고 아동들의 확률적 추론에 대해 일관된 견해를 제시하기 위하여 Jones 등(1997)은 4가지 확률 요소인 표본공간, 사건의 확률, 확률 비교, 조건부 확률에 비추어 아동들의 추론을 특징짓는 틀을 개발하고 적용하였다. 이 틀은 관련 선행 연구를 종합하여 개발되었으며 3학년 아동들을 대상으로 2년에 걸쳐 실험적으로 적용되었다.

이 틀을 통해 각각의 확률 요소와 관련된 추론이 4가지 수준(Biggs & Collis, 1991)으로 기술되었다. 1수준은 주관적인 추론과 관련된다. 2수준은 주관적 추론과 초보적인 양적 추론의 과도기적 단계이다. 3수준은 비형식적인 양적 추론을 사용하는 단계이다. 4수준에서는 수치적 추론을 활용한다. 이러한 수준을 통해 아동들의 추론 능력이 시간이 지남에 따라 성장한다는 것을 밝히기는 하였지만, 연구자들은 확률 요소 전반에 걸쳐 추론이 균일하게 발전한다거나 이러한 틀의 모든 수준을 차례로 통과하면서 성장한다고 설명하지는 않았다. 오히려 연구자들은 이러한 틀을 통해 아동들의 추론에 대한 일관된 견해를 제시함으로써 수업을 설계하고 확률 과제를 개발하는데 필요한 전반적인 지침을 제공하고자 하였다.

이하에서는 Jones 등(1997)의 틀에서 제시된 요소에 덧붙여 관련된 다른 연구의 성과를 살펴보고자 한다. Moore(1990)가 제시한 확률 개념의 핵심 영역에 기초하여 표본공간, 실험적 확률, (확률 비교를 포함하는) 이론적 확률이라는 요소에 주목하고자 한다.

■ 표본공간

표본공간을 구성하는 것은 확률적 추론의 모든 측면에서 기초가 된다. Horvath & Lehrer(1998)에 따르면 표본공간을 이해하기 위해서는 다양한 인지적 능력을 조정할 수 있어야 한다: (a) 결과를 얻는 다양한 방식을 인지하기, (b) 가능한 모든 경우를 체계적으로 만들어 내기, (c) "표본공간을 결과의 분포와 대응"(p. 123)시키기. 이러한 요소들과 관련된 아동들의 이해에 대해 상당한 논쟁이 존재한다.

한편으로 Piaget & Inhelder(1975)에 따르면 7세가 된 아동들은 간단한 1차원 실험(예, 회전판 돌리기)에서 일어나는 결과를 나열할 수 있다. 다른 연구자들은 7~8세 아동들(Jones, 1974)과 심지어 11세 아동들(Borovcnik & Bentz, 1991)도 그러한 과제를 해결하지 못한다고 하였다. 다른 한편으로 Piaget & Inhelder(1975)는 약 11세가 되어서야 아동들은 2단계 실험이나 2차원 실험(예, 주사위와 동전 던지기)에서 조합적인 절차를 완벽하게 사용할 수 있다고 하였다. 그러나 English(1993, 이 책 5장)는 의미 있는 문제 맥락에서 구체물을 활용하도록 하면 7~8세 아동들도 2차원적인 조합 과제를 체계적인 전략을 활용하여 해결할 수 있다고 주장하였다.

Jones 등(1997)의 틀은 이러한 불일치를 주관적 수준의 추론부터 수치적 수준의 추론에 이르기까지 해석할 수 있도록 한다. 이 틀에 따르면, 1수준에 속한 아동들은 무작위로 일어나는 모든 결과를 인식하지 못한다. 대신에 이 아동들은 자신들이 생각한 것이 더 잘 일어날 것 같다는 점(또는 보다 결정론적으로 자신들이 생각하는 바가 일어날 것이라는 점)에 주목한다. 2수준에서 추론하는 아동들은 1차원 실험의 모든 결과를 나열할 수 있지만 2차원 상황에서 일어나는 모든 결과를 구체화하지는 못한다. 3수준에 속한 아동들은 2차원 실험 결과를 구하기 위해 체계적인 전략을 사용하는 방향으로 발전하며, 4수준의 아동들은 가능한 모든 결과를 구하기 위해 체계적인 전략을 사용할 수 있다.

확률 모델링을 통해 표본공간에 대한 아동들의 이해를 살피는 서로 다른 견해를 확인할 수 있다. 문제 상황을 모델링할 때 문제 해결자는 "표본공간의 결과와 각각의 확률이 맥락 문제에서 찾고자 하는 사건의 결과 및 확률과 짝지어질 수 있도록 확률 생성자를 선택"한다(Benson & Jones, 1999, p. 2). 초등학교 3~4학년 학생 6명을 대상으로 수행된 Benson(2000)에 따르면, 수업에서 아동들은 확률 생성자를 구성하거나 선택함으로써 확률 문제 상황에 맞는 표본공간을 적절히 구성할 수 있었다. 나아가, 일부 아동들은 확률 생성자의 동치성을 인식하였으며, 주어진 상황에 적합한 여러 가지 확률 생성자를 구체화하였다. 벤슨(Benson)의 연구에 참여한 모든 아동들은 확률 과제를 모델링하기 위해 일대일 대응의 개념을 사용하였다(표본 과제인 그림 3 참조); 몇몇 아동은 $n$ 대 1 대응 또는 $n$ 대 $n$ 대응도 사용하였다. 벤슨이 사용한 모델링 과제는, 가능한 모든 결과만을 구해보도록 하는 간단한 과제이지만 표본공간에 대한 아동들의 이해를 깊이 있게 살펴볼 수 있도록 하였다. 벤슨이 언급하였듯이 "확률 생성자와 관련하여 사건의 결과를 구체화한 다음 그 사건의 확률을 구하는 것과, 맥락적인 과제에 내재된 확률 분포를 충실히 반영하는 확률 생성자를 찾거나 구성하는 것은 완전히 다른 수준을 의미한다."(p. 3).

Jones, Langrall, Thornton, & Mogill(1999)은 3학년을 대상으로 진행한 교수실험이 끝난 뒤에도 일부 아동들이 표본공간에 대해 주관적인 판단을 내리는 경향이 있음을 발견하였다. 연구자들에 따르면 이러한 **표본공간 오개념**은 아동들이 무작위 상황에 확실성을 부여하거나 "모든 결과가 일어날 가능성을 인지" (p. 513)하지 못하는데서 기인한다. Fischbein 등(1991)이 언급하였듯이 확실성의 개념은 일반적으로 생각하는 것보다 훨씬 복잡하다. Horvath & Lehrer(1998)는 아동들이 실험적 확률을 구할 때 유사한 어려움을 겪는다고 설명한 바 있다. Horvath & Lehrer(1998)의 연구 결과는 다음 절에서 논의하고자 한다.

**제비 뽑기**

친구 6명(존, 캔, 루이스, 수, 케이시, 베스)이 제비뽑기를 하여 1명을 선택한 다음 상품을 주기로 하였다. 누가 당첨 제비를 뽑을 것인지를 알아보기 위해 어떻게 모델링을 하면 되겠는가?

**아이스크림**

후식으로 아이스크림을 먹으려고 한다. 아이스크림은 3가지 맛(바닐라, 초코, 딸기)이 있고 접시나 콘에 담아 제공된다고 한다. 먹을 수 있는 아이스크림의 종류를 모두 구하여라. 각 아이스크림을 선택할 가능성이 같다면 어떤 아이스크림을 먹게 될지 어떻게 모델링을 하면 되겠는가?

- 주의 : 각 과제에 대하여 색깔이 다른 공, 주사위, 두 면에 다른 색이 칠해진 칩, 6등분 된 회전판, 2등분 된 회전판 등을 이용하는 것이 가능하다.

그림 3. Benson(2000)에서 활용한 확률 모델링 과제의 예

■ 실험적 확률

실험적 확률(경험적 확률, Hawkins & Kapadia, 1984) 개념은 무작위 현상에 대한 빈도주의적 견해를 드러낸다(1장 참조). 실험적 확률은 실험이나 시뮬레이션에서 수집된 자료에 의존하는데, 실험에서 사건이 일어날 가능성을 구하기 위해 상대 도수를 활용한다. 실험적 확률을 검토하는 것이 수업을 진행할 때 주요한 요소임에도 불구하고 (Jones, Langrall et al., 1999), 실험적 확률에만 주목하여 진행된 연구는 거의 없다. 예를 들어 무작위 현상에 대한 아동들의 이해를 다룬, 앞서 살펴본 Metz(1998b)와 Pratt(1998, 2000)도 무작위 생성자를 활용한 실험에 대해 설명할 때 이론적 확률과 실험적 확률 모두를 다루었다.

Horvath & Lehrer(1998)는 아동들이 가능성에 대한 모델을 어떻게 발달시키는지 알아보기 위하여 실험적 확률을 다루었다. 연구자들은 2학년(7~8세)과 4~5학년(9~11세) 아동을 대상으로 각 그룹 내에서 또는 두 그룹 사이에 질적인 추론의 차이를 분석하였다. 이 연구에 따르면 단순사건(단순 결과)과 그 분포의 관계에 대한 2학년 아동들의 추론에 커다란 차이가 있었다. 모든 아동들이 주사위 1개를 1번 던진 결과는 알 수 없다고 생각하였지만, 몇몇 아동들은 결과의 분포를 예측하는 것이 가능하다는 점을 인식하였다. 이와 달리, 4~5학년 아동들은 일반적으로 단순사건을 예측하는 것은 불가능하지만 그 분포는 예측할 수 있다고 생각하였다. 표본공간에 대한 아동들의 이해가 발달함에 따라 아동들이 분포에 대해 예측하는 패턴이 변화하였다.

Horvath & Lehrer(1998)의 연구에서 2학년 아동들 대부분은 표본공간의 개념을 주사위를 던져서 나온 결과와 관련시키지 못하였다. 시각적인 기호를 활용하여 의도적으로 표본공간 개념을 소개하였을 때, 아동들은 "표본공간 개념을 인식하고 이해하였으며 표본공간과 사건의 결과사이의 관계를 추론하기 시작하였다"(p. 138). 그러나 아동들은 자신들의 예측과 다른 실험 결과가 나오면 표본공간과 관련된 추론보다는 과거의 경험에 비추어 예측을 바꾸었다. 비슷하게 아동들 대부분은 실험적인 맥락이 바뀌어 적합한 기호체계가 없을 때도 경험적인 결과에 비추어 자신들의 추론을 되돌렸다. 또한 4~5학년 아동들은 회전판을 활용한 초기 실험에서 표본공간에 주목하지 못하였지만, 표본공간을 표현할 수 있는 기호체계를 배운 다음에는 "표본공간과 관련된 주요 아이디어를 이해할 수 있었으며 안내자의 도움이 없이 이를 유지할 수 있었다"(p. 146). 또한 4~5학년 아동들은 개별적인 실험 결과에서 드러나는 변이를 수용하게 되었으며 표본공간에 대한 모델에 기초하여 확률을 예측할 수 있게 되었다.

Polaki(2002)는 아프리카의 리소토에서 4학년과 5학년 아동(9~10세)을 대상으로 표본공간의 구성 요소에 대한 분석에 기초하여 실험적 확률과 이론적 확률 사이의 관계를 살피도록 하는 연구를 진행하였다. Polaki(2002)는 아동들을 두 그룹으로 나누었다. 한 그룹에 속한 아동들은 확률 상황에서 작은 횟수의 실험을 하여 자료를 생성해 본 다음, 사건의 확률을 구하기 위해 표본공간을 검토하는 활동을 진행하였다. 다른 그룹의 아동들은 표본공간의 구성 요소를 생각해보기에 앞서, 컴퓨터로 충분히 많은 횟수만큼 실험을 진행하여 얻은 자료를 검토하였다.

연구 결과에 따르면 2가지 지도 방법 모두 아동들의 확률적 추론에 긍정적인 영향을 미쳤으며, 2가지 지도 방법에 유의미한 차이가 없었다는 점에 주목할 필요가 있다. 폴라키(Polaki)는 시행의 횟수가 증가함에 따라 실험적 확률이 이론적 확률에 가까워진다(큰 수의 법칙)는 개념은 너무 추상적이어서 연구에 참여한 아동들이 이해할 수 없다는 결론을 내렸다. 폴라키에 따르면 아동들은 컴퓨터로 자료를 생성할 수 있다는 사실에 익숙하지 않았기 때문에 크기가 큰 자료 집합을 분석하는데 어려움을 겪었다. 이와 달리, Pratt(1998, 2000)에 참여한 아동들은 무작위 생성자로 실험을 진행할 때 결과의 도수에 주목함으로써 시행의 횟수가 커짐에 따라 어떤 현상이 일어나는지 인식하기 시작하였다. 폴라키의 연구와 달리, 프랫(Pratt)의 연구에 참여한 아동들은 컴퓨터 환경을 직접 조작하여 스스로 자료를 생성할 수 있었다는 점에서 연구 결과에 이상과 같은 차이가 발생하였을 수 있다.

Jones 등(1997)의 틀이 실험적 확률을 상세히 설명하지는 않았지만 Jones 등(1997)은 자신들의 원래 연구와 중학생을 대상으로 하는 Tarr & Jones (1997)의 연구를 통합하여 좀더 종합적인 틀(Jones, Thornton et al., 1999)을 개발하였으며 여기에서 실험적 확률을 소개하였다. 사건의 실험적 확률에 대한 이해와 관련하여 1수준에 해당하는 추론은 주관적인 판단을 사용하는 것으로 특징지을 수 있다. 2수준의 추론은, 실험을 통해 얻은 자료와 일어날 것으로 기대되는 결과가 상충되면 주관적인 해석으로 회귀하거나 작은 표본의 결과를 지나치게 신뢰하는 것과 관련된다. 3수준에서 추론하는 학생들은 보다 광범위한 표집의 필요성을 알고, 실험적 확률과 이론적 확률간의 차이를 인식한다. 4수준의 특징에는, 큰 수의 법칙에 대한 이해와 실험적인 방법으로만 확률을 구할 수 있는 상황을 구체화하는 것이 포함된다.

■이론적 확률

이론적 확률에 대한 아동들의 이해는 다양한 맥락과 문제를 통해 폭넓게 연구되었다. 일부 연구는 사건의 확률에 대한 아동들의 이해에 주목한 반면 다른 연구는 확률을 비교하는 아동들의 능력을 분석하였다. 사건의 확률과 확률 비교에 대해 이하에서 살펴본다.

사건의 확률에 대한 아동들의 이해를 분석한 연구(예, Acredolo et al., 1989; Jones et al., 1997; Piaget & Inhelder, 1975; Polaki, 2002)에서는 다양한 과제를 활용하였는데, 이러한 과제에서는 2개 이상의 요소로 구성된 사건의 가능성을 구하거나 평가하도록 요구하였다. 예를 들어, Acredolo 등(1989)은 "빨간 젤리 3개, 초록 젤리 2개, 노란 젤리 1개가 들어 있는 투명한 주머니에서 무작위로 젤리 1개를 꺼낼 때 노란 젤리를 꺼낼 가능성을 구하여라."와 같은 과제를 사용하였다. 연구자들에 따르면 아동들(1, 3, 5학년)은 다음 3가지 전략 중 하나를 사용하였다: (a) 노란 젤리를 꺼낼 경우의 수만을 생각하는 분자(numerator) 전략, (b) 노란 젤리를 꺼낼 사건의 여사건을 조사하는 불완전한 분모(denominator) 전략, (c) 일어날 수 있는 모든 경우의 수와 노란 젤리를 꺼낼 경우의 수 사이의 관계를 고려하는 통합(integrating) 전략. 이러한 연구 결과는 Piaget & Inhelder(1951/1975)와 일치하는데, Piaget & Inhelder(1951/1975)에 따르면 어린 아동들은 표본공간의 서로 다른 사건을 비교하거나 확률을 수량화하는데 필요한 부분-전체 관계(part-whole relationship)에 대해 이해하지 못하였다.

확률 비교와 관련된 연구(예, Falk, 1983; Fischbein et al., 1991; Jones et al., 1997; Piaget & Inhelder, 1975)에서는 **이원-선택 과제**(binary-choice task)를 활용하였는데, 이러한 과제에서는 두 집합을 제시한 다음 어떤 사건이 더 잘 일어날 것 같은 집합을 선택하도록 하였다(3장 참조). 예를 들어, 색깔 공이 들어 있는 항아리 2개를 제시한다. 항아리 1개에는 빨간 공 4개와 초록 공 8개가 들어 있다. 다른 항아리에는 빨간 공 4개와 초록 공 6개가 들어 있다. 무작위로 공 1개를 꺼낼 때 어떤 항아리에서 빨간 공을 꺼낼 가능성이 높은지, 아니면 가능성이 같은지를 아동에게 답하도록 한다. 이러한 연구에 따르면 어린 아동들은 초록 공의 개수나 초록 공에 대한 빨간 공의 비율 등을 고려하지 않고, 자신들이 좋아하는 색을 선택하거나 빨간 공의 개수만을 고려하여 문제를 해결하였다. Falk(1983)은 어떤 사건이 더 잘 일어날 것 같은지를 결정할 때 아동들이 사용하는 3가지 전략을 구체화하였다. (a) 원하는 사건(target event)의 경우의 수가 더 큰 집합, (b) 원하는 사건에 대한 여사건의 경우의 수가 더 작은 집합, (c) 원하는 사건과 그 여사건의 경우의 수의 차가 더 큰 집합. 비례성에 대한 이해가 발달함에 따라 아동들은 원하는 사건의 경우의 수, 원하는 사건에 대한 여사건의 경우의 수, 전체 경우의 수사이의 관계를 인식하는 전략을 사용하기 시작하였다.

Falk & Wilkening(1998)은, 사건의 확률과 확률 비교에 대한 연구에서 일반적으로 활용되는 과제의 한계를 지적하면서 **확률-조정 과제**(probability-adjustment task)를 사용하여야 한다고 주장하였다. 연구자들에 따르면 확률-조정 과제는 "구하고자 하는 확률이 얼마나 되는지 살펴보는 것과 동시에 두 확률을 비교할 필요"(p. 1341)를 느낄 수 있도록 한다. 아동에게 항아리 2개를 제시하는데 첫 번째 항아리에는 모든 종류의 공이 제대로 들어 있고 두 번째 항아리에는 공이 일부만 들어 있다. 두 번째 항아리에 부족한 공을 채워 넣어 두 항아리에서 어떤 공을 꺼내도 그 확률이 서로 같게 만들도록 한다(그림 4 참조). 예를 들어, 항아리 2개가 있는데, 한 항아리에는 노란 공 2개와 파란 공 3개가 있고 다른 항아리에는 파란 공 6개가 있다. 두 번째 항아리에 노란 공을 추가하여 각 항아리에서 노란 공 1개를 꺼낼 가능성이 같게 만들도록 하였다. 연구자와 아동이 각각 눈을 감고 특정한 색깔의 공을 꺼내면 점수를 받는 게임의 형태로 이러한 과제를 제시하면 적절성 요소가 증가할 수 있다. 각 항아리에서 특정한 색깔의 공을 꺼낼 가능성이 다른 경우에는 연구자가 항상 이길 확률이 큰 항아리를 선택하면 아동은 나머지 항아리를 선택하게 될 것이다. 5점을 먼저 받아 상품을 받을 사람이 정

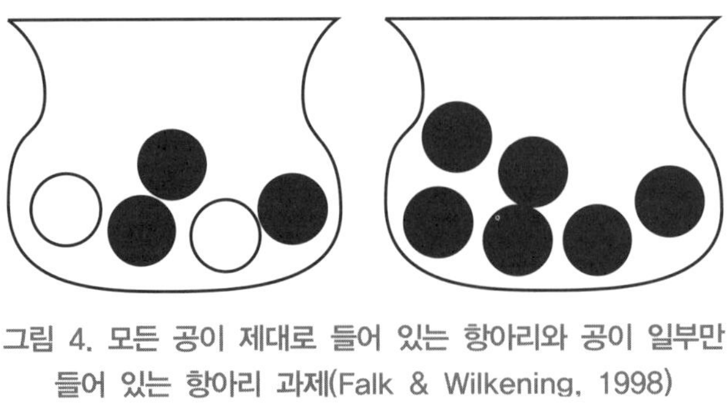

그림 4. 모든 공이 제대로 들어 있는 항아리와 공이 일부만 들어 있는 항아리 과제(Falk & Wilkening, 1998)

해지면 실험을 마치도록 한다.

Falk & Wilkening(1998)에 따르면 어린 아동들(6~7세)은 비례성 개념을 사용하여 확률이 같게 되도록 공을 추가하지 못하였다. 아동들은 체계적인 전략을 사용하지는 않았지만, 모든 종류의 공이 제대로 들어 있는 항아리에서 꺼내고 싶은 공의 개수와 그렇지 않은 공의 개수에 주목하기는 하였다. 9~10세 아동들은 2개의 차원을 통합하려고 시도하였지만, 모든 종류의 공이 제대로 들어 있는 항아리에서 꺼내고 싶은 공의 개수와 그렇지 않은 공의 개수의 차를 구하였다. 13세 아동들은 완벽하지는 않지만 비례성 개념을 사용하였다. 일반적으로 아동들은 공의 개수가 정수배일 때 문제를 더 잘 해결하였다. 연구자들에 따르면 가장 주목할 만한 결과는 “주어진 상황에서 아동들은 이원-선택 과제를 해결할 수 있게 된 다음에 확률 조정 과제를 해결할 수 있게 되었다”(p. 1353)는 점이다.

Jones 등(1997)의 틀은 사건의 확률과 확률 비교 상황에 대한 아동들의 추론과 관련된 보다 일반적인 특징을 제시하였다. 1수준에 속하는 아동들은 확실한 사건과 불가능한 사건을 인식할 수 있지만, 공정한 상황과 공정하지 않은 상황을 구별하지는 못한다. 2수준으로 추론하는 아동들은 항상 옳지는 않을지라도 양적인 판단을 하기 시작하며, 공정한 상황과 공정하지 않은 상황을 구별하기 시작한다. 3수준으로 추론하는 아동들은 양적인 판단을 일관되게 활용하며, 수치적 정당화에 기초하여 공정한 상황과 공정하지 않은 상황을 구별할 수 있다. 4수준에 속하는 아동들은 수치적인 확률을 구할 수 있으며 이를 이용하여 사건을 비교한다.

Jones, Langrall 등(1999)에 따르면 교수실험에 참여한 3학년 학생들 중 절반 이상이 양적 추론을 하였지만(3수준), 4수준에 속하는 추론 능력을 일관되게 보여준 학생은 없었다. 연구자들은 양적 추론으로 나아가기 위해서는 부분-부분 관계들(part-part relationships) 사이의 연결을 통해 부분-전체 관계를 인식하고 이를 사용할 수 있어야 한다고 하였다. 정확한 분수를 사용하는 것보다는 부분-전체에 대한 구조적인 이해가, 아동들이 높은 수준에서 추론할 수 있도록 하는 주요한 요소가 된다. 이는 Falk & Wilkening(1998)의 연구 결과뿐만 아니라 Acredolo 등(1989)이 설명한 아동들의 전략과도 맥락을 같이 한다. 이외에 여러 연구들(예, Metz, 1998a; Piaget & Inhelder, 1975; Polaki, 2002, 이 책 8장; Ritson, 1998)도 확률을 이해하는데 부분-전체 추론이 중요함을 지적한 바 있다.

## 03 확률적 추론에 대한 연구 요약

이상에 따르면 초등학생들도 Moore(1990)가 설명한 확률 개념의 핵심 영역을 이해할 수 있다. 그러나 아동들은 결정론적 해석을 추구하는 직관으로 인해 무작위 현상의 특징을 이해하는데 어려움을 겪으며 확률적으로 추론하는데 제한적인 능력을 보인다. 아동들의 확률적 추론은 구체적인 과제나 문제 상황의 특징에 영향을 받는다. 시행을 충분히 반복하였을 때 무작위 사건의 결과에 주목하도록 하는 과제를 통해 아동들의 이해를 개발할 수 있다. 따라서 아동들이 표본공간과 분포의 패턴을 인식할 수 있도록 하는 것이 중요하다. 또한 아동들은 비례적 추론을 진행하는 과정에서 부분-부분과 부분-전체의 관계에 대한 구조적 이해를 얻게 된다. 한편 동적인 컴퓨터 환경을 통해 확률에 대한 아동들의 이해를 촉진할 수 있다.

## 04 확률 지도를 위한 이론적 관점

확률과 관련된 개념 및 능력을 이해하기 위해서는 새로운 사고방식을 배워야 하며, 이는 교육을 통해 습득될 수 있다(Fischbein & Schnarch, 1997). 확률적 사고 발달에 대한 Fischbein(1975)의 이론은, 확률 교육을 위한 유용한 틀을 제공한다. 실제로 Greer(2001)는 "피슈바인(Fischbein) 이론의 핵심은 직관과 논리적 사고, 교육 사이의 상호작용에 있으며… 이러한 상호작용이 확률 교육의 이론을 형성한다"(p. 19)고 설명하였다.

Fischbein(1975; 이 책 3장 참조)은 2가지 유형의 직관(일차 직관과 이차 직관)에 대해 설명하였는데, 둘 다 학습에서 주요한 역할을 한다. 일차 직관은 개인적인 경험에 의해, 교육과는 무관하게 얻어진다. 이차 직관은 체계적인 교육을 통해 형성된다. 일차 직관은 편향(biases)과 관련되기 때문에 중요한데, 이러한 편향은 특수한 유형의 지식에 대한 논리적 구조를 형성하는데 영향을 미칠 수 있다(Fischbein, Barbat, & Minzat, 1971). 일차 직관과 학습은 서로 양립할 수 있으므로 일차 직관에 의해 학습이 촉진될 수도 있다. 그러나 일차 직관은 논리적 추론과는 반대로 작용하기도 한다. 이러한 현상은 인과적인 사고방식, 결정론적 견해, 이로 인해 발생하는 다양한 오개념의 형태로 드러난다.

이상과 같은 맥락에서 볼 때, 확률 교육은 2가지 역할을 수행하여야 한다. 1가지 측면은 확률의 논리적 구조와 일차 직관 사이에 존재하는 잠재적 갈등에 대해 학생이 인식할 수 있도록 유도하는 것이다(Fischbein & Schnarch, 1997). 다른 하나는 부적절하고 제한적인 일차 직관을 극복할 수 있도록 좀더 표준화된 이차 직관을 개발하는 것이다. 결과적으로 학생은 일차 직관을 극복할 때, Fischbein(1987)의 설명에 따르면 "**비직관적인**(non-intuitive) 직관"(p. 96)을 구성할 때 형성되는 인식 능력을 개발하여야 한다.

Greer(2001)은 피슈바인의 연구에 비추어, 기존 직관이나 개념적 구조를 토대로 새로운 직관을 구성하도록 하는 확률 교육의 3가지 원리를 제시하였다. 이 원리는 다음과 같다. (a) 우연 상황과 관련되는 경험을 지속적이며 집중적으로 제공한다, (b) 표상 및 생성(generative) 모델을 구성하고 활용할 수 있도록 한다, (c) 결정론적 사고를 추구하는 문화적 편향에 대해 검토하도록 한다. 이하에서는 이러한 원리를 초등학생을 위한 확률 교육에서 구현하기 위한 논의를 진행한다.

### 지속적이고 집중적인 경험의 제공

확률 교육의 첫 번째 원리에서는 아동들이 기존 직관을 토대로 새로운 직관을 구성할 수 있도록 우연 상황을 지속적이고 집중적으로 경험하여야 한다고 강조한다(Greer, 2001). Fischbein(1975, 1987)과 동일한 용어 및 개념을 활용하였는가와 관계없이, 여러 연구는 초등학생을 대상으로 한 확률 교육이 비형식적인 지식의 구조를 토대로 일상적인 경험과 관련하여 진행되어야 한다는 점에 전반적으로 동의한다(예, Metz, 1998b; Steinbring, 1991; Watson & Moritz, 2003).

Pratt(2000)는 국소적인(local) 내적 자원 및 전반적인(global) 내적 자원과 관련하여 아동들의 직관을 설명하였다. 국소적인 자원은 아동들이 새로운 경험에 직면하였을 때 활용하는 소박한 지식(또는 비형식적인 이해)을 말한다. 국소적 자원은 단기간에 걸쳐 구성되며 "그때그때 달라지는 변이(trial-by-trial variation)"(p. 607)를 기초로 한다. 전반적인 자원은, 국소적인 자원을 통해서는 특정한 상황을 이해하는 것이 불가능할 때, 장기간에 걸쳐 경험한 현상을 추상화하거나 일반화함으로써 형성된다. 프랫의 이론적 견해에 따르면 새로운 자원이 항상 기존 자원을 대체하는 것은 아니다. 오히려 기존 자원은 활용됨으로써 더욱 잘 발달하기 때문에 특정한 문제 상황을 다루는데 좀더 높은 수준의 우선권을 갖게 된다.

Pratt(2000)이 설명한 내적 자원은, Fischbein(1975)이 제시한 일차 직관 및 이차 직관에 대응한다. 두 연구의 틀은 아동들이 다양한 직관을, 심지어 서로 모순되는 직관조차 어떻게 관리할 수 있는지를 보여준다. 이러한 현상은 여러 연구를 통해 폭넓게 다루어진 바 있다(예, Konold, 1991; Shaugnessy, 1992). 이는 초등학생을 대상으로

한 교육에서는 아동들의 직관을 개발하여야 할 뿐만 아니라 아동들이 직관 사이에 존재하는 모순을 해석하고 극복할 기회를 제공할 필요가 있음을 시사한다.

### 표상과 생성 모델의 역할

확률 교육의 두 번째 원리는, 직관을 개발하기 위해 표상과 생성 모델을 만들거나 활용하는 것이 긍정적인 효과를 가져온다고 강조하였다(Greer, 2001). 표상의 형태에는 기록 차트(tally chart), 표, 그래프, 수형도, 파스칼의 삼각형과 같은 것이 포함된다. Fischbein(1975, 1987)과 Steinbring(1991) 모두는 확률적 상황을 모델링하거나 추상적인 지식의 구조를 개발할 때 표상의 중요성을 강조하였다. 슈타인브리그(Steinbring)에 따르면 "서로 다른 표상을 비교함으로써 구체적인 상황과 확률 모델 사이의 관계에 대한 통찰을 얻을 수 있다" (p. 151).

예를 들어, Horvath & Lehrer(1998)에 참여한 아동들은 막대그래프를 활용함으로써 개념적인 이해를 얻을 수 있었다. 이러한 표상을 통해 많은 아동들이 개별적인 결과보다는 전반적인 분포에 주목하게 되었으며 이로부터 확률을 구할 때 표본공간의 역할을 이해하게 되었다.

두 번째 원리에서는 컴퓨터 테크놀로지와 그 시각적인 역동적 기능을 강조한다. Pratt(2000)에서 사용된 **우연 생성기**(Chance-Maker) 마이크로월드를 통해 아동들은 직접 조작하거나 보완할 수 있는 무작위 생성자 모델을 경험할 수 있다. Pratt(2000)의 연구는 상대적으로 짧은 활동을 다루고 있지만(아동들은 2시간에서 2시간 30분 동안 마이크로월드를 활용하였다), 아동들이 소프트웨어 도구를 조작함으로써 자신들의 직관과 국소적 자원을 개선할 수 있었음을 보여주었다. 이외에도 Paparistodemou, Noss, & Pratt(2002)은 비디오 게임에 의해 형성된 인지체계를 통해 아동들은 무작위 현상에 대한 모델을 구성할 수 있다고 주장하였다.

### 결정론적 사고를 추구하는 문화적 편향의 극복

마지막으로 확률 교육의 세 번째 원리에서는 학교 교육에 의해 장려되는, 결정론적 사고에 대한 문화적 편향을 지적한다(Greer, 2001; Greer & Mukhopadhay, 이 책 12장). Fischbein(1975)에 따르면 학교 교육을 통해 제공되는 여러 경험(예, 물리, 화학, 수학, 역사 수업)은 인과적인 설명을 강조하기 때문에 결정론적 사고방식을 형성하는 직관이 지속적으로 강화되며, 우연과 관련된 직관의 발달은 잠재적으로 간과된다. 피슈바인은 "엄격한 결정론을 따르지 않는 어떤 것, 불확실성 및 무작위성, 뜻밖의 사건과 관련된 어떤 것에 대해서도 일관되고 과학적이면서 합리적인 설명을 제시하는 것은 불가능하다"(p. 124)고 주장하였다.

이 원리에 따르면 학교 수학 교육과정을 통해 확률을 지도하는 것이 무엇보다 중요하다. 성인들뿐만 아니라 아동들도 우연 상황을 논리적이며 합리적으로 검토하고 설명할 수 있어야 한다. 실제로, 이 점이 확률에 대한 이해를 개발하는데 가장 근본적인 측면이다.

### 참고문헌


Acredolo, C., O'Connor, J., Banks, L., & Horobin, K. (1989). Children's ability to make probability estimates: Skills revealed through application of Anderson's functional measurement methodology, *Child Development, 60*, 933-945.

Australian Education Council, (1994). Mathematics: A curriculum profile for Australian schools. Carlton, VIC: Curriculum Corporation.

Benson, C. T. (2000). *Assessing students' thinking in modeling probability contexts.* Unpublished doctoral dissertation, Illinois State University, Normal.

Benson, C. T., & Jones, G. A. (1999). Assessing students' thinking in modeling probability contexts. *The Mathematics Educator, 4*(2), 1-21.

Biggs, J. B., & Collis, K. F. (1991). Multimodal learning and the quality of intelligent behaviour. In H.A.H. Rowe (Ed.,), Intelligence: Reconceptualization and measurement (pp. 57-76). Hillsdale, NJ: Erlbaum.

Borovcnik, M. & Bentz, H. (1991). Empirical research in understanding probability. In R. Kapadia & M. Borovcnik (Eds.), *Chance encounters: Probability in education* (pp. 73-106). Dordrecht, The Netherlands: Kluwer.

Borovcnik, M. & Peard, R. (1996). Probability. In A. Bishop et al. (Eds.), International handbook of mathematics education (Part 1, pp. 239-287). Dordrecht, The Netherlands: Kluwer.

Byrnes, J. P., & Beilin, H. (1991). The cognitive basis of uncertainty. *Human Development, 34*, 189-203.

Dessart, D. J. (1995). Randomness: A connection to reality. In P. A. House, & A. F. Coxford (Eds.), *Connecting mathematics across the curriculum* (pp. 177-181). Reston, VA: National Council of Teachers of Mathematics.

Department of Education and Science and the Welsh Office. (1991). *National curriculum: Mathematics for ages 5 to 16.* York, UK: Central Office of Information.

English, L. D. (1993). Children's strategies for solving two-and three-dimensional combinatorial problems. *Journal for Research in Mathematics Education, 22*, 255-273.

Falk, R. (1983). Children's choice behaviour in probabilistic situations. In D. R. Grey, P. Holmes, V. Barnett, & G. M. Constable (Eds.), *Proceedings of the*

*First International Conference on Teaching Statistics* (pp. 714-716). Sheffield, UK: Teaching Statistics Trust.

Falk, R., & Wilkening, F. (1998). Children's construction of fair chances: Adjusting probabilities. *Developmental Psychology, 34*(6), 1340-1357.

Fay, A. L., & Klahr, D. (1996). Knowing about guessing and guessing about knowing: Preschoolers' understanding of indeterminacy. *Child Development, 67*, 689-716.

Fischbein, E. (1975). *The intuitive sources of probabilistic thinking in children*. Dordrecht, The Netherlands: Reidel.

Fischbein, E. (1987). *Intuition in science and mathematics*. Dordrecht, The Netherlands: Reidel.

Fischbein, E., Barbat, I., & Minzat, I. (1971). Intuitions primaires et intuitions secondaires dans l'initiation aux probabilities [Primary and secondary intuitions in the introduction to probability]. *Educational Studies in Mathematics, 4*, 264-280.

Fischbein, E., Nello, M. S., & Marino, M. S. (1991). Factors affecting probabilistic judgments in children in adolescence. *Educational Studies in Mathematics, 22*, 523-549.

Fischbein, E., Pampu, I., Minzat, I. (1970). Comparison of ratios and the chance concept in children. *Child Development, 41*, 377-389.

Fischbein, E., & Schnarch, D. (1997). The evolution with age of probabilistic, intuitively based misconceptions. *Journal for Research in Mathematics Education, 28*, 96-105.

Green, D. R. (1983). A survey of probability concepts in 3000 pupils aged 11-16 years. In D. R. Grey, P. Holmes, V. Barnett, G. M. Constable (Eds.), *Proceedings of the First International Conference on Teaching of Statistics* (pp. 766-783). Sheffield, UK: Teaching Statistics Trust.

Green, D. R. (1988). Children's understanding of randomness: Report of a survey of 1600 children aged 7-11 years. In R. Davidson & J. Swift (Eds.), *Proceedings of the Second International Conference on Teaching Statistics* (pp. 287-291). Victoria, B.C.: University of Victoria.

Greer, B. (2001). Understanding probabilistic thinking: The legacy of Efraim Fischbein. *Educational Studies in Mathematics, 45*, 15-33.

Hawkins, A. S., & Kapadia, R. (1984). Children's conceptions of probability: A psychological and pedagogical review. *Educational Studies in Mathematics, 15*, 349-377.

Horvath, J. K., & Lehrer, R. (1998). A model-based perspective on the development of children's understanding of chance and uncertainty. In S. P. Lajoie (Ed.), *Reflections in statistics: Learning, teaching, and assessment in Grades*

*K-12* (pp. 121-148). Mahwah, NJ: Erlbaum.

Jones, G. A. (1974). *The performances of first, second, and third grade children on five concepts of probability and the effects of grade, I.Q., and embodiments on their performances.* Unpublished doctoral dissertation, Indiana University, Bloomington.

Jones, G. A., Langrall, C. W., Thornton, C. A., & Mogill, A. T. (1997). A framework for assessing and nurturing young children's thinking in probability. *Educational Studies in Mathematics, 32*, 101-125.

Jones, G. A., Langrall, C. W., Thornton, C. A., & Mogill, A. T. (1999). Students' probabilistic thinking in instruction. *Journal for Research in Mathematics Education, 30*, 487-519.

Jones, G. A., Thornton, C. A., Langrall, C. W., & Tarr, J. E. (1999). Understanding students' probabilistic reasoning. In L. V. Stiff & F. R. Curcio (Eds.), *Developing mathematical reasoning in Grades K-12: 1999 Yearbook* (pp. 146-155). Reston, VA: National Council of Teachers of Mathematics.

Kafoussi, S. (2002). Learning opportunities in a kindergarten about the concept of probability. In A. D. Cockburn & E. Nardi (Eds.), *Proceedings of the 26th conference of the International Group for the Psychology of Mathematics Education* (Vol. 3, pp. 161-168). Norwich, England: UEA.

Kahneman, D., & Tversky, A. (1982). Variants of uncertainty. *Cognition, 11*, 143-157.

Kelly, B. A., & Watson, J. M. (2002). Variation in a chance sampling setting: The lollies task. In B. Barton, K.C. Irwin, M. Pfannkuch, & M.O.J. Thomas (Eds.), *Mathematics education in the South Pacific* (Proceedings of the 26th annual conference of the Mathematics Education Research Group of Australasia, Vol. 2, pp. 366-373). Sydney, NSW: MERGA.

Konold, C. (1991). Understanding students' beliefs about probability. In E. von Glasersfeld (Ed.), *Radical constructivism in mathematics education* (pp. 139-156). Dordrecht, The Netherlands: Kluwer.

Konold, C., Pollatsek, A., Well, A., Lohmeier, J., & Lipson, A. (1993). Inconsistencies in students' reasoning about probability. *Journal for Research in Mathematics Education, 24*, 392-414.

Kuzmak, S., & Gelman, R. (1986). Young children's understanding of random phenomena. *Child Development, 57*, 559-566.

Lamprianou, I., & Lamprianou, T. A. (2003). The probabilistic thinking of primary school pupils in Cyprus: The case of tree diagrams In N. Pateman (Ed.), *Proceedings of the 26th conference of the International Group for the Psychology of Mathematics Education* (Vol. 3, pp. 173-180). Honolulu, Hawaii: University of Hawaii.

Metz, K. E. (1998a). Emergent ideas of chance and probability in primary-grade children. In S. P. Lajoie (Ed.), *Reflections on statistics: Learning, teaching, and assessment in grades K-12* (pp. 149-174). Mahwah, NJ: Erlbaum.

Metz, K. E. (1998b). Emergent understanding and attribution of randomness: Comparative analysis of reasoning of primary grade children and undergraduates. *Cognition and Instruction, 16*, 285-365.

Moore, D. (1990). Uncertainly. In L. Steen (Ed.), *On the shoulders of giants: A new approach to numeracy* (pp. 95-137). Washington, DC: National Research Council.

National Council of Teachers of Mathematics. (2000). *Principles and standards for school mathematics*. Reston. VA: Author.

Paparistodemou, E., Noss, R., & Pratt, D. (2002). Exploring in sample space: Developing young children's knowledge of randomness. In B. Phillips (Ed.), *Proceedings of the Sixth International Conference on Teaching Statistics*, CapeTown, South Africa [CD-ROM]. Voorburg, The Netherlands: International Statistics Institute.

Piaget, J., & Inhelder, B. (1975). *The origin of the idea of chance in students* (L. Leake, Jr., P. Burrell, & H. D. Fischbein, Trans.). New York: Norton (Original work published 1951)

Polaki, M. V. (2002). Using instruction to identify key feautures of Basotho elementary students' growth in probabilistic thinking. *Mathematical Thinking and Learning, 4*, 285-314.

Polaki, M. V., Lefoka, P. J., & Jones, G. A. (2000). Developing a cognitive framework for describing and predicting Basotho students' probabilistic thinking. *Boleswa Educational Research Joural, 17*, 1-21.

Pratt, D. (1998). The co-ordination of meanings for randomness. *For the Learning of Mathematics, 18*(3), 2-11.

Pratt, D. (2000). Making sense of the total of two dice. *Journal for Research in Mathematics Education, 31*, 602-625.

Pratt, D. & Noss, R. (2002). The micro-evolution of mathematical knowledge: The case of randomness. *Journal of the Learning Sciences*, 11.4, 453-488.

Ritson, R. (1998). *The development of primary school children's understanding of probability*, Unpublished thesis, Queen's University, Belfast.

Ritson, R. (1999). Conceptions of probability in 5 to 12 year-old children. *Australian Mathematics Teacher, 55*, 25-28.

Shaughnessy, J. M. (1992). Research in probability and statistics. In D. A. Grouws (Ed.), *Handbook of research on mathematics teaching and learning* (pp. 465-494). New York: Macmillan.

Steinbring, H. (1991). The theoretical nature of probability in the classroom. In R.

Kapadia & M. Borovcnik (Eds.), *Chance encounters: Probability in education* (pp. 135-168). Dordrecht, TTie Netherlands: Kluwer.

Tarr, J. E., & Jones, G. A. (1997). A framework for assessing middle school students' thinking in conditional probability and independence. *Mathematics Education Research Journal, 9*, 39-59.

Truran, J. (1994). Diagnosing children's probabilistic understanding. In G. Bell, B. Wright, N. Leeson, & J. Geake (Eds.), *Proceedings of the 17th conference of the Mathematics Education Research Group of Australasia* (pp.623-630). Lismore, Australia: MERGA.

Truran, K. (1995). Animism: A view of probability behaviour. In B. Atweh, & S. Flavel (Eds.), *Proceedings of the 18th conference of the Mathematics Education Research Group of Australasia* (pp.537-541). Darwin, Australia: MERGA.

Volkova, T. (2003). *Assessing Russian children's thinking in probability*. Unpublished master's thesis, Illinois State University, Normal.

Watson, J. M. (1998). Numeracy benchmarks for years 3 and 5: What about chance and data? In C. Kanes, M. Goos, & E. Warren (Eds.), *Proceedings of the 21st Conference of the Mathematics Education Research Group of Australasia* (pp.669-676). Gold Coast, Australia: MERGA.

Watson, J. D., & Moritz, J. B. (2003). Fairness of dice: A longitudinal study of students' beliefs and strategies for making judgments. *Journal for Research in Mathematics Education, 34*, 270-304.

Way, J. (1996). Children's strategies for comparing two types of random generators. In L. Puig & A. Gutierrez (Eds.), *Proceedings of the 20th conference of the International Group for the Psychology of Mathematics Education* (Vol. 4, pp. 419-526). Valencia, Spain: Universitat de Valencia.

5장

# 아동들의 조합적 추론 발달

LYN D. ENGLISH

간단한 조합론은 기본적인 확률 내용의 근간으로 확률 교육에서는 이 점에 유의하여야 한다. (Freudenthal, 1973, p. 596)

## 01 도입

조합론은 이산 수학에서 가장 오래된 분야 중 하나로, 일상생활에서 우연게임이 주요한 역할을 하게 된 16세기 이래로 연구되어 왔다(Abramovich & Pieper, 1996). 우연게임에 대한 이론을 개발하기 위하여 구체적인 세기 전략과 수학적인 아이디어가 태동하였다. 조합론을 연구한 파스칼(Pascal)과 페르마(Fermat)는 확률론의 기반을 다졌으며 "수치적인 조합론"이 발달하는데 시초를 제공하였다(Abramovich & Pieper, 1996).

조합론은 유한 집합의 원소를 선택하거나 배열하는 방법을 계산하는 원리를 말한다. 조합론은 세기 전략, 계산술(computation), 확률 등과 같은 분야의 토대가 되는 주요한 원리와 관련되는 풍부한 구조로서, 수학 교육과정의 핵심 내용 요소이다(Borovcnik & Peard, 1996; English, 1993).

학교 수학의 내용 요소로 조합론을 다루자는 주장은 1970년대 초부터 있어 왔다(예, Kapur, 1970; Kenny & Hirsh, 1991; National Council of Teachers of Mathematics [NCTM], 1989). 학교 수학 규준 위원회(Commission on Standards for School Mathematics: NCTM, 1986)의 실무단(K-4)은 교육과정 개발에 조합론을 포함시킨 이유에 대해 조합론의 2가지 분야를 들어 설명하였다. 조합론은 "표상의 모델

을 세우는 방법"과 "세는/계산하는 방법"을 다룬다. 이러한 주장이 제기된 지 얼마 지나지 않아, 1991년에 NCTM은 《K-12학년에서의 이산수학(Discrete Mathematics across the Curriculum, K-12)》이라는 제목으로 연감을 출판하였는데(Kenny & Hirsch, 1991), 이 책에서는 특히 중학생들을 대상으로 조합론을 지도하는 문제를 다루었다.

수학 교육과정에서 조합론이 중요함에도 특히 초등학교 수준에서는 도외시되었다. 그러나 약 30년 전 Kapur(1970)는 수학의 실제적 본질에 비추어볼 때 모든 수준의 학습에서 조합론을 도입하는 것이 적합하다고 주장하였다. 또한 조합론을 통해 여러 가지 방법으로 해결 가능한 의미있는 문제를 다룰 수 있으며, 구체물과 같은 다양한 표상 도구도 경험할 수 있다고 하였다.

조합 문제는 추측하고 일반화하며 체계적으로 사고하는 능력과 함께 열거하여 세는 능력을 개발하는데도 기여한다. 예를 들어, 서로 다른 색깔의 셔츠와 바지에서 선택할 수 있는 모든 복장의 수를 구할 때, 한 색깔의 셔츠를 각각의 바지에 체계적으로 대응시킬 필요가 있으며 다른 색깔의 셔츠에 대해서도 이러한 과정을 반복하여야 한다. 이는 셔츠를 무작위로 바지에 대응시키는 것보다 효율적인 방법이다(8장 참조). 또한 관계, 동치류, 사상, 함수 등과 같은 주요 개념도 조합적인 활동을 통해 촉진될 수 있다. 나아가 조합론 분야는 응용 범위가 넓기 때문에(예, 화학, 생물학, 물리학), 실제적인 맥락의 간-융합적인(cross-disciplinary) 문제를 개발하여 학생들에게 제공할 수 있다.

이 장은 조합론의 기본 아이디어를 살펴보는 것으로 시작하여 이러한 아이디어를 통해 아동들의 확률적 사고와 문제 해결 능력이 어떻게 발달하는지를 기술하고자 한다. 다양한 유형의 조합 문제를 검토하고 조합 문제와 관련하여 아동들이 겪는 어려움을 알아볼 것이다. 이 장의 후반부에서는 아동들의 조합적 추론을 분석한 선행 연구를 개관하고자 한다. 이상의 과정을 통해 아동들이 조합론의 아이디어를 보다 다양하게 다룰 수 있도록 하는 방안을 모색하는 것으로 이 장을 마무리할 것이다.

## 02 기초 조합론

조합론 분야에 대해 설명할 때 세기의 기본 원리(fundamental counting principle, DeGuire, 1991)가 자주 인용된다. 이 원리에 따르면 어떤 일을 하는 방법이 $n$가지이고 다른 일을 하는 방법이 $m$가지이면 2가지 일을 한꺼번에 하는 방법은 $n \times m$가지이며, 이 원리는 일의 개수가 여러 개인 경우로까지 확장할 수 있다. 이 원리는 두 집합 A, B에 대한 곱집합(Cartesian product)을 통해 해석할 수도 있는데, 곱집합은 A의 각 원소마다 B의 각 원소를 짝지어 만들어지는 집합이기 때문이다. 2개 이상의 집합에 대한 곱집합은 표본공간을 구성할 때 특히 중요하다. 즉, $S_1$ 과 $S_2$ 가 각각 잇달아 일어나는 확률 실험의 표본공간이라면 결합사건의 표본공간은 곱집합 $S_1 \times S_2$ 이 된다(Borovcnik, Bentz, & Kapadia, 1991; Polaki, 이 책 8장).

가능한 모든 조합을 구성하기 위해 체계적인 방식으로 이산집합의 원소를 짝짓는 과정을 "주행기록계 전략(odometer strategy)"이라고 부를 수 있는데, 이 전략이 자동차의 주행기록계가 작동하는 방식과 유사하기 때문에 이러한 이름을 붙였다(English, 1988, 1990, 1991; Scardarnalia, 1977). 이 전략을 좀더 설명하기 위해 이산집합 2개의 각 원소를 다른 것에 짝짓는 방법을 생각해 보자.

각각의 집합에서 한 원소를 선택함으로써 두 집합의 원소를 조합하기 위해서는, 한 집합의 특정 원소를 고정시킨 다음 다른 집합의 모든 원소를 이 원소에 체계적으로 짝지어 가능한 모든 조합을 만든다. 그런 다음 첫 번째 집합에서 새로운 원소를 선택하여 이러한 과정을 반복한다. 첫 번째 집합에서 더 이상 선택할 수 있는 원소가 없으면 가능한 모든 조합을 완성한 것이다.

조합론에는 이처럼 초보적인 계산 이외에도 여러 가지 내용이 있다. Batanero, Godino, & Navarro-Pelayo(1997; 이 책 10장 참조)에 따르면 조합론 영역에는 가르치고 평가해야 할 다양한 개념과 방법이 있다. 이하에서 기술될 이러한 개념과 전략은 또한 확률과도 관련된다. 예를 들어 표집(sampling) 모델은 조합 모델과 관련되며, 확률적 상황을 다룰 때 분류(classification)를 위한 논리적 방법, 체계적 열거(systematic enumeration), 포함/배제, 반복과 같은 방식은 모두 주요한 역할을 한다. 또한 표본공간을 구할 때 수형도를 사용하는 것은 가장 기본적인 전략이다.

### 기본적인 조합 개념과 모델

- 조합 연산 : 조합(combination), 배열(arrangement), 순열(permutation) 및 관련 개념, 기호, 공식
- 조합 모델 : 표집 모델(모집단, 표본, 순서적/비순서적 표집, 복원), 분배 모델(편지, 봉투), 분할 모델(집합, 부분집합, 합집합).

### 조합적인 방법

- 논리적 방법 : 분류, 체계적 열거, 포함/배제(inclusion/exclusion), 반복(recurrence)
- 도표적(graphical) 방법 : 수형도와 그래프를 포함하는 일반적인 방법

• 수치적 방법 : 덧셈, 곱셈, 나눗셈 원리, 조합의 수, 계승, 파스칼의 삼각형, 계차 방정식
• 표를 이용하는 방법 : 표 만들기 및 배열
• 대수적 방법 : 함수 생성 등.
(Batanero, Godino, et al., 1997, p.240).

조합적인 방법은 초등학교 수준의 확률 학습에 출발점이 되는 **무작위 실험**에도 적용된다. 무작위 실험의 2가지 주요한 특징은, 실험을 형식화하는 것과 가능한 모든 결과나 표본공간을 구체화하는 것이다(Batanero, Godino, et al., 1997; Hawkins et al., 1992; Langrall & Mooney, 이 책 4장; Nisbet, Jones, Langrall, & Thornton, 2000; Polaki, 이 책 8장). 단순 실험을 설명하기 위해서는 모든 가능한 결과를 단순하게 나열하는 것으로 충분할 수 있다. 그러나, 복합사건(예, 무작위 실험의 복합 시행)의 표본공간을 구하기 위해서는 단순사건(예, 주사위 1개 던지기)의 표본공간을 구하는 것보다 좀더 복잡한 열거의 과정이 필요하다. 복합사건을 다루기 위해서는 조합적인 추론이 필요하다. 예를 들어, 주사위 2개 또는 3개를 던져 나온 눈의 수의 합에 대한 상대 도수를 구하기 위해서는 모든 가능한 순서쌍을 체계적으로 나열하여야 한다. 일단 표본공간을 구한 다음에는 눈의 수의 합이 여러 가지 눈의 수를 조합하여 만들어지므로, 각 눈의 수의 합이 나올 확률은 각각 다르다는 것을 알아야 한다(5절 참조). 예를 들어, 눈의 수의 합이 7이 되는 경우는 5-2, 6-1, 4-3에 의해 만들어진다(순서를 고려한다면 2-5, 1-6, 3-4인 경우에도 눈의 수의 합이 7이 된다). 비슷하게 눈의 수의 합이 8이 되는 경우는 6-2, 4-4, 5-3에 의해 만들어진다. 반대로 눈의 수의 합이 11이 되는 경우는 5-6에 의해서만 만들어진다.

Batanero, Godino 등(1997)이 지적하였듯이, 학생들은 조합적 추론의 부족으로 표본공간의 원소를 제대로 열거하지 못하는 경향이 있으며, 이로 인해 여러 가지 확률 오개념을 갖게 된다. 이는 초등학교 수학 교육과정에서 조합론이 갖는 중요성을 보여준다. 다음 절에서는 아동들의 조합적 추론을 개발하는데 활용할 수 있는 조합 문제 상황을 살펴본다.

## 03 조합 문제 상황

조합적 사고가 활용되는 문제 상황에는 다양한 유형이 있다(예, Batanero, Navarro-Pelayo, & Godino, 1997; Batanero & Sanchez, 이 책 10장; Dubois, 1984; Tarr & Lannin, 이 책 9장). 이 장에서 모든 유형의 문제를 다룰 수는 없으므로, 초등학생들에게 적합한 일반적인 문제 유형을 살펴보고자 한다. 이러한 문제 유형에는 다음과 같은 것이 있다:

- 세기의 기본 원리(DeGuire, 1991)를 검토하는 문제, 수형도, 체계적인 나열, 표를 활용하는 문제
- (a) 선택(selection), (b) 분배(distribution), (c) 분할(partition)과 같은 조합적 상황 (Batanero, Navarro-Pelayo, et al., 1997; Dubois, 1984).

### 세기의 기본 원리

- 여러 가지 풀이 방법을 체계적으로 검토할 필요가 있는 문제에 주행기록계 전략을 적용함으로써 보다 효율적인 풀이 방법을 찾는다. 예를 들어 다음과 같은 문제가 있다.
- 두 수의 합은 14이고 두 수의 곱은 45이다. 두 수는 무엇인가?
- 큰 수건 1장은 12달러이고 보통 수건 1장은 8달러이다. 76달러로 수건을 몇 장이나 살 수 있는가?
- 각 자릿수에 3, 6, 8만을 사용할 수 있는 세 자리 자연수는 몇 개인가?

2개 이상의 이산 집합에 대하여 각 집합의 원소를 결합하여 만들 수 있는 모든 방법을 구하는 다른 문제 상황에는 다음과 같은 것이 있다:

- 사라는 연하장을 만들려고 한다. 파란색, 분홍색, 노란색 표지가 있고 금색과 은색 속지가 있을 때, 사라가 만들 수 있는 연하장은 모두 몇 종류인가?
- 어떤 샌드위치 가게에서는 갈색 빵, 흰색 빵, 잡곡 빵을 판매한다. 샌드위치에 넣을 수 있는 주재료에는 닭고기, 소고기, 해산물이 있고 드래싱으로 프랑스식과 이탈리아식이 있다. 이 가게에서는 빵, 주재료, 드래싱 중 각각 1가지씩을 선택하여 샌드위치를 만든다고 할 때 몇 종류의 샌드위치를 만들 수 있을까?

### 선택 문제

Dubois(1984)가 "선택"으로 분류한 조합 문제는 표집 개념의 중요성을 보여준다. 선택 문제는 (서로 다른) 원소 $x$개를 갖는 집합에서 원소가 $y$개인 표본을 고르는 상황을 다룬다. 다음에서 살펴볼 이러한 유형의 문제는 확률에 대한 기초적인 이해를 개발하는데 중요한 역할을 한다. 다음 예제는 공을 1번에 선택하는 상황으로도 바꿀 수 있다(즉, 비복원 선택).

- 샘은 번호 4, 6, 8, 1이 각각 적힌 공 4개가 들어 있는 항아리를 가지고 있다. 샘은 친구에게 항아리에서 공 1개를 꺼내 번호를 종이에 적은 다음 그 공을 항아리에 다시 넣도록 하였다. 세 자리 수를 얻을 때까지 이러한 과정을 반복한다고 할 때, 샘의 친구가 얻을 수 있는 서로 다른 세 자리 수는 몇 개인가?

### 분배 문제

이 범주에 속하는 문제는, 어떤 집합의 원소 $n$개를 $m$개의 칸에 분배하는 것으로 (Batanero, Navarro-Pelayo, et al., 1997, Kapur, 1970) 다음과 같은 예제가 있다.

- 카라는 같은 모양의 생일 초대장 3개를 서로 다른 색깔의 봉투 4개에 넣으려고 한다. 봉투 1개에는 초대장 1개만을 넣는다고 할 때 카라가 초대장을 봉투에 넣는 방법은 모두 몇 가지인가?

위와 같은 문제에서는, 분배되는 대상이 같은 모양인지 아닌지, 봉투가 같은 모양인지 아닌지, 분배되는 대상에 순서를 고려해야 하는지 아닌지 등과 같은 조건을 바꿈으로써 다양한 분배 상황을 생각할 수 있다.

### 분할 문제

분할 문제에서는 어떤 집합의 원소 $n$개를 $m$개의 부분집합으로 나누는 상황을 다룬다. Batanero, Navarro-Pelayo 등(1997)에 따르면 분할 문제와 분배 문제 사이에는 일대일 대응 관계가 성립한다. 분할 문제는 다음과 같은 형태이다.

- 제임스는 각각 호주, 미국, 프랑스, 이탈리아, 네덜란드, 뉴질랜드를 상징하는 스티커 6장을 가지고 있다. 제임스는 이 스티커를 친구 사만다와 페니에게 나누어 주려고 한다. 제임스가 친구 2명에게 스티커를 나누어 주는 방법은 모두 몇 가지인가?

## 04 문제해결의 어려움

Batanero, Godino 등(1997)에 따르면 3가지 조합적 상황(즉, 선택, 분배, 분할)에 대해 학생들이 느끼는 어려움은 각각 다르며, 이는 조합론을 학습한 이후에도 그러하다. Fischbein & Gazit(1988)의 초기 연구에 기초하여 Batanero, Navarro-Pelayo 등(1997)은 14~15세 아동을 대상으로 문제가 어렵게 느껴지는 요인에 대해 탐색하였다. 이러한 요인 중에는 조합 연산의 유형, 즉 순열(permutation, 대상의 배열 순서가 중요한 경우), 조합, 배열(arrangement, 중복이 있는 경우와 없는 경우)이 포함된다. 다른 요인에는 관련 요소의 특징(자릿수, 편지, 사람, 물체), 변수 $n$과 $m$으로 주어지는 값 등이 있다.

수업을 받기 전에는 3가지 조합적 상황에 대해 학생들이 느끼는 어려움에 거의 차이가 없다. 흥미롭게도 수업 이전에 학생들이 느끼는 어려움의 대부분은 대상을 체계적으로 나열하는 것이었다. 정규 교육과정을 통해 조합론을 학습한 다음에는, 선택 문제, 배열 문제, 중복순열 문제와 관련되는 어려움은 줄어드는 반면, 분할 문제와 분배 문제에 대해서는 그렇지 않았다. 개별 면담에 따르면 학생 대부분은 다른 조합적 상황에 기초한 조합 문제 2개를 동치로 파악하지 못하였으며, 심지어 두 문제가 같은 조합 연산을 사용하여 해결될 때도 그러하였다. 학생들이 관련된 문제의 구조를 인식할 수 있도록 조합 문제에 내재된 기본적인 수학적 특징을 다룰 필요가 있다. 이 점에 대해 다음 절에서 다시 살펴본다.

## 05 아동들의 조합적 추론

확률에 대한 초기 아이디어 발달에 있어 조합적 추론이 핵심적인 역할을 하지만, 아동의 조합적 추론을 다룬 연구가 거의 없다. 가장 많이 인용되는 피아제(Piaget)의 연구(예, Inhelder & Piaget, 1958)에 따르면, 조합적인 체계(combinatorial system)의 구성은 인지 발달 단계에서 주요한 역할을 수행한다. 조합적인 체계는, "기본적으로 연관이 있거나 유사한 대상들 각각을 가능한 모든 방식으로 연결하여 합의나 분리(disjunction), 배제 등의 관계를 끌어낼 수 있는" 능력으로 나타난다(Inhelder & Piaget, 1958, p. 107). 피아제와 동료들은 명제 논리를 형성하는 과정에서 조합 연산에 대한 이해의 개발을 목적으로 하는 여러 연구를 수행하였다. 이러한 연구에는 "액체 색깔 바꾸기" 실험(Inhelder & Piaget, 1958)과 "색칠된 말(counters)" 과제(Piaget

& Inhelder, 1951/1975)가 있다.

액체 색깔 바꾸기 실험에서는 서로 다른 화학물질이 담긴 비커 4개가 주어진다. 여기에는 지각적으로 동일한, 무색, 무취의 액체가 담겨 있다(비커 1에는 희석된 황산 용액, 비커 2에는 물, 비커 3에는 과산화수소수, 비커 4에는 티오황산염). 또한 요오드화칼륨이 담긴 점적기(dropper) 병이 있다. 요오드화칼륨으로 과산화수소수를 산화시킬 때 두 액체가 섞여서 만들어지는 액체는 노란 색을 띠게 되는데, 이러한 변화 과정을 아동에게 보여준다. 그런 다음 아동에게 비커 4개와 점적기 병을 주고 다시 노란색 액체를 만들어 보도록 요구한다.

색칠된 말 과제를 통해 아동들이 우연에 대한 아이디어를 발달시키는 과정을 살펴볼 수 있다. 또 다른 과제에서는 여러 세트의 말(sets of counters)을 아동들에게 제시한다. 각 세트에 속한 말의 색깔이 다를 때, 각 세트에 있는 말을 서로 짝지어 서로 다른 쌍을 가능한 한 많이 만들도록 한다. 색칠된 말 과제와 여러 세트의 말 과제 모두에 대해, 전조작기에 있는 아동들은 한꺼번에 두 원소를 무작위로 연결시키는 실험적인 방법에 의해서만 조합을 구성할 수 있었다(즉, 체계적인 접근이 부족하였다). 하나의 원소를 다른 모든 것에 대응시키는, 1개-대-여러 개의 다중 연결과 같은 제한된 체계를 보여주기는 하였지만, 구체적 조작기에 이르기까지는 조합을 생성하는 체계적인 접근이 드러나지 않았다.

이상과 같은 활동에서 9~11세 아동들은 2개 대 2개, 3개 대 3개와 같은 조합을 구성하기는 하였지만 여기에는 체계적인 전략이 존재하지 않았다. 형식적 조작기에 와서야 조합적인 방법과 추론으로 간주할 수 있는 사고의 특징을 보여주었다. 형식적 조작기에 있는 아동들은 체계적인 접근을 통해 $m \times n$ 조합을 구성하였으며, 조합을 구성할 때 논리적으로 추론할 수 있었다. 예를 들어, 가능한 조합을 탐구하는 과정에서 아동들은 다음과 같이 가설적인 주장을 하였다.

> 만약 비커 4에 있는 액체가 물이라면, 이를 비커 1과 3에 있는 액체에 섞었을 때 절대 노란색 액체를 만들 수 없을 거야.

이는 노란색 액체를 만든 사건이 실제로 눈에 보이는 것은 아니기 때문에 실제 상황이 아니라 가능성을 고려한 것으로 볼 수 있다(Flavell, 1963).

피아제의 과제에 대해 아동들이 보인 특징에 따르면 형식적 조작기가 되어야 조합적인 체계가 형성된다는 것을 알 수 있다. 그러나 피아제가 진행한 실험에서 주어진 도구나 지침은 아동들에게 너무 전문적이고 추상적이다(Carey, 1985). 아동들에게 적합한 자료와 의미있는 과제 맥락을 제공하여 수행된 최근 연구에 따르면, 어린 아동들도 가능한 모든 조합을 구성하기 위해 체계적인 방법을 사용할 수 있으며, 이를 통해 이산 집합의 원소를 짝지을 수 있다(예, English, 1991; 1993).

English(1991)는 여러 개의 종이 곰 인형에게 가능한 한 다른 옷을 입히는 방법과 관련되는 과제 7개를 4.5~9.8세 아동 50명에게 제시하였다. 이 과제에서 옷 한 벌은, 색깔 있는 윗옷 한 벌과 색깔 있는 바지 한 벌로 구성된다(과제 중 2개에는 같은 색깔의 윗옷과 치마가 주어졌는데, 이 경우에는 단추의 개수를 다르게 하였다). 각 과제에서 아동은 가능한 모든 조합을 구성하는데 필요한 것보다 많은 아이템을 받았다. 이 과제의 목표는 여러 개의 곰 인형이 모두 다른 옷을 입도록 하는 것이었다(처음 과제 5개에 대해서는 색깔과 관련하여, 나머지 과제 2개에 대해서는 단추의 개수와 관련하여). 연구자는 아동에게 어떤 도움도 제공하지 않았다.

처음 과제 2개(즉, 과제 2와 3; 과제 1은, 아동이 문제 맥락을 이해하도록 하기 위한 연습과제이다)에서부터 마지막 과제(과제 7)에 이르기까지 점차로 복잡성을 증가시켰다. 과제 2(윗옷 2세트 × 바지 3세트)와 과제 3(윗옷 3세트 × 바지 2세트)은 각각이 6가지의 조합을 만드는데, 이는 비슷한 난이도를 갖는다. 과제 4에서는 가능한 조합의 수를 6에서 9(윗옷 3세트 × 바지 3세트)로 늘려서 좀더 복잡하게 하였다. 이외의 다른 과제에서는 조합의 수를 6으로 하면서 복잡성은 증가시키는 다른 특징을 추가하였다. 과제 5에서는 1가지 제한을 두었는데, 가능한 여러 가지 조합을 만들면서도 여러 개의 종이 곰 인형 중에서 세 번째 곰 인형에게는 파란 색 윗옷을 입히도록 하였다. 과제 6과 7에서는 색깔 대신에 개수에 기초하여 조합을 만들도록 하였다. 과제 7에서는 암묵적인 제한을 제시하였는데, 서로 다른 아이템으로 구성된 2가지 조합에서 단추의 전체 개수가 같은 것은 1가지로 보도록 하였다(즉, 단추 1개 윗옷/단추 3개 치마; 단추 2개 윗옷/단추 2개 치마). 따라서 이러한 2가지 조합 중 1가지는 폐기되어야 하는데, 이는 앞서 살펴본 확률 예제와 대조를 이룬다. 확률 예제에서는 주사위 2개(또는 3개)를 던져서 나올 수 있는 눈의 수의 합에 대한 확률을 구할 때, 나올 수 있는 눈의 수의 조합을 각각 고려해야 한다.

이 연구의 결과로부터 아동들이 문제를 해결할 때 따르는 경로를 확인할 수 있었다. 이러한 경로는 아이템을 무작위로 선택하는 것에서 체계적인 패턴에 따라 아이템을 선택하는 것까지 다양하였는데, 이는 문제 해결 과정의 정교성이 증가되고 있음을 반영한다. 가장 효과적인 방법인 주행기록계 전략은, 특정 아이템과 관련되는 모든 조합이 완결될 때까지 다른 아이템을 반복하여 선택하는 것이다(예, 빨간 윗옷/파란 바지; 빨간 윗옷/노란 바지; 빨간 윗옷/빨간 바지). 특정 아이템(예, 빨간 윗옷)에 대한 조합이 완성되면, 새로운 아이템을 "고정"시켜서 체계적인 짝짓기를 반복한다. 새롭게 고정된 아이템과 대응시키기 위해 선택된 아이템들은 체계적인 순환적 패턴을 보여준다(예, 파란 바지, 노란 바지, 빨간 바지; 파란 바지, 노란 바지, 빨간 바지). 이러한 전략을 개발한 아동들은 어느 순간에 과제 해결이 완료되는지를 알며, 구성할 만한 조합이 더 이상 없다는 결론을 내릴 수 있다(예, "옷을 더 이상 만들 수 없다는 것을 알아요, 왜냐하면 서로 다른 윗옷 3벌이 주어졌고 각각의 바지에 대해 이를 세 번씩 사용하였기 때문예요").

이상과 같은 과제를 다룸으로써 4~6세 아동들에게는 눈에 띄는 학습이 일어나지 않았지만 7~9세 아동들은 문제 해결 전략과 관련하여 의미있는 발달이 일어났다. 7~9세 아동 26명 중에서 4명을 제외한 모든 아동들이 교사의 도움 없이도 보다 효과적이면서 체계적인 방법을 사용할 수 있었다. 흥미롭게도, 가장 효과적인 해결 방법인 주행기록계 전략은 이전에 사용한 풀이 방법을 정당화하는 수단으로 출현하였다(English, 1991). 즉, 문제 해결이 완료되거나 거의 완료되었을 때, 아동들은 남은 아이템으로 조합을 더 만들 수 있는지 살펴보는 과정에서 주행기록계 전략을 사용하였다. 예를 들어, 아동들은 남아 있는 빨간 윗옷 중에서 하나를 선택하여 이를 앞쪽에 놓은 다음, 남아 있는 바지 각각과 체계적으로 짝지어 보았으며, 이를 남아 있는 다른 윗옷 각각에 대해서도 반복하였다. 아동들은 만들어진 조합을 손에 쥐거나 자신들의 앞에 두면서 검토하였다. 과제를 배우는 과정에서 주행기록계 전략을 적용한 아동 중 1명을 제외한 모든 아동들은, 문제 해결 과정을 검토하는 과정에서 이를 처음으로 사용하였다. 50명 중 29명의 아동들이 사용하지 않은 아이템으로 시험 삼아 조합을 만들어 보는 과정에서 주행기록계 전략을 사용하였다. 이는 아동들이 주행기록계 전략을 적용할 때, 이들의 정당화 능력이나 검토 능력에 대해 확인할 수 있음을 시사한다(문제 해결 과정을 검토하는 아동들의 능력에 대한 논의는 8장 참조).

기초적인 조합 체계에 대한 어린 아동들의 발달을 분석한 연구(English, 1991; 1993)에서는 피아제의 명제적 추론, 즉 "함의나 분리, 배제 등의 관계" (Inhelder & Piaget, 1958, p. 107)를 생각하는 능력에 대해서는 다루지 않았다. 그러나 English(1991; 1993)는, 의미있는 맥락에서 구체물을 활용하면 피아제와 인헬더가 형식적 조작기에 이르러야 구성할 수 있다고 주장한 $m \times n$ 조합에 대한 체계적인 방법을 어린 아동들도 스스로 만들어낼 수 있다는 것을 밝혔다. English(1991; 1993)에 따르면 탐구 활동 주제로 조합 영역을 초등학교에서 다루는 것이 가능하다.

또 다른 연구에서 English(1999)는 10세 아동 32명에게 다양한 과제 상황을 제시하여 조합 문제에 대해 이들이 보이는 구조적인 이해를 분석하였다. 아동들의 이해는 다음과 같은 능력에 비추어 검토하였다: (a) 기초적인 조합 문제의 구조적(또는 관계적)

특징을 구체화하기(2차원 [A×B], 3차원 [A×B×C]), (b) 문제를 표현하고 해결하기. 또한 아동들의 유추적 추론 능력은 다음과 같은 관점에서 살펴보았다: (a) 문제 사이의 구조적 유사점과 차이점 찾기, (b) 관련된 새로운 문제 해결하기, (c) 자신만의 문제 만들기.

위 연구의 결과는 구조적 이해보다는 해의 정확성(solution accuracy)과 관련되는 쟁점을 지적하였다. 대다수 아동들은 여러 가지 방법으로 문제를 해결할 수 있었으며 문제를 상징적으로 표현할 수 있었다. 그러나 아동들은 A×B 문제의 2차원적 구조를 정확히 설명하는데 어려움을 겪었으며, 이러한 문제의 간-곱셈적(cross-multiplication) 특징을 구체화하지 못하였다. 일부 아동들은 곱셈적인 설명을 제시하였지만, 상당수의 아동들은 덧셈을 반복하여 사용하였는데, 이는 자신들이 사용한 시각적 표현(예, 그림, 체계적인 나열, 수형도)에도 어긋나는 것이었다. 아동들이 3차원 문제를 상징적으로 표현한 것을 살펴보면, 아동들이 문제의 구조를 정확하게 이해하는데 한계가 있음을 알 수 있다. 3차원 문제에서 아동들은 다단계의 곱셈적 설명을 제시하지 못하였다. 곱셈을 선택한 아동 대부분은 1단계적 설명만을 제시하였다(예, 3×2).

비슷한 맥락에서 아동들의 시각적 표현은 구조적 이해와 관련하여 때때로 혼재된 특징을 보였다. 예를 들어, 어떤 아동들은 주행기록계 전략을 활용하여 시각적인 표현을 제시하였지만 이를 덧셈과 관련하여서만 설명하였다. 다른 아동들은 주행기록계 전략을 활용하지는 않았지만 곱셈과 관련하여 각 문제를 적절히 설명하였다.

앞서 언급한 연구에 따르면 의미있는 문제 상황에서는 아동들도 주요한 조합적 아이디어를 스스로 개발할 수 있다. 초등학교와 중학교 수학교육과정에서는, 교사의 도움 없이도 아동들이 조합적 아이디어와 절차를 스스로 탐색할 수 있도록 참신한 문제 상황을 제공할 필요가 있다.

## 06 아동들의 조합 추론과 확률 추론

여러 연구(예, Benson & Jones, 1999; Johnson, Jones, Thornton, Langrall, & Rous 1998; Nisbet et al., 2000; Zimmermann & Jones, 2002)는 아동들이 표본공간을 분석할 때 조합적 추론이 중요한 역할을 한다고 강조하였다. 존스(Jones)와 동료들에 따르면, 아동들은 2차원 문제나 복합사건 문제에 대해 적절한 표본공간을 구성하고 시뮬레이션을 실행하는데 어려움을 겪는다(즉, 무작위 실험 2개를 1번 실행하거나 무작위 실험 1개를 2번 실행하는 문제).

Jones, Langrall, Thornton, & Mogill(1999)에서는 3학년 아동 37명이 확률 교육 프로그램에 참여하였다. 이 프로그램의 43%는 표본공간을, 45%는 사건의 확률과 확률 비교를, 나머지 시간에는 조건부 확률을 다루었다. 37명 중 15명은 "표본공간 오개념"으로 언급된 바 있는 오류를 수업 시작 전부터 드러내었다. 이 아동들은 단순(1단계) 실험에서 일어날 수 있는 모든 결과를 나열하지 못하였으며 모든 결과가 일어날 가능성도 구하지 못하였다. 이 아동들은 특정한 결과가 일어나는 이유만을 주관적인 관점에서 설명하였다(예, "빨강, 내가 가장 좋아하는 색깔이니까"). 37명 중 5명은 교육 프로그램이 끝난 뒤에도 표본공간 오개념을 극복하지 못하였다.

실제로 표본공간 오개념을 극복하는 것은, 확률적 사고 발달 과정에서 나타나는 주요한 특징 중 하나이다. 케이스(Case)의 연구는, 표본공간의 결과를 모두 나열하지 못하였던 학생들이 단순 실험과 복합 실험의 결과를 즉각적으로 구성할 수 있게 되는 과정을 보여준다. 예를 들어, 칩(한쪽은 빨간색, 다른 쪽은 흰색) 2개를 던지는 게임에서 일어날 수 있는 결과를 모두 나열하도록 하였을 때, 어떤 학생은 RR, RW, WR, WW라고 하였다. 이 학생은 "빨간색으로 시작하여 짝짓기를 하였다"고 설명하였다(Jones et al. 1999, p. 507). 이 전략은 앞서 "주행기록계" 전략으로 설명된 바 있다.

Johnson, Jones, Thornton, Langrall, & Rous(1998)는 쓰기 과제를 활용하여 아동들의 확률적 사고를 개발하고자 하였다. 5학년 한 학급이 5주 동안 "확률 쓰기 프로그램"에 참여하였는데, 이 프로그램을 통해 아동들은 일련의 확률 문제에 대해 토의한 다음 문제를 해결하였다. 이 프로그램에서 활용한 문제에는 표본공간 과제가 포함되었는데, 다음과 같은 사물함 문제가 있다.

- 앤은 사물함 비밀 번호를 잊어버렸다. 그러나 첫 번째 수가 1 또는 2이고, 두 번째 수는 3 또는 4이며, 세 번째 수는 5또는 6이라는 사실은 기억하고 있다. 앤이 사물함 비밀 번호를 추측하여 입력할 때 첫 번째 시도에서 사물함을 열게 될 가능성은 얼마인가?(p. 222)

각자 해결한 풀이에 대해 학급 전체 토론을 거친 다음, 아동들은 문제에 대한 저널을 작성하였으며 교사는 아동들이 작성한 저널에 피드백을 제공하였다. 확률에 대한 사전·사후 평가와 함께 초기 쓰기 평가와 최종 쓰기 평가가 실시되었다. 쓰기 평가에서 아동들은 확률 질문에 답하였으며 자신들의 사고 과정을 정당화하는 설명을 상세하게 작성하였다. 사전·사후 평가에 따르면 아동들은 쓰기 능력뿐만 아니라 확률적 사고와 관련하여 두드러진 성장을 보여주었다.

특히 여러 학생들에게서 드러난 가장 눈에 띄는 발달은, 저널을 매개로 하여 교사와 학생 사이에 "일련의 비판적 상호작용"이 일어났다는 점이다(Johnson et al., p. 214). 예를 들어, 사물함 문제에 대한 쓰기 과제와 관련하여 교사와 학생 사이에 진행된 논의를 통해 해당 학생은 가능한 모든 조합을 무작위로 구성하던 수준(135, 146, 235, 136, 245, 236, 145, 246)을 거쳐 두 번째로 제시된 다음 문제를 주행기록계 전략을 활용하여 해결하는 수준으로 발전하였다:

- 결과적으로 앤은 사물함 비밀번호의 첫 번째 수가 2라는 것을 기억해 내었다. 또한 앤은 두 번째 수는 3 또는 4이며, 세 번째 수는 5 또는 6이라는 사실을 알고 있다. 앤이 사물함 비밀 번호를 추측하여 입력할 때 첫 번째 시도에서 사물함을 열게 될 가능성은 얼마인가?(p. 222)

이 학생은 일어날 수 있는 결과를 나열(2-3-5, 2-3-6, 2-4-5, 2-4-6)한 다음, "4가지 가능한 조합이 있어요. 원래는 8가지 경우이지만 첫 번째 수가 얼마인지 알기 때문에 4가지 경우가 제외되었어요. 옳은 수를 선택할 가능성은 $\frac{1}{8}$이었지만 지금은 앤이 첫 번째 수가 얼마인지 알기 때문에 $\frac{1}{4}$로 바뀌었어요"(Johnson et al., p. 215)라고 설명하였다.

이 절에서 소개한 연구에 따르면 아동들은 기본적인 확률 아이디어를 이해하는데 어려움을 겪으며, 이는 아동들이 사건에서 일어날 수 있는 결과를 조합적으로 구성할 수 없기 때문이다. 이러한 아동들은 표본공간을 완성하지 못하거나 일어날 수 있는 경우를 중복하여 나열하기 때문에 2차원과 3차원 복합사건에서 특정한 결과가 일어날 확률을 구하지 못한다.

## 07 주요한 조합적 아이디어와 확률적 사고를 아동들이 경험할 수 있도록 하기

《원리와 규준(NCTM, 2000)》에 따르면 아동들에게 표상, 추론, 추상화, 일반화, 연결하기와 같은 수학적 과정을 경험할 기회를 제공하는 것이 매우 중요하다. 조합 문제를 통해 아동들은 의미있는 표상과 수학적 추론을 구성할 수 있으며, 수학적 개념을 추상화하고 일반화할 수 있다(Sriraman & English, 2004). 또한 앞서 살펴본 연구에 따르면 조합 문제를 해결하는 과정에서 내용 지식이 충분하지 않은 아동들도 문제를 해결하는 다양한 접근을 시도할 수 있다.

한편, Gardiner(1991)는 조합론 지도와 관련하여 "주의 사항"을 제시하였는데, 기초 이산 수학의 교육적 가치는 학생들로 하여금 체계적인 세기와 같이 기본적인 절차의 중요성에 대해 **생각해 보도록** 하는데 있다는 것이다. 그러나 이러한 특징은 교사들에 의해 도외시되는 경향이 있으며, 교사들은 학생들이 문제를 해결할 때 "학생들이 감당할 수 있도록 해에 이르는 단계나 규칙의 수를 줄여서 **가장 효율적인 확실한 사고 전략을 만들어낼 수 있도록**"(p. 12) 도와야 한다고 생각한다. 아동들이 주요한 조합적 아이디어를 경험할 수 있도록 하기 위해서는 다음과 같은 권고에 유념할 필요가 있다.

### 스스로 생각하도록 하기

아동들은 교사의 도움 없이 조합 문제 상황을 탐색할 수 있는 기회를 가져야 한다. 풍부하고 의미있는 맥락을 통해 조합 문제를 제시함으로써, 아동들은 힌트 없이도 문제에 접근하는 충분한 자료를 얻을 수 있다. 그러나 아동들이 문제를 해결하려고 시도하는 동안 교사의 적절한 발문은 조합에 대한 아동들의 이해를 성장시킬 수 있다. 예를 들어, 아동들에게 자신들의 풀이 과정을 정당화하도록 요구함으로써, 아동들은 초기 추측의 어떤 측면을 제거하거나 수정하거나 정교화할 수 있으며 이를 견고히 할 수 있다(Maher & Martino, 1996).

### 풀이와 표상에 있어 유연성(flexibility)을 격려하기

오늘날에는 다양한 표상을 활용하여 유연하게 문제를 해결하는 능력의 중요성이 강조되고 있다. 또한 기초 수학과 과학에서 활용되는 여러 가지 핵심 요소를 이해하는데 **표상의 유창성**(representational fluency)은 핵심적인 역할을 한다(Cobb, Yackel, & McClain, 2000; Lesh & Heger, 2001). 표상 체계의 유창성은 모든 수준에서 수학을 학습하는데 주요한 토대가 된다.

앞서 언급하였듯이, 조합적인 상황에서 아동들은 다양한 풀이 방법과 표상을 만들어낼 수 있다. 이 장에서 살펴본 연구에 따르면 의미있는 조합 문제가 제시되었을 때 아동들은 자연스럽게 여러 가지 해결 방안을 모색한다. 동시에 아동들은 문제를 해결하는데 그림, 표, 체계적 나열 또는 비체계적인 나열, 구체적인 모델 등의 다양한 표상을 사용한다. 아동들이 서로 다른 표상과 다양한 해결 방법을 자유롭게 찾아보도록 하고, 자신들이 수행한 활동을 묘사하고 설명해보도록 격려하는 것이 중요하다. 이를 통해 아동들은 자신들이 구성한 표상과 친구들이 만든 표상 사이의 유사점과 차이점을 구체화할 수 있다.

### 문제의 구조에 주목하도록 하기

수학교육의 주요한 목표 중 하나는 아동들이 수학적 아이디어 사이에 존재하는 관계와 연결성을 알고 이를 통해 얻은 이해를 새로운 문제 해결에 적용하도록 하는 것이다(Fuson, 1992; Hiebert, 1992; NCTM, 2000). 아동들은 새롭게 배운 내용을 적절하게 연결함으로써, 표피적인 세부 사항에 주목할 것이 아니라 아이디어간의 구조적 관계를 통합적으로 이해할 필요가 있다(English, 1997). 즉, 아동들은 문제 상황의 주요한 구조적 성질을 구체화할 수 있어야 한다. 이는 문제에 주어진 수가 얼마인지보다 이들 사이에 어떤 관계가 있는지를 살핌으로써 가능하다(Novick, 1988). 조합에 대한 선행 연구에 따르면 학생들은 관련된 문제의 구조를 발견하는데 어려움을 겪는다. 즉, 학생들은 배운 내용을 새로운 조합 상황으로 전이시키는데 제한적인 능력을 가지고 있다. 따라서 문제의 맥락은 다양하지만 수학적인 구조가 근본적으로 동일한 조합 문제를 아동들에게 제공하는 것이 무엇보다 중요하다(Sriraman & English, 2004). 또한 English(1991, 1993)에서 지적하였듯이, 문제 해결을 위한 제한 조건으로 덧셈 요소를 포함시킴으로써 아동들의 조합적 지식을 좀더 견고히 할 수 있으며, 이를 보다 유연하게 적용하도록 도울 수 있다.

### 풀이 과정을 공유하도록 격려하기

조합 문제의 풀이 과정을 아동들끼리 공유하도록 격려할 필요가 있다. 아동들은 해결 방법에 어떻게 도달하였으며 자신들의 풀이 과정이 왜 적절하다고 생각하는지를 설명할 수 있어야 한다. 이는 각자가 찾은 해결 방법이 다른 친구들에 의해 검토되어야 함을 의미한다. 아동들이 만들어낸 어떤 것이 공유되지 않으면 아동들은 종종 “차선책에 안주하는” (English & Lesh, 2003) 경향이 있다. 아동들이 자신들의 풀이 과정을 공유함으로써 조합적 이해에 대해 통찰을 얻을 수 있으며, 친구들에게 생산적인 피드백을 제공하는 중요한 경험도 가질 수 있다.

### 문제 제기의 기회를 제공하기

오늘날에는 문제를 푸는 능력과 함께 문제를 제기하는 능력의 중요성이 증가하고 있다(Brown & Walter, 1993; English, 1998; English, 2003). 앞서 살펴본 연구에서는 (English, 1999), 10세 아동 32명에게 토대 문제 2개를 제시하고 이를 활용하여 새로운 문제를 만들도록 하였다. English(1999)에 따르면 아동들은 눈에 띄는 어려움을 보였다. 아동들 중 41%는 의미있는 문제를 전혀 만들지 못하거나, 토대 문제가 덧셈 맥락과 관련될 때 뺄셈을 활용하는 것과 같이 다른 유형의 문제를 만들지 못하였다.

28%는 문제를 기술할 수는 있었지만 풀 수 있는 적절한 질문의 형태로 구성하지 못하였다. 이와 관련하여 다음과 같은 사례가 있다.

> 존이 칫솔 3개와 치약 3개를 가지고 있는데, 칫솔은 각각 초록색, 파란색, 보라색이고, 치약은 각각 파란색, 빨간색, 흰색이다. 존은 칫솔과 치약을 얼마나 자주 사용할까?

아동들 중 32%만이 문제를 풀 수 있는 형태로 기술할 수 있었는데, 이들이 만든 문제의 대부분이 토대 문제의 맥락 중 하나를 배경으로 하였다. 이러한 현상에는 여러 가지 우려가 있을 수 있는데, 문제 해결과 마찬가지로 문제 제기가 수학을 배우고 행하는데 주요한 기반이 되기 때문이다. 문제 제기에는 주어진 문제를 재설정하는 것뿐만 아니라 완전히 새로운 문제를 만드는 것도 포함된다. 문제를 해결하는 것처럼 문제를 제기하는 것도 일상생활에서 늘 마주치는 현상이다(English, 2003). 수학 교육과정을 통해 문제 제기의 경험을 갖도록 함으로써 수많은 이득을 얻을 수 있다. Winograd(1991)에 따르면 학생들 자신이 고유한 문제를 만듦으로써 학습 내용에 스스로 접근할 수 있으며 손쉽게 다다를 수 있다. 학생들은 자신들이 흥미있는 문제를 제기하고 해결할 때 좀더 동기화되는 것으로 보인다. 스스로 만든 문제를 통해 학생들은 자신들의 흥미와 수학을 직접적으로 연결시킬 수 있는데, 이 점이 교과서에 실린 일반적인 문제와의 차이다(Silver, 1994). 동시에 문제 제기의 경험은 수학에 대한 불안을 줄여주며 수학에 대한 긍정적인 성향을 갖도록 도와준다(Brown & Walter, 1993; Healy, 1993; Silver, 1994).

조합과 관련된 문제 제기의 경험을 제공함으로써 앞서 살펴본 조합적인 개념과 절차에 아동들이 접근할 수 있는 기회를 늘릴 수 있으며, 조합 문제의 구조에 대한 아동들의 이해를 확장시킬 수 있다. 또한 아동들은 조합 문제를 제기함으로써 문제를 설계할 때 고려해야 할 조건을 알 수 있게 되는데, 예를 들어 알려진 정보와 알려지지 않은 정보, 구하고자 하는 목표, 목표에 도달하는데 부과된 제한 조건이나 힌트 등과 같은 것이 있다(Moses, Bjork, & Goldenberg 1993). 문제를 만드는 과정을 이해함으로써 아동들은 수학적인 문제와 비수학적인 문제, 좋은 문제와 그렇지 않은 문제, 풀릴 수 있는 문제와 풀리지 않는 문제 등을 구별할 수 있게 된다. 또한 이러한 이해를 바탕으로 아동들은 다른 사람이 제기한 문제에 대해 좀더 효과적인 피드백을 제공할 수 있다(English, 2003).

### 의미있는 확률 문제 제공하기

조합적인 아이디어가 활용되는 의미있는 확률 문제를 다룸으로써 학생들은 확률적 상황을 예측하고 분석하는 풍부한 기회를 가질 수 있다(Jones, Langrall, Thornton, & Mogill, 1999). 이와 관련된 2가지 예제는 다음과 같다:

a) 사라는 연하장을 만들려고 한다. 파란색, 분홍색, 노란색 표지가 있고 금색과 은색 속지가 있다. 사라는 연하장을 가능한 모두 다르게 만든 다음 1장을 무작위로 골라서 친구에게 보내려고 한다. 사라의 친구가 "파란색 표지"로 된 연하장이나 "금색 속지"로 된 연하장을 받을 가능성은 같은가? 이유를 설명하여라.
b) 샘과 라이언이 게임을 한다. 샘은 왼손에 빨간 구슬 2개와 초록 구슬 1개를, 오른손에 빨간 구슬 1개와 초록 구슬 2개를 쥐고 있다. 라이언이 눈을 감고 샘의 손에서 구슬을 1개씩 고른다고 할 때 같은 색 구슬을 고를 가능성과 다른 색 구슬을 고를 가능성은 같은가? 이유를 설명하여라.

위 두 번째 예제에서는 조합이 1번 이상 일어날 수 있음에 주목하자. 따라서 아동들은 어떤 상황(같은 색 구슬 2개 또는 다른 색 구슬 2개)이 더 잘 발생할지를 결정할 때 이 점을 고려해야 한다.

## 08 결론

확률, 계산, 세기 등과 같은 학습 내용에 내재된 수학적인 주요 원리가 조합론에 의해 통합된다. 조합론은 생물학, 화학, 물리학 등과 같은 과학 분야를 다루는데도 도움을 준다. 이러한 이유로, 초등학교 수학교육과정에서 조합론은 주요한 역할을 하며 아동들이 확률에 친숙해지도록 하는데 기여한다.

앞서 언급한 연구들이 지적한 대로, 어린 아동들도 적절한 맥락으로 설명된 조합적 상황을 효과적으로 다룰 수 있다. 또한 조합론을 실생활에 적용하는 맥락을 통해 흥미있고 의미있는 문제를 만들 수 있으며, 동시에 어린 아동들에게 도전적인 과제를 제시할 수도 있다. 조합 문제를 통해 아동들은 다양한 해결 방법과 표상을 만들어낼 수 있으며, 추측하고 일반화하며 체계적으로 사고하는 능력뿐만 아니라 열거하여 세는 능력도 개발할 수 있다.

주요한 조합적 아이디어를 아동들이 이해할 수 있도록 학습 환경을 조성하는 것이 무엇보다 중요하다. 학습을 촉진하기 위한 여러 가지 권고가 있으며, 특히 조합 문제의 구조에 주목하도록 할 필요가 있다. 이는 모든 문제 유형을 다룰 때 강조되어야 하는데, 이를 통해 아동들은 개념적 이해를 발달시킬 수 있으며, 학습한 내용을 관련된 상황으로 전이할 수 있고, 새로운 문제를 만들어 다른 사람들과 공유할 수 있다.

아동들의 조합적 추론을 자극하는데 컴퓨터 테크놀로지를 어떻게 활용할 것인지에 대해 주목할 필요가 있다. Stohl & Tarr(2002)는 마이크로월드를 활용하는 학생들간의 사회적 상호작용이 확률 오개념을 극복하는데 어떻게 기여하는지를 기술하였다. Abramovich & Pieper(1997)는 학생들이 시뮬레이션을 활용하여 조합 문제를 탐구할 때, 지필 계산 대신 스프레드시트를 활용하도록 함으로써 문제로부터 드러나는 패턴에 어떻게 주목하게 되는지를 설명하였다. Stohl & Tarr(2002)에 따르면 기본적인 조합적 아이디어에 대한 아동들의 이해를 개발하기 위해서는, 아동들로 하여금 "동적 소프트웨어나 다중-표상 소프트웨어"를 오랜 기간 활용하도록 하여 그 효과를 좀더 상세히 분석할 필요가 있다(p. 335).

## 참고문헌


Abramovich S., & Pieper, A. (1996). Fostering recursive thinking in combinatorics through the use of manipulatives and computer technology. *The Mathematics Educator, 7*(1), 4-12.

Batanero, C., Godino, J. D., & Navarro-Pelayo, V. (1997). Effect of the implicit combinatorial model on combinatorial reasoning in secondary school pupils. *Educational Studies in Mathematics, 32*, 181-199.

Batanero, C., Navarro-Pelayo, V., & Godino, J. D. (1997). Effect of the implicit combinatorial model on combinatorial reasoning in secondary school pupils. *Educational Studies in Mathematics, 32*, 181-199.

Benson, C. T., & Jones, G. A. (1999). Assessing students' thinking in modelling probability contexts. *The Mathematics Educator, 4*(2), 1-21.

Borovcnik, M., Bentz, H., Kapadia, R. (1991). A probability perspective. In R. Kapadia & M. Borovcnik (Eds.), *Chance encounters: Probability in education* (pp. 27-71). Dordrecht, The Netherlands: Kluwer

Borovcnik, M. & Peard, R. (1996). Probability. In A. J. Bishop, K. Clements, C. Keitel, J. Kilpatrick, C. Laborde (Eds.), *International handbook in mathematics education* (Part 1, pp. 239-288). Dordrecht, The Netherlands: Kluwer.

Brown, S. I., & Walter, M. (1993). *Problem posing: Reflections and Applications*. Hillsdale, NJ: Lawrence Erlbaum.

Carey, S. (1985). Are children fundamentally different kinds of thinkers and learners than adults? In S. F. Chipman, J. W. Segal, & R. E. Reys (Eds.), *Thinking and learning skills: Vol. 2: Current research and open questions* (p. 485-517). Hillsdale, NJ: Lawrence Erlbaum.

Cobb, P., Yackel, E., & McClain, K. (Eds.). (2000). *Symbolizing, communicating, and mathematizing*. Mahwah, NJ: Lawrence Erlbaum.

DeGuire, L. (1991). Permutations and combinations: A problem-solving approach for middle school students. In M. J. Kenny & C. R. Hirsch (Eds.), *Discrete mathematics across the curriculum, K-12: 1991 Yearbook* (pp. 55-58). Reston, VA: National Council of Teachers of Mathematics.

Dubois, J. G. (1984). Une systematique des configurations combinatoires simples [A system of simple combinatorial configurations]. *Educational Studies in Mathematics, 15*(1), 37-57.

English, L. D. (1988). *Children's competence in solving novel combinatorial problems.* Unpublished doctoral dissertation: University of Queensland, Brisbane, Australia.

English, L. D. (1990). Children's competence in forming combinations. In L. Steffe & T. Wood, (Eds.), *International perspectives on transforming early childhood mathematics education* (pp. 174-180). Hillsdale, NJ: Lawrence Erlbaum.

English, L. D. (1991). Young children's combinatoric strategies. *Educational Studies in Mathematics, 22*, 451-474.

English, L. D. (1993). Children's strategies in solving two- and three-dimensional combinatorial problems. *Journal for Research in Mathematics Education, 24*(3), 255-273.

English, L. D. (1997). Children's reasoning processes in classifying and solving computational word problems. In L. D. English (Ed.), *Mathematical reasoning: Analogies, metaphors, and images* (pp. 191-220). Mahwah, NJ: Lawrence Erlbaum.

English, L. D. (1998). Children's problem posing within formal and informal contexts. *Journal for Research in Mathematics Education, 29*(1), 83-106

English, L. D. (1999). Assessing for structural understanding in children's combinatorial problem solving. *Focus on Learning Problems in Mathematics, 27*(4), 63-82.

English, L. D. (2003). Problem posing in the elementary curriculum. In F. Lester, & R. Charles (Eds.), *Teaching mathematics through problem solving*. Reston, VA: National Council of Teachers of Mathematics.

English, L. D., & Lesh. R. A. (2003). Ends-in-view problems. In R. A. Lesh & H. Doerr (Eds.), *Beyond constructivism: A models and modelling perspective on teaching, learning, and problem solving in mathematics education* (pp. 297-316). Mahwah, NJ: Lawrence Erlbaum.

Flavell, J. H. (1963). *The developmental psychology of Jean Piaget*. New York: D. Van Norstrand Co.

Fischbein, E., & Gazit, A. (1988). The combinatorial solving capacity in children and adolescents. *Zentralblatt fur Didaktitk der Mathematik, 5*, 193-198.

Freudenthal, H. (1973). *Mathematics as an educational task*. Dordrecht, Netherlands: Reidel.

Fuson, K. C. (1992). Research on learning and teaching addition and subtraction of whole numbers. In G. Leinhardt, R. Putnam, & R. Hattrup (Eds.), *Analysis of arithmetic for mathematics teaching* (pp. 53-188). Hillsdale, NJ: Lawrence Erlbaum.

Gardiner, A. (1991). A cautionary note. In M. J. Kenny & C. R. Hirsch (Eds.), *Discrete mathematics across the curriculum, K-12: 1991 Yearbook* (pp. 10-17). Reston, VA: National Council of Teachers of Mathematics.

Hawkins, A., Jolliffe, F., & Glickman, L. (1992). *Teaching statistical concepts*. London: Longman.

Healy, C. C. (1993). *Creating miracles: A story of student discovery*. Berkeley, CA: Key Curriculum Press

Hiebert, J. (1992). Mathematical, cognitive, and instructional analyses of decimal fractions. In G. Leinhardt, R. Putnam, & R. Hattrup (Eds.), *Analysis of arithmetic for mathematics teaching* (pp. 283-322). Hillsdale, NJ: Lawrence Erlbaum.

Inhelder, B., & Piaget, J. (1958). *The growth of logical thinking: From childhood to adolescence* (A. Parsons & S. Milgram, Trans.). London: Routledge and Kegan Paul.

Johnson, T. M., Jones, G. A., Thornton, C. A., Langrall, C. W., & Rous, A. (1998). Students' thinking and writing in the context of probability. *Written Communication, 75*(2), 203-229.

Jones, G. A., Langrall, C., Thornton, C. A., & Mogill, A. T. (1999). Students' probabilistic thinking in instruction. *Journal for Research in Mathematics Education, 30*(5), 487-519.

Kapur, J. N. (1970). Combinatorial analysis and school mathematics. *Educational Studies in Mathematics, 3*, 111-127.

Kenny, M. J. & Hirsch, C. R. (Eds.). (1991). *Discrete mathematics across the curriculum, K-12: 1991 Yearbook*. Reston, VA: National Council of Teachers of Mathematics.

Lesh, R. A., & Heger, M. (2001). Mathematical abilities that are most needed for success beyond school in a technology based age of information. *The New Zealand Mathematics Magazine, 38*(2).

Maher, C. A., & Martino, A. M. (1996). Young children invent methods of proof: The gang of four. In L. P. Steffe & P. Nesher (Eds.), *Theories of mathematical learning* (pp. 431-448). Mahwah, NJ: Lawrence Erlbaum.

Moses, B., Bjork, E., & Goldenberg, E. P. (1993). Beyond problem solving: Problem posing. In S. I. Brown, & M. Walter, (Eds.), *Problem posing:*

*Reflections and applications* (pp. 178-188). Hillsdale, NJ: Lawrence Erlbaum.

National Council of Teachers of Mathematics (1986). *Proposal for the commission on standards for school mathematics* (Unpublished draft document). Reston, VA: Author.

National Council of Teachers of Mathematics (1989). *Curriculum and evaluation standards for school mathematics*. Reston, VA: Author

National Council of Teachers of Mathematics. (2000). *Principles and standards for school mathematics*. Reston, VA: Author.

Nisbet, S., Jones, G. A., Langrall, C. W., & Thornton, C. A. (2000). A dicey strategy to get your M & Ms. *Australian Primary Mathematics Classroom, 5*(3), 19-22. Novick, L. R. (1988). Analogical transfer, problem similarity, and expertise. *Journal of Experimental Psychology: Learning, Memory, and Cognition, 14*(3), 510-520.

Piaget, J., & Inhelder, B. (1975). *The origin of the idea of chance in children* (L. Leake, Jr., P. Burrell, & H. D. Fishbein, Trans.). London: Routledge & Kegan Paul. (Original work published 1951).

Scardamalia, M. (1997). Information processing capacity and the problem of horizontal decalage: A demonstration using combinatorial reasoning tasks. *Child Development, 48*, 28-37.

Silver, E. A. (1994). On mathematical problem posing. *For the Learning of Mathematics, 14*(1), 19-28.

Sriraman, B., & English, L. D. (2004). Combinatorial mathematics: Research into practice. *The Mathematics Teacher, 98*(3), 182-191.

Stohl, H., & Tarr, J. E. (2002). Developing notions of inference using probability simulation tools. *Journal of Mathematical Behavior, 21*, 319-337.

Winograd, K. (1991). *Writing, solving, and sharing original math story problems: Case studies in the cognitive behavior of fifth grade children*. (Doctoral dissertation, University of Northern Colorado, 1991). *Dissertation Abstracts International, 57*(10), 3324A.

Zimmermann, G. M., & Jones, G. A. (2002). Probability simulation: What meaning does it have for high school students? *Canadian Journal of Science, Mathematics and Technology Education, 2*(2), 221-236.

# 3부

# 중학교에서 확률 교수-학습

6장

# 중학생들의 확률 추론

JANE WATSON

> 수학교육자들은 확률 개념을 수학적으로 가르치기 전에 학생들이 지니고 있는 확률에 대한 이해를 살펴볼 필요가 있다는 점을 발견하였다. … 확률적 상황에서 학생들이 효과적으로 의사소통할 수 있도록 학생들이 이해할 수 있는 확률 개념을 구체화할 필요가 있다. (Shaughnessy, 1992, pp. 470, 488)

## 01 도입

확률에 대한 중학생들의 이해를 다룬 연구는 초등학생과 고등학생을 포함하는 전체 학생들을 대상으로 하는 연구의 일부분인 경우가 많았다. 이 장에서는 좀더 큰 규모의 연구에 대하여 설명하고자 하는데, 인용되는 글이나 문헌의 연구대상은 6학년부터 9학년에 해당하는 중학생들로 제한하고자 한다.

이 장에서는 다양한 관점에 기초하여 학생들의 추론을 다루고자 한다. 첫 번째는 확률 그 자체를 고려하는 접근이다. 전통적으로 확률 문제는 복잡한 사건과 표본공간에 대한 이론적인 고려를 통해 해결되었지만, 현대에 들어 여러 나라의 교육과정은 실험 결과의 빈도와 확률에 대한 학생들의 주관적인 이해를 학습 경험과 연결시키는 것에 주목하고 있다. 확률 자체에 대한 3가지 견해가 확률 교육에 대해 갖는 시사점을 다른 장에서 다루었지만, 이 장에서는 학생들의 추론을 해석할 때도 이러한 견해가 영향을 미칠 수 있음을 지적하고자 한다.

두 번째는 교육과정의 내용을 고려해 볼 때 학생들이 풀어야 하는 문제가 점점 더 어려워지고 있다는 점이다. 확률 문제가 어려워짐에 따라 이를 해결하기 위해 학생들이 사용하는 추론의 특징도 바뀔 수 있다. 추론이 더욱 정교해질 수도 있고, 경우에 따라서 현재의 인지 능력으로 문제를 해결할 수 없을 때는 더욱 침체(regression)될 수도 있다. 이에 이 장에서는 복잡한 확률 문제의 맥락을 검토하고자 한다.

학생들의 추론을 분석하는데 활용할 세 번째 견해는 학생들이 보인 반응의 내용뿐만 아니라 내용의 구조적 복잡성을 살펴야 한다는 것이다. 때때로 이러한 견해는 Biggs & Collis(1982, 1991)가 개발한 학습 결과 분류체계와 같은 인지심리학자들의 모델을 따른다. 이러한 학습 결과 분류 체계에는 2가지 구성요소가 있는데, 하나는 피아제(Piaget)의 연구를 발전시켜 단계 이론을 따르는 것이며, 다른 하나는 문제에 주어진 조건의 개수가 늘어남에 따라 결과의 정교성이 늘어나는 정도를 구조 없음(전구조적, prestructural), 하나의 구조(단일구조적, unistructural), 여러 개의 계열(다중구조적, multistructural), 여러 개의 통합적 양식(관계적, relational)과 같이 4단계 연속체로 설명한 것이다. 이러한 구조에 의해 분석될 때 과정, 산출물, 내용은 하나로 결합될 수 있다. 이 장에서 살펴볼 모든 조사연구가 이런 관점에서 학생들의 이해를 분석한 것은 아니다. 어떤 경우에는 구조적인 관점에서 연구 결과를 살펴보고, 다른 경우에는 다른 분석 관점에 따라 연구 결과를 알아보고자 한다. 그러나 전반적인 목적은 중학생들이 확률 문제를 해결하는 방법에 대해 교육자들에게 유용한 기술적 설명을 제공하는 것이다.

이 장에서는 확률과 관련되는 개념에 대해 학생들의 이해를 조사한 대표적인 연구들을 살펴보고자 한다. 이러한 연구들은 학생의 이해를 풍부하고 상세하게 관찰하는데 도움을 줄 것으로 보인다. 이 장의 목적은 확률적 사고와 관련된 아이디어를 폭넓게 다루고, 중학교 교육과정을 통해 형성될 수 있는 이해와 관련하여 잠재적인 성장이 일어난 구체적인 사례를 제시하는 것이다. 처음 3개의 절에서는 운(luck)과 공정성(fairness), 좀더 일반적인 가능성 관련 용어들에 대한 직관적인 아이디어에 대해 설명하고, 다음 5개의 절에서는 단순사건, 비율이 중요한 역할을 하는 사건, 복합사건, 조건부사건, 결합사건과 같은 다양한 형태의 사건에 대해 알아본다. 마지막 4개의 절에서는 무작위 현상, 확률적 상황에서 표집과 변이, 등확률 편향, 맥락의 중요성 등 같은 특별한 주제를 다룬다. 선택된 주제 간에 겹치는 부분이 있지만, 각 절은 중학생들의 확률적 이해에서 드러나는 주요 특징에 초점을 맞춘다.

## 02 운luck

운 또는 운과 확률의 관계에 대한 중학생들의 이해는 성인들의 이해와 비슷하였다. 중학생들은 게임을 해보았을 것이며, 일상생활에서 운에 대해 논의하는 것을 들은 적이 있을 것이다. 이때 운이라는 용어의 의미는 어떤 맥락에서 사용하느냐에 따라 결정된다. Fischbein & Gazit(1984)는 운이 긍정적으로 작용하는 상황과 관련되는 질문을 활용하여 조사 연구를 진행함으로써 이상과 같은 논점에 대해 분석하였다. 예를 들어, 침대의 왼쪽으로 일어나면 학교에서 좋은 성적을 얻는다거나 복권에 당첨되는 숫자는 행운의 숫자이기 때문에 다시 사용하면 좋은 결과를 얻을 것이라는 신념에 대해 학생들의 의견을 조사하였다. 비슷한 질문을 사용한 Watson, Collis, & Moritz(1995)에 따르면 6학년 학생들의 88~95%, 9학년 학생들의 95~98%가 이러한 신념을 거부하였다. 그러나 이러한 응답의 근거가 되는 추론은 "한 번 나온 숫자는 다시 나오지 않는다."와 같은 부적절한 신념과 관련되었다.

Amir & Williams(1999)는 11~12세 학생들과의 면담에서 운에 대한 흥미로운 신념을 발견하였다. 앞서 언급하였듯이 학생들은 우연 현상에 대해 관찰한 것을 다른 사람과 결부시켜 설명하는데 운을 활용하였다. 예를 들면 학생들은 "내 동생은 정말 운이 좋다. 그 애는 …하다."와 같이 말하기도 한다. Amir & Williams(1999)에 참여한 학생 중 72%는, 어떤 사람들은 복권이나 주사위 놀이에서 남보다 운이 좋다고 생각하였으며, 43%는 동전을 던질 때 더 좋은 결과를 얻기 위해서는 자신이 선호하는 쪽을 선택해야 한다고 생각하였다. 이와 달리 운이라는 것은, "4의 눈이 나오는 것은 오직 운, 그러니까 우연이야"와 같이 우연과 동의어로 사용되기도 하였다. 이처럼 운은 예측할 수 없거나 특이한 사실을 설명하는데 활용되었다.

## 03 공정성fairness

공정성에 대한 이해와 신념은 확률적 이해와 관련하여 2가지 방식으로 작용한다. 만약 어떤 사람이 무작위 생성자(예, 주사위나 동전)가 공정하다고 생각한다면 이를 활용하는 게임은 공정하다고 생각할 것이다. 예를 들어, 두 사람이 게임을 할 때 각각 이길 가능성이 50% 정도로 같다면 이 게임은 공정한 것으로 간주된다. 초등학생과 중학생에게 제공되는 대다수의 활동은 이와 같은 공정성의 아이디어에 기반하고 있지만, 특정한 게임의 규칙에 따르면 각 사람이 이길 가능성은 같지 않을 수도 있다. 이처럼 게임에 참여한 사람들의 이길 가능성이 다른 활동을 다루는 목적은 학생들이 표본공간을 생각하여 확률을 구할 때 단순사건이나 복합사건을 활용할 수 있도록 하려는데 있다. 확률적 이해와 관련된 이러한 측면은 이 장의 마지막 절에서 논의하고자 한다.

그러나 교육과정 개발자들이 종종 간과하는 중요한 논점은, 무작위 생성자 자체의 공정성에 관한 것이다. 만약 학생들이 정육면체 주사위의 공정성을 믿지 않는다면, 즉 각 면이 나올 가능성이 같다고 생각하지 않는다면, 높은 수준의 복잡성을 갖는 게임에서 공정성에 대해 논의하는 것은 의미가 없다. 이와 관련된 어려움에 대해 Vidakovic, Berenson, & Brandsma(1998)가 제시한 예에 따르면, 두 사람이 주사위를 던져 각 사람이 지정한 눈의 수 3개가 나오는 빈도로 승자를 결정하는 게임에서 주사위에 있는 6가지 눈의 수를 두 사람에게 공정히 배정하는 방법을 토론할 때, 8학년 학생들 중 일부는 한 사람에게는 1, 2, 3을, 다른 사람에게는 4, 5, 6을 배정하는 것은 공정하지 않다고 답하였다. 이 학생들은 숫자 집합 중의 어느 하나, 이 경우에는 1, 2, 3을 얻을 가능성이 더 크다고 생각하였다.

Green(1983)에 참여한 중학생 33%은 복권에 당첨되기에 가장 나쁜 수로 6을 선택하였다. Green(1983)처럼, Amir & Williams(1999)에 참여한 중학생 중 25%도 주사위에서 6이 가장 나오기 힘든 수라고 생각하였다. 그러나 Watson & Moritz(2003b)에 따르면 어떤 학생들은 2가지 신념을 동시에 가지고 있었다: 모든 주사위는 공정하지만 어떤 수는 더 잘 나온다. 이는 미래 시행에 대한 이론적 기대와 과거 사건에 대한 구체적 경험 사이의 딜레마를 반영한다.

Green(1983)은 주사위의 공정성에 대한 학생들의 기본적인 신념을 조사하기 위하여, 다음과 같은 그래프 3개를 학생들에게 제시한 다음 공정한 정육면체 주사위를 60번 던진 결과로 보이는 그래프를 고르도록 하였다: 중앙에 있는 눈의 수의 빈도가 큰 그래프, 각 눈의 수의 빈도가 10으로 같은 그래프, 10과 관련하여 실제 변이를 보여주는 그래프. 7~11학년 학생들 중 36%는 가장 그럴듯한 결과를 나타내는 그래프로 중앙에 있는 눈의 수의 빈도가 높은 것을 골랐다. 이 결과는, 일어날 가능성이 같다는 공정성 개념에 대한 혼동을 보여주는데, 이러한 혼동은 주사위 2개를 던져서 나온 눈의 수를 더해 보았던 이전 경험이나 주사위를 던지면 6의 눈 또는 1의 눈이 나오기가 어렵다는 신념에서 기인한 것으로 보인다.

## 04 가능성 언어chance language

언어와 관련된 쟁점은, 앞 절에서 살펴본 “운”이라는 단어의 용법처럼, 용어의 의미와 연관이 있을 수 있지만, 중학생의 이해를 다룬 대부분의 연구는 가능성을 표현하는 단어를 정리하거나 이러한 단어를 수치와 관련하여 해석하는데 주목하였다.

Green(1984)은 11~16세 학생들의 언어를 조사하여 문구에 직접적으로 순서를 매기도록 하는 대신에 이를 해석하는 과정을 분석하였다. 학생들은 다양한 가능성의 정도를 설명하는데 적절한 문구를 (a) 일어날 수 없다(cannot happen), (b) 그렇게 자주 일어나지 않는다(does not happen very often), (c) 꽤 자주 일어난다(happens quite often), (d) 거의 매번 일어난다(happens nearly every time), (e) 항상 일어난다(always happens) 중에서 선택하였다. 극단적인 문구와 관련된 해석에서 주목할 만한 사실이 드러났다. 학생들 중 약 20%와 18%가 각각 "매우 그럴듯한(very likely)"과 "그럴듯한(likely)"에 대한 문구로 (e)를 선택하였다. 약 33%와 27%는 각각 "그럴듯하지 않은(unlikely)"과 "매우 그럴듯하지 않은(not very likely)"에 대한 문구로 (a)를 선택하였다. 그린(Green)의 용어를 빌리자면 "언어적 취약성"에 의해 야기되는 이러한 혼동은, 확률 지도를 어렵게 하는 문제로 작용할 수 있다. 또한 그린은 중학생들의 약 68%가 "50-50의 가능성"을 "일어날 수도 있고 일어나지 않을 수도 있다"로 설명한다고 하면서 우려를 표명하였다. 중학생들의 약 80%는 "50-50의 가능성"에 대한 적절한 설명으로 "일어나거나 일어나지 않을 가능성이 같다"에는 동의하였지만, "때때로 일어날 수 있다"에는 동의하지 않았다.

한 언어의 용법이 매우 중요하기 때문에 주목하여 살펴보고자 한다. 앞서 언급한 것처럼 일부 학생들은 50-50의 가능성을 두 사건이 일어날 가능성이 같은 경우라고 생각하지 않고 "두 사건 중 어떤 것이든 일어날 수 있는" 경우를 말한다고 생각하였다. 더 심각한 오용은, 주사위와 같이 각 결과가 일어날 가능성이 같은 것을 표현할 때나 아직 일어나지 않은 사건의 가능성을 설명하기 위해 50-50이라는 문구를 사용할 때 나타난다. Amir & Williams(1999)는 이러한 오용을 보여주는 전형적인 예로 다음과 같은 연구자와 학생의 대화를 제시하였다.

연구자: 면이 10개인 주사위를 던졌을 때 "4"가 나올 가능성은 얼마일까?
학생: 아마도요(probable).
연구자: 그 가능성을 숫자로 얘기해 주겠니?
학생: 50-50이요. 6이나 4나 3이 나올 가능성과 같아요.
연구자: 6보다 큰 수가 나올 가능성은 얼마일까?
학생: 아마도요. 50-50.
연구자: 그러면 짝수가 나올 가능성은?
학생: 아마도요. 50-50.(p. 101)

Moritz & Watson(2000)에는 동전을 여러 번 던지는 상황과 관련하여 위와 비슷한 형태의 대화가 있으며, Tarr(2002)는 일어날 가능성이 같은 두 사건과 일어날 가능성이 같을 수도 있고 아닐 수도 있는 두 상황 모두에 50-50이라는 용어가 사용된다고 하였다. Pratt(2000)는 주사위 2개를 던졌을 때 나올 수 있는 눈의 수의 합과 관련된 면담에 참여한 학생들이 50-50을 위와 같은 의미로 사용하는 것을 관찰하였다(p. 612, p. 618). Green(1984)에 따르면 학생들은 "어떤 가능성(any chance)"를 설명하기 위해 "같음(same)"이라는 단어를 사용하였다.

"Green(1984)과 Fischbein & Gazit(1984)는 학생들에게 가능성이 다양한 사건을 말해보도록 하였다. Green(1984)은 "매우 일어날 것 같은 사건(very likely events)", "일어날 것 같지 않은 사건(unlikely events)", "우연히 일어나는 사건(something that happens by chance)"를 말하도록 하였으며, Fischbein & Gazit(1984)는 "확실한 사건(certain events)", "불가능한 사건(impossible events)", "가능성이 있는 사건(chance events)"를 말하도록 하였다. Fischbein & Gazit(1984)에 따르면 6학년과 7학년 학생 중 각각 80% 이상과 90% 이상이 사건을 바람직하게 제시하였다. Green(1984)은 중학생 중 약 33%가 "매우 일어날 것 같은" 사건을 적절하게 말하였으며, 25%는 "매우 일어날 것 같은" 사건의 확실한 예를 찾을 수 있었다. "일어날 것 같지 않은" 사건에 대해서는 약 40%가 적절한 사건을 제시하였지만, 또 다른 40%는 "일어날 것 같지 않은" 사건이 아니라 불가능한 사건을 제시하였다. Green(1984)에 따르면 학생들은 "우연히 일어나는 사건"의 예를 찾는데 다소 어려움을 겪었는데, 학생들 중 40%에서 60% 정도가 적절한 사건을 제시하였다. 여기서도 이 절의 앞부분에서 다루었던 "매우 일어날 것 같은"과 "확실한(certain)"에 대한 언어의 혼동이 드러났다.

그린(Green)의 연구에서 흥미로운 것은 학생들이 제시한 예에서 사용된 맥락이다. 적절하지 않은 예의 약 20%는 주요 맥락으로 "제비뽑기나 주사위 던지기처럼 능력이 필요 없는(unskilful) 우연게임", "경마처럼 약간의 능력이 필요한(partially skilful) 게임", "사고나 질병처럼 개인적인(personal) 사건", "날씨나 자연현상처럼 실세계(world) 사건"을 제시하였다. 중학교 3개 학년을 통틀어 "약간의 능력이 필요한 게임" 맥락과 "실세계 사건" 맥락과 관련되는 반응의 비율에는 거의 차이가 없었다. 그러나 학년이 올라갈수록 "개인적인 사건" 맥락은 줄어든 반면 "능력이 필요 없는 게임" 맥락의 예는 증가하였다. 한편, 학생들에게 질문을 제시하는 방식이 반응에 영향을 주는 것처럼 보였다. Moritz, Watson, & Pereira-Mendoza(1996)에 따르면 "오늘"과 같은 단어가 포함된 질문에 대해 학생들은 "개인적인", "학교", "실세계" 맥락의 사건을 제시하였다. 6학년 학생들에게 "학교"와 관련된 사건은 "확실한(certain)"이 포함되는 질문에 가장 많이 나타났으며, "실세계"와 관련된 사건은 "불가능한(impossible)"과 "있을법한(might probably)"이 포함된 질문에 가장 많이 등장하였다. 9학년 학생들에게 "실세계"와 관련된 사건은 3가지 유형의 모든 질문에 공통적으로 나타났다.

실제로 사회적 맥락에서 사용되는 가능성과 관련된 언어를 살펴보기 위하여 Watson & Moritz(2003a)는 신문 머리기사 8개를 선택하여 조사하였다. 거기에는 "58%의 성공", "불가능", "확실한 일", "그럴듯하지 않은", "좋아 보이는", "걱정할 필요 없는", "50-50", "의심스러운"과 같은 단어나 문구가 있었다. 학생들에게 신문 머리기사를 상대적인 가능성에 따라 양 끝점에 0-1이 있고 중간에 50-50이 표시된 수직선에 나타내도록 하였다. 연구자들이 설정한 순서에 비추어 학생들의 반응을 분석한 결과, 6, 8, 9학년 전체에 걸쳐 순서를 정하는 능력이 19%에서 34%까지 향상되었다. 2년에 걸쳐 6학년 학생들은 20%, 8학년은 10%, 9학년은 5%까지 향상되었다.

가능성과 관련된 언어를 해석하는 것에 대한 또 다른 연구는 "여드름이 날 15%의 가능성"과 같은 문구와 연관된다. Watson & Moritz(2003a)는 Konold & Garfield(1992)가 의약품의 경고 문구를 활용하여 개발한 선다형 질문을, 수치적으로 적절하게 해석한 학생의 비율이 6학년에서 9학년으로 올라감에 따라 42%에서 71%로 높아짐을 발견하였다. 반대로 "거의 어떤 가능성도 없는(hardly any chance)"과 같은 비형식적인 구어적 반응은 23%에서 16%로 감소하였으며, "좋은 가능성(good chance)"처럼 애매한 구어적 반응은 18%에서 9%로 감소하였다. 중학교 수학교육과정을 통해 퍼센트를 다루어본 경험이 확대됨에 따라 맥락에 포함된 가능성과 관련된 문구를 해석하는 능력이 향상된 것으로 보인다.

## 05 단순사건simple event

초등학교 교육과정을 통해 주사위, 동전, 공이 들어 있는 항아리와 같은 단순 무작위 생성자(simple random generator)에 의해 일어나는 단순사건을 다루었음에도 불구하고, 단순사건에 대한 중학생들의 이해에는 여러 한계가 있다. 특히, 학생들은 수치적인 정답을 구할 수는 있지만 그것이 옳은 이유를 타당한 방법으로 설명하지 못한다. 일어날 수 있는 결과가 불확실하기 때문에, 비례추론을 하지 못하는 학생들은 "어떤 것이든 일어날 수 있다(anything can happen)"와 같은 이유를 제시하기도 한다.

Fischbein & Gazit(1984)는 주사위 1개를 던졌을 때 일어나는 사건에 대한 문제를 다루었는데, 연구자들은 학생들이 1 또는 3의 눈이 나올 확률을 $\frac{2}{6}$으로 계산하는 것과 같이 일어날 가능성이 같은 사건으로 표본공간을 구성하여 사건 사이의 수치적인 관계를 이용할 것이라고 생각하였다. 예를 들어 Fischbein & Gazit(1984)에서는 "1과 6 중에 어떤 것이 더 잘 나올 것 같은가? 아니면 같은가?"와 같이 단순사건을 비교하는 것은 다루지 않았다. Watson, Collis, & Moritz(1997)에 따르면 이러한 질문에 대해 6학년 학생의 73%, 9학년 학생의 87%가 1이 나올 가능성과 6이 나올 가능성은 같다는 옳은 답을 선택하였지만, 많은 학생들이 그 이유를 정교하게 설명하지는 못하였다. 이유를 설명한 6학년 학생의 25%는 "어떤 것이든 일어날 수 있다"는 이유(단일구조적)를, 32%는 "정육면체이므로 어떤 수든 같게 나올 수 있다" 또는 "1과 6이 하나씩만 있다"와 같이 질적인 정당화에 의한 이유(다중구조적)를, 5%는 "**어떤 수든** 그것을 얻는데 $\frac{1}{6}$의 가능성이 있다"는 양적인 이유(관계적)를 제시하였다. 9학년에서 이와 관련된 비율은 각각 23%, 40%, 22%였다. 이유를 제시한 나머지 학생들은 "1이나 6 중 어느 하나가 나올 가능성이 더 높으니까"라거나 "가능성이 같으니까"와 같이 동어 반복의 이유(전구조적)를 제시하였다.

Borovcnik & Bentz(1991)는, 소년 13명의 이름과 소녀 16명의 이름이 각각 적힌 쪽지 중에서 하나를 뽑는 문제 상황에 대한 학생들의 반응을 조사하였다. 연구자들은 학생들에게 소년의 이름이 뽑힐 가능성과 소녀의 이름이 뽑힐 가능성 중에서 어느 것이 더 큰지, 아니면 같은지를 질문하였다. 이 문제에서 학생들은 이름의 범주가 소년과 소녀로 2가지인 것, 각각의 분수($\frac{13}{29}$, $\frac{16}{29}$)가 절반에 가까운 것, 우연 상황에 대한 일반적인 예측불가능성 등으로 인해 혼란을 겪게 됨으로써 "어떤 것이든 일어날 수 있다"거나 "예측하는 것이 불가능하다"와 같은 반응을 나타내었다. 그러나 Watson 등(1997)에서는 위의 "예측하는 것이 불가능하다"와 같은 마지막 반응은 관찰되지 않았으며, 6학년 학생들에게서 발달 과정을 반영하는 추론의 범위를 살펴볼 수 있었다. 4%의 학생은 "교사가 여성이다"와 같은 가상의 이야기를 사용하였으며(전구조적), 18%는 "어떤 것이든 일어날 수 있다"(단일구조적), 8%는 "소년과 소녀가 모두 있기 때문에 각 가능성은 서로 같다"거나 "가능성은 같지만 소녀가 약간 유리하다"와 같은 질적인 반응(부적절한 다중구조적)을 보였다. 62%는 "소녀가 더 많다"(적절한 다중구조적)고 하였으며 1%만이 실제 수치적 확률을 제시(관계적)하여 설명하였다. 위 반응과 관련된 9학년 학생들의 비율은 각각 1%, 9%, 1%, 79%, 10%였다. 즉, 9학년이 되면 대부분의 학생들은 소녀의 이름을 적은 쪽지가 많은 것이 중요하다는 것을 인식하게 된다.

## 06 비율을 활용한 사건 비교

분수로 표현되는 수치적 확률과 비율적 추론의 관계를 알아보기 위해 Fischbein & Gazit(1984), Green(1991)과 같은 연구자들은 일어날 수 있는 결과의 비율뿐만 아니라 일어날 수 있는 결과의 총 개수도 변하는 다양한 현상을 비교하는 문제를 고안하였다. 같은 확률이 주어지는 문제의 예로는 항아리 2개에 색깔 공이 들어 있는 상황이 있다. 항아리 1개에는 빨간 공 10개, 파란 공 20개가 들어 있고 다른 항아리에는 빨간 공 100개, 파란 공 200개가 들어 있다. 문제는 "눈을 감고 공 1개를 꺼낼 때 파란 공이 더 잘 나오는 항아리는 어떤 것인가?"이다. Fischbein & Gazit(1984)에 따르면 6학년 학생들의 43%에서 53%, 7학년 학생들의 69%에서 86% 정도가 이러한 유형의 문제를 해결하였다. 가장 자주 나타나는 다른 반응은 공의 총 개수가 더 많은 항아리를 택하는 것이다. 이러한 이유로 Green(1983, 1991)은 공의 총 개수도 다르고 색깔의 비율도 다른 문제를 활용하였다. 예를 들어 Green(1983)은 검은 공 12개와 흰 공 4개가 들어 있는 항아리와 검은 공 20개와 흰 공 20개가 들어 있는 항아리를 비교하는 문제를 중학생들에게 제시하였다. 문제는 "어느 항아리에서 검은 공을 뽑을 가능성이 높은가?"이다. 7학년 학생의 38%, 9학년 학생의 62%가 이 문제에 대해 옳은 답을 제시하였다. 이 연구에서 학생들이 사용한 전략은 다음과 같다: (a) 공의 총 개수가 더 많은 항아리 선택, (b) 검은 공이 더 많은 항아리 선택, (c) 흰 공 개수와 검은 공 개수의 차가 큰 항아리 선택, (d) (검은 공의 개수):(흰 공의 개수)의 비(ratio)가 큰 항아리 선택. 모든 문제 상황에 적용할 수 있는 (d)을 제외하면 나머지 전략들은 분명히 어떤 문제 상황에서는 통하지만 다른 문제 상황에서는 그렇지 않다.

Watson 등(1997)은 다른 색의 비율은 같지만 총 개수가 10이나 100이 되는 비슷한 유형의 문제를 활용하였다. Watson 등(1997)은 학생들이 옳은 답을 선택하였는지가 아니라 학생들이 제시한 이유가 타당한지를 Green(1983)이 논의한 4가지 전략에 따라 분석하였다. 이 연구에 따르면 6학년의 27%, 9학년의 56%가 비와 관련하여 그 이유를 제시하였다. 공의 총 개수가 더 많은 항아리를 선택하는 전략은 6학년의 25%, 9학년의 16%가 사용하였고, 파란 공의 개수가 더 많은 항아리를 선택하는 전략은 6학년의 16%, 9학년의 7%, 파란 공 개수와 빨간 공 개수의 차를 생각하는 전략은 6학년의 6%, 9학년의 8%가 사용하였다. Watson & Moritz(2001)는 인지적 갈등에 의해 학생들의 반응이 개선되는지를 알아보기 위하여, 개별 면담을 통해 이러한 질문을 직접 제시한 다음 더 높은 수준에 있거나 더 낮은 수준에 있는 다른 학생들의 추론 과정을 비디오 자료로 보여주었다. Watson & Moritz(2001)에 따르면, 약 $\frac{1}{3}$의 학생들이 다른 학생들의 추론 과정을 보고 자신들의 부적절한 추론을 비율적 추론으로 바꾸었지만, 더 낮은 수준에 있는 다른 학생들의 추론은 학생들에게 어떤 영향도 주지 않았다. 이 연구 결과는, 동일한 문제를 다루어 본 6학년 학생 30%의 문제 해결 능력이 신장되었음을 4년간의 종단연구를 통해 보인 Watson & Moritz(1998)의 결과와도 일치한다.

## 07 복합사건

주사위 2개를 던져 나온 눈의 수를 합하는 것과 같이 단순사건을 결합하게 되면 원래 사건보다 훨씬 복잡한 표본공간을 얻게 된다. 주사위를 예로 들면 주사위 1개는 등확률적인(equiprobable) 결과 {1, ⋯, 6}을 만들지만, 주사위 2개를 던져 나온 눈의 수의 합의 결과는 11개로 {2, ⋯, 12}의 각각은 일어날 가능성이 같지 않다. 학생들은 종종 이러한 차이를 인식하는데 어려움을 겪기 때문에 중학생을 대상으로 하는 많은 연구가 이를 주제로 삼아왔다(예, Fischbein & Gazit, 1984; Fischbein, Nello & Marino, 1991; Fischbein & Schnarch, 1997; Polaki, 이 책 8장; Pratt, 2000; Pratt, 이 책 7장). 이 절에서는 서로 독립인 사건으로 된 복합사건을 살펴보고자 하며, 몇몇 연구는 이러한 유형의 복합사건을 다룬 바 있다(Tan & Jones, 1997; Moritz & Watson, 2000). 피슈바인(Fischbein)과 동료들은 주사위 2개 또는 동전 2개에 대한 문제를 활용하여 여러 연구를 진행하였는데, 이들에 따르면 절반이하 종종 절반보다 훨씬 적은 중학생들만이 복잡한 표본공간과 관련되는 사건의 확률을 구할 수 있었다. 예를 들어 피슈바인과 슈나흐르(Schnarch)의 연구에서 7학년의 20%, 9학년의 10%만이 주사위 2개를 던져 5의 눈 1개와 6의 눈 1개를 얻을 가능성이 6의 눈 2개를 얻을 가능성보다 크다고 답하였다. 동전을 여러 번 던지는 상황(예, 5번 또는 6번)은 Konold, Pollatsek, Well, Lohmeier & Lipson(1993)과 같은 연구자들에 의해 분석되었다. 연구자들에 따르면 학생들에게 더 잘 일어나거나 덜 일어날 것 같은 결과가 무엇인지를 물었을 때 서로 모순되는 반응들이 나타났다. Moritz & Watson(2000)은 동전을 던져서 크리켓 시합을 시작하는 맥락을 활용하였는데, 동전의 뒷면이 연속하여 4번 나올 확률을 생각해 보도록 하였다. Moritz & Watson(2000)에 따르면 6, 8, 9학년의 32%에서 55%가 동전 1개를 던져서 뒷면이 나올 확률이 $\frac{1}{2}$라는 것은 알고 있었지만, 6, 8학년 중에는 어떤 학생도 뒷면이 연속하여 4번 나올 가능성($\frac{1}{16}$)을 구하지 못하였으며, 9학년 학생 중 3%만이 이를 정확하게 구할 수 있었다.

중학생을 대상으로 수행한 연구를 토대로 Tarr & Jones(1997)는 복합사건의 독립성에 대한 학생들의 이해를 개발하는 틀을 제안하였으며, 학생들과의 면담을 통해 그 틀의 적절성을 입증하였다. Tarr & Jones(1997)가 제안한 이해의 발달 4수준 단계는 다음과 같다: (a) 주관적 신념(subjective belief), 연이어 일어나는 사건은 항상 관련이 있다는 부적절한 믿음에 근거한 예측; (b) 과도기적 추론(transitional reasoning), 정적 최근성(positive recency)이나 부적 최근성(negative recency)을 활용하여 사건들이 언제 영향을 주거나 언제 영향을 주지 않는지를 인식하는 비일관적인 추론; (c) 비형식적인 양적 추론(informal quantitative reasoning), 첫 번째 사건이 언제 두 번째 사건에 영향을 주거나 주지 않는지는 인식하지만 종종 대표성(representative) 전략으로 되돌아가는 추론; (d) 수치적 추론(numerical reasoning), 독립사건과 종속사건을 인식하는 추론. 이 발달 4수준단계는 질문을 설계하는데 선행 연구에서 사용하였던 수치적 답변 이상을 고려한 것으로, 시행을 반복하는 상황을 생각하면서 응답을 검토하거나 정당화하는 기회를 제공하였다. Tarr & Jones(1997)의 모델을 택하지는 않았지만, Amir & Williams(1999)이 독립사건에 대해 학생들과 면담한 결과도 이 발달 4수준 단계와 일치하였다.

Pratt(2000)는 주사위 2개를 던져 나온 눈의 수의 합에 대한 학생들의 추론을 조사하기 위해 면담 기법을 사용하였으며, 이때 학생들이 소프트웨어 도구를 조작하여 다양한 확률과 시뮬레이션을 생성할 수 있도록 하였다. Pratt(2000)에 따르면 비형식적 직관과 컴퓨터 기반 자료를 활용하여 복합사건 문제를 다루는 과정에서 "새로운 내적 토대"가 발달하는 것을 관찰할 수 있었다(7장 참조).

## 08 조건부 사건

교육과정 문서와 대부분의 수학 교과서에서는 조건부사건과 독립사건을 같은 시기에 다룬다. 이론적인 확률의 관점에서 보면 이러한 조직화는 논리적이다. 왜냐하면 사건 B가 주어질 때 사건 A의 조건부 확률은 $P(A|B)=\frac{P(A\cap B)}{P(B)}$이고, 두 사건 A, B에 대하여 $P(A\cap B)=P(A)P(B)$이면 즉, $P(A|B)=P(A)$이면 독립이기 때문이다. 즉, 독립사건에서 사건 B는 사건 A에 아무 영향도 미치지 않는다. 중학생의 이해에 대한 연구에서 사용된 조건부 사건의 예에서는 2가지 유형의 사건, 즉 사건 A와 사건 B의 수학적인 관계는 거의 검토되지 않는다. 이 사건들은 2가지 맥락 중 어느 한쪽 측면으로 다루어지는 경향이 있는데, 시간 순서에 따른 추출 상황에서는 첫 번째에 꺼낸 공을 복원하지 않고 두 번째 공을 꺼낸다. 일어날 수 있는 결과의 가능성을 비교해 볼 때, 2

가지 추출 방법*에 의해 일어난 사건의 확률은 같지 않다. 사회적 상황의 조건을 기술함으로써 학생들이 주어진 조건을 상대적인 빈도 또는 확률과 어떻게 관련짓는지 살펴볼 수 있다. 예를 들어, 여성(W)이 학교 교사(T)일 확률(즉, P(T|W))과 학교 교사가 여성일 확률(즉, P(W|T))을 구하도록 하여 두 확률을 서로 구별할 수 있는지, 또 이 두 확률 각각을 P(W) 또는 P(T)와 구별할 수 있는지 알아볼 수 있다.

Tarr & Jones(1997)는 조건부 확률에 대한 중학생들의 이해를 연구할 때 이를 사건의 독립성에 대한 이해와 연결시켰다. 학생들의 추론을 살펴보기 위해 앞서 언급한 첫 번째 유형의 문제를 사용하여 면담을 진행하였으며, 그 결과를 다음과 같이 독립에 대한 이해의 4단계로 구체화하였다: (a) 복원과 비복원 상황에서 “확실한(certain)” 사건과 “불가능한(impossible)” 사건을 인식할 수 있지만 가능성을 예측할 때 수치적 정보는 간과하는 주관적 추론; (b) 비복원 상황에서 확률이 변하는 것을 제대로 인식하지 못하거나 수치적인 정보를 경우에 따라 잘못 사용하는 과도기적 추론; (c) 복원과 비복원 상황을 적절하게 구별할 수 있고 일어날 수 있는 결과의 확률을 계산하려고 시도하는 비형식적인 양적 추론; (d) 조건부 확률을 적절하게 계산하고 두 사건과 관련하여 조건에 대해 설명하는 수치적 추론.

Tarr & Jones(1997)와 달리, Watson & Moritz(2002)는 Tversky & Kahneman (1983)의 사회적 맥락과 관련된 질문을 사용하여 연구를 수행하였다. 이러한 질문을 통해 일상생활에서 일어날 수 있는 사건의 가능성을 주관적으로 예측해 보도록 하였다. Watson & Moritz(2002)는 앞서 살펴본 예에 대해 두 번째 사건(학교 교사가 여성인 사건)의 확률이 첫 번째 사건(여성이 학교 교사인 사건)의 확률보다 크다고 설명하는 반응을 적절한 것으로 판단하였다. Watson & Moritz(2002)에서 6학년 학생 13%, 7학년 학생 15%, 8학년 학생 24%, 9학년 학생 27%가 적절하게 답하였으나 각 학년 학생의 절반 정도는 두 확률이 같다고 대답하였다. 비슷한 조건적 설명을 확률적 상황이 아닌 빈도적 상황으로 제시하면 학생들의 정답률이 훨씬 높아졌다. 왼손잡이 중에 남자가 얼마나 많은지와 남자 100명 중에 왼손잡이가 얼마나 많은지를 비교하도록 하였을 때 6학년 학생 48%, 9학년 학생 64%가 정답을 제시하였다. 질문에서 다룬 주제에 학생이 친숙한 정도가 결과에 영향을 주었는지에 대해서는 이 연구에서 밝혀지지 않았다. 그러나 이 연구 결과는 일반적으로 정보가 확률보다 빈도로 제시될 때 사람들이 조건부 진술을 더 잘 해석할 수 있다는 Gigerenzer & Hoffrage(1995)의 결과와 일치한다.

■
**역자 주** 비복원하여 공을 2번 꺼내는 경우와 복원하여 공을 2번 꺼내는 경우를 말한다.

Watson(1998)에 따르면 일상생활에서 발생할 수 있는 위험을 평가할 때 학생들이 조건적 진술을 해석할 수 있는 능력을 갖추는 것은 중요하다. Watson(1998)은 장기간의 흡연이 주름살에 미치는 영향을 보도한 신문기사를 9학년 학생들이 "만약 …, 그러면 …"과 같은 문구를 사용하여 적절하게 해석할 수 있는지 분석하였다. 학생들 중 64%는 "하루에 담배 한 갑을 49년 동안 피운 사람은 주름살이 일찍 생길 위험이 두 배가 된다"는 문구를 적절하게 해석하였으며, 학생들 중 46%는 "50년 이상 흡연한 사람은 비흡연자보다 그 위험이 4.7배가 된다"는 문구를 정확하게 해석하였다. 그러나 학생들 중에서 28%만이 다음과 같이 인용문에 제시된 정보를 해석하는 과정에서 복잡한 조건적 주장을 조건적인 행동의 변화와 관련지어 바르게 설명하였다. "'흡연을 하면 실제 나이보다 늙고 추해질 것이다'는 설명은 건강하기를 원한다면 담배를 멀리 하라는 정보를 줄 뿐이다."

## 09 결합사건conjunction event

두 사건의 교집합을 수학적으로는 흔히 벤다이어그램으로 표현하며 두 사건의 교집합, 즉 결합사건은 원래의 두 사건보다 "작아"진다. 따라서 두 사건의 결합사건이 원래의 두 사건보다 덜 일어날 것 같다고 보는 것은 어쩌면 당연하다. 그러나 여러 연구에 따르면 특히 사회적 상황에서 사람들은 익숙한 정보를 활용하여 결합사건이 더 잘 일어난다고 판단하는 경향이 있다(Tversky & Kahneman, 1983). Fischbein & Schnarch (1997)는 Tversky & Kahneman(1983)과 유사한 사회적 상황을 중학생들에게 제시하였다. 이 상황에는 의사가 되고 싶어 하며 사람을 돕는 것을 좋아하고 적십자에서 자원봉사를 한 바 있으면서 대학에 입학하기 전에 군대에서 의무병으로 일했던 댄이라는 사람이 등장한다. 댄이 "의대에 다니는 학생"일지 "그냥 일반대학에 다니는 학생"일지를 물었을 때, 7학년 학생 중 70%와 9학년 학생 중 80%가 결합 오류(conjunction fallacy)로 인해 전자를 선택하였다. Davidson(1995)은 성인에 대한 선입견이나 초등학교 교사에 대한 선입견과 관련되는 비슷한 유형의 문제를 제시하여 6학년과 저학년 학생들의 반응을 살펴보았다. 6학년 학생 중 57%가 결합 오류를 보였으며, 2학년과 4학년 학생 중에서는 결합 오류를 보인 비율이 더욱 높았다. 이상에 따르면 학생들은 더 많은 정보를 추가하거나 보류할 수 있기 때문에 확률적으로는 적절하지 않은 방식으로 정보를 활용할 가능성이 있다.

Watson & Moritz(2002)는 언어적으로 보다 직접적인 결합사건 문제로, 빈도 문제 및 확률 문제를 각각 제시하여 중학생들의 반응을 조사하였다. 예를 들어 빈도 문제에는 다양한 연령대와 직업을 가진 호주 남자 100명에 대해 다음과 같이 3가지 질문을 제시하였다. 심장마비를 1번 또는 그 이상 경험한 적이 있는 사람은 몇 명이나 될까? 55세 이상인 사람은 몇 명이나 될까? 55세 이상이면서 심장마비를 경험한 적인 있는 사람은 몇 명이나 될까? 6학년에서 9학년 학생 전반에 걸쳐 40%는 다른 2개의 질문보다 세 번째 질문에 적은 값을 매겼으며, 16%는 다른 두 질문의 최솟값으로 세 번째 질문의 값을 제시하였다. 이는 결합 오류와 관련하여 중학생들의 사고가 이전 연구들에 비해 개선되었음을 보여준다. 그러나 확률 문제에서는 다른 2개의 질문보다 세 번째 질문에 더 작은 값을 준 학생의 비율이 30%로 감소하였으며, 다른 두 질문의 최솟값으로 세 번째 질문의 값을 제시한 학생은 23%가 되었다.

이상의 연구 결과에 따르면 사회적 상황에서 결합사건과 관련되는 언어적, 논리적 쟁점을 중학생들이 다루기에는 어려움이 있다. 구체물에 의해 생성되는 작은 표본공간을 활용하여 두 사건의 교집합 $P(A \cap B)$를 $P(A)$, $P(B)$와 관련하여 소개하는 교실 활동은 학교 밖의 복잡한 사회적 맥락으로 전이되지 않을 수 있다.

## 10 무작위 현상random behavior

모든 확률이 무작위적 과정과 관련되지만, Green(1983, 1988, 1991)의 대규모 조사연구는 여러 맥락에서 일어나는 특별한 무작위 사건을 다루었다. 이러한 맥락에는 동전을 던져서 나오는 결과에서부터 "지붕 위 눈송이"의 분포에 이르기까지 다양한 현상이 포함되었다. Green(1983)에 따르면 2차원에 눈송이가 무작위로 분포되어 있는 것을 고르는 중학생들의 능력이 26%의 정답률에서 시작하여 학년을 올라가면서 약간 감소하였지만, 작은 시행 결과에서 일어나기에는 그 결과가 너무 고르기 때문에 동전을 무작위로 던져서 얻은 분포라고 볼 수 없는 경우를 찾아내는 중학생들의 능력은 전 학년에 걸쳐 약 35% 정도로 균일하게 나타났다. 또 다른 학생들은 동전 50개를 던져서 얻을 수 있는 분포를 예측할 때 앞면과 뒷면을 너무 고르게 나타나도록 하였다(Green, 1991). 4년에 걸친 연구 기간 동안 학생들의 실력에는 거의 변화가 없었다.

Dessart(1995)는 눈송이 과제를 활용하여 미국 대학생, 영국과 미국 중학생이 보이는 반응을 분석하였다. 상위 수준의 중학생 중 40%가 적절한 반응을 보였으며, 하위 수준의 중학생 중 33%에서 38%가 문제를 잘 해결하였지만, 대학생 중에서는 31%만이 눈송이 과제를 바람직하게 해결하였다. Green(1983)과 더불어 이상의 연구 결과는,

무작위 현상을 확인하는 것과 관련된 직관이 일상생활의 경험이나 중학교의 교실 활동, 심지어 대학생 시기에 이르는 경험을 통해서도 개발되지 않는다는 것을 보여준다.

## 11 표집과 변이sampling and variation

학생들은 동전이나 주사위를 던질 때마다 같은 결과가 일어나지는 않는다는 점을 인식하는 것 같지만, 충분히 많은 시행에서 드러나는 변이를 실제로 기술하는 것에는 그리 익숙하지 않은 것 같다. 따라서 Green(1991)에서와 같이 학생들에게 동전 50개를 던진 결과를 써보도록 하는 것은, 동전 50개를 던지는 무수히 많은 시행 결과로부터 발생하는 변이에 대한 학생들의 이해를 파악하는데 한계가 있다. 많은 학생들이 동전 50개를 던진 결과를 예측할 때 앞면이 거의 25개 나온 "성공적인" 결과를 기술하는 경우가 가장 많다는 사실은 확률과 관련된 학생들의 지식에 비추어볼 때 전혀 놀라운 일이 아니다. 학생들의 이해를 좀더 제대로 파악하기 위해서는 가상의 학생 50명이 각각 동전 50개씩을 던졌을 때 나타나는 분포를 묻는 질문을 하여야 한다.

연구자들은 확률적 상황에서 변이를 고려하도록 자극하지 못하는 닫힌 질문에 대한 반성으로부터 위와 같은 질문을 생각하게 되었다. Shaughnessy, Watson, Moritz, & Reading(1999)은 빨간 사탕 50개, 노란 사탕 20개, 초록 사탕 30개로 모두 사탕 100개가 들어 있는 항아리에서 10개를 꺼낼 때 빨간 사탕이 몇 개나 있는지를 묻는 질문으로 시작하였다. 연구자들은 학생 6명이 복원 추출로 이 실험을 반복하는 맥락을 소개한 다음, 학생들에게 일어날 수 있는 6개의 시행 결과를 나타내보고 빨간 사탕이 가장 많은 경우부터 가장 적은 경우까지 범위를 구한 다음, 가장 일어날 가능성이 큰 시행의 결과를 선다형 5개에서 고르도록 하는 3가지 유형의 문제를 제시하였다. 이러한 문제에 대한 학생들의 반응을 중심(center), 변이(variation)가 나타난 정도에 비추어 분류하였다. 6학년에서는 3가지 유형에 대한 반응의 23%가 5를 중심으로 하여 합리적인 변이를 보여주었으며, 9학년 학생 중 51%는 2가지 준거인 중심과 변이를 모두 고려하였다. 개별 면담에서는 위와 같은 질문을 다시 물어보면서 학생들이 실제로 시행을 해보도록 하여 원한다면 이전의 응답을 수정할 기회를 주었다(Reading & Shaughnessy, 2000; Torok & Watson, 2000; Kelly & Watson, 2002). 경우에 따라서는 학생들에게 가상의 학생 40명이 사탕 100개가 들어 있는 항아리에서 10개를 꺼내는 상황을 상상하도록 하여 시행 결과 40개에 대한 분포를 그래프로 나타내도록 하였다. 이러한 문제에 대한 학생들의 추론을 분석한 결과 다음과 같은 반응 위계를 얻을 수 있었다(Kelly & Watson, 2002); (a) 관찰되는 변화를 설명하기 위해 가상의 학생 40명과 사탕 항아리를 그리는 도상적(iconic) 추론, (b) 지나치게 흩어져 있기는 하지만 40개의 시행을 나타내는 일련의 막대그래프를 활용하여 항아리에는 빨강이 "더 많다"는 것을 보여주는 비일관적인(inconsistent) 추론, (c) 중심이 대략 5가 되는 일련의 특이한 그래프를 그리면서 빨강이 "더 많다"거나 "절반이다"는 것을 보여주는 중심적(centered) 추론, (d) 적절한 빈도 그래프로 분포를 나타내는 분포적(distributional) 추론. Shaughnessy, Ciancetta, & Canada(2004)가 위와 비슷한 표집 과제를 활용하여 중학생 84명을 대상으로 수행한 연구에 따르면, 학생들은 비율적 추론에 어려움이 있으며 표집에서 잠재적인 변이를 인식하는데 한계가 있다.

다른 맥락에서 발생하는 다양한 무작위 시행의 변이를 인식하는 학생들의 능력을 분석한, 비슷한 연구가 수행되었다. Watson & Kelly(2003)는 5, 7, 9학년 학생들을 대상으로 주사위 1개를 60번 던질 때 6의 눈이 나오는 빈도를 예측하고 그 값을 선택한 이유를 설명하도록 하였다. 6의 눈이 나오는 빈도를 예측할 때 변이를 인식하거나 예측한 값에 대해 설명할 때 변이를 언급하는 학생의 비율은 평균적으로 16%에서 23% 정도였으며, 학년이 바뀌어도 이러한 비율은 거의 변하지 않았다. 가능성과 자료(data)에서 변이를 강조하는 수업을 진행한 이후, 7, 9학년 학생들의 능력에 향상이 있었다.

Watson & Kelly(출판 예정)는 50-50으로 나뉜 회전판을 돌리는 시행을 반복한 결과에서 드러나는 변이를 학생들이 어떻게 인식하는지 분석하였다. 회전판을 1번 돌렸을 때 어떤 색이 나올지를 먼저 예측해 보게 한 다음, 50번 돌렸을 때 1가지 색이 몇 번 정도 나올지와 50번 돌리는 시행을 6번 반복하였을 때 그 색이 각각 몇 번 정도 나올지를 예측해 보도록 하였다. 점도표(선 그래프)를 이해하는지 알아보는 몇 개의 사전 질문을 제시한 다음, 회전판을 50번 돌리는 시행을 반복한 결과를 정리한 실제 점도표는 어떤 것이며 조작된 것은 어떤 것인지 점도표 3개 중에서 찾도록 하였다. 결과에서 드러나는 변이를 적절히 예측한 학생의 비율은 5학년 33%, 7학년 22%, 9학년 18%로 학년이 올라갈수록 감소한 반면, 5학년 15%, 7학년 14%, 9학년 17%는 정확한 이론적 확률에 기초하여 그 결과가 {25, 25, 25, 25, 25, 25}와 같이 나올 것이라고 예측하였다. 실제 점도표와 조작된 점도표를 구별하는 것과 관련해서는 7, 9학년 학생 중 73%가 삼각형 모양의 점도표가 조작되었다고 인식하였으나, 변이가 지나치게 큰 점도표가 조작된 것으로 파악하는 학생은 40%에 불과하였다. 무작위 현상을 표현한 실제 점도표를 옳게 고른 학생은 64%였다. 가능성과 자료에 대한 수업에 참여한 다음, 학생들은 2가지 과제 모두를 적절하게 해결하였다.

Shaughnesy & Ciancetta(2002)과 Watson & Kelly(2004)는 50-50(검은색-흰색)으로 나뉜 회전판 2개를 돌리는 시행을 반복하는 상황을 활용하여 연구를 수행하였다. 두 회전판에서 모두 검은색이 나오면 게임에서 이긴다고 할 때, 게임을 10번 하면 몇 번이나 이길 수 있겠는지 학생들에게 예측해 보도록 하였다. Shaughnessy & Ciancetta(2002)에 따르면 6, 7학년 학생 중 19%와 8학년 학생 중 24%는 이길 가능성이 절반 이하라고 답하였다. Watson & Kelly(2004)는, 두 회전판에서 모두 검은색이 나올 확률은 각각의 회전판에서 검은색이 나올 확률보다 작다는 사실을 최소한 질적 추론으로 알아낸 학생이 7학년과 9학년 30명 중에서 12명밖에 되지 않을 정도로 학생들이 이 문제를 어려워한다는 점을 발견하였다. Watson & Kelly(2004)에 따르면 수치적인 이유를 들어 자신들의 답을 적절하게 정당화한 학생은 3명에 불과하였다.

Shaughnessy, Canada, & Ciancetta(2003)는 앞서 살펴본 사탕, 주사위, 회전판 과제를 활용하여 중학생들의 사고를 분석하였다. 연구자들에 따르면 학생들은 사탕이나 회전판 과제보다 주사위 과제를 다룰 때 전혀 변이를 고려하지 않았다(예, {10, 10, 10, 10, 10, 10}). 주사위 과제에 대해 변이를 고려하지 않은 학생의 비율이 55%인 반면, 사탕은 8%, 회전판은 15%였다. 또한 주사위 과제에서 변이를 적절히 고려한 학생의 비율은 30%뿐이었으며, 사탕은 70%, 회전판은 49%에 해당하였다. 연구자들은 주사위와 관련된 이상과 같은 결과는 확률에 대한 관행적인 지도의 영향이라고 지적하였다. 또한 시행을 60번씩 늘리라는 조건 때문에 어떤 학생들은 "6으로 나누어지는" 쉬운 결과를 답으로 제시하였을 수도 있다. 사탕과 회전판 과제에서는 시행을 특정한 횟수만큼 늘리도록 하는 조건이 제시되지 않았으며, 나반 두 과세에서는 각각의 결과에서 나올 수 있는 최댓값의 수만을 제한하였다. Watson & Kelly(2002)는 교육과정의 가능성과 자료 영역에서 변이를 다루는 문제와 관련된 대규모 조사연구를 수행하였다. 이 조사 연구에서는 앞서 소개된 과제의 일부를 활용하여 "우연 현상에서의 변이"와 관련된 학생들의 이해를 분석하였다. Watson & Kelly(2002)에 따르면 조사 연구 과제와 비슷한 유형의 과제를 활용하는 수업에 참여한 다음 7, 9학년 학생들의 변이에 대한 이해가 향상되었다.

## 12 등확률 편향equiprobability bias

확률 상황에서 사용되는 언어의 문제를 다룬 앞 절에 따르면 "어떤 것이든 일어날 수 있는" 상황을 의미하거나 일어날 가능성이 같은 두 사건을 설명하기 위해 "50-50"이라는 문구가 활용된다. 그러나 일어날 가능성이 같지 않은 사건을 등확률 사건으로 다루는 일반적인 현상에 대해 분석한 연구가 많지 않다. Lecoutre(1992)는 맥락, 배경, 성별에 관계없이 연구대상 중 적어도 50%가 등확률 편향을 지니고 있음을 밝힘으로써 이와 관련된 연구의 주요한 기초를 제공하였다. 중학생이 아닌 성인을 대상으로 수행된 Lecoutre(1992)의 연구 결과는 중학생을 대상으로 한 다른 연구에서도 비슷하게 드러났다(Batanero, Serrano, & Garfield, 1996; Batanero & Sanchez, 이 책 10장 참조). Batanero 등(1996)은 일어날 가능성이 같지 않은 사건에 대한 문제 4개를 해결할 때 중학생 18%에서 48%가 등확률 편향을 보였다고 하였다.

앞서 밝힌 바대로, Fischbein 등(1991)은 학생들이 복합사건을 다룰 때 등확률 편향을 보인다고 설명하였다. Li & Pereira-Mendoza(2002)도 6학년 학생 중 20%, 8학년 학생 중 19%가 등확률 편향을 보인다고 하였다. Canizares & Batanero(1998)은 중학생 한 명과 앞 절에서 논의된 소년, 소녀의 이름이 적힌 쪽지 문제, 빨간 공 4개, 파란 공 4개, 초록 공 2개가 들어 있는 항아리 문제 등을 해결하는 면담을 진행하였을 때 등확률 편향의 예를 볼 수 있었다고 하였다.

교사: [첫 번째 문제와 학생의 답을 읽으며] 소년의 이름보다 소녀의 이름이 더 잘 나올 것 같다고 말했구나.

학생: 그것은 같아요.

교사: 그러면, 전에는 왜 소녀의 이름이 더 잘 나올 것 같다고 말했니?

학생: 아!, 그건 실수였어요. 소년의 이름이 더 많기 때문예요.

교사: [두 번째 문제와 학생의 답을 읽으며] 어떤 색 공이든 고를 수 있기 때문에 모든 색깔의 공이 나올 확률이 같다고 말했구나.

학생: 네, 모든 색깔의 공이 같기 때문예요. 한 색깔의 공을 꺼내는 것은 다른 색깔의 공을 꺼내는 것이나 같아요.

교사: 하지만 빨간 공 2개와 파란 공 1개를 꺼낸 다음에 항아리 속에는 어떤 색깔의 공이 있지?

학생: … 빨간 공 2개, 파란 공 3개, 초록 공 2개가 있어요.

교사: 파란 공이 더 많이 있는데 왜 가능성이 같다고 생각하는 거지?

학생: 왜냐하면 공의 색깔은 중요하지 않으니까요.

등확률에 대한 직관은 단순사건과 복합사건 모두에서 드러난다. Watson & Moritz(2002)는 앞 절에서 살펴본 조건부 사건의 맥락에서도 학생 중 17%가 등확률 편향을 보였다고 하였다. 특히 왼손잡이 남자 문제의 각 질문에 대해 학생들 중 50%

가 등확률 편향을 드러내었으며, 여교사 문제의 각 질문에 대해서는 학생들 중 22%가 등확률 편향을 보였다. 그러나 Watson & Moritz(2002)는 학생들에게 자신의 답을 설명하도록 요구하지는 않았다. Canizare & Batanero(1998)는 공정한 게임과 공정하지 않은 게임의 결과를 살피는 맥락에서도 등확률 편향이 드러났다고 지적하였다.

## 13 맥락에서 확률probability in context

확률, 가능성, 위험은 다양한 맥락에서 등장하는 용어이다. 전통적으로 학교 교육과정에서는 순수 수학의 한 분야로 확률을 지도하였으며, 다루는 예제도 어떤 경우를 나열하거나 셀 수 있어서 그 결과를 분명하게 비교할 수 있는 유한인 표본공간에 기초한 것이었다. 이러한 이유로 학교 수학에서 확률을 지도할 때 주사위, 동전, 카드놀이와 관련된 문제가 주로 활용되었으며, 표본공간을 계산하여 답을 찾는 이러한 문제가 학생들의 이해를 살피는 연구의 토대가 되었다. 이와는 대조적으로 대학생들을 대상으로 하여 심리학자들에 의해 수행된 확률적 이해와 관련된 초기 연구(예, Tversky & Kahneman, 1980, 1983)는 사회적 상황에 주목하였으며, 이 상황에서는 수치적인 것이 아닌 상대적인 가능성을 묻는 질문을 다루었다. 이러한 유형의 질문 중에 몇 가지가 중학생들에게도 사용된 바 있으며, 상급학교 학생들의 추론에서 드러났던 비슷한 형태의 직관이 중학생들에게도 존재한다는 것이 밝혀졌다. 명확하게 규정된 표본공간 및 국소적인 사회적 직관에 의해 결정되는 애매한 표본공간과 같은 2가지 유형의 맥락 모두를 통해 이해를 형성하는 것이 중요하다. 이 2가지 유형의 맥락이 연구와 교실 활동 모두에서 고려되어야 한다.

이러한 두 극단 사이에는 학생들이 도달하여야 할 학습 목표로서 통계적 소양이 위치하는 중요한 중간 지점이 있다. 대중 매체를 통해 얻을 수 있는 확률적 정보에 대한 해석 및 언어와 관련된 문제가 교실 활동과 학생의 이해 발달 모두에서 주요하게 다루어질 필요가 있다. 신문 머리기사에 순서를 매기는 것과 관련된 Watson & Moritz(2003a)과 대중 매체에서 제공되는 조건적 진술을 해석하는 것에 대한 Watson(1998)을 통해 이러한 고려와 관련된 구체적인 시사점을 얻을 수 있다. 티버스키(Tversky)와 카네만(Kahneman)이 활용한 과제의 사회적 맥락이 적절하기는 하지만, 이들이 활용한 과제는 학교 수학에서 다루어지는 과제처럼 수치적이면서 논리적인 이해에 기초한 것이다.

중학생을 위한 교육에서 맥락의 중요성을 다룬 또 다른 연구는 Moritz, Watson, &

Collis(1996)가 있다. 이 연구는 중학생들에게 남과 북 두 팀 사이의 축구 경기에 대한 신문 머리기사를 해석하도록 요구하였다: "남 팀의 승률 7-2, 북 팀! 우리는 그래도 승리할 수 있다고 감독이 말했다." 연구자들에 따르면 학생들이 보인 반응을 통해 경기 상황에 대한 학생들의 평가와 수학적 측면에서 승산(odds)에 대한 학생들의 이해를 확인할 수 있었다. 북 팀이 이길 가능성인 $\frac{2}{9}$를 적절하게 언급한 학생은 6학년에는 아무도 없었으며 9학년에는 단지 5%에 불과하였지만, 학생들이 고른 3가지 맥락을 살펴보는 것은 흥미로운 일이다. 첫째, 어떤 학생들은 3.5대 1과 같은 비, "퍼센트 가능성", "$\frac{2}{9}$와 같은 분수"를 이용하여 확률적 맥락을 표현하였다. 둘째, 다른 학생들은 7-2의 의미를 득점으로 이해하는 것과 같이 문구의 의미를 잘못 해석함으로써 도달하게 되는 빈도적 맥락을 선택하였다. 그러나 빈도적 맥락과 관련하여서는 7-2를 "경기를 9번 하면 북 팀은 2번 이길 것이다."와 같이 적절하게 표현하였다. 셋째, 학생들 대부분은 단순히 내기의 사회적 맥락을 반영하거나 "승산(odds)"이라는 단어만을 사용하여 설명하였다. 예를 들어 어떤 학생들은 "2달러를 걸고 7달러를 딴다."거나 조금 더 적절하게 "2달러를 걸고 (7+2)달러를 딴다."와 같이 설명하였다. Moritz(1998)는 위와 같은 질문을 활용하여 종단 연구를 수행하였으며, 2년 후에 6, 8, 9학년 학생들의 능력이 향상되었음을 밝혔다. Moritz(1998)에 따르면 3개 학년 모두에서 남학생이 여학생보다 높은 성취를 보였는데, 이는 여학생들이 신문의 머리기사를 점수로 해석하는 경향을 보였기 때문이다. Green(1991) 역시 표본공간 상황에서 승산을 비교하는 학생의 능력이 성별에 따라 차이가 있다고 하였지만, 축구와 관련된 일상생활의 경험이 Moritz(1998)에 참여한 학생들의 성취에 영향을 주었다고 볼 수도 있다.

Schwartz & Goldman(1996)은 주사위 맥락에서 확률을 다루어본 적이 있는 6학년 학생들과의 면담을 통해 맥락의 중요성을 강조한 바 있다. 연구자들은 학생들에게 2가지 유형의 표집에 대하여 질문하였다. 한 경우는 축제에서 얼마나 많은 학생이 특정 부스에 갈 것인지를 알아보기 위해 학생 400명 중에서 50명을 선택하도록 하였다. 다른 경우는 학교에 얼마나 많은 남학생과 여학생이 있는지 알아보기 위해 마찬가지로 학생 400명 중에서 50명을 선택하도록 하였다. Schwartz & Goldman(1996)에 따르면 학생들은 첫 번째 경우에 대해서는 자발적인 서명 종이나 친구들에게 묻는 것과 같은 추론-상관 방법(inference-related method)을 더 많이 사용하였으며, 두 번째 경우에 대해서는 이름이 적힌 쪽지 뽑기와 같은 무작위 방법을 더 많이 활용하였다. 한편 Schwartz & Goldman(1996)은, 학생들이 모집단의 의견을 조사할 때 개개인의 의견을 구분하여 모집단이 가장 많이 가질 것 같은 의견을 선택하는데 어려움을 겪었다고 설명하였다. 하지만 성별과 같이 정확하게 결정된 특징에 대해서는 이를 구분하는 데 별다른 어려움이 없었다. Schwartz & Goldman(1996)의 과제가 “항아리 속의 공” 문제와 티버스키와 카네만이 사용한 문제 사이의 중간 정도에 위치하기는 하지만, Schwartz & Goldman(1996)는 교실 수업에서 다루어질 필요가 있는 맥락의 주요한 특징에 대해 지적하였다는 점에서 의미가 있다.

## 14 결론

확률 개념과 관련된 중학생의 이해에 대한 연구에 따르면 일반적으로 학생들은 불확실성을 인식할 수 있으며 자신들에게 주어진 과제의 목적을 이해할 수 있다. 그러나 많은 학생들이 비례 추론, 독립성, 복잡한 표본공간과 관련된 정교한 추론을 어려워하였다. 교육과정 문서를 통해 중학교 수준에서 확률을 도입하자는 권고가 있기 이전에 수행된 연구를 살펴봄으로써 이러한 상황을 개선하기 위한 시사점을 얻을 수 있다. 수학 교육과정의 어떤 부분에서라도 교사들이 확률 문제와 분수, 비, 비례 추론을 연결시킬 수 있는 기회는 많다. 교육과정을 통해 확률과 다른 영역을 연결시킴으로써 이들에 대한 학생들의 이해는 보다 증대시킬 수 있다.

한편, 여러 유형의 확률 문제를 해결하는 중학생들의 능력에 비추어볼 때, 이들이 상위 학년 학생들이나 성인들에 비해 확률적 추론에 있어 눈에 띄게 부족한 것 같지는 않다. 실제로 몇몇 상황에는 중학생들이 오히려 더 나은 성취를 보이기도 하였는데, 이러한 현상이 발생하는 맥락은 형식적인 확률과는 다른 일반적인 지식이 중요한 역할을 하는 상황이었다. 경우에 따라서 중학생들은 성인들이 지닌 편향을 비껴가기도 하였지만, 또 다른 경우에는 과제의 민감한 요구에 부응할 만큼 충분한 경험을 갖추지 못한 경우도 있었다. 교육과정 문서에서는 강조하고 있지 않지만, 사회적 상황에서 일어날 수 있는 주관적이고 직관적인 빈도-기반 의사결정을 경험할 수 있는 기회를 중학교 수업의 확률과 관련된 논의를 통해 제공하여야 한다. 주사위의 공정성에 대한 신념과 관련되는 논의에서부터 어떤 사회 현상이 일어날 것인가와 관련되는 대중 매체의 기사 내용에 대한 해석에 이르기까지 다양한 사례가 이 장을 통해 제시되었다. 이는 주사위 상황에서 발생하는 순수한 확률 계산과 일상생활에서 보다 실용적으로 확률을 이용하는 것 사이에 연결성을 제공할 수 있다.

중학교 교육과정 전반에 걸쳐 고등학교에서 배우게 될 복잡한 표본공간과 확률분포 등의 형식적인 내용에 대한 초석이 다져질 수 있도록 확률적 아이디어 개발을 위한 토대가 풍부하게 제공되어야 한다. 또한 비례 추론을 개발하는 것은 앞으로의 확률 학습을 위해 무엇보다 중요하다. 이는 이론적인 수학 문제 해결뿐만이 아니라 "실세계"에서 확률의 유용성을 인식하기 위해서라도 응용상황과 광범위하게 결합되어야 한다.

## 참고문헌


Amir, G. S., & Williams, J. S. (1999). Cultural influences on children's probabilistic thinking. *Journal of Mathematical Behavior, 18*(l), 85-107.

Batanero, C., Serrano, L., & Garfield, J. B. (1996). Heuristics and biases in secondary school students' reasoning about probability. In L. Puig and A. Gutierrez (Eds.), *Proceedings of the 20th annual conference of the International Group for the Psychology of Mathematics Education* (Vol. 2, pp. 51-58). Valencia, Spain: University of Valencia.

Biggs, J. B., & Collis, K. F. (1982). *Evaluating the quality of learning: The SOLO taxonomy*. New York: Academic Press.

Biggs, J. B., & Collis, K. F. (1991). Multimodal learning and the quality of intelligent behaviour. In H.A.H. Rowe (Ed.), Intelligence: Reconceptualization and measurement (pp. 57-76). Hillsdale, NJ: Erlbaum.

Borovcnik, M., & Bentz, H. J. (1991). Empirical research in understanding probability. In R. Kapadia & M. Borovcnik (Eds.), *Chance encounters: Probability in education* (pp. 73-105), Dordrecht, The Netherlands: Kluwer Academic Publishers.

Cafiizares M. J., & Batanero, C. (1998, June). *A study on the stability of equiprobability bias in 10-14 year-old children*. Poster paper presented at the Fifth International Conference on Teaching Statistics, Singapore.

Davidson, D. (1995). The representativeness heuristic and the conjunction fallacy effect in children's decision making. *Merrill-Palmer Quarterly, 41*, 328-346.

Dessart, D. J. (1995). Randomness: A connection to reality. In P. A. House (Ed.), *Connecting mathematics across the curriculum: 1995 Yearbook* (pp. 177-181). Reston, VA: National Council of Teachers of Mathematics.

Fischbein, E., & Gazit, A. (1984). Does the teaching of probability improve probabilistic intuitions? An exploratory research study. *Educational Studies in Mathematics, 15*, 1-24.

Fischbein, E., Nello, M. S., & Marino, M. S. (1991). Factors affecting probability judgements in children and adolescents. *Educational Studies in Mathematics, 22*, 523-549.

Fischbein, E., & Schnarch, D. (1997). The evolution with age of probabilistic, intuitively based misconceptions. *Journal for Research in Mathematics Education, 25*, 96-105.

Gigerenzer, G., & Hoffrage, U. (1995). How to improve Bayesian reasoning without instruction: Frequency formats. *Psychological Review, 102*, 684-704.

Green, D. R. (1983). A survey of probability concepts in 3000 pupils aged 11-16 years. In D. R. Grey, P. Holmes, V. Barnett, & G. M. Constable (Eds.), *Proceedings of the First International Conference on Teaching Statistics* (Vol. 2, pp. 766-783). Sheffield, UK: Teaching Statistics Trust.

Green, D. R. (1984). Talking of probability... *Bulletin of the Institute of Mathematics and its Applications, 20*(9/10), 145-149.

Green, D. R. (1988). Children's understanding of randomness: Report of a survey of 1600 children aged 7-11 years. In R. Davidson & J. Swift (Eds.), *Proceedings of the Second International Conference on Teaching Statistics* (pp. 287-291). Victoria, BC: University of Victoria.

Green, D. R. (1991). A longitudinal study of pupils' probability concepts. In D. Vere-Jones (Ed.), *Proceedings of the Third International Conference on Teaching Statistics* (Vol. 1, pp. 320-328). Voorburg, The Netherlands: International Statistical Institute.

Kelly, B. A., & Watson, J. M. (2002). Variation in a chance sampling setting: The lollies task. In B. Barton, K. C. Irwin, M. Pfannkuch, & M. O. J. Thomas (Eds.), *Mathematics education in the South Pacific* (Proceedings of the 26th annual conference of the Mathematics Education Research Group of Australasia, Vol. 2, pp. 366-373). Sydney, NSW: MERGA.

Konold, C., & Garfield, J. (1992). *Statistical reasoning assessment: Part I. Intuitive thinking*. Amherst, MA: Scientific Reasoning Research Institute, University of Massachusetts.

Konold, C., Pollatsek, A., Well, A., Lohmeier, J., & Lipson, A. (1993). Inconsistencies in students' reasoning about probability. *Journal for Research in Mathematics Education, 24*, 392-414.

Lecoutre, M-P. (1992). Cognitive models and problem spaces in "purely random" situations. *Educational Studies in Mathematics, 23*, 557-568.

Li, J., & Pereira-Mendoza, L. (2002). Misconceptions in probability. In B. Phillips (Ed.), *Proceedings of the Sixth International Conference on Teaching Statistics, Cape Town, South Africa*. [CD-ROM] Voorburg, The Netherlands: International Statistical Institute.

Moritz, J. B. (1998). Long odds: Longitudinal development of student understanding of odds. In C. Kanes, M. Goos, & E. Warren (Eds.), *Teaching mathematics in new times*, (Proceedings of the 21st annual conference of the Mathematics Education Research Group of Australasia, Vol. 2, (pp. 373-380). Gold Coast: MERGA.

Moritz, J. B., & Watson, J. M. (2000). Reasoning and expressing probability in students' judgements of coin tossing. In J. Bana & A. Chapman (Eds.), *Mathematics education beyond 2000* (Proceedings of the 23rd annual conference of the Mathematics Education Research Group of Australasia, Vol. 2, pp. 448-455). Perth, WA: MERGA.

Moritz, J. B., Watson, J. M., & Collis, K. F. (1996). Odds: Chance measurement in three contexts. In P. C. Clarkson (Ed.), *Technology in mathematics education* (Proceedings of the 19th annual conference of the Mathematics Education Research Group of Australasia, pp. 390-397). Melbourne, VIC: MERGA.

Moritz, J. B., Watson, J. M., & Pereira-Mendoza, L. (1996, November). *The language of statistical understanding: An investigation in two countries*. A paper presented at the Joint ERA/AARE Conference, Singapore.

Pratt, D. (2000). Making sense of the total of two dice. *Journal for Research in Mathematics Education, 31*, 602-625.

Reading, C., & Shaughnessy, M. (2000). Student perceptions of variation in a sampling situation. In T. Nakahara & M. Koyama (Eds.), *Proceedings of the 24th annual conference of the International Group for the Psychology of Mathematics Education* (Vol. 4, pp. 89-96). Hiroshima, Japan: Hiroshima University.

Schwartz, D. L., & Goldman, S. R. (1996). Why people are not like marbles in an urn: An effect of context on statistical reasoning. *Applied Cognitive Psychology, 10*, S99-S112.

Shaughnessy, J. M. (1992). Research in probability and statistics: Reflections and directions. In D. A. Grouws (Ed.), *Handbook of research on mathematics teaching and learning* (pp. 465-494). New York: National Council of Teachers of Mathematics and MacMillan.

Shaughnessy, J. M., Canada, D., & Ciancetta, M. (2003). Middle school students' thinking about variability in repeated trials: A cross-task comparison. In N. A. Pateman, B. J. Dougherty, & J. T. Zilliox (Eds.), *Proceedings of the 27 th annual conference of the International Group for the Psychology of Mathematics Education held jointly with the 25th conference of PME-NA* (Vol. 4, pp. 159-165). Honolulu, HI: Center for Research and Development Group, University of Hawaii.

Shaughnessy, J. M., & Ciancetta, M. (2002). Students' understanding of variability in a probability environment. In B. Phillips (Ed.), *Proceedings of the Sixth International Conference on Teaching Statistics, Cape Town, South Africa.* [CD-ROM] Voorburg, The Netherlands: International Statistical Institute.

Shaughnessy, J. M., Ciancetta, M., & Canada, D. (2004). Types of student reasoning on sampling tasks. In M. Johnsen-H0ines & A. B. Fuglestad (Eds.), *Proceedings of the 28th annual conference of the International Study Group for the Psychology of Mathematics Education* (Vol. 4, pp. 177-184). Bergen, Norway:

PME.

Shaughnessy, J. M., Watson, J., Moritz, J., & Reading, C. (1999, April). School mathematics students' acknowledgment of statistical variation. In C. Maher (Chair), *There's more to life than centers*. Presession Research Symposium, 77th Annual National Council of Teachers of Mathematics Conference, San Francisco, CA.

Tarr, J. E. (2002). Confounding effects of the phrase "50-50 chance" in making conditional probability judgments. *Focus on Learning Problems in Mathematics, 24*(4), 35-53.

Tarr, J. E., & Jones, G. A. (1997). A framework for assessing middle school students' thinking in conditional probability and independence. *Mathematics Education Research Journal, 9*, 39-59.

Torok, R., & Watson, J. (2000). Development of the concept of statistical variation: An exploratory study. *Mathematics Education Research Journal, 12*, 147-169.

Tversky, A., & Kahneman, D. (1980). Causal schemas in judgements under uncertainty. In M. Fishbein (Ed.), *Progress in social psychology* (Vol. 1, pp. 49-72). Hillsdale, NJ: Lawrence Erlbaum.

Tversky, A., & Kahneman, D. (1983). Extensional versus intuitive reasoning: The conjunction fallacy in probability judgement. *Psychological Review, 90*, 293-315.

Vidakovic, D., Berenson, S., and Brandsma, J. (1998). Children's intuitions of probabilistic concepts emerging from fair play. In L. Pereira-Mendoza, L. S. Kea, T. W. Kee, & W. Wong (Eds.), *Proceedings of the Fifth International Conference on Teaching Statistics* (Vol. 1, pp. 67-73). Voorburg: International Statistical Institute.

Watson, J. M. (1998). The role of statistical literacy in decisions about risk: Where to start. *For the Learning of Mathematics, 18*(3), 25-27.

Watson, J. M., Collis, K. F., & Moritz, J. B. (1995). Children's understanding of luck. In B. Atweh & S. Flavel (Eds.), *Galtha* (Proceedings of the 18th annual conference of the Mathematics Education Research Group of Australasia, pp. 550-556). Darwin, NT: MERGA.

Watson, J. M., Collis, K. F., & Moritz, J. B. (1997). The development of chance measurement. *Mathematics Education Research Journal 9*, 60-82.

Watson, J. M., & Kelly, B. A. (2002). Variation as part of chance and data in grades 7 and 9. In B. Barton, K. C. Irwin, M. Pfannkuch, & M. O. J. Thomas (Eds.), *Mathematics education in the South Pacific* (Proceedings of the 26th annual conference of the Mathematics Education Research Group of Australasia, Vol. 2, pp. 682-289). Sydney, NSW: MERGA. (Includes chance subscale.)

Watson, J. M., & Kelly, B. A. (2003). Predicting dice outcomes: The dilemma of expectation versus variation. In L. Bragg, C. Campbell, G. Herbert, & J. Mousley (Eds.), *Mathematics education research: Innovation, networking, opportunity* (Proceedings of the 26th annual conference of the Mathematics Education Research Group of Australasia, Geelong, pp. 728-735). Sydney, NSW: MERGA.

Watson, J. M., & Kelly, B. A. (2004). Expectation versus variation: Students' decision making in a chance environment. Canadian Journal of Science, *Mathematics and Technology Education, 4*, 371-396.

Watson, J. M., & Kelly, B. A. (in press). Statistical variation in a chance setting: A two-year study. *Educational Studies in Mathematics.*

Watson, J. M., & Moritz, J. B. (1998). Longitudinal development of chance measurement. *Mathematics Education Research Journal, 10*(2), 103-127.

Watson, J. M., & Moritz, J. B. (2001). The role of cognitive conflict in developing students' understanding of chance measurement. In J. Bobis, B. Perry, & M. Mitchelmore (Eds.), *Numeracy and beyond* (Proceedings of the 24th annual conference of the Mathematics Education Research Group of Australasia, Vol. 2, pp. 523-530). Sydney, NSW: MERGA.

Watson, J. M., & Moritz, J. B. (2002). School students' reasoning about conjunction and conditional events. *International Journal of Mathematical Education in Science and Technology, 33*, 59-84.

Watson, J. M., & Moritz, J. B. (2003a). The development of comprehension of chance language: evaluation and interpretation. *School Science and Mathematics, 103*, 65-80.

Watson, J. M., & Moritz, J. B. (2003b). Fairness of dice: A longitudinal study of students' beliefs and strategies for making judgments. *Journal for Research in Mathematics Education, 34*, 270-304.

7장

# 교사는 학생들이 확률을 잘 이해하도록 어떻게 도울 수 있는가?

DAVE PRATT

수업의 목표는 오개념을 옳은 지식으로 대체하는 것이 아니라 복잡하고 점진적인 개념 형성 과정의 경험적인 기초를 제공하는 것이어야 한다. (Smith, diSessa & Rochelle, 1993, p. 74)

## 01 도입: 확률에 대한 2가지 주요 아이디어

확률은 여러 가지 측면에서 보편적이지 않다. 지식으로서 확률은 그 폭넓은 응용 가능성 때문에 순수수학, 물리학, 경제학, 나아가 자연 과학 및 사회 과학에 이르기까지를 아우르고 있다. 한편 대부분의 수학이 우리의 삶에 근본적인 영향을 미치면서도 많은 사람들이 그 은밀한 영향을 인식하지 못하는 것과 달리 확률은 일상생활의 구석구석에서 분명하게 드러난다(Noss, 1997). 확률과 관련된 언어는 우리가 하는 거의 모든 일에서 사용된다. 스포츠 캐스터는 가능성이 50/50이라고 말하고, 일기예보는 비 올 가능성이 80%라고 한다. 또한, 확률적인 계산을 통해 예측한 위험요인에 의해 건강을 평가한다. 확률은 수학이 일상생활에서 어떻게 활용되는지를 분명하게 보여주는 몇 안 되는 분야 중 하나이다.

최근 들어 호주, 미국, 영국의 교육과정처럼 여러 나라의 수학 교육과정이 가능성과 확률의 의미에 주목하기 시작하였다. 호주의 《학교 수학에 대한 국가 보고서(National Statement on Mathematics for Australian Schools, AEC, 1991)》는 여러 주에서 수업을 실행하는데 지침이 되는 문서인데, 이 문서의 내용 영역 5개 중 하나가 가능성과 자료(chance and data)이며 가능성과 자료는 현대 사회에서 가르쳐야 할 필수적인 수학 내용으로 제시되어 있다.

> 가능성, 자료 처리, 통계적 추론 개념을 충분히 이해하는 것은 오늘날 사회생활에 적응하는데 필요한 산술 능력(numeracy)을 기르는데 중요하다. (AEC, p. 163)

비슷하게 미국의 《학교 수학을 위한 원리와 규준(Principles and Standards for School Mathematics, NCTM, 2000)》은 자료 분석과 확률을 포함하여 5개의 내용 영역으로 구성되어 있다. 영국의 《수학 국가교육과정(National Curriculum: Mathematics, DfEE, 1999a)》은 확률을 자료처리라는 이름으로 4개의 성취 목표 중 하나로 제시하였다.

학교 수학에서 확률 지도에 주목하고 있는 이러한 국가 교육과정 중 특히 《잉글랜드와 웨일스의 산술 능력 지도 전략(National Numeracy Strategy for England and Wales, DfEE, 1999b)》에 대해 자세히 살펴보고자 한다. 이 교육과정은 4~13세 학생을 위한 핵심 목표가 구체적으로 기술된 교육 프로그램을 제공하기 때문에 수학 교육을 위한 "규준(framework)"으로 불리기도 한다. 이 지역의 거의 모든 교사들이 이 프로그램에 따라 수업을 한다.

이 교육과정에서 확률은 7세 학생부터 배우도록 하고 있다. 7~10세 학생을 위한 교육과정은 (a) 일어날 가능성이 같은 결과를 표현하는데 사용되는 확률 언어, (b) 2개 이상의 결과가 나오는 사건, (c) 실험 결과의 다양성, (d) 이론적 확률과 실험적 확률의 차이와 같은 아이디어에 주목한다. 즉, 7~10세 학생을 위한 교육과정에서는 다소 제한적이기는 하지만 변이의 중요성과 확률 계산을 위한 기본적인 활동을 강조한다.

2001년에는 위 교육과정과 관련하여 11~13세 학생을 대상으로 하는 지도 계획이 발표되었다(DfEE, 2001). 이 지도 계획은 확률 계산을 더욱 강조하였으며, 다양한 상황에서 가능한 모든 조합을 구하는 활동을 확대함과 동시에 실험을 통해 확률을 예측하는 것도 강조하였다. 그러나 이 지도 계획은 "반복 시행을 통해 실험적 확률이 특정한 값에 가까워지는 경향이 있음을 인식하여야 한다…"(p. 283)는 내용을 심화 수준에 있는 13세 학생들만을 대상으로 하는 주요 목표로 제시하였다.

이 교육과정은 추구하는 주요 목표와 관련하여 초등단계에서 무작위성을, 중등단계에서 큰 수의 법칙을 충분히 강조하였는지 의문스럽다. 이 교육과정은 큰 수의 법칙 이면에 있는 아이디어가 심화 수준에 속하지 않는 일반적인 학생들의 능력을 벗어나는 것으로 간주하였다.

또한 이 교육과정에는 누락된 것이 있다. 사실 이 장의 중심 주제는 이 누락된 부분에 대해 논의하는 것이다. 수학자와 통계학자에 따르면 수학과 통계학에서 분포 개념이 무엇보다 중요하다. 이론적 확률과 실험적 확률을 비교하는 논의로부터 분포 개념이 출현하는 맥락을 경험하도록 하는 내용이 교육과정에 기술되어야 한다. 아동들도 직관을 통해서 인식할 수 있는 무작위성과 변이 상황을 제한함으로써 아동들이 무작위성, 큰 수의 법칙, 분포 사이의 핵심적인 관계를 이해할 기회조차 주어지지 않고 있다.

이러한 주요 개념을 제한하게 된 이유 중 하나는 해당 개념과 관련하여 학생들이 겪을 수 있는 인지적 어려움 때문일 수 있다. 따라서 이러한 주요 개념을 지도하기 위한 교수학적 전략을 찾기 위해 교사는 학생들이 지닌 사전 지식의 특징과 한계를 파악하여 그에 적합한 지도 방안을 모색할 필요가 있다.

## 02 아동들이 알지 못하는 것과 이미 알고 있는 것은 무엇인가?

확률과 가능성에 대한 상당히 많은 연구가 가능성을 판단하는 상황에서 아동들과 성인들이 보이는 오류와 비합리적인 사고에 주목하였다. 확률과 관련된 부적절한 직관이 이처럼 잘 설명되었기 때문에, 교사들이 확률을 어려워하는 아동들을 만나면 확률은 반-직관적인 분야라고 단순하게 생각해 버리는 것은 어쩌면 당연하다. 이러한 견해의 당연한 귀결은 인간의 사고 구조가 복잡하게 얽혀 있어서 어떤 교수학적 전략으로도 바로 잡을 수 없다는 것이다. 이러한 주장이 적절한지 논의하기에 앞서 관련 연구를 간단하게 살펴볼 필요가 있다. 이러한 주장의 전반적인 개요는 이 책의 앞 장에서 다루었으므로 여기서는 이 장의 주제와 관련되는 내용을 간단하게 언급하고자 한다.

### 아동들과 성인들이 알지 못하는 것에 대한 연구

Piaget & Inhelder(1951/1975)는 굉장히 큰 영향력을 갖는 연구를 수행하였다. 피아제(Piaget)와 인헬더(Inhelder)에 따르면 확률적으로 사고하기 위해서는 불확실성을 인식할 수 있어야 하며, 조합을 사용하여 가능한 모든 결과를 체계적으로 나열할 수 있어야 한다. 후자는 확률적 지식이 형식적 조작기와 같은 발달 단계의 후반에 개발된다는 것을 의미한다. 이에 따르면 확률 이론은 사람들이 무작위성을 조작하는 과정에서 발생된 것처럼 보인다.

한편, 일상생활에서 사람들은 어떻게 가능성을 판단하는가? 여러 연구는 사람들이 확률적 판단을 내릴 때 사용하는 발견술(heuristic)의 특징을 기술하였다. 이와 관련된 주요 연구가 카네만(Kahneman)과 트버스키(Tversky)(예, Kahneman, Slovic, &

Tversky, 1982)에 의해 수행되었는데, 이들은 1960년대와 1970년대에 이러한 발견술의 구체적인 목록을 제시하였다. 이 책에서 존스(Jones)와 손튼(Thornton)은 대표성(representativeness)과 이용가능성(availability) 발견술의 특징을 기술하였으며, 코놀드(Konold)는 결과적 접근(outcome approach, Konold, 1989)에 대하여 설명하였다. 결과적 접근은, 우연 상황에서 어떤 가능성을 예측하라고 하였을 때 학생들이 "그것은 단지 우연의 문제예요"라고 말하면서 가능성을 예측하는 것이 불가능하다는 반응을 보이는 이유를 설명해 준다. 학생들이 보기에 그 모든 것은 실제 상황에서 일어나기 때문이다. Lecoutre(1992)는 등확률 편향(equiprobability bias)이라고 불리는 현상에 대해 설명하였다(등확률 편향에 대한 상세한 설명은 6장을 참조하기 바란다). Lecoutre(1992)에 따르면 확률 이론을 배운 사람들도 등확률 편향을 극복하기가 상당히 어렵지만, 문제에서 우연 요소를 없앰으로써 적절하게 반응하도록 유도할 수는 있다. Lecoutre(1992)는 사람들이 간혹 적절한 인지 모델을 사용하기도 하지만, 답하고자 하는 문제 상황과 이러한 인지 모델이 자동적으로 연결되는 것은 아니라고 하였다.

다시 말해서 조합을 활용하여 일어날 수 있는 결과를 정확하게 구할 수 있는 아동들은 과제에 무작위적 요소가 추가되면 이 새로운 정보를 적절하게 사용하는데 실패한다. 이들은 어떤 사건이 일어나는 것을 단순히 우연 때문이라고 하거나 "50/50"이라고 말하는 경향이 있다. Lecoutre(1992)는 무작위적 요소가 제거된 과제를 해결하는 것이 어렵지 않음을 보여줌과 동시에 조합을 계산할 수 있는 발달 단계 이후에도 무작위성에 대한 불안감은 끈질기게 지속될 수 있음을 보여준다.

가능성을 판단하는 사람들의 능력이 부족하다는 이상과 같은 설명이 매우 낙담스럽기는 하지만 이러한 사실 때문에 학생들에게 의미있는 학습 경험을 제공하는 것이 불가능하다고 생각해야 할 분명한 이유는 없다. 이제 다음 절에서는 보다 낙관적인 견해를 살펴보고자 한다.

### 아동들과 성인들이 아는 것에 대한 연구

피아제의 연구는 확률적 지식의 인식론적 측면을 유전적인 관점에서 검토하였기 때문에 피아제의 연구에서는 그러한 발달을 정교화하는 방법에는 주목하지 않았다. 반면에 교사는 학생들의 불완전한 지식을 지속적으로 대면해야 하므로, 학생들의 지적 발달을 유도할 만한 자료와 방법을 필요로 한다. 직관에 대한 피슈바인(Fischbein, 1975; Fischbein & Schnarch, 1997)의 연구는 보다 즉각적인 결정이나 판단을 내릴 때 작용하는 사고 구조의 특징을 살펴볼 수 있도록 한다. 피슈바인에 따르면 연구대상에게 일련의 무작위 실험에서 다음에 일어날 것 같은 사건을 예측하도록 하였을 때, 어린 아동들도 결과의 상대도수에 따라 자신들이 추측한 사건의 비율을 점차로 조정하였으며, 이는 아동들에게 상대도수에 대한 직관이 존재함을 시사한다. 피슈바인은, 앞서 기술된 것처럼 학생들이 무작위 요소를 잘 다루지 못하는 것은 결정론을 강조하는 교육방법 때문이라고 지적하였다. 피슈바인에 따르면 학교에서 학생들을 제대로 돕고 있지 않기 때문에 학생들의 초기 **일차직관**(학교에 가거나 교육받기 전의)이 효과적인 **이차직관**(체계적인 학습이나 교육에 의한)으로 발달되지 못한 것이다. 그러나 피슈바인의 연구는 확률 학습을 돕는 구체적인 방안을 제시하지는 않았다.

그럼에도 불구하고 피슈바인의 연구는 학생들을 인식론적 불안 상태로 두지 않고 적절한 교육 방법을 통해 더 "나은" 직관을 개발하도록 도울 수 있는 새로운 관점을 제시하였다는 면에서 긍정적인 견해를 담고 있다(Wilensky, 1997).

10세 또는 11세 아동들이 무작위성에 대해 적절한 직관을 지니고 있음을 밝힌 연구가 있다. 어린 아동들도 다음과 같은 특징에 기초하여 무작위 실험을 인식할 수 있는 것으로 보인다(Pratt, 1998a): 예측불가능성(unpredictability), 불규칙성(irregularity), 조종불가능성(unsteerability), 공정성(fariness).

1. **예측불가능성** : 다음에 일어날 결과를 예측할 수 없다면 무작위 실험이다.
2. **불규칙성** : 이전에 나타난 결과에 규칙이 없다면 무작위 실험이다.
3. **조종불가능성** : 특정한 결과가 일어나도록 제어할 수 없다면 무작위 실험이다.
4. **공정성** : 결과에서 개략적인 대칭성을 볼 수 있다면 무작위 실험이다.

무작위성에 대해 10세 정도의 아동들이 지니고 있는 이러한 4가지 직관이 전문가의 인식과 크게 다르지 않으며, 다만 전문가의 지식은 보다 풍부하고 폭넓은 개념 이미지(Tall & Vinner, 1981)와 관련된다. 전문가들에게 공정성과 무작위성은 서로 구별되는 특징으로, 경우에 따라서는 무작위 현상에 편향이 있을 수 있으므로 공정하지 않을 수 있기 때문이다. 그러나 아동들의 지식을 제거해야 할 오개념으로 일축하지는 말아야 한다(이러한 견해에 대한 멋진 설명은 Smith, diSessa, & Rochelle, 1993을 참조하기 바란다). 대신에 무작위성과 관련된 아동들의 편협한 견해를 개선하여 무작위성이 공정성과 동일한 것이 아니라 서로 연관되는 특징임을 알도록 하는 교수학적 전략을 **찾아보아야** 한다.

전문적인 입장에서 보면, 무작위성에 대한 4가지 직관은 때때로 자기모순을 드러낸다. 어떤 회전판에 1, 2, 3, 4, 5, 6이 같은 크기로 나뉜 부분에 각각 적혀 있으면 아동들은 이 회전판이 공정하므로 회전판을 돌려서 얻을 수 있는 숫자도 무작위로 나타날 것이라고 생각한다. 따라서 아동들은, 회전판에 1부터 6까지의 숫자가 적혀 있지만 6

이 적혀 있는 부분이 다른 부분보다 두 배 더 크다면 이 회전판은 공정하지 않으므로 회전판을 돌려서 얻을 수 있는 숫자도 무작위로 나타나지 않는다고 생각한다. 사실은 두 회전판 모두 결과를 예측하거나 조종하는 것이 불가능하고 나타나는 결과에 규칙성이 없기 때문에 두 번째 회전판으로도 무작위 실험을 할 수 있다. 그러나 아동들은 종종 이러한 모순을 간과한다. 아동들은 문제 상황의 가장 분명한 특징을 통해 자신들이 어떤 입장을 취하면 좋을지에 대한 암시를 얻을 수 있다고 생각하였다. 교사는 이와 같은 모순을 부각시킴으로써 아동들이 인지적 갈등을 느껴 공정성과 무작위성을 구별할 수 있도록 지도할 필요가 있다. 물론 아동들은 이러한 인지적 갈등을 전혀 느끼지 않을 수 있다는 것이 교사에게는 어려운 점이며, 아동들보다는 교사가 이 점에 있어 더한 갈등을 느낄 수 있다!

10세 아동들의 불충분한 직관과 전문가들의 효과적인 이해를 구분 짓는 가장 핵심적인 측면에 대해 살펴보고자 한다. 무작위성에 대해 앞서 논의한 4가지 직관은 실험에서 즉각적으로 관찰된 결과에만 주목하고 있다. 사전면담을 통해 학생들이 충분히 많은 시행에 의해 누적된 결과의 무작위적 특성을 의식하지 못한다는 점을 알 수 있었다. 그러나 무작위성과 관련하여 전문가들이 지닌 가장 결정적인 이해는, 첫 번째 절에서 핵심 개념으로 지적된 바 있는 큰 수의 법칙으로 구체화된다. 수학적으로 무작위 실험이 갖는 흥미로운 특징은, 몇 번의 시행 결과는 예측할 수 없지만 충분히 많은 시행을 통해 그 결과를 예측할 수 있으며 결과의 상대도수가 확률에 가까워지는 경향을 보여준다는 것이다.

큰 수의 법칙은 무작위성의 핵심적인 특징을 보여주는 법칙으로 이를 통해 무작위성에 대한 전문적인 이해와 10세 아동들의 초보적인 이해를 구별할 수 있다. 이러한 큰 수의 법칙은 심화 수준의 학생들을 대상으로 하는 영국 교육과정의 산술 영역에 소개되어 있다. 그러면 교사는 학생들이 큰 수의 법칙에 대한 직관, 나아가 분포에 대한 직관을 가질 수 있도록 어떻게 도울 수 있을까? 교육학자들은 테크놀로지가 의미 있는 역할을 할 수 있다고 제안한 바 있다. 다음 절에서는 테크놀로지와 확률에 대한 연구를 간단하게 개관하고, 테크놀로지를 활용한 확률 교수-학습을 집중적으로 다룬 연구 하나를 좀더 상세하게 살펴보고자 한다. 이 연구를 통해 확률 교육의 방법론적 지침을 마지막으로 제안하고자 한다.

## 03 확률에 대한 학생들의 이해를 개발하는데 테크놀로지의 역할

지난 20년 동안 테크놀로지를 활용한 확률 교수-학습을 다룬 연구가 등장하였다. 이 절에서는 다음 절인 4절에서 소개할 연구를 보다 잘 이해하는데 필요한 몇몇 문헌을 요약하고자 한다.

컴퓨터를 활용하여 생성된 무작위성을 학생들이 신뢰하지 않을 수 있기 때문에 확률 교육에 컴퓨터가 활용되기 어렵다는 견해가 있다. 선행연구(Borovcnik & Peard, 1996)는 컴퓨터에 의해 생성되는 무작위성의 의사-무작위적(pseudo-random) 본질이 수업 상황을 통해 분명하게 논의되어야 한다고 지적하였다. 학생들이 의사-무작위 숫자를 생성하는 복잡한 알고리즘까지 알 필요는 없지만 자신들이 사용할 모델과 충분히 상호작용함으로써 앞서 기술된 우려를 해소할 수 있다.

코놀드(Cliff Konold)는 컴퓨터를 활용한 확률 교수-학습에 대한 선구적인 연구를 진행하였다. 동전 던지기 결과를 놓고 학생과 내기를 한 경험을 다룬 연구(1995)에서 코놀드는 다음과 같은 시사점을 기술하였다: (a) 사람들은 보통 자료의 변화를 설명할 때는 변화 자체가 지니는 강력한 영향력보다는 그 변화가 발생하는 이유를 찾는데 주목하는 경향이 있다, (b) 학생들의 참여를 자극하기 위해서는 테크놀로지 자체보다 과제 설계가 더 중요하다, (c) 학생들은 적은 양의 자료로도 의미있는 결과를 유도할 수 있다고 생각하는 경향이 있다, (d) 변이를 고려하지 않는 과제 설계자는 반복 시행과 실험의 도구로 테크놀로지를 활용하지 못한다, (e) 소프트웨어를 설계할 때는 직관을 개발하고 이해를 성장시키는데 주목하여야 한다.

보다 최근 연구(Stohl & Tarr, 2002)는 확률 탐색기(Probability Explorer)라는 소프트웨어를 활용하여 6학년 학생들의 추론 능력을 개발하고 평가하는 방안을 다루었다. 이 연구에 참여한 학생들은 경험적 확률과 이론적 확률의 관계를 이해하게 되었으며, 어떤 결과를 예측할 때 크기가 큰 표본을 활용하는 것이 중요함을 인식하게 되었고, 자료(data)에 근거하여 자신의 주장을 정당화할 수 있게 되었다.

코놀드의 연구가 소개되던 시기에 Wilensky(1993)는 수학 **연결** 프로젝트의 일환으로 스타로고(StarLogo) 마이크로월드를 활용하여 과제를 해결하는 대학생들의 활동을 분석하였다. 윌렌스키(Wilensky)는, 무작위성을 완전히 간과하지도 않으면서 동시에 단순히 수학적인 형식주의만을 따르는 것도 아닌, 2가지가 결합된 방식으로 무작위성을 인식하기 시작할 때 학생들이 겪게 되는 다양한 인식론적 불안을 분석하였다. 무작위성과 관련된 이러한 이해에 도달하기 위해, 학생들은 자신들의 확률적 판단이 부적절함을 보여주는 실생활 경험에 비추어 확률에 대한 초기 오개념과 부족한 피드백에 의해 형성된 일련의 장애를 극복하려고 최선을 다하였다.

윌렌스키가 스타로고(StarLogo)를 활용한 주요 이유는, 컴퓨터를 전통적인 방식으로 단순히 사용하는데 있는 것이 아니라 학생들이 새로운 결과를 산출하기 위해 컴퓨터 프로그램을 조작하여 확률에 근본적으로 내재된 인식론적 장애에 친근해지도록 하려는 것이었다. 예를 들어 다음과 같은 고전적인 문제를 생각해보자:

> 지름이 10cm인 원에 현을 무작위로 그릴 때 그 현이 원의 반지름보다 길 확률은 얼마인가?

윌렌스키의 연구에 참여한 학생들은 이 문제에 답이 여러 개 있으며, 여러 개의 답 중에서 어떤 것이 잘못되었는지 아직까지 밝히지 못했다는 사실에 혼란을 느꼈다. 이 문제를 컴퓨터로 프로그래밍할 때 학생들은 이 문제의 답이 무작위 생성자를 설정하는 방법에 따라 달라진다는 사실을 알게 되었다. 윌렌스키에 따르면 이 부분이 학생들에게는 무작위성과 관련된 인식론적 장애에 대해 고심하게 되는 중대한 돌파구가 되었다.

윌렌스키의 로고-기반(Logo-based) 접근에 기초하여 다른 연구가 수행되었다. Abrahamson & Wilensky(2002)는 학생들이 종 모양 곡선의 생성 과정을 보여주는 넷로고(NetLogo) 마이크로월드를 설계하는 과정을 분석하였다. 이 과정에서 Abrahamson & Wilensky(2002)는 윌렌스키의 원래 연구에서 구체화된, 무작위성과 관련하여 일종의 복잡성을 만들어내는 인식론적 견해를 파악하게 되었다.

Paparistodemou, Noss, & Pratt(2002)는 로고의 최신 버전인 이매진(Imagine)으로 확률 게임을 만들었다. 여러 개의 공이 역동적으로 움직이도록 구현된 프로그램을 제공하여 무작위 혼합에 대한 어린 아동들의 이해를 분석함으로써, 연구자들은 6세 정도의 아동들도 준-구체물에 의한 무작위 혼합을 이해할 수 있다는 것을 발견하였다.

마이크로월드에 대한 초기연구를 진행하면서 코놀드는 우연 생성기(Chance-Maker) 마이크로월드라는 프로그램의 후속 버전을 연구하였다. 다음 절에서 살펴보게 될 우연 생성기 마이크로월드에 대한 연구는, 확률과 관련된 아동들의 이해를 교사들이 어떻게 개발할 수 있을지에 대한 여러 가지 통찰을 제공할 것이다.

## 04 우연 생성기Chance-Maker에 대한 연구

확률(stochastic)을 강조할수록 학생들의 초기 직관을 더 잘 개선할 수 있다(Fischbein,

1975, p. 73)는 피슈바인의 견해를 구체화하는데 주요 교수학적 지침이 될 수 있는 특징을 이하에서 개관할 연구를 통해 설명하고자 한다.

실제로 이 연구는 설계 연구(Cobb, Confrey, diSessa, Lehrer, & Schauble, 2003)의 일부로서 연구의 목적은, **우연 생성기**가 될 마이크로월드를 제작하는 것과 컴퓨터-기반 도구를 활용할 때 확률에 대한 학생들의 사고가 어떻게 발달하는지를 생생하게 기술하는 것이다. 무작위성에 대한 학생들의 초기 직관과 관련된 연구 결과는 이미 설명하였으므로, 이 절에서는 새로운 지식이 출현하는 과정에 주목하고자 한다.

### 우연 생성기 마이크로월드

연구의 마지막 단계에 아동들에게 **장치**(gadget) 세트(그림 1)가 제공되었는데, 이는 일반적인 무작위 생성자(동전, 회전판, 주사위 등)를 활용하여 시뮬레이션을 할 수 있도록 제작된 소규모-계산 기구(device)이다. 우연 생성기 마이크로 월드를 설계할 때, 아동들이 보통 이러한 장치는 기본적으로 공정하게 작동할 것으로 생각하는 경향이 있음을 염두에 두었다. 가능성에 대한 학생들의 이해를 살펴보기 위해 이와 같은 학생들의 견해에 도전할 필요가 있었다. 이에 장치가 제대로 작동하지 않아서 아동들이 어떤 조작을 가할 때 일종의 편향이 드러날 수 있도록 의도적으로 설계하였으며, 아동들에게 어떤 장치가 고장이 났는지 살펴보라고 질문하였다. 또한 장치에는 다양한 도구(tool)를 포함시켜 아동들이 고장이 난 장치를 고칠 때 활용할 수 있도록 하였다. 이 연구에서는 아동들이 장치를 공정하게 만드는데 목적을 둘 것이라고 가정하였지만 공평성 자체가 매우 다양한 방식으로 드러났다.

그림 1에서 보듯이 각 장치에는 강도 조절(strength control) 기능을 두어서, 아동들이 동전, 회전판, 주사위를 작동시킬 때 그 강도를 조절할 수 있게 하였다. 실제로 강도는 시뮬레이션 결과에 영향을 미치지 않지만, 그 강도를 높임으로써 시뮬레이션이 오랫동안 지속되도록 할 수 있다. 또한 마우스를 장치 위에 두고 클릭하면 같은 강도

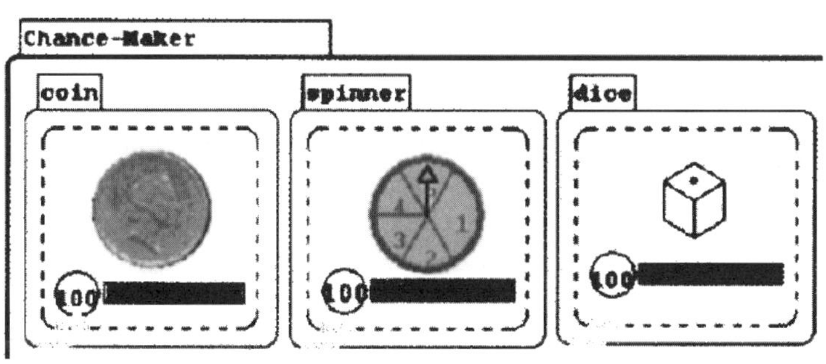


그림 1. 우연 생성기 마이크로월드의 3가지 장치

로 장치가 작동하게 되는데, 이는 같은 실험을 반복하여 다른 결과를 얻고자 할 때 사용할 수 있다.

아동들이 어떤 장치를 고치고 싶으면 그 장치의 수선 도구(mending tool)를 열면 된다. 그림 2는 주사위 장치의 도구를 보여준다. **결과**(Result) 상자에 나타난 결과를 **그림**(Pic) 버튼을 눌러 그림그래프로 나타내거나 **파이**(Pie) 버튼을 눌러 원그래프로 나타낼 수 있다. 시행을 여러 번 반복할 수 있는데(그림 2에는 반복(Repeat) 도구가 시행을 100번 반복하는 것으로 설정되어 있다), **켜기/끄기**(On/Off) 버튼을 이용하여 그림을 끄면 걸리는 시간을 절약할 수 있다. 시행 결과는 **새로 고침**(New) 버튼을 눌러서 새로운 실험을 시작하기 전까지는 계속 누적된다.

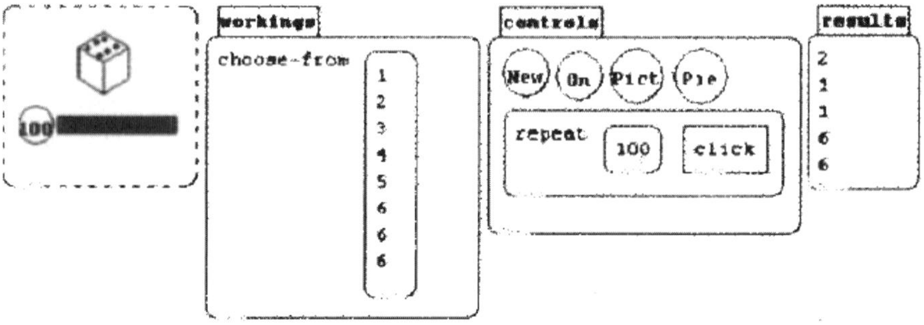


그림 2. 주사위 장치의 주요 도구

작업 상자(Working box)는 이 장치의 중심부에 해당한다. 그림 2에서 주사위는 1, 2, 3, 4, 5, 6, 6, 6의 비율로 결과가 나타나도록 설정된 것을 볼 수 있다. 아동들은 작업 상자를 수정함으로써 장치가 작동하는 방식을 바꿀 수 있다.

### 지식의 출현

아동들은 다양한 방식으로 우연 생성기를 사용하였지만 교수학적 논점을 끌어내기 위해 지식의 전형적인 발생 과정을 요약하고자 한다. 독자들은 이 연구로부터 어느 정도 일반성을 갖춘 반향을 얻고자 하겠지만, 질적 연구방법론을 따르고 있는 이 연구의 결과를 통계적으로 일반화할 수는 없다(좀더 세부적인 내용은 Pratt, 1998b, 2000을 참조하기 바란다).

아동들은 강도 조절 기능을 사용하여 간단하게 장치들을 작동시켰다. 과제는 어떤 장치가 제대로 작동하지 않는지를 알아내는 것이었다. 이러한 과제를 통해 사전 면담에서 파악된 무작위성에 대한 직관을 해석하는데 필요한 다양한 증거가 드러났다.

동전 장치에는 기본적으로 어떤 편향도 없었으나, 아동들은 그 결과가 강도에 의해 영향을 받는다고 생각하였다. 그러나 아동들은 결과에서 어떤 패턴이 유지되는 것은 아니라는 점을 발견하였다. 강도가 결과에 영향을 미친다는 추측은 오래가지 못하였다.

아동들은 동전 던지기 결과를 나타낸 원 그래프가 고르게 보이지 않아서 혼란을 겪었다. 아동들은 원 그래프가 균등하게 나타나는지 살펴보기 위하여 강도와 여러 도구를 변경해 가며 동전 던지기 실험을 계속하였다. 아동들은 시행의 횟수를 줄여 실험을 반복하였지만 원 그래프에서 만족스러운 결과를 얻지 못하였다.

때로는 새로 고침 버튼을 사용하기 전까지 시행의 결과가 누적되는 바람에, 경우에 따라서는 연구자의 도움으로, 아동들은 우연히 시행의 횟수를 늘리게 되었고 원 그래프가 거의 절반에 가까워진다는 사실을 알게 되었다. 동전 던지기를 몇 번 더 시행한 다음 아동들은 다음과 같이 자신의 생각을 설명하였다: "동전 던지기의 시행 횟수가 많아질수록 원 그래프가 점점 더 절반에 가까워진다." 이는 Noss & Hoyles(1996)가 제시한 **상황화된 추상화**(situated abstraction)의 적절한 사례이다. 아동들은 현상이 발생하는 규칙을 추상화하였으나 이러한 추상화는 자신들의 언어로 설명할 수 있는 범위에서 그 현상이 발생하는 조건(setting)과 관련된다.

회전판 장치는 나뉜 부채꼴 모양이 균등하지 않았기 때문에 처음부터 공정하지 않은 장치라는 인상을 주었고, 아동들은 회전판에 편향이 없어야 한다고 생각했기 때문에 회전판 장치가 제대로 작동하지 않을 것이라고 추측하였다. 이러한 회전판의 특징은 고르지 않은 원 그래프로 나타났다. 아동들은 작업 상자가 공정하지 않게 설정되어 이러한 일이 발생했다고 생각하였다. 그러나 각각의 결과가 1번씩만 나오도록 작업 상자를 수정하였어도 문제를 해결하지는 못하였다. 회전판의 부채꼴 모양이 균등하게 나누어지지 않아서 원 그래프는 여전히 "공정하지 않게" 보였다.

아동들은 동전 던지기 장치로부터 얻었던 상황화된 추상화 결과를 활용하지 않고 시행 횟수를 줄여 실험을 반복하였으며, 원 그래프에서 드러난 차이를 없앨 수 있는 값만큼을 작업 상자에 적어 넣었다. 그러나 원 그래프는 여전히 고르지 않게 나타났다. 이는 동전 던지기 장치로 얻은 지식이 그 상황과 얼마나 깊게 연결되어 있는지를 보여준다.

결국, 거의 자포자기한 끝에, 학생들은 동전 던지기 장치에서 배웠던 바를 상기해 내었다. 학생들은 시행의 횟수를 늘렸고 원 그래프가 이제야 공정하게 보인다는 것을 발견하였다.

이 과정에서 아동들은 "회전판의 작업 상자가 원 그래프를 공정하게 만든다"는 상황화된 추상화 결과를 언급하였다. 연구자의 질문에 의해 몇몇 학생들은 시행의 횟수가 커질 때에만 이와 같은 일이 발생한다는 것을 깨달았다.

아동들은 회전판 장치에서와 정확하게 동일한 방식으로 주사위 장치를 다루기 시작하였다. 아동들은 이전에 학습한 바를 여전히 간과하였으나, 이번에는 이전에 상황화된 지식으로 좀더 빨리 되돌아가서 작업 상자를 균등하게 설정하고 시행의 횟수를 늘려서 어떤 결과가 일어나는지 탐구하였다. 세 번째 장치에 와서야 이전에 어떻게 했는지를 떠올릴 때 새로운 지식이 우선적으로 상기될 정도의 신뢰를 얻게 되었다.

이상은 연구의 일부만을 간단하게 개관한 것이지만 교수학적 지침을 끌어내기에 충분해 보인다. 이러한 지침을 통해 교사들은 교실에서 아동들을 가르쳐본 자신의 경험을 떠올릴 수도 있다.

## 05 교수학적 함의

### 목적과 효용성

교사들은 Ainley, Pratt, & Hansen(출판 예정)이 설명한 **설계 역설**(planning paradox)에 직면하게 된다. 영국 교육과정의 산술 영역처럼 대부분의 교육과정은 수학적 개념과 기능을 직접적으로 언급하는 교수 목표(objectives)를 제시한다. 교사들이 이러한 교수 목표에 기초하여 계획을 세우면 과제는 아동들에게 의미가 없으며 수학적으로는 빈곤한 것이 된다. 그러나 교사들이 과제에 기초하여 계획을 세우면 활동은 초점을 잃게 되고 가치를 평가할 수 없게 된다.

여기서는 과제를 설계할 때 고려해야 하는 요건 2가지를 제안하고자 한다. 첫째 요건은 **목적**(purpose)이다. 목적 지향적 과제는 학생들이 적극적으로 참여할 수 있는 문제로서 그 해결책이 실제적이든 가상적이든 학생들에게 의미 있는 성과를 낳는 것을 말한다. 둘째 요건은 **효용성**(utility)이다. 학생들은 수학적인 개념과 전략의 효용성을 경험할 기회를 가져야 하며, 목적 지향적 맥락에서 이들을 사용해봄으로써 수학적인 아이디어가 얼마나 유용하며 왜 유용한지를 배울 수 있어야 한다. 이러한 이원론적 접근은 수학적인 전략을 실행하는 방법만을 강조하는 전통적인 접근과 반대의 입장에 있다.

학생이 목적 지향적 활동에 참여하면서 수학적 개념의 효용성도 은연중에 발견할 수 있도록 목적과 효용성을 연결시키는 것이 계획을 세울 때 어려운 점이다. 우연 생성기(Chance-Maker) 과제를 성공적으로 설계하기 위해서는 목적과 효용성을 연결시키는 이러한 아이디어가 정말로 중요하다는 것을 알게 되었다. 아동들은 제대로 작동하지 않는 장치를 찾아 그것을 고치도록 하는 구체적이고 의미있는 과제를 즐겁게 다루었지만, 목적과 관련하여 다소 충분하지 않은 점이 있다. 우연 생성기의 여러 도구는 그 이면에 놓여 있는 2가지 주요 개념인 (i) 큰 수의 법칙(반복 도구와 그래프 그리기 기능을 통해서), (ii) 분포(작업 상자를 통해서)에 대한 아이디어를 아동들이 인식할 수 있도록 설계되었다.

이러한 2가지 핵심 아이디어와 관련되는 활동에 아동들이 적극적으로 참여하도록 유도하는 방법에는 여러 가지가 있으며, 우연 생성기는 그 중 하나의 방법일 뿐이다. 우연 생성기를 활용한 수업 활동에서 얻은 핵심적인 시사점은 확률에만 국한되지 않으며 일반적인 수학 수업에서 활용할 과제를 설계하는데도 적용될 수 있다.

### 개인적인 추측을 시험하기

여러 연구에 따르면 아동들(과 성인들)은 우연 현상에 대해 다양하고 기이한 방식으로 사고하며, 이 중 몇몇은 앞서 기술된 바 있다. 이러한 사고방식을 어떻게 바라봐야 할까? Noss & Hoyls(1996)와 diSessa(1993)를 통합하여 개발된 이 연구의 이론적 틀(Pratt & Noss, 2002)은, 이전 지식은 새로운 지식과 공존하며 이들은 서로 연결되지 않으면 고립된 형태로 존재할 수밖에 없다는 것이다. 이러한 이론적 틀은 오개념을 근절해야 할 대상으로 파악하여 정상적인 지식에 의해 대체되어야 한다고 보는 오개념 관련 연구와 반대 입장에 있다. 실제로 오개념에는 전형적으로 무지한 아이디어가 담겨 있기도 하지만 어떤 면에서는 정상적인 견해가 녹아 있기도 하다. 따라서 전문가들처럼 아동들도 무작위성이 예측불가능성을 띤다는 것을 인식할 수 있으며, 다만 실제로 시행이 충분히 반복되면 무작위성도 예측가능하다는 것을 배울 필요가 있을 뿐이다. 오개념이 새로운 지식과 연결될 수 있다면 이는 더 나은 학습의 유용한 발판이 된다. 시행 횟수가 작을 때 예측불가능하다는 무작위성에 대한 지식은 시행이 충분히 반복되었을 때 우연 생성기 장치가 보여주는 결과와 연결되어, 결과적으로는 무작위성과 관련된 예측가능성 또는 예측불가능성에 대한 제약이 추상화될 수 있었다. 오개념이 완전히 잘못된 개념이므로 어떤 교수학적 잠재력도 갖지 않는다고 치부하게 되면, 아동들은 옳은 견해로 보이는 아이디어의 설득력이 약하다고 느낀 채로 또 다른 전략을 찾게 될 것이다. 이러한 이유로 강도 조절 기능은, 장치가 실행되는 강도의 변화가 작업 상자나 시행 횟수의 역할보다 설득력이 약하다는 것을 보여주기 위해서 설계되었다.

피드백은 여기에서 매우 중요하다. 만약 아동들이 오랫동안 유지했던 신념을 반박하는 입장에 막 들어섰거나 이러한 신념을 의심하기 시작한다면, 현재 자신들이 지니고 있는 아이디어의 약점을 드러낼 적절한 근거를 제공하는 피드백이 필요하다. 아동들은 직접 자기 자신의 개인적인 추측을 시험해보고 이를 평가할 수 있어야 한다.

앞서 살펴본 우연 생성기를 활용한 활동에서, 아동들은 강도 조절이 장치의 결과에 영향을 미친다는 자신들의 아이디어를 시험해 볼 수 있었다. 강도 조절 기능은 수학적으로 아무 의미가 없기 때문에 일종의 **불필요한 기능**(redundant control)이라고 볼 수 있지만, 학생들이 자기 자신의 개인적인 추측을 시험해 볼 기회를 주기 때문에 심리학적으로는 매우 중요하다.

확률 맥락에서 이러한 활동은 수학의 어떤 영역에서 보다 중요하다. 이러한 상황에서 확률 이론은 현상을 설명하는 필수적인 모델을 제공한다. 어떤 현상을 경험함으로써 내린 판단은 그것이 옳은지 어떤지에 대해 피드백을 받기가 좀처럼 쉽지 않다. 게임을 할 때, 그 게임에 열심히 참여하면서도 사용한 전략(예, 결과적 접근)에 대해서는 반성하지 않는다. 어떤 경우에도 의미 있는 피드백을 얻기 위해 시행을 충분히 반복하는 시도는 거의 하지 않는다.

큰 수의 법칙과 분포 같은 핵심 목표를 아동들에게 이해시키기 위해 개발된 과제는 어떤 것이든 간에, 아동들이 이러한 아이디어를 자신들의 직관과 비교하여 그 아이디어가 지닌 가치를 인식할 수 있도록 하는 기제를 지니고 있어야 한다.

### 대규모 실험(Large Scale Experiments)

큰 수의 법칙은 실험을 충분히 많이 실행할 수 있는 상황에서 제대로 이해될 수 있다. 앞서 살펴본 연구에서 10세 아동들 몇몇은 시행의 횟수가 늘어났을 때 무작위성이 어떻게 변화하는지를 이해하지 못하였다. 이 아동들에게 시행의 횟수를 직접 선택하도록 하였을 때, 이 아동들은 적은 횟수의 실험을 진행하려고 하였다. 타당한 이유가 없는데 굳이 왜 다른 방법을 택하겠는가? 게다가 아동들은 작은 수의 법칙(Law of Small Numbers)이 성립한다고 생각하는 경향이 있다(Kahneman et al., 1982).

교사가 아동들에게 제공하는 과제는 실험에서 아동들이 시행의 횟수를 스스로 결정할 수 있도록 하는 것이어야 한다. 단순히 시행의 횟수를 늘리라는 안내만을 받게 된다면, 시행의 횟수를 자유롭게 선택할 수 있게 되었을 때 아동들이 어떻게 잘 해낼 수 있을 것이며 작은 시행 횟수로부터 발생하는 문제를 어떻게 깨달을 수 있겠는가? 그렇기 때문에 교사는 과제를 통해 아동들이 시행의 횟수를 자연스럽게 늘릴 수 있도록 격려하여야 하며, 이와 같은 대규모 실험이 가능한 도구를 제공하여야 한다.

### 맥락의 체계적인 변화

상황화된 인지 이론(Lave, 1988, 1991 참조)은 지식이란 상황에 따라 본질적으로 달라질 수 있음을 설득력있게 주장하였다. 그러나 앞서 살펴본 연구에서 아동들은 결과적으로 그들의 상황화된 추상화 결과를 다른 상황에서 다시 사용하였다. 아동들이 왜 이러한 특징을 보였을까? 일단 아동들은 자신들의 아이디어가 설득력이 부족하다는 것을 깨달았으며 최근에 배운 지식을 재고하기 시작하였다. 게다가 새롭게 배운 아이디어는 서로 다른 맥락에 걸쳐 믿을 만하다는 것이 입증되었기 때문에, 이러한 아이디어가 높은 우선순위를 갖게 되었으며(이는 현상학적 토대 또는 P-프라임(p-prim)이라는 아이디어에 기초한다: diSessa, 1988*) 이해를 위한 장치로 보다 쉽게 받아들여졌다.

결과적으로 아동들은 여러 장치 사이에 존재하는 연관성을 볼 수 있게 되었는데, 이는 장치간에 구조적인 유사성이 있었기 때문이다. 어떤 의미에서 장치 사이에 존재하는 유일한 차이는 겉으로 드러난 외관뿐이며, 이는 학생들에게는 매우 의미있는 것일 수 있지만 수학자들에게는 무시될 수 있는 것이다. 물론 각각의 장치가 갖는 기본 도구는 동일하였으며, 장치들은 같은 마이크로월드로 제작되었다.

같은 수학적 아이디어를 다른 맥락으로 제공하고 각각의 맥락에 동일한 도구를 사용하는 것은, 큰 수의 법칙과 분포 같은 2가지 핵심 개념의 폭넓은 적용 가능성을 아동들이 이해하도록 하는데 보다 효과적일 수 있다.

## 06 맺음말

목적과 효용성, 개인적인 추측을 시험하기, 대규모 실험, 맥락의 체계적인 변화로 요약된 4가지 교수학적 함의는 기본적으로 테크놀로지를 다룬 연구로부터 유도되었다. 이 분야에서 테크놀로지를 활용하는 연구를 비평하는 사람들은 컴퓨터는 어쨌든 의사 무작위 상황을 생성하기 때문에 아동들이 컴퓨터의 무작위성을 신뢰하지 않을 것이라

* DiSessa(1988)는 지식이 태동하는 순간에 일어나는 개념적 변화에 대한 세부 모델을 제공하였다. 아주 작은 조각의 지식인 P-프라임은 경험에서 곧바로 추상화된다. P-프라임의 예에는 "밀면 움직인다"와 같은 것이 있다. P-프라임에는 우선순위가 있는데 이를 통해 어떤 P-프라임이 단서를 줄 수 있겠는지 결정한 다음, 이번에는 단서를 주는 우선순위가 실행 과정에서 드러나는 일관성과 유용성에 따라 수정된다. 점차 "전문 지식으로 조정되면서" P-프라임간에 연결이 형성되어 개념이라고 여겨지는 형태를 갖추게 된다. 상황화된 추상화가 P-프라임보다 훨씬 상위 수준의 결과물이기는 하지만, 사고하는 방식을 설명하는데 DiSessa(1988)의 모델이 유용해 보인다. 왜냐하면 서로 다른, 경우에 따라서는 서로 모순되는 상황화된 추상화와 정상적인 추상화를 활성화시키는 조정의 과정사이에 공존하는 사고방식의 특징을 보여주기 때문이다.

고 주장한다. 컴퓨터를 통해 얻은 결과는 예측할 수 없으며 조정할 수도 없고, 결과에서 어떤 규칙성도 발견할 수 없다는 것을 아동들이 분명히 인식할 수 있도록 상황을 제시할 필요가 있다. 이러한 상황하에서 아동들은 컴퓨터가 실제로 무작위 결과를 생성한다고 믿을 수 있기 때문이다. 그러나 컴퓨터에 의해 생성된 수들이 의사무작위성을 지닌다는 사실은 그렇게까지 우려할 필요가 없어 보인다. 모델링 관점에서 볼 때, 컴퓨터라는 무작위 생성자로부터 얻은 결과를 설명하는데 사용하는 확률 모델은, 주사위나 다른 물리적 무작위 생성자로부터 얻은 결과를 설명하기 위해 사용하는 확률 모델과 아무런 차이가 없다. 앞서 살펴본 교수학적 시사점 4가지를 테크놀로지의 특수한 본성에 비추어 살펴보는 것은 의미가 있다.

**목적과 유용성**은 패퍼트(Papert)와 다른 연구자들(Hare1 & Papert, 199)의 **구성주의적** 견해로부터 발생하였다. 패퍼트에 따르면 바람직한 학습 방법은 구체적이든 가상적이든 어떤 대상을 구성하도록 하는 것이다. 구성은 활동에 주요한 의미를 부여하는 구체적인 관점을 제공한다. 우연 생성기 활동에서 장치를 수리하도록 하는 과제는 이러한 패러다임을 적용한 것으로, 목적과 효용성의 연결이 어떻게 가능한지를 보여준다. 과제가 우선 목적을 만족시킨 다음 활동을 유도해야 하기 때문에 과제를 적절히 설계하는 것이 중요하다. 또한 과제는 의도된 수학적 개념의 유용성을 학생들이 인식할 수 있도록 설계되어야 한다. Ainley & Pratt(2002)은 목적과 효용성이 효과적으로 연결될 수 있는 다른 분야를 탐색한 적이 있다. 이처럼 컴퓨터 환경을 구성주의 방식으로 활용하는 것이 설계 역설을 해결하는데 용이하기는 하지만 이것이 유일한 해결책은 아니다.

**개인적인 추측을 시험하는 것**은 테크놀로지를 활용하지 않으면 특히 도달하기 어려운 목표이다. 시간에 쫓기는 교사는 애타게 지식을 탐구하고자 하는 아동들을 충분히 만족시킬 수 없다. 테크놀로지를 활용하지 않으면 교사는 모둠활동 및 학급논의와 같은 다른 교수 방법을 사용하여야 한다. 컴퓨터 없이 진행되는 이러한 활동의 한계는, 피드백이 중립적이지 않으며 덜 개인적이고 정확하지 않다는 것이다. 그러나 한편으로는 아동들이 지닌 기이한 아이디어 모두를 컴퓨터로 다루는 것이 가능하지 않을 수도 있다.

**대규모 실험**도 테크놀로지가 없으면 다루기 힘들다. 시행 횟수를 여러 번 반복함으로써 느끼게 되는 지루함을 피하기 위해 교사들은 학생들이 개별적으로 수행한 시행 결과를 학급 전체를 통해 수집한다. 그러나 불행하게도 이러한 방법에서는 학생 개개인의 특성이 사라지게 되어, 학생들은 자기 자신의 사고 전략이 아니라 다른 사람의 사고 방법에 대해 탐구하게 된다. 대부분의 학교에서 컴퓨터는 여전히 활용하기 어려운 교구이다. 이러한 문제를 해결하면서 전통적인 무작위 생성자에 대한 경험을 제공하기 위해 교사들은 종종 컴퓨터 없이 모둠 활동을 시작하기도 한다. 이를 통해 개인적인 추측을 구체적으로 드러낼 수는 있지만 그러한 추측을 대규모 실험에 의해 평가하기 위해서는 초기 모둠 활동 이후에 컴퓨터를 활용하는 개별 활동이나 소규모 모둠 활동이 필수적이다.

**다양한 맥락을 설정할 때** 표면적으로는 컴퓨터가 필요하지 않을 것 같고, 어떤 면에서는 실제로도 그러하다. 그러나 수학적인 구조가 동일하고 외연적으로 드러난 특징이 비슷하여 최근에 배운 지식을 재사용할 필요가 있다는 신호를 보내는 맥락에서 컴퓨터의 강점이 부각된다.

거대한 딜레마가 하나 남아 있다. 아동들이 컴퓨터를 활용하면서 확률에 대해 배운 것을 전통적인 상황으로 "전이"할 수 있겠는가? 달리 말하면 "아동들은 배운 지식을 새로운 상황에서 다시 사용할 수 있을 것인가?" 확률 연구 분야에서 주는 답은, 지나치게 단순화한 측면이 있기는 하지만 간단히 말하자면 "아니오"이다. 다른 장치를 활용하는 물리적 상황에서 제기되는 과제를 생각하면 어려움이 드러난다. 이 장치는 컴퓨터에서 활용하였던 장치와 매우 다르다. 물리적 상황의 속성 때문에 이로부터 핵심 아이디어와 관련된 풍부한 직관을 얻는 것은 쉽지 않다. 이것이 바로 대부분의 연구가 사람들이 알지 못하는 것에 집중하는 이유이다. 그러나 앞서 기술된 함의를 통해 물리적 상황과 매우 근접한 가상적 상황을 도입하는 새로운 교수학적 전략을 설계하는데 후속연구들이 보다 주목함으로써, 아동들이 가상의 세계에서 구성한 초기 아이디어를 전통적인 상황에 다시 사용할 수 있게 되기를 바란다.

## 참고문헌


Abrahamson, D. & Wilensky, U. (2002). The quest of the bell curve: a constructionist designer's advocacy of learning through designing. *Proceedings of the Third Conference of the European Society for Research in Mathematics Education*, Bellaria, Italy. [Online: http://www.dm.unipi.it/~didattica/CERME3/proceedings/]

Australian Education Council. (1991). *A national statement on mathematics for Australian schools*. Carlton, VIC: Curriculum Corporation.

Ainley, J., Pratt, D., & Hansen, A. (in press). Connecting engagement and focus in pedagogic task design. *British Educational Research Journal*.

Borovcnik, M., & Peard, R. (1996). Probability. In A.J. Bishop (Ed.), *International Handbook of Mathematics Education* (pp. 239-287). The Netherlands: Kluwer Academic Publishers.

Cobb, P., Confrey, J., diSessa, A., Lehrer, R., & Schauble, L. (2003). Design experiments in educational research. *Educational Researcher, 52*(1), 9-13.

DfEE (1999a). *The national curriculum: Mathematics*. London: DfEE Publication.

DfEE. (1999b). The national numeracy strategy: *Framework for teaching mathematics from reception to year 6*. Sudbury, Suffolk: DfEE Publication.

DfEE. (2001). *The national numeracy strategy: Framework for teaching mathematics years 7, 8 and 9*. Sudbury, Suffolk.: DfEE Publication.

diSessa, A. A. (1988). Knowledge in pieces. In G. Forman & P. Pufall (Eds.), *Constructivism in the computer age* (pp. 49-70). Hillsdale, New Jersey: Lawrence Erlbaum Associates, Inc.

diSessa, A. A. (1993). Towards an epistemology of physics. *Cognition and Instruction, 10*(2 & 3), 105-226.

Fischbein, E. (1975). *The intuitive sources of probabilistic thinking in children*. Dordrecht, The Netherlands: Reidel.

Fischbein, E., & Schnarch, D. (1997). The evolution with age of probabilistic, intuitively based misconceptions. *Journal for Research in Mathematics Education, 28*, 96-105.

Harel, I., & Papert, S. (1991). *Constructionism*. Norwood, NJ: Ablex.

Kahneman, D., Slovic, P., & Tversky, A. (1982). *Judgement under uncertainty: Heuristics and biases*. Cambridge: Cambridge University Press.

Kahneman, D., & Tversky, A. (1973). On the psychology of prediction. *Psychological Review, 80*(4), 237-251.

Konold, C. (1989). Informal conceptions of probability. *Cognition and Instruction, 6*(1), 59-98.

Konold, C. (1995). Confessions of a Coin Flipper and Would-Be Instructor. *The American Statistician, 49*(2), 203-209.

Lave, J. (1988). *Cognition in practice*. Cambridge: Cambridge University Press.

Lave, J., & Wenger, E. (1991). Situated learning: Legitimate peripheral participation. Cambridge, UK: Cambridge University Press.

Lecoutre, M. P. (1992). *Cognitive models and problem spaces in "purely random" situations. Educational Studies in Mathematics, 23*(6), 557-568.

National Council of Teachers of Mathematics. (2000). *Principles and standards for school mathematics*. Reston, VA: Author.

Noss, R. (1997). *New cultures, new numeracies* (Inaugural Professorial Lecture: Inaugural 14). London: Institute of Education, University of London.

Noss, R., & Hoyles, C. (1996). *Windows on mathematical meanings: Learning cultures and computers*. Dordrecht, The Netherlands: Kluwer Academic Publishers.

Paparistodemou, E., Noss, R., & Pratt, D. (2002). Exploring in sample space: Developing young children's knowledge of randomness. In B. Phillips (Ed.), *Proceedings of the Sixth International Conference on Teaching Statistics, Cape Town,*

*South Africa* [CD-ROM]. Voorburg, The Netherlands: International Statistics Institute.

Piaget, J., & Inhelder, B. (1975). *The origin of the idea of chance in children* (L. J. Leake & P. D. Burrell & H. D. Fischbein, Trans.). London: Routledge & Kegan Paul. (Original work published 1951)

Pratt, D. (1998a). *The construction of meanings in and for a stochastic domain of abstraction*. Unpublished PhD thesis, University of London, London.

Pratt, D. (1998b). The co-ordination of meanings for randomness. *For the Learning of Mathematics, 18*(3), 2-11.

Pratt, D. (2000). Making sense of the total of two dice. *Journal for Research in Mathematics Education, 31*(5), 602-625.

Pratt, D., & Noss, R. (2002). The micro-evolution of mathematical knowledge: The case of randomness. *Journal of the Learning Sciences, 11*(4), 453-488.

Smith, J. P., diSessa, A. A., & Rochelle, J. (1993). Misconceptions reconceived-a constructivist analysis of knowledge in transition. *Journal of Learning Sciences, 5*(2), 115-163.

Stohl, H. & Tarr, J. (2002) Developing notions of inference using probability simulation tools. *Journal of Mathematical Behavior, 21*(3), 319-337.

Tall, D., & Vinner, S. (1981). Concept image and concept definition in mathematics, with special reference to limits and continuity. *Educational Studies in Mathematics, 12*, 151-169.

Tversky, A., & Kahneman, D. (1973). Availability: A heuristic for judging frequency and probability. *Cognitive Psychology, 5*, 207-232.

Wilensky, U. (1993). *Connected Mathematics-Building concrete relationships with mathematical knowledge*. Unpublished PhD Thesis, Massachusetts Institute of Technology.

Wilensky, U. (1997). What is normal anyway? Therapy for epistemological anxiety. *Educational Studies in Mathematics, 55*, 171-202.

8장

# 복합사건 지도

MOKAEANE V. POLAKI

> 수업을 통해 학생들이 확률 상황에 대한 자신들의 일차 직관과 특수한 유형의 추론 사이에 존재하는 불일치를 경험하도록 이끌어낼 수 있다. (Fischbein & Schnarch, 1997, p. 104)

## 01 도입

복합사건(예, 동전과 주사위를 동시에 던지기)의 확률을 타당하게 예측하는 능력은 중학교 교육과정의 주요 학습 목표이다(NCTM, 2000). 좀더 구체적으로 보자면, NCTM은 중학생들이 단순사건의 확률을 계산할 수 있어야 하며 특정한 횟수만큼 시행을 반복하였을 때 어떤 사건이 몇 번이나 일어날 것 같은지 예측할 수 있어야 한다고 하였다. 이러한 기초 지식을 적절히 갖게 되면 학생들은 좀더 복잡한 복합사건을 다룰 수 있으며 상급 학년에서 배우는 조건부 사건이나 독립 사건을 포함하는 다른 확률 상황에도 적응할 수 있게 된다(9장 참조).

Hogg & Tanis(1997)에 따르면 복합사건은 A 또는 B, A 그리고 B, A의 여사건과 같은 사건을 말한다. 그러나 이 용어는 2단계(two-stage) 무작위 실험이나 주사위와 동전을 동시에 던지는 것과 같은 2차원(two-dimensional) 무작위 실험을 의미하기도 한다. 이 장에서는 후자의 용법으로 쓰이는 복합사건이나 복합 무작위 실험에 주목하고자 한다. 한편 단순사건이나 단순 무작위 실험은 동전 1개를 던지는 것과 같이 1차원 무작위 실험을 말한다. 그러므로 이 장에서는 복합사건을 결과의 쌍(보통은 순서쌍)으로, 단순사건을 하나의 결과로 다룬다. 1차원, 2차원이라는 용어가 선행 연구

(English, 1990; 1993; Zimmermann & Jones, 2002)에서 언급되었으나, 여기서는 단순사건과 복합사건이라는 용어를 사용할 것이다(6, 7, 9장 참조)

이 장에서는 복합사건의 결과를 다루는 초등학생과 중학생의 능력을 분석하고, 이론적 확률과 실험적 확률 모두를 학습하는데 수업이 미치는 영향을 살핀 연구(Benson & Jones, 1999; Jones, Langrall, Thornton, & Mogill, 1999; Lecoutre, 1992; Piaget & Inhelder, 1951/1975; Pratt, 2000; Polaki, Lefoka & Jones, 2000; Polaki, 2002a; Speiser & Walter, 1998; Vidakovic, 1998; Watson & Moritz, 1998)에 대해서 알아보고자 한다. 어떤 사건이 일어날 가능성을 구할 때 이론적 확률은 표본공간의 구성요소에 대한 분석을 토대로 대칭성, 개수, 기하적 방법 등을 사용하는 반면, 실험적 확률은 빈도주의적 견해에 따라 실험이나 시뮬레이션을 통해 얻은 상대도수를 이용한다 (Jones, Langrall et al., 1999). 이 장에서는 복합사건을 다루는 학생들의 사고에서 드러나는 특징과 이를 개발하기 위해 활용된 다양한 지도 경험에 대해 알아본다. 즉, 면담과 수업 상황에서 학생들이 단순사건과 복합사건을 다룰 때 드러나는 확률적 사고의 특징을 이해하는데 초점을 두고자 한다.

## 02 학생들의 확률적 사고 이해하기

앞서 언급하였듯이 복합 실험을 이해하기 위해서는 (a) 각 실험에서 일어날 수 있는 결과를 정확하게 구할 수 있어야 하며, (b) 확률을 예측하는데 표본공간의 대칭성, 구성요소(composition), 실험을 활용할 수 있어야 한다. 그러므로 복합사건을 다루는 학생들의 능력을 탐구하는 맥락은, 표본공간 개념 및 사건의 확률에 대한 개념과 관련된다. 이러한 개념을 염두에 두어 확률적 사고 분석틀(그림 1 참조, Polaki et al., 2000)을 개발하였으며, 이는 5가지 요소인 표본공간, 사건의 확률, 확률 비교, 조건부 확률, 독립을 통해 학생들의 확률적 사고에 대해 설명한 선행연구(예, Jones, Langrall et al., 1997)를 확장한 것이다. 확률적 사고 분석틀을 바소토(Basotho) 학생들에게 적용한 결과(Polaki et al., 2000), 확률적 사고에 다음과 같이 4가지 수준이 있음을 발견하였다. 주관적(1 수준), 과도기적(2 수준), 비형식적인 양적(3 수준), 수치적(4 수준). 이러한 4가지 수준은 Case(1996)의 보다 일반적인 인식론적 모델과 일치하며, 이는 케이스(Case) 자신에 의해 이미 검토된 바 있는 3가지 지식 분야와 함께 확률적 사고에도 케이스의 모델이 적용될 수 있음을 보여준다: 산술적 사고, 공간적 사고, 기술적 (narrative) 사고.

| 구성 요소 | 1수준<br>주관적 | 2수준<br>과도기적 | 3수준<br>비형식적인 양적 | 4수준<br>수치적 |
|---|---|---|---|---|
| 표본 공간 | • 일차원 실험 결과를 부적절하게 구성한다. | • 일차원 실험 결과를 적절하게 구성하며, 가끔은 이차원 실험 결과도 적절하게 구성한다. | • 부분적으로 생성전략을 이용하여 이차원 실험 결과를 구성한다. | • 생성전략을 이용하여 이차원 실험 결과를 적절하게 구성한다. |
| 사건의 확률 | • 주관적 판단에 따라 가장 잘/덜 일어날 사건을 예측한다.<br>• 결정론적 반응 또는 기이한 반응을 제시한다. | • 가끔은 부적절한 양적 판단을 통해 가장 잘/덜 일어날 사건을 예측하지만 주관적 판단으로 회귀하는 경우가 있다.<br>• 불확실성을 비양화적으로 인식한다. | • 양적 판단을 통해 가장 잘/덜 일어날 사건을 예측한다.<br>• 확률을 비교하기 위해 비형식적으로 수를 이용한다. | • 일차원 실험과 단순 이차원 실험에서 가장 잘/덜 일어날 사건을 예측한다.<br>• 사건에 수치적 확률을 실제 확률 또는 승산의 형태로 배정한다. |
| 확률 비교 | • 다른 2개의 표본공간에서 일어나는 사건을 비교하기 위해 주관적 판단을 사용한다.<br>• "공정한" 확률 상황과 "공정하지 않은" 확률 상황을 구분할 수 없다.<br>• 결정론적 반응 또는 기이한 반응을 제시한다. | • 항상 옳지만은 않은 양적 판단에 따라 확률을 비교한다.<br>• "공정한" 확률 상황과 "공정하지 않은" 확률 상황을 구분할 수 없다.<br>• 부분-부분 전략에 따라 비교한다.<br>• 불확실성을 비양화적으로 인식한다. | • 확률을 비교하기 위해 적절한 양적 추론을 사용하고 확률을 표현하는 나름의 방식을 발명한다.<br>• "공정한" 확률 상황과 "공정하지 않은" 확률 상황을 구분하기 위해 양적 추론을 사용한다.<br>• 부분-부분 전략과 부분-전체 전략에 따라 비교한다. | • 사건에 수치적 확률을 배정하고 이를 적절하게 비교한다. |
| 조건부 확률 | • 복원과 비복원을 해석할 때 주관적 추론을 사용한다.<br>• 결정론적 반응 또는 기이한 반응을 제시한다. | • 비복원 상황에서 어떤 사건의 확률이 변화됨을 인식하지만, 이는 부적절한 인식으로 이미 일어난 사건에만 국한된다.<br>• 부분-부분 전략에 따라 비교한다.<br>• 불확실성을 비양화적으로 인식한다. | • 비복원 상황에서 모든 사건의 확률이 변화됨을 인식한다.<br>• 비복원 상황에서 변화되는 확률을 양화할 수 있다.<br>• 부분-부분 전략과 부분-전체 전략에 따라 비교한다. | • 복원상황과 비복원상황에서 사건에 수치적 확률을 배정한다.<br>• 복원상황과 비복원상황에서 각 시행의 전후에 사건의 확률을 비교하기 위해 수치적 추론을 활용한다. |
| 독립 | • 연이어 일어나는 사건은 항상 관련이 있다고 생각한다.<br>• 실험 결과를 조정할 수 있다는 강한 신념을 갖고 있다. | • 연이어 일어나는 사건은 관련이 있을 수도 있고 없을 수도 있다는 것을 인식하기 시작한다.<br>• 다음에 일어날 결과를 예측할 때 이전의 시행 결과의 분포를 활용한다(대표성 판단 전략).<br>• 부분-부분 전략에 따라 비교한다.<br>• 불확실성을 비양화적으로 인식한다. | • 복원상황과 비복원상황에서 독립사건을 구분할 수 있다.<br>• 대표성 판단전략으로 회귀할 때도 있다.<br>• 부분-부분 전략과 부분-전체 전략에 따라 비교한다.<br>• 여사건의 확률에 대한 아이디어를 사용한다. | • 독립사건과 종속사건을 구분하기 위해 수치적 확률을 사용한다. |

**그림 1. 확률적 사고 분석틀**

학생들이 복합실험에서 일어날 수 있는 결과를 구할 때 겪는 개념적 어려움을 더 잘 이해하기 위하여 우선 단순사건과 관련된 무작위 상황에서 일어날 수 있는 결과를 구하는 학생들의 능력에 대해 분석한 연구를 살펴볼 필요가 있다.

### 표본공간: 단순사건

일부 중학생들은 무작위 현상에 대한 개인적인 경험 때문에 무작위 실험의 결과를 정확하게 나열하는데 어려움을 겪는다(Polaki at al., 2000; Green, 1983). 여러 연구(예, Polaki et al., 2000)에 따르면, 단순 실험 상황에서 표본공간을 구성하도록 하였을 때 학생들은 일어날 수 있는 결과를 부적절하게 구하였으며 자신들이 구한 답을 주관적으로 정당화하는 1수준(그림 1)의 능력을 보여주었다. 그림 2는 단순사건과 관련된 평가 과제의 예이다.

Polaki 등(2000)에 따르면 4가지 색깔로 나누어진 회전판 1개를 돌려서 나올 수 있는 결과를 모두 나열하도록 하였을 때, 1수준 학생들은 자신들이 좋아하는 색에서 멈출 것이라고 말하면서 1가지 결과만을 제시하는 특징이 있었다. 1수준 학생들에게 회전판을 돌려서 처음에 어떤 색이 나오는지 살펴본 다음 1번 더 돌려서 나올 수 있는 색을 모두 적어보라고 하였을 때(그림 2, 1번 참조), 이 학생들은 처음에 나온 색은 다시 나오지 않을 것이라고 설명하면서 1번 더 돌려서 나올 수 있는 색에서 처음에 나왔던 색을 제외시켰다. 또한 어떤 색이 가장 잘 나올 것 같은지를 물었을 때(그림 2, 1번의 (d)), 학생들은 4가지 색 중 자신이 좋아하는 색 하나를 택하였다.

2번의 (b)에서(그림 2) 주사위를 두 번째 던졌을 때 나올 수 있는 모든 결과를 적어보게 하면 1수준 학생들은 첫 번째 나온 결과는 더 이상 나오지 않을 것이므로 6가지

1. 같은 크기의 4가지 색깔(빨강, 녹색, 파랑, 노랑)로 나눈 회전판이 있다.
   (a) 처음 돌렸더니 ______색이 나왔다. 1번 더 돌리면 어떤 색이 나올 수 있을까?
   (b) 그 색을 모두 적어라.
   (c) 그 색이 나온다고 생각한 이유를 설명하여라.
   (d) 1번 더 돌리면 어떤 색이 가장 잘 나올까?
2. 주사위 1개를 던져 보자.
   (a) 어떤 눈이 나왔는가?
   (b) 주사위를 1번 더 던지면 나올 수 있는 모든 결과를 적어라.
   (c) 그렇게 생각한 이유를 설명하여라.
   (d) 주사위를 던져 짝수의 눈이 나올 가능성은 얼마인가?

**그림 2. 단순사건 과제**

중 5가지만 나올 것 같다고 말하였다. Jones, Langrall 등(1999)은 이러한 생각을 "표본공간 오개념"이라고 하였는데, 표본공간 오개념은 학생들이 수업에 참여한 이후에도 다시 되살아나는 경향이 있었다(4장 참조). 이러한 오개념 외에도 학생들은 다양한 형태의 주관적 추론을 보여주었는데, 개인적인 선호도에 따라 일어날 결과를 잘못 구하거나 결정론적 관점에서 자신들이 예측한 대로 어떤 결과가 일어날 것을 확신한다고 주장하기도 하였다. 이와 비슷한 결과가 Jones 등(1997)에도 나타났다. (주관적인) 1수준과 달리 (과도기적인) 2수준에 해당하는 학생들은 1번과 2번(그림 2) 같은 단순 무작위 사건의 결과를 적절하게 구할 수 있었다. (비형식적인 양적 수준인) 3수준과 (수치적 수준인) 4수준에 속하는 학생들은 단순 무작위 실험의 결과를 모두 구하는데 전혀 어려움이 없었다. 그러나 1수준에서 4수준까지의 모든 학생들은 복합 무작위 사건의 결과를 구할 때는 여러 형태의 어려움을 드러내었다.

단순 실험의 결과를 구하는 학생들의 사고에서 드러나는 특징을 설명하는데 2가지 해석이 있을 수 있다. Jones 등(1997)에 따르면, 주관적인 정당화에 의해 일어날 수 있는 결과를 부적절하게 예측하는 (주관적인) 1수준 학생들은 전혀 관련이 없는 측면에 사고를 집중한다는 점에서 Biggs & Collis(1991)가 말한 전구조적(prestructural) 사고 수준에 있다고 볼 수 있다. 이 수준의 학생들은 자신들이 가장 좋아하는 색에만 주목하였다. 다른 인식론적 틀을 사용하여 Polaki 등(2000)은 이러한 유형의 사고가 정신적 세기 축(mental counting line)을 갖지 않는다는 면에서 케이스가 말한 전차원적(pre-dimensional) 사고와 같다고 하였다. 정신적 세기 축이 없는 1수준의 학생들은 부분-부분 시키마(부분들을 비교하고 순서를 매기는 개념적 구조)를 형성하지 못하여 표본공간의 원소를 조직하고 번호를 매기는 조정활동을 진행할 수 없었다. 부분-부분 스키마는 전체의 부분들을 서로 비교하고 순서를 매기는 개념적 구조인 반면, 부분-전체 스키마는 부분들을 전체와 비교하도록 하는 관계적 구조이다(Lamon, 1999). 이러한 이유로 부분-부분 스키마를 갖고 있지 않은 1수준 학생들은 표본공간을 잘못 구하였으며, 자신들의 답을 주관적인 근거를 들어 정당화하였다. Polaki 등(2000)은 학생들이 순서를 조정하여 번호를 매기는 것에 실패하였기 때문에 주관적인 추론을 보였다고 해석하였다. 이러한 입장을 보다 확고히 하기 위하여 Polaki 등(2000)은 2수준에서 4수준에 속하는 학생들이 표본공간 과제를 풀 때 활용한 방법을 분석함으로써, 이 수준에 속하는 학생들의 사고에는 시행에서 일어날 수 있는 결과를 적절히 조직하고 나열하는데 필요한 정신적 세기 축과 부분-부분 스키마가 존재함을 발견하였다.

### 표본공간: 복합사건

복합 무작위 실험 결과를 구하는 학생들의 사고 특징은 분석틀(그림 1)의 1수준부터 4수준까지 매우 다양하게 나타났다. 그림 3은 복합 실험과 관련된 학생들의 사고를 평가하는데 활용한 과제의 예이다. 1수준에 속한 학생들 대부분이 복합 실험의 결과를 전혀 구하지 못한 반면, 2수준의 학생들은 이 과제를 약간은 해결하였으나 많은 경우에 부적절한 결과를 제시하였다. Polaki(2002b)에 따르면 2수준의 학생들은 정신적 세기 축을 통해 단순사건의 표본공간을 구하고 조직할 수는 있었지만 복합사건의 결과를 구하지는 못하였다. 복합사건의 결과를 조직하고 적절히 구하기 위해서는 하나 이상의 정신적 세기 축이 필요하다.

1. 동전 1개와 주사위 1개를 동시에 던진다.
   (a) 어떤 결과를 나왔는가? 동전 1개와 주사위 1개를 동시에 던질 때 나올 수 있는 결과를 모두 적어라.
   (b) 적은 것을 설명하여라.
   (c) H와 짝수의 눈이 나올 확률은 얼마인가?
2. 두 사람이 게임을 하는데 한 사람은 동전 1개를 던져서 앞면이 나오면 이기고, 다른 사람은 주사위 1개를 던져서 짝수의 눈(2, 4, 6)이 나오면 이긴다. 게임에서 이기려면 동전과 주사위중 어떤 것을 선택해야 할까? 그 이유는 무엇인가?
3. 타보(Thabo)에게는 회색, 카키색, 흰색 바지 세 벌이 있다. 또한 신발은 검정색, 갈색 두 켤레가 있다. 타보가 눈을 감고 바지 한 벌과 신발 한 켤레를 고른다고 하자.
   (a) 타보가 고를 수 있는 바지와 신발의 쌍은 모두 몇 가지인가?
   (b) 타보가 고를 수 있는 바지와 신발의 쌍을 모두 적어보아라.
4. 팔리사(Palesa)가 동네 레스토랑에서 점심을 먹으려고 한다. 이 레스토랑에는 점심 메뉴 3가지가 있다: 포테이토칩을 곁들인 생선요리, 밥을 곁들인 닭고기요리, 감자를 곁들인 소고기 스튜. 또한 점심 메뉴는 다음 음료 중 하나와 함께 제공된다. 코카콜라, 펩시, 환타, 모니스(monis), 스프라이트, 사과 쥬스, 포도 쥬스.
   (a) 팔리사가 이 레스토랑에서 먹을 수 있는 점심은 몇 가지인가?
   (b) 팔리사가 이 레스토랑에서 먹을 수 있는 점심을 모두 적어보아라.

**그림 3. 복합 실험 과제의 예**

이 분야의 여러 연구(English, 1990, 1993; Benson & Jones, 1999; Polaki, 2002a)에 따르면 정교화의 수준이 가장 낮은 학생들은 주관적 추론(예, 개인적인 선호)이나 시행착오 전략을 통해 복합사건의 결과를 부적절하게 구하는 경향이 있다. 예를 들어, 바지 세 벌과 신발 두 켤레에서 바지 한 벌과 신발 한 켤레를 고를 때 가능한 모든 방법을 구하도록 하면(그림 3, 3번), 많은 학생들이 체계적인 전략을 사용하지 않고 단순히 신발과 바지를 짝지으려고만 하였다. 그런 다음 마지막에 가서는 이처럼 되는 대로 작성된 목록에서 중복된 쌍을 찾아서 지우느라고 애를 먹었다. Polaki(2002a)는 이러한 비효율적인 전략이 3번(그림 3)과 같이 덜 복잡한 복합 상황에서는 성공적으로 작용하였지만 좀더 어려운 4번(그림 3)과 같은 상황에서는 그렇지 못함을 관찰하였다.

(비형식적인 양적 수준인) 3수준에 속한 학생들은 생성 전략(generative strategy)을 부분적으로 사용하여 복합 실험의 결과를 적절하게 구할 수 있었다는 점에서 (주관적인) 1수준 및 (과도기적인) 2수준에 속한 학생들과 대조를 이룬다(Polaki et al., 2000; Jones et al., 1997). 2수준 학생들이 동전 1개와 주사위 1개를 던져 나오는 결과(그림 3, 1번)를 어떠한 전략이나 순서도 없이 부적절하게 구한 반면, 3수준의 학생들은 H와 T를 교차하여 곱함으로써 6가지 결과를 먼저 구하였다. 다음과 같이 주사위에서 나올 수 있는 6가지 결과로부터 자신들이 뽑지 못했던 수를 각각 골라내었다: “H1, T2, T1, H2, H3, T4, ….”

3수준 학생들은 일어날 수 있는 모든 결과인 12가지를 정확하게 구할 때까지 이러한 활동을 계속하였다. 이처럼 생성전략을 부분적으로 활용하는 것(3수준)과 달리, 4수준 학생들은 생성전략을 적절히 활용하여 복합실험에서 일어날 수 있는 결과를 모두 구하였다(Polaki et al., 2000; Jones et al., 1997). 예를 들어 3가지 종류의 점심 메뉴와 7가지 종류의 음료를 제공하는 레스토랑에서 먹을 수 있는 점심을 모두 적도록 하였을 때(그림 3, 4번), 이 학생들은 점심 메뉴 각각에 7종류의 음료를 체계적으로 대응시킴으로써 21가지의 가능한 결과를 정확하게 구하였다. English(1993)는 이러한 전략이 주행기록계가 돌아가는 것과 비슷하다고 하여 **주행기록계 전략**(odometer strategy)이라고 하였다. 주행기록계 전략은 가능한 결과의 집합 하나(이 경우는 점심 메뉴의 종류)에 두 번째 결과의 집합을 체계적으로 대응시키는 방법이다(보다 상세한 설명을 위해서는 5장을 참조하기 바란다). Polaki(2002b)에 따르면, 주행기록계 전략은 실험에서 일어날 수 있는 모든 결과를 구하기 위해 학생이 곱셈 법칙의 기본 아이디어를 사용할 수 있음을 의미한다. 이 전략은 2수준 학생들이 사용하였던 시행착오 전략에 비하면 훨씬 정교한 전략임에 틀림없다.

이제 (비형식적인 양적 수준인) 3수준에 속한 학생들이 보여준 부분적인 생성 전략에 대해 살펴볼 필요가 있다. Polaki 등(2000)에 따르면, 이러한 학생들의 사고는 Case(1996)가 언급한 이차원적(bidimensional) 사고라고 해석할 수 있는데, 이 학생들은 복합 실험에서 일어날 수 있는 결과를 구하는데 산술적으로 필수적인 세기 축을 1개 이상 고려한 것으로 볼 수 있다. 앞서 살펴본 예에서 주사위 1개와 동전 1개를 던져서 나올 수 있는 결과를 구하기 위해(그림 3, 1번), 학생들은 우선 동전과 주사위 각각에서 일어날 수 있는 결과를 조직하여 셀 수 있어야 한다. 다른 심리학적 기반에서 수행된 Jones 등(1997)의 연구 역시 비슷한 해석을 제시한 바 있다. Jones 등은 Biggs & Collis(1991)에 비추어 3수준에 속한 학생들이 문제 상황의 1가지 측면 이상에 주목하는 경향이 있다고 설명하면서 이를 다중구조적(multi-structural) 사고라고 해석하였다.

Polaki 등(2000)에 따르면 복합 실험에서 일어날 수 있는 결과를 구하는데 생성전략을 활용한 4수준 학생들의 사고는 Case(1996)의 통합적인 이차원적(integrated bidimensional) 사고라고 할 수 있다. Case(1996)는 통합적인 이차원적 사고를 하는 학생들은 다중 세기 축(multiple counting line)을 활용하여 보다 체계적인 산술적 사고를 할 수 있다고 설명하였다. 4수준과 3수준이 사용한 주행기록계 전략의 차이는 다중 세기 축에 대한 이러한 **조정**(coordination) 능력에 있다. 비슷하게 Jones 등(1997)은 4수준에 속한 학생들이 주어진 상황의 여러 가지 측면을 의미 있는 하나의 구조로 통합시킬 수 있다는 점에서 Biggs & Collis(1991)가 제시한 관계적(relational) 사고를 할 수 있다고 설명하였다. 4수준의 학생들은 동전 2개를 던지는 복합 상황에서 세기와 동시에 순서 정하기 전략을 사용하고 이들을 통합하여 복합 표본공간 $\{(H, H), (H, T), (T, H), (T, T)\}$을 구하였다. 일어날 수 있는 최대 결과인 4가지를 구하는데 활용된 곱셈 규칙의 기본 아이디어는 표본공간이 정확하게 구해졌다는 것을 학생들이 확신하는데도 활용되었다.

### 시건의 확률: 단순시건

단순사건의 맥락에서 가능성을 예측하기 위해 (주관적인) 1수준 학생들은 기이한 결정론적 추론이 드러나는 주관적 반응을 보였다(Polaki et al, 2000; Jones et al., 1997). 예를 들어 이 학생들은 동전 1개를 던졌을 때 뒷면이 더 잘 나올 것이라고 예측하면서 그 이유로 자신들이 뒷면을 더 좋아한다거나 “자주 그렇게 나오니까요”라고 답하였다. 이와 달리 (과도기적인) 2수준 학생들은 단순사건이 일어날 확률을 보다 적절하게 구하였는데, 경우에 따라서는 가장 잘 일어날 것 같은 사건이나 가장 덜 일어날 것 같은 사건을 비형식적이지만 타당한 양적 판단에 의해 예측하기도 하였다. 예를 들어 주사위 1개를 던져 짝수의 눈이 나올 가능성을 설명할 때 이 학생들은 “6분의 3”이라는 표현을 사용하였다. 그러나 이 학생들은 이와 같은 비형식적 양적 언어를 일관되게 사용하지는 못하였으며 경우에 따라서는 주관적인 추론에 기초한 사고로 되돌아가곤 하였다. 특히 Polaki 등(2000)은 Watson, Collis, & Moritz(1997)가 제시한 바 있는 “불확실성의 비양화적 인식”이 초등학생과 중학생들의 사고에 널리 퍼져 있음을 발견하였다. 예를 들어 동전 1개를 던져 앞면과 뒷면 중 어느 것이 더 잘 나올지를 예측하도록 하였을 때 학생들은 어떤 것이든 일어날 수 있기 때문에 그것에 대해서는 알 수 없다는 형태의 "불확실성의 비양화적 인식"을 보여주었다.

Polaki 등(2000)은 1수준 학생들이 정신적 세기 축을 아직 구성하지 못한 반면 2수준 학생들은 이러한 세기 축을 지니고 있어서 부분-부분 스키마를 형성할 수 있다고 주장하였다. 이러한 세기 축과 부분-부분 스키마를 통해 2수준 학생들은 단순사건의 확률을 비교할 때 필요한 개수와 순서 짓기를 조정할 수 있었다. 이에 1수준 학생들의 사고는 케이스의 전구조적 사고와 비슷하다고 볼 수 있으며, 2수준 학생들은 일어날 수 있는 결과를 적절히 구할 수 있지만 가능성을 예측할 때 다소간의 한계가 있다는 면에서 Case(1996)의 일차원적 사고와 관련된다고 볼 수 있다. 즉, 2수준 학생들은 정신적 세기 축을 통해 부분-부분 스키마를 구성하여 단순사건의 경우에 개수와 순서 짓기를 조정할 수 있지만, 익히 설명한 것처럼 복합사건과 관련하여서는 부분-부분과 부분-전체를 비교할 수 있어야 한다. 2수준 학생들이 보여주는 사고 전략은 구조적으로 보다 간단한 단순사건을 다루는 데는 충분하지만, 상황의 여러 가지 측면을 고려하여 이를 하나의 단일한 구조로 통합해야 하는 보다 복잡한 복합 무작위 상황에서는 제대로 작동하지 않는다. 비슷한 현상을 해석하는데 다른 인식론적 틀을 활용한 Jones 등(1997)은 2수준 학생들의 사고 유형은 과제의 1가지 측면에만 주목하여 과제를 해결하려고 시도한다는 면에서 Biggs & Collis(1991)의 단일구조적(unistructural) 사고와 일치한다고 설명하였다. 이러한 해석은 2수준 학생들이 단순사건의 확률은 적절히 예측할 수 있지만, 무작위 상황의 여러 가지 측면을 조정할 필요가 있는 복합사건의 확률을 예측하지 못하는 이유에 대해 설명해 준다.

3수준과 4수준 학생들은 단순 무작위 실험에서 확률을 예측하는데 어려움을 겪지 않았다. 또한 이 학생들은 가장 잘 일어날 것 같은 사건이나 가장 덜 일어날 것 같은 사건을 예측할 때 적절한 양적 판단을 일관되게 활용하였다. 그러나 이 학생들은 분수와 같은 정확한 수치적 척도까지는 활용하지 못하였다. Case(1996)의 견지에서 볼 때, 3수준과 4수준에서 사고하는 학생들은 정신적 세기 축을 구성하여 단순사건의 확률을 구하는데 필요한 개수와 순서 짓기를 조정할 수 있었다. 다음 절에서는 복합 무작위 실험을 다루고자 한다. 모든 수준의 학생들이 복합 무작위 실험과 관련하여 다양한 어려움을 보였다.

### 사건의 확률: 복합사건

앞서 살펴보았듯이 1수준과 2수준에서 사고하는 학생들은 표본공간에 대해 상당한 어려움을 지니고 있다. 이러한 어려움은 복합 무작위 실험에서 일어날 수 있는 결과를 모두 구하는 것과 관련된다. 확률을 타당하게 예측하기 위해서는 표본공간의 구성요소와 대칭성에 대한 이해가 필요하므로 1수준과 2수준 학생들이 복합사건의 확률을 예측하는데 어려움을 겪는 것은 당연하다. 이러한 이유로 복합사건의 맥락에서 1수준과 2수준에 속하는 학생 대부분은 확률을 임의적으로 예측하고 이를 주관적으로 정당화하는 경향이 있다.

한편, 3수준과 4수준에 속하는 학생들은 복합사건의 결과를 적절히 구할 수 있음에도 불구하고 가능성을 예측하는데 매우 불안정한 특징을 보였다. Case(1996)에 따르면, 3수준과 4수준의 학생들이 2수준 학생들이 수행한 것처럼 단순사건의 확률에 순서를 매기는 정신적 세기 축은 구성하였으나 복합사건에 대해서는 그렇지 못하였다. 복합사건의 경우 확률적 사고와 관련된 산술을 수행하기 위해서는 다중 세기 축을 구성하여 이를 활용할 수 있어야 한다.

이상으로 단순사건 및 복합사건과 관련하여 표본공간을 구성하고 확률을 예측할 때 초등학교 고학년 학생들과 중학생들이 보이는 사고의 특징을 분석하였다. 또한 학생들의 사고에 대한 심리적인 해석을 검토하였으며, 단순사건 및 복합사건 모두에 관여하는 양적 사고와 확률적 사고의 관계를 알아보았다. 또한 정신적 세기 축과 그에 의해 구성되는 부분-부분 스키마 및 부분-전체 스키마를 통해 학생들의 확률적 사고가 개발될 수 있음을 확인하였다.

다음 절에서는 수업을 통해 단순 무작위 사건과 복합 무작위 사건을 다루는 학생들의 능력을 개발하고자 한 여러 시도에 대해 살펴보고자 한다(예, Jones, Langrall et al., 1999). 이를 통해 학생들의 확률적 사고 발달의 주요 변화를 기술하고, 보다 정교한 확률적 사고를 형성하는데 활용될 수 있는 수업 전략을 구체화하고자 한다.

## 03 수업 상황에서 드러나는 학생들의 사고

여러 연구(예, Polaki, 2002a; Jones, Thornton, Langrall & Tarr, 1999)는 학생들이 단순 무작위 실험과 복합 무작위 실험에서 일어날 수 있는 결과를 적절하게 구하고, 그 확률을 타당하게 예측할 수 있도록 다양한 시도를 하였다. 이 절에서는 수업에 참여한 초등학교 고학년 학생들이 단순 무작위 상황과 복합 무작위 상황을 다루는데 필요한 아이디어를 점차로 정교화하는 과정을 살펴보고, 그 시사점에 대해 논의하고자 한다(Polaki 2002b). 이러한 논의는 중학교 수업에 참여하게 될 학생들이 지닌 사고의 유형을 개괄하는데도 유용하게 활용될 수 있다. 앞 절에서처럼 학생들의 이해를 개발하는 맥락은 단순사건 및 복합사건의 표본공간을 구성하고 사건의 확률을 예측하는 것과 관련하여 살펴본다.

### 수업 프로그램

수업 프로그램은 **인지적으로 유도된 수업**(cognitively guided instruction) 모형에 따라 구성하였다. 이 모델에서는 내용 영역에 대한 학생들의 사고를 연구 결과에 비추어 해석한 다음 이에 따라 교수학적인 결정을 내린다(Carpenter & Fennema, 1988). 이에 단순 무작위 실험과 복합 무작위 실험에 주목하는 수업을 규정하기 위해 학생들의 확률적 사고의 특징을 해석하는 기반 연구로서 그림 1의 틀을 사용하였다. Jones, Thornton 등(1999)에 따르면 이 틀은 다음 3가지 상황에서 활용될 수 있다: (a) 적절한 학습 활동을 선택하고 개발하는 근거가 될 수 있다는 점에서 수업을 설계할 때, (b) 수업 중에 학생의 반응을 해석하고 범주화하여 상호작용할 수 있는 맥락을 제공한다는 점에서 수업을 실행할 때, (c) 수업의 매 단계마다 학생의 사고를 평가하고 모니터링할 때.

이 연구에서 수업 상황을 살피는 가장 중요한 목표는 단순 무작위 실험과 복합 무작위 실험에 대한 개념적 성장이 일어나는 결정적인 에피소드와 주요 조건을 상세히 기술하는데 있다. 이를 통해 단순사건과 복합사건 과제에서 시행의 결과를 구하고 확률을 예측할 때 학생들이 따를 것으로 여겨지는 학습 경로(Cobb, 2000; Simon, 1995)를 설명할 수 있다. 학생들의 사고에 주요한 변화를 일으키는 수업 계열은 보통 다음 5단계를 따르는 것으로 알려져 있다: (a) 학생들에게 게임과 같은 무작위 상황을 제공하여 일어날 수 있는 결과를 구하고 확률을 예측하도록 하기, (b) 학생들에게 게임과 같은 상황을 제한된 횟수(이를테면 50번)만큼 실행하도록 하여 첫 번째 단계에서 내렸던 예측을 반성하도록 하기, (c) 게임에 대한 시뮬레이션을 실행하고 자료(data)를 제시한 다음 결과에 대해 논의하도록 함으로써 학생들에게 첫 번째 단계에서 자신들이 답했던 것을 검토하도록 하기, (d) 첫 번째 단계에서 제시되었던 질문을 재고하기 위해 표본공간의 구성요소와 대칭성을 분석하도록 하기, (e) 컴퓨터 시뮬레이션 과정에서 관찰된 것과 표본공간의 구성요소를 분석한 결과를 통합하도록 하기. 그림 4는 단순 무작위 사건에 대한 수업 내용을 간단하게 요약한 것이며, 그림 5는 수업 상황에서 사용된 과제의 예이다.

**표본공간: 단순사건**

이 절에서는 학생들의 확률적 사고가 주관적인 추론 수준에서 단순 무작위 실험 결과를 적절하게 구할 수 있는 수준으로 어떻게 발달하는지 살펴보고자 한다. 사전평가 결과에 따르면 수업 프로그램에 참여한 학생 12명 모두는 (주관적인) 1수준의 사고 유형을 보여주었다. 평가 문제 상황과 달리 수업 활동에서는 학생들에게 단순 실험의 결과를 모두 구하도록 명시적으로 요구하지는 않았다. 대신에 학생들이 확률을 예측할 때 단순 실험에서 일어날 수 있는 모든 결과를 알아야 할 필요를 은연중에 느낄 수 있도록 하였다. 학급 활동과 모둠 활동을 진행하는 동안 교사가 제시하는 탐구형 질문은 학생들이 확률을 예측하는 것과 표본공간의 구성요소 사이의 명시적 관계를 인식하는 데 핵심적인 역할을 하는 것으로 보인다. 6주간의 수업 프로그램이 끝날 무렵 학생 8명(67%)은 단순 무작위 사건과 복합 무작위 사건의 결과를 구하는 능력과 관련하여 (수치적인) 4수준의 특징을 보여주었다. 표본공간과 사건의 확률이 서로 밀접하게 관

**이제 어떤 색이 나올까?**

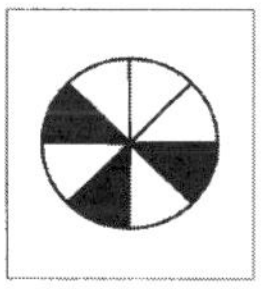

수업 자료 : 위와 같은 회전판

1. 추측하기
   각 학생은 흰색 또는 검은색을 고른다. 번갈아가며 회전판을 돌린다. 자신이 고른 색에서 회전판이 멈추면 점수를 받는다. 최고점을 받은 사람이 이기고 상품을 받는다. 상품을 받기 위해 어떤 색을 고르겠는가? 그 이유는 무엇인가? [학생들이 추측하도록 격려하기]
2. 게임하기
   모둠활동에서 학생 2명이 번갈아가며 회전판을 돌린다. 나머지 학생은 회전판이 흰색과 검은색에 멈춘 횟수를 기록한다. 이러한 게임을 50번 정도 반복한다.
3. 구성한 표본공간 분석하기
   게임의 결과가 예상했던 것과 같은가? 왜 그런가? 왜 그렇지 않은가? 상품을 받기에 좋은 색은 어떤 것인가? 왜 그런가? 게임을 해보기 전에 이기는 색을 예측하고 싶으면 어떻게 하면 좋겠는가? 그 이유를 설명하여라.
4. 확장하기
   이 게임은 공정한가? 왜 그런가? 왜 그렇지 않은가? 게임이 공정하지 않다면 공정하게 만들기 위해 어떻게 하면 될지 설명하여라. 게임이 공정하다면 공정하지 않게 만들기 위해 어떻게 하면 될지 설명하여라.

**그림 4. 단순 무작위 사건에 대한 전형적인 수업 내용**

련되는 수업을 통해 학생들이 직접 표본공간을 구성하고 이를 토대로 확률을 예측해 보도록 함으로써, 일어날 수 있는 모든 결과를 구하는 것이 무엇보다 중요하다는 사실에 학생들이 주목할 수 있도록 하였다.

케이스의 연구에 참여한 학생 대다수는 표본공간을 다루는데 실질적인 능력의 발달을 보였지만, 오개념을 개선하기 위해 설계된 수업에 참여하고도 엠포(Mpho)와 타우(Tau)라는 두 학생은 무작위 실험의 결과가 이전 결과에 영향을 받는다는 끈질긴 신념을 보였다(Jones, Langrall et al., 1999). 두 학생을 제외한 나머지 학생들의 사고는, 단순 무작위 실험의 결과를 구하는 것과 관련하여 1수준을 넘어서는 발달이 있었음을 알 수 있었다. 그러나 복합 실험에서 일어날 수 있는 모든 결과를 구할 때 학생들은 새로운 어려움과 흥미로운 사고 패턴을 보여주었다.

### 표본공간: 복합사건

대부분의 학생들이 단순 무작위 사건의 결과를 모두 구할 때는 거의 어려움을 겪지 않은 반면, 복합 무작위 사건의 결과를 모두 구하는 것은 상당히 어려워하였다. 학생들이 복합 무작위 사건의 결과를 모두 구할 수 있도록 하기 위하여 우선 그림 3의 3번으로 제시된 타보(Thabo) 문제를 해결하도록 하였다. 옷장 서랍의 첫 번째 칸에는 바지 세 벌이 있고 그 다음 칸에는 신발 두 켤레가 있을 때, 타보가 바지 한 벌과 신발 한 켤레를 고르는 방법의 수를 구하도록 하였다. 이 문제에 대해 생성전략을 사용하지 않고 옳은 응답을 한 학생은 테포(Tefo)뿐이었다. 테포는 체계적인 전략 없이도 바지 한 벌을 신발 한 켤레에 적절하게 대응시킨 다음 이렇게 대응시킨 것들 중에서 빠진 것은 없는지 검토하였다. 나머지 학생들도 이러한 전략을 사용하였지만 답을 구하지는 못하였다. 복합사건과 관련되는 다른 과제(예, 그림 3, 4번)와 비교해 볼 때 이 과제는 원소의 개수가 3개와 2개인 집합을 다룬다는 점에서 구조적으로 간단하다.

다음으로 교사는 학생들에게 문제를 어떻게 풀지 보여주는 대신에 비슷하지만 약간 복잡한 문제를 풀도록 요구하였다. 어떤 레스토랑에서 점심 메뉴 3가지와 음료 7가지를 판매한다고 할 때 이 레스토랑에서 먹을 수 있는 점심을 모두 적어 보도록 하였다(그림 3, 4번). 이때 교사는 가능한 모든 결과를 빠짐없이 구하기 위해서는 체계적인 전략을 찾을 필요가 있음을 강조하였다. 이렇게 함으로써 교사는 학생들이 가능한 모든 결과를 구하는 체계적인 방법을 찾도록 유도하는 인식론적 갈등을 유발하고자 하였다. 이에 대해 3가지 유형의 반응이 있었다. 첫째, 학생 대부분은 시행착오 전략을 사용하였으며, 결국에는 잘못된 결과를 구하고는 문제해결을 포기하였다. 둘째, 맴피(Mampe)는 점심 메뉴 3가지를 음료 7가지 중 하나를 뺀 6가지와 대응시켜 18가지의 가능한 결과를 기술하였다. 셋째, 리네오(Lineo)는 비슷한 접근을 통해 음료 7가지 모두를 사용하여 가능한 결과 21가지를 적절하게 구하였다. 맵피와 리네오는 정밀도가 다른 주행기록계 전략(English, 1993)을 사용한 것으로 볼 수 있다. 흥미로운 것은 리네오가 덜 복잡한 이전 문제(그림 3, 3번)를 해결할 때는 주행기록계 전략을 사용하지 않았다는 것이다. 또한, 맵피와 리네오는 곱셈 법칙을 이용하여 가능한 결과의 수를 구한 것으로 보인다. 리네오에게 레스토랑에서 먹을 수 있는 점심의 가짓수가 어떻게 21가지인지 물었을 때(그림 3, 4번), 리네오는 "음료가 몇 가지 있는지 알아본 다음 … 3에 7을 곱하여 21을 얻었어요."라고 설명하였다.

수업 중 학급 토론 상황에서 맵피, 리네오, 레보(Lebo)에게 자신들의 풀이를 발표하고 그렇게 해결한 이유를 설명하도록 하였다. 맵피와 리네오는 주행기록계 전략(English, 1993)을 사용하여 여러 가지 문제를 해결하였지만 레보는 문제를 해결하기 위해 의미 없는 시행착오 전략을 사용하였다. 이러한 토론은 시행착오 전략을 사용하였던 다른 학생들이 그 한계를 깨달을 수 있게 하였으며, 무엇보다도 중요한 점은 다른 학생들이 주행기록계 전략을 배울 기회를 제공하였다는 것이다. 이후 수업에서 학생 대다수는 주행기록계 전략을 사용하여 비슷한 문제를 적절하게 해결하였다. 학생들이 덜 도전적인 과제의 해결 방법을 찾고자 노력할 때 좀더 도전적인 과제를 제시함으로써 인지적 갈등을 유발하여 개념적 돌파구를 찾을 수 있도록 하였다. 또한 학급 활동과 모둠 활동을 통해 과제에 대해 토론하도록 함으로써 학생 대부분이 복합사건 과제의 표본공간을 모두 구하는데 필요한 곱셈 조작에 친숙해지게 하였다.

결과적으로 학생들은 복합사건의 결과를 구할 때 체계적인 전략을 사용하는 것을 대체할 만한 합리적인 대안이 없음을 알았다. 4번(그림 3)을 해결하기 위해 학생들은 두 집합(점심 메뉴의 가짓수와 음료의 가짓수)의 원소의 개수를 단순히 세는 것뿐만 아니라 곱셈 규칙을 사용하여 합리적으로 세는 것도 알아야 한다. 먹을 수 있는 점심의 가짓수를 구하기 위해 점심 메뉴의 가짓수 3에 음료의 가짓수인 7을 곱해야 한다. 연구에 참여한 학생 12명 중 8명(67%)이 사후평가에서 표본공간과 관련하여 가장 높은 4수준의 사고를 보여주었다는 사실에 주목할 필요가 있다. 이는 생성전략을 활용함으로써 복합 무작위 사건의 결과를 모두 구하는 학생들의 능력이 향상되었음을 보여준다.

### 사건의 확률: 단순사건

단순 무작위 실험(그림 4 참조)을 다루는 수업의 첫 번째 단계에서 학생 대부분은 검은색을 선택한 사람이 이길 것이라고 주장하면서, 검은색은 자신들이 가장 좋아하는 색이기 때문과 같이 다양한 종류의 주관적인 근거를 제시하였다. 두 번째 단계에서 모둠별로 게임을 하도록 하였을 때, 모든 모둠에서 흰색을 고른 학생이 이기는 일이 발생하였다. 이러한 현상은 구성된 표본공간을 검토하여 이길 수 있는 전략에 대해 논의하게 하는 것과 함께 학생들의 주관적인 입장을 뒤흔드는데 핵심적인 역할을 하였다. 어떤 학생들은 자신들이 검은색을 선택하여 졌기 때문에 흰색을 선택하는 것이 더 낫다고 잘못 설명하였지만, 학생들에게 이미 구성한 표본공간을 분석하도록 함으로써 학생들의 사고에 눈에 띄게 변화가 나타났다. 많은 학생들이 다음과 같이 언급하였다. "검은색 3개와 흰색 5개가 있어. 더 큰 쪽을 찾아야 하므로 8분의 5라고 하겠어." 학생들은 이기는 색을 고르는 것과 표본공간의 구성요소 사이에 존재하는 암묵적인 관계를 파악하기 시작하였다.

회전판이 흰색에서 멈출 가능성을 설명하기 위해 사용한 "8분의 5"라는 비형식적인 양적 표현은 학생들이 부분-전체 비교를 하였음을 보여주는 것 같지만, 실제로 학생들은 부분-전체 비교 전략이 아니라 단순히 전체의 부분들만을 비교(부분-부분 비교)하였다. 학생들이 이처럼 부분-부분 비교를 사용하고 있다는 것은 확률을 비교하기 위해 부분-전체 스키마가 꼭 필요한 확률 상황을 다룰 때 좀더 표면적으로 드러난다. 예를 들어, 2번(그림 3)에서 동전과 주사위 중 어느 것을 택하는 것이 좋을지 결정할 때 학생 대부분은 동전 1개를 던지면 앞면이 나올 확률을 "2분의 1", 주사위 1개를 던져서 짝수의 눈이 나올 확률을 "6분의 3"이라고 설명할 수 있었다. 그러나 일부 학생들은 게임에서 이기려면 동전을 골라야 한다고 하면서 "앞면이 나오는데 오래 걸리지 않기 때문"이라고 설명하였으며, 다른 학생들은 주사위를 선택할 것이라고 주장하면서 주사위에는 짝수의 개수가 많기 때문이라고 설명하였다. 어떤 학생도 다른 전체의 부분들을 비교하는 것 이상(동전 1개를 던진 결과 전체와 주사위 1개를 던진 결과 전체)으로 양적인 의미를 해석하지는 못하였다. 즉, 특정 맥락에서 학생들은 정신적 세기 축(Case, 1996)을 통해 비형식적 양적 비교가 가능한 부분-부분 스키마를 구성하기는 하지만 이것이 자연스럽게 부분-전체 비교로 발전하지는 않았다.

### 사건의 확률: 복합사건

Polaki(2002b)에 참여한 학생들은 복합 무작위 실험의 확률을 예측하는데 개념적인 어려움을 겪었다. Polaki(2002b)에서는 복합 무작위 실험 상황에서 가능성을 예측하는 것이 어느 정도로 복잡한지 알아보기 위해 그림 4와는 약간 다른 수업 자료를 활용하였다. 그림 4는 게임을 통해 단순 무작위 사건을 다루는 수업 내용이었다면, 그림 6은 게임을 통해 복합사건을 다루는 수업 내용이다. 두 수업 모두 4개의 학습 단계에 따라 전개되며, 학생들이 (a) 표본공간의 구성요소에 근거하여 확률을 예측하고, (b) 이론적인 확률과 실험적 확률의 개념적 연결성을 인식하게 하는데 목표를 둔다.

Polaki(2002b)에서 연구자는 미니탭(Minitab) 통계 소프트웨어를 사용한 시뮬레이션을 통해 10, 20, 100, 500, 1000, 5000, 10000과 같은 시행 횟수만큼 각각의 복합 무작위 실험을 진행하였다. 각각의 실험 결과는 엑셀을 사용하여 원그래프와 막대그래프로 나타내었다. 학생들에게 시뮬레이션을 어떻게 진행하였는지 설명해 준 다음, 각각의 복합 무작위 실험 결과를 그래프로 나타낸 것을 보여주었다. 학생들에게 실험을 통해 얻은 자료(data)에 대해 어떻게 생각하는지 의견을 말하도록 하였으며, 표본공간의 구성요소 또는 대칭성을 분석하여 구한 확률과 시뮬레이션을 통해 얻은 확률 사이에 어떤 관계가 있는지 설명하도록 하였다.

학생 대부분이 주행기록계 전략을 통해 복합 무작위 실험의 표본공간을 적절히 구하는 방법을 배웠지만, 단순 무작위 상황에서 만큼 손쉽게 표본공간의 구성요소를 분

1. 크기가 같은 8개의 부분으로 나누어진 회전판 1개에 검은색이 3개, 흰색이 5개 색칠되어 있다. 각 학생은 검은색 또는 흰색 중 하나를 선택한다. 번갈아가면서 회전판을 돌린다. 자신이 고른 색깔에 회전판이 멈추면 점수를 받는다. 최고점을 받은 사람이 이기고 상품을 받는다. 상품을 받기 위해서는 어떤 색을 선택하면 좋을까? 그 이유는 무엇인가? 이 게임은 공정한가? 왜 그런가? 왜 그렇지 않은가?
2. 준비물: 동전 2개. [동전 1개를 던져 보고 다른 학생이 나머지 동전 1개를 던져 본다.] 어떤 결과가 나왔는가? 동전 2개를 다시 던졌을 때 나올 것 같은 결과를 모두 적어 보아라. 왜 그런 결과가 나올 것 같은지 설명해 보아라. 앞면 2개, 뒷면 2개, 앞면 1개와 뒷면 1개 중 어느 것이 더 잘 나올 것 같은가? 아니면 이들이 나올 가능성은 모두 같은가? 왜 그런가? 숫자를 사용하여 그 이유를 친구에게 어떻게 설명하겠는가? 100번 던진다면 (a) 앞면 2개, (b) 뒷면 2개, (c) 앞면 1개와 뒷면 1개는 각각 몇 번씩 나올 것 같은가? 그 이유를 설명해 보아라.
3. 크기와 모양이 같은 자루 A, B에 각각 곰 인형이 7개씩 들어 있는데 빨간색 2개, 노란색 2개, 초록색 3개가 있다. 친구와 번갈아가면서 두 자루에서 곰 인형 1개씩을 꺼낸다. 색깔이 같은 곰 인형을 꺼내면 점수를 받는다. 색깔이 다른 곰 인형을 꺼내면 상대편이 점수를 받는다. 게임에서 이기려면 색깔이 같은 곰 인형을 꺼내야 할까, 아니면 색깔이 다른 곰 인형을 꺼내야 할까? 그 이유를 설명해 보아라.
4. 기수 11명이 번호가 매겨진 말 중에서 1마리를 고른다. A지점부터 B지점까지 경주를 할 말의 번호는 2, 3, 4, 5, 6, 7, 8, 9, 10, 11, 12이다. 기수들은 번갈아가면서 주사위 2개를 던진다. 나온 눈의 수의 합이 자신이 고른 말의 번호와 같으면 말을 한 칸 앞으로 움직인다. B지점에 먼저 도착한 말이 이긴다. 경주에서 이기려면 어떤 말을 골라야 할까? 왜 그런가?

**그림 5. 수업에 사용된 과제의 예**

1. 추측하기. 엠포(Mpho)와 테보호(Teboho)가 각각 동전 1개씩을 던지는 게임을 한다. 같은 것(앞면 2개 또는 뒷면 2개)이 나오면 엠포가 이긴다. 다른 것이 나오면 테보호가 이긴다. 엠포는 게임이 공정하지 않다고 하고, 테보호는 각각이 이길 가능성이 같으니 게임이 공정하다고 한다. 어떻게 생각하는가? 왜 그런가?
2. 게임하기. 3명이 한 모둠을 만든다. 1명은 같은 것이 나오는 경우를 선택하고, 다른 1명은 다른 것이 나오는 경우를 선택한다. 2명이 번갈아가면서 동전을 던진다. 세 번째 학생은 결과를 기록한다. 게임의 결과가 예상했던 것과 같은가? 설명해 보아라.
3. 시뮬레이션을 통해 얻은 자료 설명하기. 컴퓨터를 활용하여 연구자가 20, 50, 100, 500, 1000, 10000번 시행한 결과를 제시한다. 그 결과에 대해 어떻게 생각하는가? 게임은 공평한가? 왜 그런가? 왜 그렇지 않은가?
4. 확장하기. 이 게임에서 일어날 수 있는 결과를 모두 적어 보아라. 같은 것이 나올 확률은 얼마인가? 다른 것이 나올 확률은 얼마인가? 게임을 해보기 전에 이 게임이 공정한지 공정하지 않은지 알아보려면 어떻게 하면 될까? 자신의 의견과 컴퓨터를 통해 얻은 자료 사이에 어떤 관계가 있는가?

**그림 6. 복합 무작위 상황에 대한 전형적인 수업 내용**

석하여 확률을 예측(그림 6, 1번)하지는 못하였다. 반면에 대다수 학생들은 게임에서 누구든지 이길 수 있기 때문에 이 게임은 공정하다고 주장하는 등 다양한 형태의 부적절한 반응을 보였다. 예상할 수 있듯이 게임을 50회 반복하는 것과 같이 시행의 횟수가 작은 실험은 이 과제를 해결하는데 별로 도움을 주지 못하였다. 왜냐하면 같은 것이 나오는 경우를 선택한 사람이 어떤 모둠에서는 많은 점수를 받았지만 다른 모둠에서는 적은 점수를 받았으므로 결과에는 결정적인 역할을 하지 못하였기 때문이다. 또한 시행의 횟수가 충분히 큰 실험도 확률에 대한 학생들의 이해를 개선하는 데는 실질적인 영향을 주지 못하였는데, 이는 학생들이 이론적 확률과 실험적 확률 사이의 의미있는 관계를 알아보지 못하였기 때문이다. 학생들은 표본공간의 구성요소에 주목하여 이를 사건의 확률과 연결 짓게 되면서 해당 문제를 모델링할 수 있게 되었다. 학생들은 그림 6의 문제에서 일어날 수 있는 모든 결과를 $\{(HH), (HT), (TH), (TT)\}$과 같이 나열함으로써, "4번 중 2번"은 다른 것이 나오고 "4번 중 2번"은 같은 것이 나오므로 게임이 공정하다는 결론을 내릴 수 있었다.

수업 프로그램의 세 번째 단계(그림 6, 3번)에서처럼 컴퓨터 시뮬레이션을 통해 얻은 자료를 분석함으로써 학생들은 시행의 횟수가 늘어날수록 사건의 결과(이 문제에서는 같은 것이 나오는 경우)가 고정된 수(0.5)로 안정된다는 것에 주목하기 시작하였다. 일부 학생들이 자료에 대한 관찰로부터 이러한 특징을 찾아내었지만, 어떤 학생도 그 비율이 동전 2개를 던졌을 때 같은 것이 나오는 이론적 확률과 관계가 있다는 것을 분명하게 인식하지는 못하였다. 즉, 학생들은 실험적 확률과 이론적 확률사이의 관계를 밝히지 못하였다. 이러한 어려움은 게임 상황(예, 그림 5, 4번)을 다룬 후에도 마찬가지로 나타났다. 시행의 횟수가 늘어날수록 실험적 확률(상대도수)이 이론적 확률에 가까워진다는 성질(큰 수의 법칙)을 깨닫는 것은 수업에 참여한 학생들의 사고 수준을 넘어서는 것처럼 보인다. 실제로 실험적 확률과 이론적 확률을 연결시키기 위해서는 극한 과정으로써 이들 사이의 관계를 보는 능력이 필요하다; 이는 양적 사고가 부족하고 실험에 대한 경험이 거의 없는 초등학생들에게는 너무 추상적인 아이디어이다(7, 14장 참조).

시뮬레이션에 대한 학생들의 이해를 다룬 연구(예, Zimmerman & Jones, 2002)에 따르면 상급 학년 학생들도 시뮬레이션을 개념적으로 어려워한다. Zimmermann & Jones(2002)는 고등학생들에게 (a) 주어진 복합 무작위 실험에 대한 시뮬레이션의 적절성을 평가하고, (b) 주어진 복합 무작위 사건에 적합한 시뮬레이션을 설계하도록 하였다. 이 연구에 참여한 학생들은 두 문제를 모두 어려워하였다. 이들은 주어진 복합 무작위 사건보다는 단순 무작위 사건에 적합한 시뮬레이션을 구성하였다. 일부 학생들은 시뮬레이션을 설계할 때 어떤 조건이 필요하며, 시행 횟수가 커지면 실험적 확률은 이론적 확률에 가까워진다는 유용한 신념에 도달하기도 하였다. 그러나 다른 학생들은 실생활 문제를 모델링하는데 시뮬레이션을 활용하는 것은 부적절하다는 신념을 고수하였다.

Polaki(2002b)에 따르면, 학생들이 복합 무작위 사건의 결과를 모두 구할 수 있었으며 시행 횟수가 충분히 큰 시뮬레이션을 다루어 보았음에도 불구하고 복합사건의 확률을 예측하는데 어려움을 겪었다. 이러한 현상은 학생들이 평가 문제에 답할 때 더욱 분명하게 드러났다. 다음 에피소드를 통해 이러한 어려움의 본질에 대해 살펴보자. 수업 프로그램이 끝날 무렵, 타보(Thabo)는 동전 2개를 동시에 던졌을 때 일어날 수 있는 결과를 모두 구할 수 있었다(그림 5, 2번). 동전 2개를 던지는 시행을 100번 반복하였을 때, (a) 앞면 2개, (b) 뒷면 2개, (c) 앞면 1개와 뒷면 1개 각각이 얼마나 많이 나오겠는지 물었을 때 타보는 앞면이 2개인 경우가 25번 나올 것이라고 하면서 다음과 같이 설명하였다: “25에 4를 곱하면 100이 되기 때문이에요”. 또한 앞면 2개가 나올 확률을 숫자를 사용하여 설명해 보라고 하였을 때 “25분의 100… 아니 100분의 25”라고 대답하였다. 또한 시행을 100번 반복하면 “각각 하나씩”(앞면-뒷면의 조합) 나오는 경우가 몇 번일지 예측해보도록 하였을 때, 앞면이 2개 나오는 경우에 대한 반응과 비슷하지만 부적절한 반응을 보였다. 이상하게도 타보는 다른 복합 무작위 상황에 대해서는 위와 비슷한 반응을 보이지 않았다. 이상에 따르면 타보는 일관성이 다소 부족하기는 하지만 표본공간과 확률 계산 사이에 어떤 연결성을 구성하였다고 볼 수 있다.

복합사건 상황에서 확률을 예측하는데 실질적인 발전을 보인 학생은 리네오(Lineo) 뿐이었다. 수업 활동을 시작하기 전에 리네오는 2번(그림 5)에서 동전 2개를 100번 던지면 뒷면 2개가 나오는 경우는 25번일 것이라고 하였다. 또한 리네오는 "50번은 앞면과 뒷면, 그리고 뒷면과 앞면에 해당한다"고 설명하면서, "각각" 25번 나올 것 같다고 덧붙였다. 리네오가 나중에 한 말은 앞면-뒷면이 나오는 것을 말하는 것인지, 뒷면-앞면이 나오는 것을 말하는 것인지, 두 경우 모두를 말하는 것인지 분명하지 않다. 리네오는 이처럼 자신의 답을 설명하는데 어려움을 겪기는 하였지만, 앞면과 뒷면(또는 뒷면과 앞면)이 나오는 경우를 다시 1번 생각해 보고 처음에 답한 "50번은 앞면과 뒷면, 그리고 뒷면과 앞면에 해당한다"는 주장에 모순이 없도록 설명을 시도하였다.

모양과 크기가 같은 자루 2개에 곰 인형 7개(빨강 2개, 노랑 2개, 초록 3개)가 있는 또 다른 상황(그림 5, 3번)에서 같은 것을 선택할 것인지 다른 것을 선택할 것인지를 물었을 때, 리네오는 다른 것이 더 많기 때문에 다른 것을 선택하겠다고 옳게 답하였다. 이는 리네오가 머릿속으로 복합 실험의 결과를 모두 구하고 이를 시각화할 수 있음을 보여준다. 또한 같은 모양의 회전판 2개가 각각 동일한 크기 2개로 나누어진 부분을 갖고 있으며 여기에 10과 4가 적혀 있는 복합 무작위 실험을 소개하였을 때, 리네오는 두 회전판을 동시에 돌려 얻을 수 있는 수의 합을 생성 전략을 사용하여 적절하게 구하였다. 리네오는 나올 가능성이 가장 큰 합은 14라고 하면서 수치적 척도인 분수를 정확하게 사용하여 자신의 답을 설명하였다: "4분의 2이다. 왜냐하면 10과 4, 4와 10이 있고, 14는 2가지 다른 방법으로 얻을 수 있기 때문이다."

Polaki(2002b)에 따르면 리네오의 이러한 성장은 부분-부분 스키마가 보다 안정적으로 발달하였기 때문에 가능하였다고 볼 수 있다. 리네오는 확률을 예측하기 앞서 안정적인 부분-부분 스키마를 활용하여 표본공간의 원소를 세고 순서를 줄 수 있었다. 교수학적으로 볼 때, 학생들이 표본공간의 구성요소에 주목하도록 한 교사의 노력으로 인해 리네오는 안정적인 부분-부분 스키마를 형성할 수 있었던 것으로 보인다. 교사의 역할에 대해 좀더 구체적으로 살펴보면, 교사는 학생들이 2번(그림 3)에서 제시된 게임이 공정하다는 사실을 의식하지 못할 때, 같은 모양의 초콜릿 바 2개를 꺼내 하나는 똑같이 절반으로 나누고 다른 하나는 똑같이 여섯 조각으로 나누는 것을 보여준 다음, 학생들에게 처음 초콜릿 바에서 한 조각을 먹은 아이와 다른 초콜릿 바에서 세 조각을 먹은 아이 중에서 누가 더 많은 초콜릿을 먹은 것인지 이야기해보도록 유도하였다. 이때 모든 학생들은 두 아이가 같은 양의 초콜릿 바를 먹었다는 사실에는 동의하였지만, 리네오만이 이를 확률적 상황과 적절하게 연결하여 2번(그림 3)에서 제시된 게임이 공정하다는 사실을 인식하였다. 초콜릿 바 에피소드는, 확률을 정리하는데 필요한 부분-부분 스키마를 리네오가 보다 안정적으로 형성하는데 개념적 돌파구를 제공하는 비계 활동의 사례를 보여준다. Case(1996)에 비추어 보면 수업 프로그램의 마지막 단계에서 리네오가 보여준 사고의 특징은 통합적인 이차원적 사고에 해당하며, 이는 리네오가 단순 무작위 상황과 복합 무작위 상황 모두에서 확률을 정리할 수 있게 되었음을 의미한다.

## 04 요약 및 결론

이 장은 초등학교 고학년 학생들과 중학교 학생들의 확률적 사고 능력을, 단순사건과 복합사건의 결과를 모두 구하고 그 확률을 예측하는 것과 관련하여 상세히 기술하였다. 또한 수업을 통해 단순 무작위 실험과 복합 무작위 실험의 표본공간을 구하고 확률을 예측하는 초등학교 고학년 학생들의 사고가 어떻게 발달하는지도 설명하였다.

초등학교 고학년 학생들의 확률적 사고 발달을 살펴봄으로써 중학교에서 확률 수업을 받게 될 학생들의 인식론적 배경과 잠재성의 특징을 예견할 수 있다. 개괄적으로 설명하자면, 주의 깊게 설계된 수업 프로그램에 참여한 학생들은 복합 무작위 과정에서 일어날 수 있는 모든 결과를 적절히 구할 수 있게 되었다. 학생들이 단순 무작위 실험과 복합 무작위 실험의 결과를 나열하는데 활용한 전략을, 정교성의 수준이 점차 향상되는 순서로 살펴보자면 다음과 같다. (a) 단순사건에 대한 주관적 추론에 근거하여 임의적이고 부적절한 결과를 나열하는 전략, (b) 시행착오 전략, (c) 복합사건에 대한 부분적인 생성 전략, (d) 복합사건에 대한 생성 전략.

단순 무작위 실험과 복합 무작위 실험의 결과를 구하는 학생들의 능력을 향상시키는데 기여한 교수학적 전략은, 인식론적 갈등을 야기하는 문제 상황을 만들어 학생들로 하여금 보다 체계적인 전략을 사용할 필요가 있음을 느끼도록 하는 것이었다. 모둠 활동과 학급 활동에서 진행된 논의를 통해 학생들은 이러한 문제 상황을 해결하는 힌트를 얻을 수 있었다. 복합 무작위 사건의 결과를 모두 구하는 능력은 우선 부분-부분 스키마를 사용하여 각 집합에 해당하는 원소의 개수를 셀 수 있게 된 다음 각각의 원소를 하나의 구조로 통합하게 되면서 발달하였다. 또한 학생들은 자신들이 구한 표본공간이 적절한지를 평가하는데 곱셈 규칙이 필요함을 깨달았다. 심리적인 관점에서 볼 때, Case(1996)가 언급한 통합적인 이차원적 사고 수준에 해당하는 학생들만이 복잡한 표본공간을 조작할 수 있음이 드러났다. 이 학생들은 다중적인 정신적 세기 축을 구성하여 동시에 여러 조작을 유연하게 진행할 수 있었다.

초등학교 고학년 학생들은 단순 무작위 실험과 복합 무작위 실험에서 확률을 예측할 때 다음과 같은 몇 가지 특징을 보였다: (a) 주관적인 반응, (b) 확률을 설명하기 위해 비형식적인 양적 표현의 사용, (c) 확률을 예측하는데 표본공간의 구성요소를 활용하고 그에 따라 확률을 정리하는 능력. 사건의 결과를 모두 구하는 상황에서처럼 수업 중에 일어나는 학생들의 성장 정도는 다양한 요인에 영향을 받았다. 이러한 요인에는 다음과 같은 것이 있다: (a) 시행의 횟수가 작은 실험하기, (b) 표본공간의 구성요소를 분석하는데 주목하기, (c) 모둠활동과 학급활동에서 제기되는 개념적인 질문을 다루기. 역설적으로 학생 대부분은 복합 무작위 실험에서 확률을 예측하는 것보다 복합 무작위 실험에서 일어날 수 있는 결과를 나열하는 것을 더 잘 하였다. 이는 복합 무작위 과정에서 확률을 예측하는 것이 매우 복잡한 현상임을 보여준다: 학생들은 확률을 타당하게 예측하는데 필요한 세기와 순서 짓기 활동을 진행하기 전에 표본공간에 있는 원소의 조합을 개념적으로 살피고 평가할 수 있어야 한다. 복합사건의 확률을 예측하기 위해서 학생들은 심리적으로 Case(1996)가 언급한 바 있는 통합적인 이차원적 사고 수준과 유사한 인지적 능력을 갖출 필요가 있다. 이러한 인지적 수준에서 사고하는 학생들은 2개 이상의 정신적 세기 축을 구성하여 이를 조작할 수 있으며 필수적인 산술을 수행할 수 있다.

학생들의 확률적 사고 발달을 이끄는 주요 개념 구조에는 부분-부분 스키마와 부분-전체 스키마가 있다. Polaki(2002b)에 참여한 일부 학생들은 부분-부분 비교와 부분-전체 비교를 진행하는데 한계가 있었기 때문에 확률을 정리하는 활동에서 어려움을 겪었다. 유리수 개념에 대한 학생들의 이해를 다룬 연구(예, Singer & Resnick, 1992)에 따르면 부분-부분 스키마와 부분-전체 스키마가 유리수를 다룰 때 핵심적인 역할을 한다. 부분-부분 스키마와 부분-전체 스키마에 대한 학생들의 능력을 개발할 수 있도록 수업 활동과 과제를 조직하여 확률과 유리수의 개념을 지도한다면 커다란 학습 효과를 불러올 수 있을 것으로 보인다.

후속 연구를 통해 학생들이 복합사건의 확률을 적절하게 예측하는 것을 학습할 때 그 성장 과정이 어떠한지를 탐구해볼 필요가 있다. 이러한 연구는 복합사건의 다양한 측면을 다루는 학생들의 능력을 개발하는데 중추적인 역할을 하는 수업 상황과 에피소드에 대한 정보를 제공할 수 있어야 한다.

## 참고문헌

Benson, C. T., & Jones, G. A. (1999). Assessing students' thinking in modeling probability contexts. *The Mathematics Educator, 4*(2), 1-21.

Biggs, J. B., & Collis, K. F. (1991). Multimodal learning and the quality of intelligent behavior. In H. A. Rowe (Ed.), *Intelligence: Reconceptualization and measurement*. Hillsdale, NJ: Erlbaum.

Carpenter, T. P., & Fennema, E. (1988). Research and cognitively guided instruction. In E. Fennema, & T. P. Carpenter (Eds.), *Integrating research on teaching and learning mathematics* (pp. 2-17). Wisconsin: Wisconsin Center for Education Research.

Case, R. (1996). Reconceptualizing the nature of children's conceptual structures and their development in middle childhood. *Monographs of the Society for Research in Child Development, 61*, (1-2, Serial No. 246), 1-26.

Cobb, P. (2000). Conducting teaching experiments in collaboration with teachers. In A. Kelly & R. Lesh (Eds.), *Handbook of research design in mathematics and science education* (pp. 307-333), Mahwah, NJ: Erlbaum Associates.

English. L. D. (1990). Young children's combinatoric strategies. *Educational Studies in Mathematics, 22*, 451-474.

English, L. D. (1993). Children's strategies for solving two-and three-dimensional combinatorial problems. *Journal for Research in Mathematics Education, 22*, 255-273.

Fischbein, E., & Schnarch, D. (1997). The evolution with age of probabilistic, intuitively based misconceptions. *Journal for Research in Mathematics Education, 28*, 96-105.

Green, D. R. (1983). A survey of probability concepts in 3,000 pupils aged 11-16 years. In D. R. Grey, P. Holmes, F. Barnett, & G. M. Constable (Eds.), *Proceedings of the First International Conference on Teaching Statistics* (pp. 766-783). Sheffield, England: Teaching Statistics Trust.

Hogg, R. V., & Tanis, E. A. (1997). *Probability and statistical inference* (5th ed.). Upper Saddle River, NJ: Prentice Hall.

Jones, G. A., Langrall, C. W., Thornton, C.A., & Mogill, A. T. (1997). A framework for assessing and nurturing young children's thinking in probability. *Educational Studies in Mathematics, 32*, 101-125.

Jones, G. A., Langrall, C. W., Thornton, C. A., & Mogill, A. T. (1999). Students' probabilistic thinking in instruction. *Journal for Research in Mathematics Education, 30*, 487-519.

Jones, G. A., Thornton, C. A., Langrall, C. W., & Tarr, J. E. (1999). Understanding students' probabilistic reasoning. In L. V. Stiff, & F. R. Curcio (Eds.), *Developing mathematical reasoning in Grades K-12: 1999 Yearbook (pp.*

*146-155)*. Reston, VA: National Council of Teachers of Mathematics.

Lamon, S. J. (1999). *Teaching fractions and ratios for understanding: Essential content knowledge and instructional strategies for teachers*. Mahawh, NJ: Erlbaum Associates.

Lecoutre, M. P. (1992). Cognitive models and problem spaces in "purely random" situations. *Educational Studies in Mathematics, 23*, 557-568.

National Council of Teachers of Mathematics (2000). *Curriculum and evaluation standards for school mathematics*. Reston, VA: Author.

Piaget, J., & Inhelder, B. (1975). *The origin of the idea of chance in students* (L. Leake, Jr., P. Burrell, & H. D. Fischbein, Trans). New York: Norton (Original work published 1951)

Polaki, M. V., Lefoka, P. J., & Jones, G. A. (2000). Developing a cognitive framework for describing and predicting Basotho students' probabilistic thinking. *Boleswa Educational Research Journal, 17*, 1-21.

Polaki, M. V. (2002a). Using instruction to identify mathematical practices associated with Basotho elementary students' growth in probabilistic reasoning. Canadian Journal of Science, *Mathematics and Technology Education, 2*, 357-370.

Polaki, M. V. (2002b). Using instruction to identify key features of Basotho elementary students' growth in probabilistic thinking. *Mathematical Thinking and Learning, 4*, 285-314.

Pratt, D. (2000). Making sense of the total of two die. *Journal for Research in Mathematics Education, 31*, 602-625.

Simon, M. A. (1995). Reconstructing mathematics from a constructivist pedagogy. *Journal for Research in Mathematics Education, 26*, 146-149.

Singer, J. A., Resnick, L. B. (1992). Representations of proportional relationships: Are children part-part or part-whole reasoners? *Educational Studies in Mathematics, 23*, 231-246.

Speiser, R., & Walter, C. (1998). Two dice, two sample spaces. In L. Pereira-Mendoza, L. Seu Kea, T. Wee Kee, & W. K. Wong (Eds.), *Proceedings of the Fifth International Conference on the Teaching of Statistics (Vol. 1, pp. 1041-1047)*. Voorburg, The Netherlands: International Statistical Institute.

Vidakovic, D. (1998). Children's intuition of probabilistic concepts emerging from fair play. In L. Pereira-Mendoza, L. Seu Kea, T. Wee Kee, & W. K. Wong (Eds.), *Proceedings of the Fifth International Conference on the Teaching of Statistics (Vol. 1, pp. 67-73)*. Voorburg, The Netherlands: International Statistical Institute.

Watson, J. D., Collis, K. F., & Moritz, J. B. (1997). The development of chance measurement. *Mathematics Education Research Journal, 9*, 60-82.

Watson, J. D., & Moritz, J. B. (1998). Longitudinal development of chance measurement. *Mathematics Education Research Journal, 10*, 103-127.

Zimmerman, G. M. & Jones, G. A. (2002). Probability simulation: What meaning does it have for high school students. *Canadian Journal of Science, Mathematics, and Technology Education, 2*, 221-237.

9장

# 조건부 확률과 독립성의 아이디어를 어떻게 지도할까?

JAMES E. TARR and JOHN K. LANNIN

"다시 넣지 않으면 확률은 변한다" — 비복원 과제에서 조건부 확률에 대한 중학생의 추론. (Tarr & Jones, 1997, p. 54)

## 01 도입

여러 연구는 조건부 확률과 독립성에 대한 학생들의 사고를 다루었다. 조건부 확률과 독립성에 대한 엄밀한 수학적 정의는 조건부 확률과 독립성이 밀접하게 관련되어 있음을 보여준다. Hogg & Tannis(1993)에 따르면, 무작위 실험에서 표본공간 $S$의 부분집합 $B$가 일어났는지 여부에 따라 이 실험에서 일어날 수 있는 결과에 주목하는 것이 조건부 확률과 관련된다. 이에 **사건 $B$가 일어났을 때 사건 $A$의 조건부 확률** $P(A|B)$은 무작위 실험에서 $B$가 일어났을 때만 일어날 수 있는 $A$의 확률을 고려한다. 즉, 사건 $A$의 확률은 사건 $B$가 일어나는 것으로 전제된 새로운 표본공간이라는 조건하에서 구해진다.

또한 Hogg & Tannis(1993)는 **비복원**(without-replacement) 상황의 무작위 실험에서 조건부 확률을 구하는 특수한 경우에 주목하였다. 예를 들어, 빨간 공 1개, 초록 공 1개, 노란 공 1개가 들어있는 자루에서 공 1개씩을 꺼내는 비복원 실험을 생각해보자. 두 번째로 공을 꺼낼 때 생각해야 하는 표본공간은 원래 표본공간의 부분집합이 된다. "초록" 공이 나올 확률은 첫 번째 나온 공의 결과에 의해 조건화된다. 첫 번째에 초록 공이 나왔다면, "초록" 공이 나왔다는 조건하에 "초록" 공이 나올 확률은 0이 된다.

하지만 첫 번째에 빨간 공이 나왔다면, "빨간" 공이 나왔다는 조건하에 "초록" 공이 나올 확률은 0.5이다.

위와 같은 "비복원 상황"에서는 표본공간이 줄어든 것을 시각화할 수 있기 때문에 조건부 확률이 보다 분명하게 드러난다. 일부 연구(예, Tversky & Kahneman, 1982; Watson, 이 책 6장; Watson & Moritz, 2002)는 조건부 확률에 대한 학생들의 이해를 살피기 위해 사회적 맥락을 활용하기도 하지만, 대부분의 연구(예, Falk, 1983; Falk, 1988; Borovcnik & Bentz, 1991)는 조건부 확률 문제가 명시적으로 드러나는 비복원 상황 맥락(또는 **어떤 대상을 한꺼번에** 뽑는 것)을 주로 다룬다.

앞서 살펴본 정의에 따르면 학생들의 "조건부 확률에 대한 이해"는 어떤 사건이 일어남에 따라 변하는 사건의 확률을 이해하고 조정하는 능력으로 규정된다. 즉, 조건부 확률에 대한 이해는 "새로운 정보가 추가되면 확률적 판단을 수정하는" 능력과 관련된다(Borovcnik & Bentz, 1991, p. 90).

수학에서 사건 $A$와 사건 $B$가 독립이라는 것은 $P(A|B) = P(A)$으로 정의되는데, 이는 사건 $B$가 일어나더라도 사건 $A$가 일어날 확률에는 변화가 없다는 것을 의미한다(예, Borovcnik, Bentz & Kapadia, 1991; Hogg & Tanis, 1993). 즉, 독립은 조건부 확률의 특수한 경우로 볼 수 있다. 실제로 Brovcnik & Bentz(1991)는 독립을 사건 $A$의 "비조건적(unconditional) 확률"(p. 90)이라고 설명하였는데, 이는 사건 $B$가 일어나는 것이 사건 $A$의 확률에 영향을 주지 않는다는 것이다. 조건부 확률과의 이러한 관계 때문에 일부 연구자들(예, Kelly & Zwiers, 1988; Ahlgren & Garfield, 1991)은 독립성의 개념을, 학생들에게 좀더 직관적인(Shaughnessy, 1992) 조건부 확률의 정의를 통해 도입하자고 주장하였다. 조건부 확률의 경우와 달리, 독립성에 대한 학생들의 이해를 분석한 연구(예, Cohen, 1957; Kahneman & Tversky, 1972; Shaughnessy, 1977)에서 사용된 과제는 대부분 일련의 독립 시행이나 **복원**(with-replacement) 상황에서 일어나는 무작위 실험과 관련된다. 이러한 맥락에서 볼 때, "독립성에 대한 이해"는 어떤 사건이 일어나는 것이 다른 사건의 확률에 영향을 미치지 않는 경우를 인식하고 정확하게 설명하는 능력으로 규정된다. 이 장에서는 복원 과제와 비복원 과제 모두를 사용하여 조건부 확률과 독립성을 다룬 연구들에 대해 살펴본다.

## 02 중학교 수학 교육과정에서 조건부 확률과 독립성의 대두

최근 교육과정 개정의 세계적인 추세(예, Australian Curriculum Corporation, 1994;

Department of Education and Science and the Welsh Office, 1991; National Council of Teachers of Mathematics[NCTM], 1989, 2000)는, 중학교 수학 교육과정에서 다루는 확률의 범위를 확대하고 그 개념적 이해를 보다 강조하는 것이다. 이는 학교 수학에서 확률을 명목상으로만 강조해온 전통과는 차이가 있다. Shaughnessy(1992)는 학교에서 확률을 얼마나 많이 가르치는지를 분석한 연구가 거의 없지만, 최근까지도 초등학생과 중학생에게 조건부 확률 및 독립성과 같은 확률 개념을 충분히 가르치지 못하고 있음은 분명하다고 지적하였다.

새로운 교육과정이 개발됨에 따라 조건부 확률과 독립성에 대한 내용이 중학생을 대상으로 하는 교육과정 자료인 CMP(Connected Mathematics Project; Lappan, Fey, Fitzgerald, Friel, & Phillips, 1997), MiC(Mathematics in Context; National Center for Research in Mathematical Sciences Education & Freudenthal Institute, 1997~1998), NNS(The National Numeracy Strategy; Department for Education and Skills, 1997), C&D(Chance and Data: Investigations; Lovitt & Lowe, 1993)와 NCTM에 근거한 교육과정 프로젝트(Bright, Frierson, Tarr & Thomas, 2003; Zawojewski, 1991) 등에 두드러지게 나타나기 시작하였다. 어떤 교육과정(예, NCTM, 2000)은 조건부 확률에 대한 형식적인 지도는 9~12학년 학생만을 대상으로 하도록 제한하였지만, Watson(1995)은 "고등학교의 마지막 학년에 와서야 우수한 학생들만을 대상으로 조건부 확률을 지도하는 것은 잘못이다"(p. 16)고 주장하면서 조건부 확률과 독립성은 중학교 수학 교육과정을 통해 소개되어야 하며 직관적인 방식으로 지도될 필요가 있다고 하였다.

수학 교육과정에 조건부 확률을 포함시키는 문제는 1가지 연구만으로 결정될 수 있는 것이 아니다. 최근 여러 연구(Jones, Langrall, Thornton, & Mogill, 1999; Tarr, 1997; Tarr & Jones, 1997)에 따르면 조건부 확률과 독립성은 중학교 수학 교육과정에서 다룰 만한 적절한 주제이며, 학생들이 분수의 크기를 엄밀하게 비교할 수 있을 때까지 그 지도를 미룰 필요는 없다. 이들 연구는, 수업을 받은 학생들이 조건부 확률에 기초하여 적절한 확률적 판단을 내릴 때 여러 가지 전략을 사용하였으며, 많은 학생들이 분수나 수치적인 확률을 **사용하지 않고도** 이러한 판단을 내릴 수 있다고 설명하였다. 나아가 학생들은 적절한 확률적 판단을 내리기 위해 그들 나름의 전략을 개발하여 활용하기도 한다.

## 03 조건부 확률과 독립성: 개념과 오개념

독립성에 대한 연구(예, Fischbein, Nello, & Marino, 1991; Green, 1983; Konold, Pollatsek, Well, Lohmeier, & Lipson, 1993)와 함께 조건부 확률에 대한 중학생들의 사고를 분석한 연구(예, Fischbein & Gazit, 1984; Piaget & Inhelder, 1951/1975; Shaughnessy, 1992; Tarr & Jones, 1997; Tarr, 2002; Watson & Moritz, 2002; Yhfiez, 2002)가 꾸준히 증가하였다. 이 절에서는 이러한 연구의 결과를 살펴보고자 한다(조건부 확률과 독립성의 오개념에 대한 세부 논의는 3, 7장 참고).

### 조건부 확률에 내재된 확률적 사고

Fischbein & Gazit(1984)은 5, 6, 7학년 학생 285명을 대상으로 교수 실험을 실시하였다. 이들에 따르면 복원과 비복원 상황에서 조건부 확률을 구하도록 하였을 때 5학년 학생의 약 24%가 조건부 확률을 옳게 구하였지만, 비복원 상황에서 정답을 구한 학생의 비율이 비교적 낮았다. 이와 달리 6학년 학생의 63%가 복원 상황에서 정답을 말하였고, 43%는 비복원 상황에서 그 답을 옳게 구하였다. 또한 7학년의 89%가 복원 상황에서 옳게 답하였으며, 71%가 비복원 상황에서 옳은 답을 구하였다. 연구 결과에 따르면 조건부 확률에 대한 학생들의 오개념은 다음과 같이 2가지로 구체화할 수 있다:

1. 학생들은 비복원 상황에서 표본공간이 변한다는 사실을 깨닫지 못한다.
2. 학생들은 비복원 상황에서 일어날 수 있는 모든 결과의 경우의 수를 비교하지 않고 첫 번째 시행 전후에 일어날 것 같은 결과의 경우의 수를 비교함으로써 사건의 확률을 구한다(pp. 8-9).

이상과 관련된 연구로 Tarr(2002)는, 학생들이 조건부 확률을 구할 때 "50-50 가능성"이라는 표현을 잘못 사용하여 장애가 발생한다고 지적하였다. 특히 표본공간을 구성하는 사건이 2개일 때, 두 사건이 일어날 가능성이 동등하지 않을 때조차도 학생들은 각각의 결과는 "50-50 가능성"으로 일어난다고 생각한다. 또한 표본공간 내에서 일어날 수 있는 가능성이 같은 사건이 2개 이상일 때에도 각각의 사건은 "50-50 가능성"으로 일어난다고 결론을 짓는다. 이처럼 "50-50 가능성"이라는 표현을 부적절하게 사용하는 것은 비복원 상황에서 조건부 확률을 구할 때 더 큰 문제를 일으킨다. 특히 "50-50 가능성"이라는 표현을 반복하여 사용하게 되면 비복원 상황에서 모든 사건의 확률이 변한다는 것을 인식하는데 장애가 발생할 수 있다.

Fischbein & Gazit(1984), Tarr(2002)는 **비복원 상황에서 표본공간이 변한다**는 아

이디어를 인식하도록 하는 것이 조건부 확률 지도의 주요한 목표가 되어야 하며, 수업을 통해 학생들이 **모든 결과의 경우의 수와 관련하여 표본공간을 구성**할 수 있도록 도와야 한다고 지적하였다. 즉 비복원 추출 이후에 구하고자 하는 사건의 경우의 수가 변하지 않았더라도 조건이 되는 사건에 의해 전체 표본공간이 어떻게 바뀌었는지 생각해 보도록 하는 것이 무엇보다 중요하다.

### 독립성에 내재된 확률적 사고

독립성에 대한 중학생들의 사고와 관련된 주요 연구는 Fischbein 등(1991)에 의해 4~8학년 학생 618명을 대상으로 수행되었다. 이 연구에서 연구자들은 다음과 같은 상황에서 어떤 사건이 더 잘 일어날 것 같은지 질문하였다: 동전 1개를 3번 던져서 "앞면"이 3번 나오는 것과 동전 3개를 동시에 1번 던져서 3개 모두 "앞면"이 나오는 것. 확률 수업을 받은 적이 없는 4, 5학년 학생 38%와 중학생 30%는 그 확률이 같지 않다고 대답하였다. 각 학년의 학생들은 약 2:1의 비율로 동전 1개를 3번 던졌을 때 앞면이 3번 나올 확률이 더 크다고 생각하였다. Fischbein 등(1991)은 사후 면담을 통해 학생들이 동전 1개를 던진 결과는 통제할 수 있다는 신념을 갖고 있다는 사실을 발견하였다. 연구자들에 따르면 학생들이 이러한 신념을 지니고 있는 한, 각각의 시행에서 앞면이 나올 확률이 항상 0.5라는 독립성의 아이디어를 이해하는 것은 불가능하다.

유사한 오개념이 미국의 NAEP(National Assessment of Educational Progress in Mathematics, 1988)에서도 드러났다. 동전 1개를 4번 던진 결과가 TTTT일 때, 다섯 번째에는 어떤 결과가 더 잘 나올 것 같은지 학생들에게 질문하였더니, 7학년 학생의 47%만이 앞면과 뒷면이 나올 가능성이 같다고 바르게 답하였다. 11~16세 영국 학생 2,930명을 대상으로 실시한 연구에서는 정답률이 약간 높았다(Green, 1983). 이 연구에서는 동전 1개를 4번 던진 결과가 모두 앞면일 때 다섯 번째에는 어떤 결과가 더 잘 나올 것 같은지 물었다. 11~12세 학생 67%를 포함하여 모든 학생의 75%가 "앞면과 뒷면이 나올 가능성이 같다"고 바르게 답하였다. 동일한 과제를 활용한 Konold(1993)의 연구에서 수학 보충과정을 수강하고 있는 대학생들의 70%만이 옳은 답을 제시하였다. 또한 Konold(1993)는 동전 1개를 5번 던졌을 때 다음 중 어떤 것이 가장 잘 일어날 것 같고 어떤 것이 가장 덜 일어날 것 같은지 학생들에게 질문하였다: (a) HHHTT, (b) THHTH, (c) THTTT, (d) HTHTH, (e) 4가지 경우가 일어날 가능성은 같다. 가장 잘 일어날 것 같은 사건에 대해서는 대학생 61%가 옳게 답하였지만, 가장 덜 일어날 것 같은 사건에 대해서는 35%만이 옳은 답을 제시하였다. 가장 잘 일어날 것 같은 사건을 찾을 때 독립성을 적절히 고려하였던 상당수의 학생들이 가장 덜 일어날 것 같은 사건을 고를 때는 독립성에 대해 사고하지 않았다. Konold(1993)에 따르면 동전에서 앞면이 나올 가능성과 뒷면이 나올 가능성이 같다는 신념과 동전을 던지면 대략 절반은 앞면이 나오고 절반은 뒷면이 나올 것이라는 기대 사이에 갈등이 존재한다. 가장 잘 일어날 것 같은 사건을 고를 때 학생들은 무엇이 일어날 것 같은지를 물어보는 것으로 문제의 의미를 바꾸어 해석하는 **결과적 접근**(outcome approach) 전략을 활용하여 모든 경우가 일어날 가능성이 같다는 자신들의 생각을 정당화하기도 한다. 결과적 접근 오개념을 지닌 학생들은 "일어날 가능성이 같다"는 응답을 정당화하기 위해 "어떤 것이든지 일어날 수 있다"는 표현을 사용하는 경향이 있다. "일어날 가능성이 같다"는 응답을 바꾼 학생들은, 결과적 접근에서 **대표성**(representativeness) 판단 전략*으로 자신들의 생각을 수정하였다. 이와 같은 여러 가지 강력한 신념 때문에 학생들은 독립성 개념을 일관되게 다루기가 어려우며, 학생들이 독립성 개념을 이해한 것처럼 보일 때조차도 여전히 대표성 판단 전략을 따르는 경우가 있다.

독립 시행의 결과를 관찰할 때나 비복원 상황에서 확률을 다룰 때 모든 연령대의 학생들이 다양한 오개념을 드러내기 때문에(Garfield & Ahlgren, 1988; Shaughnessy, 1992), 독립성에 대한 수업에서는 확률적 사고와 관련되는 이러한 문제점을 항상 염두에 둘 필요가 있다. 특히, "대표성" 판단 전략은 독립성에 대한 이해를 개발하는데 엄청난 장애로 작용하므로 이러한 판단 전략을 지닌 학생들의 사고를 변화시킬 수 있는 구체적인 경험이 수업을 통해 제공되어야 한다. 또한 수업에서는 복원 상황의 표본공간은 그대로 유지된다는 것을 학생들이 인식할 수 있도록 하여 독립성에 대한 학생들의 이해를 증진시킬 수 있어야 한다.

### 학생들의 추론을 기술하기 위한 틀

조건부 확률(예, Borovcnik & Bentz, 1991; Fischbein & Gazit, 1984)과 독립성(예, Fischbein et al., 1991; Green, 1983; Konold et al., 1993)에 대한 학생들의 이해를 살핀 여러 연구에서는 확률적 사고의 다양한 측면을 기술하였음에도 불구하고, 이러한 연구 중 어느 것도 조건부 확률과 독립성에 대한 중학생들의 사고를 분석하는 일관된 모델을 제공하지 않았다. 최근 여러 연구(Jones et al., 1996; Jones et al., 1997; Tarr & Jones, 1997; Jones et al., 1999)는 학생들의 확률적 사고에서 드러나는 다양한 특징을 해석할 수 있는 인지적 틀을 개발하여 이러한 문제점을 극복하고자 하였다. 신피

* 대표성 판단 전략은, 표본 1개나 심지어 1가지 결과조차도 모집단의 특징을 반영하여야 한다는 신념을 말한다(Kahneman & Tversky, 1972).

아제 학파(neo-Piagetian)(예, Biggs & Collis, 1991)의 인식론적 연구에서와 같이 Tarr & Jones(1997)는 조건부 확률과 독립성에 대한 중학생들의 사고를 주관적 사고에서 수치적 추론에 이르는 연속체로 구체화하여 4가지 수준으로 해석하고 설명하였다(그림 1). 특히 이러한 4가지 수준에는 각각의 하위 단계가 존재하며, 피아제의 인지 발달 단계에서 설명한 사고의 구조적 복잡성이 발달하는 과정을 반영한다. 1수준은 주관적 사고와 관련되며, 2수준은 주관적 사고와 초보적인 양적 사고의 과도기적 단계이다. 3수준은 비형식적인 양적 사고로 설명할 수 있으며, 4수준에서는 수치적 추론을 진행한다. 이하에서는 각 단계에서 학생들이 보이는 확률적 추론을 그림 2에 제시된 조건부 확률 및 독립성 과제와 관련하여 설명한다.

■1수준

1수준에 속하는 학생들은 주관적인 판단에 의존하는 경향이 있다. 이 학생들은 자신들이 사건의 결과를 통제할 수 있다고 생각하기 때문에 확률적인 판단을 내릴 때 관련되는 양적 정보를 무시한다. 이 학생들은 양적인 관계를 인식하는데 어려움이 있으며, 자신들이 나름대로 형성한 실재에 규칙성을 부여하여 실제로는 존재하지 않는 패턴을 찾아 조건부 확률을 구한다. 예를 들어, 포도 맛 사탕을 꺼낼 가능성이 변했는지 물었을 때(조건부 확률 과제, 그림 2), 이 단계의 학생들은 "아니요, 포도 맛은 내가 좋아하는 맛이고, 정말 포도 맛 사탕이 나왔으면 좋겠어요!"라고 답한다. 이는 병에 든 포도 맛 사탕의 개수가 변한 것을 고려하지 않고 내려진 판단임에 주목할 필요가 있다. 또한 이 수준에 속하는 학생들은 어떤 사건의 결과를 예측할 때 최근에 자신이 경험한 사실에 의존하기 때문에(이용 가능성 판단 전략, availability heuristic, Tversky & Kahneman, 1983), 이전에 일어난 결과가 장차 일어날 결과에 영향을 미친다고 생각한다. 따라서 세 번째에 일어날 결과를 예측하도록 하였을 때(독립성 과제, 그림 2), 1수준에 해당하는 한 학생은 "남동생과 동전 여러 개를 던졌을 때, 연달아 3번이 나오는 경우가 많았어요. 그래서 빨간색이 다시 나올 것이라고 생각해요"라고 답하였다. 1수준에서 사고하는 학생들은 주관적 판단에 의존하는 경향이 있기 때문에 자신이 구성한 체계에 규칙성을 부여하거나 개인적인 경험을 중요하게 생각함으로써 독립성과 조건부 확률을 의미있는 방식으로 다루지 못한다.

■2수준

2수준에 속하는 학생들은 주관적 사고와 비형식적인 양적 사고 사이의 과도기에 있다. 조건부 확률에 기초한 판단을 내릴 때, 학생들은 경우에 따라서는 양적 정보를 적

| | 1 수준<br>(주관적) | 2 수준<br>(과도기적) | 3 수준<br>(비형식적인 양적) | 4 수준<br>(수치적) |
|---|---|---|---|---|
| 조건부 확률 | • 복원과 비복원 상황에서 "확실한" 사건과 "불가능한" 사건이 언제 일어나는지를 안다.<br>• 복원이 "있는" 상황과 "없는" 상황에서 어떤 사건의 조건부 확률을 생각할 때 주관적 추론을 사용한다.<br>• 어떤 현상을 예측할 때 주어진 수치적 정보를 무시한다. | • 비복원 상황에서 **어떤** 사건의 확률이 변한다는 것을 인식하지만 이러한 인식은 불완전하며 이전에 일어난 사건에 국한된다.<br>• 조건부 확률을 구할 때 수치를 부적절하게 사용한다. 예를 들어, 표본공간에 2가지 결과가 있으면, 이 2가지 결과가 일어날 가능성이 항상 같다고 생각한다.<br>• 대표성 판단 전략에 의해 조건부 확률과 관련하여 잘못된 결정을 내린다.<br>• 주관적 판단으로 되돌아간다. | • 비복원 상황에서 **모든** 사건의 확률이 변한다는 것을 인식한다.<br>• 복원과 비복원 상황 모두에서 두 사건의 관련성을 판단할 때 표본공간의 전체 구성요소를 분명하게 기술한다.<br>• 정확하지는 않지만, 비복원 상황에서 확률의 변화를 수량화할 수 있다. | • 복원과 비복원 상황에서 확률을 수치적으로 구한다.<br>• 복원과 비복원 상황에서 각 시행의 전후에 일어나는 사건의 확률을 비교하기 위해 수치적 추론을 사용한다.<br>• 두 사건이 관련되기 위한 필수 조건을 언급한다. |
| 독립성 | • 잇달아 일어나는 사건은 항상 관계가 있다고 생각한다.<br>• 사건의 결과를 통제할 수 있다고 생각한다.<br>• 독립성에 주목하는 것을 방해하는 주관적 추론을 사용한다.<br>• 연속되는 결과를 예측할 때, 부적절한 자신감을 보인다. | • 잇달아 일어나는 사건이 관계가 있는지 없는지를 어느 정도 인식한다.<br>• "대표성" 전략, 정적 최근 효과(positive recency) 또는 부적 최근 효과(negative recency)를 자주 사용한다.<br>• 주관적 추론으로 되돌아간다. | • 첫 번째 사건의 결과가 두 번째 사건의 결과에 영향을 미칠 때와 미치지 않을 때를 인식한다.<br>• 정확하지는 않지만, 복원이 "있는" 상황과 "없는" 상황에서 독립과 종속을 구별할 수 있다.<br>• 때때로 대표성 전략으로 되돌아간다. | • 추론을 정당화하기 위해 수치적 확률을 사용함으로써 복원과 비복원 상황에서 종속 사건과 독립사건을 구분한다.<br>• 연속되는 시행의 결과를 관찰하지만 대표성 전략을 사용하지 않는다.<br>• 사건이 일어날 가능성이 비슷할 때 결과를 예측하는 것을 꺼리거나 거부한다. |

**그림 1. 조건부 확률과 독립성에 대한 학생들의 사고를 평가하기 위한 틀(Tarr & Jones, 1997)**

절히 사용하기도 하지만, 또 다른 경우에는 부적절한 특징을 고려하기도 한다. 즉, 이 수준에 속하는 학생들은 확률을 예측할 때 이전 결과의 분포를 지나치게 신뢰하는 경향이 있다; 결과적으로 이 학생들은 정적 최근효과 또는 부적 최근효과(3장 참조)를 포함하는 **대표성**(representativeness) 전략(Shaughnessy, 1992)을 드러낸다. 예를 들어, 세 번째 결과를 예측할 때(독립성 과제, 그림 2), 이 수준에 속하는 한 학생은 "빨간색이 잇달아 3번 나오기는 어려우니까 다음에는 흰색일 것 같다"고 대답하였다. 조건부 확률을 구할 때 이 학생들은 양적인 추론을 사용하기는 하지만 그 사고 방법이 제한적이다. 결과적으로 2수준의 학생들은 비복원 상황에서 **어떤** 사건의 확률이 변한다는 것은 인식하지만 이러한 인식은 일반적으로 이전에 일어난 사건에 한정된다. 따라서 2수준 학생들은 병에 들어 있는 포도 맛 사탕의 개수가 줄어들었기 때문에 포도 맛 사탕을 뽑을 가능성은 줄어들었지만 "병 안에 들어 있는 다른 사탕의 개수는 같기 때문에" 포도 맛이 아닌 다른 사탕을 뽑을 가능성은 변하지 않는다고 주장하였다.

■3수준

3수준 학생들은 조건부 확률에 의한 판단을 내릴 때 양(quantities)의 역할을 인식한다. 이 수준의 학생들은 수치적 확률을 정확하게 다룰 수는 없지만, 복원 상황과 비복원 상황에서 조건부 확률을 결정하는 적절한 전략으로 상대도수, 비율, 승산(odds) 등을 활용한다. 3수준 학생들은 표본공간 전체의 구성 요소를 검토하여 비복원 상황에서는 **모든 사건**의 조건부 확률이 변함을 인식한다. 따라서 3수준 학생들은 "레몬 맛 사탕의 개수가 가장 많은 것보다 3개 적었는데, 지금은 가장 많은 것보다 2개가 적기 때문에" 레몬 맛 사탕 1개를 꺼낼 확률이 높아졌다고 주장하였다(조건부 확률 과제, 그림 2). 또한 이 학생들은 "체리 맛 사탕의 개수가 가장 많은 것보다 적었는데 지금은 가장 많은 포도 맛 사탕의 개수와 같기 때문에" 체리 맛 사탕 1개를 꺼낼 확률도 높아졌다고 설명하였다. 표본공간의 구성 요소를 살펴봄으로써 학생들은 복원 상황에서 독립 사건을 인식할 수 있지만 독립 시행의 결과에서 1가지 결과가 계속되는 것을 관찰하였을 때는 대표성 전략으로 되돌아가기도 하였다(Shaughnessy, 1992). 세 번째 던진 결과를 예측할 때(독립성 과제, 그림 2), 학생들은 "칩의 한 쪽은 여전히 빨간색

| | |
|---|---|
| 조건부 확률 | 사탕 병에 포도 맛 4개, 체리 맛 3개, 사과 맛 2개, 레몬 맛 1개의 사탕이 들어 있다. 포도 맛 사탕 1개를 꺼내서 먹었을 때, 포도 맛 사탕 1개를 더 꺼낼 가능성은 변했는가, 아니면 그대로 인가? 체리 맛 사탕 1개를 꺼낼 가능성은 어떤가? 사과 맛 사탕 1개는? 레몬 맛 사탕 1개는? 이유를 설명하여라. |
| 독립성 과제 | 한쪽은 빨간색이고 다른 쪽은 흰색인 칩을 여러 번 던졌더니 빨간색이 잇달아 2번 나왔다. 세 번째 던졌을 때 어떤 결과가 더 잘 일어날 것 같은가? 빨간색, 흰색, 아니면 각각이 일어날 가능성은 같은가? 이유를 설명하여라. |

**그림 2. 조건부 확률과 독립성 과제 예시**

이고 다른 쪽은 흰색이므로 빨간색도 될 수 있고 흰색도 될 수 있다"고 설명하였다.

■ 4수준

4수준에서 사고하는 학생들은 확률 상황을 해석할 때 자연스럽게 수치적 확률을 생각할 수 있다. 이 학생들은 확률적 판단을 내릴 때 수의 역할을 정확하게 이해하고 있기 때문에 두 사건이 독립인지 종속인지 결정할 때 표본공간의 구성 요소를 면밀히 검토하며 그 중요성을 인식한다. 따라서 4수준에 속하는 학생들은 포도 맛 사탕 1개를 꺼낼 확률(조건부 확률 과제, 그림 2)의 변화를 "포도 맛 사탕 1개를 꺼내기 전에는 그 가능성이 $\frac{4}{10}$이었지만, 병에 **포도 맛 사탕 1개를 다시 넣지 않는 한** 이제 포도 맛 사탕 1개를 뽑을 가능성은 $\frac{3}{9}$가 된다."와 같이 정확하게 설명할 수 있다. 이러한 반응에 따르면 4수준 학생들은 두 사건이 독립인지 종속인지에 따라 조건을 언급할 수 있다는 점에서 정교한 확률적 추론을 할 수 있는 것으로 보인다. 복원 상황에서 4수준 학생들은 독립 시행의 결과에서 1가지가 계속되는 것을 관찰한 후에도 "전에 일어난 것은 상관이 없어. 2가지 결과가 일어날 수 있고 각각이 일어날 가능성은 같기 때문에 빨간색과 흰색은 항상 '50-50 가능성'이야"와 같이 설명하면서 대표성 전략으로 되돌아가지는 않는다(독립성 과제, 그림 2).

## 조건부 확률에 내재된 추론의 기본 요소

조건부 확률에 대한 학생들의 추론을 분석한 연구를 살펴봄으로써 2가지 주요한 특징을 발견할 수 있었다. 첫째는 부분-부분 추론 및 부분-전체 추론과 관련되며, 둘째는 학생들이 만들어낸 표상과 관련된다.

■ 부분-부분 추론 대 부분-전체 추론

조건부 확률에 의한 판단은 확률을 비교하는 능력을 필요로 한다. 확률을 비교하는 중학생들의 능력에 대해 상반되는 연구가 있다. Piaget & Inhelder(1951/1975)에 따르면 부분-전체 관계를 이해하지 못하는 아동은 서로 다른 사건의 가능성을 비교하는데 어려움을 겪는다. 한편 Falk(1983)와 Green(1983)에 따르면 학생들은 유리수에 대한 이해 없이도 수치적 확률을 사용하지 않고 다양한 전략을 통해 확률을 비교할 수 있다. Falk(1983)와 Green(1983)의 연구에 참여한 학생들은 승산이나 부분-부분 비교를 활용하여 두 사건의 가능성을 비교할 수 있었다. Piaget & Inhelder(1951/1975)의 주장과는 반대로, Falk(1983)와 Green(1983)은 형식적 조작기에 도달한 학생만이 확률을 적절히 비교할 수 있는 것은 아니라고 주장하였다(8장 참조).

Tarr(1997)는 5학년 학생 26명을 관찰하여 이 학생들이 9일간의 수업 프로그램에 참여하기 전에는 조건부 확률과 관련된 판단을 내릴 때 부분-전체 비교보다 부분-부분 비교를 주로 사용한다는 것을 발견하였다. 2수준에 속하는 학생들은 부분-부분 비교를 통해 비복원 상황에서는 어떤 사건의 확률이 변한다는 것을 인식할 수 있었지만(그림 1 참조), 이러한 전략으로 인해 비복원 상황에서 모든 사건의 확률이 변한다는 것을 인식하는 데는 한계를 보였다. 대상의 전체 경우의 수가 부분-전체 비교를 진행하는데 중요하기 때문에 표본공간에서 일어날 수 있는 모든 경우의 수를 학생들이 직접 찾아보도록 하는 활동이 수업에서 강조되어야 한다. Tarr(1997)가 수업 동영상을 분석한 결과에 따르면 첫 수업에서 학생들은 수치적 확률이 어떻게 정의되는지 배운 다음 부분-전체 비교를 사용하기 시작하였다.

■ 학생들에 의해 만들어진 확률 표상

많은 학생들이 확률을 배울 기회를 갖지 못하기 때문에(Shaughnessy, 1992), 조건부 확률에 대해 설명할 때 전통적으로 쓰이는 수치적 확률을 사용하지 못하였다. 확률을 나타내는 표준적인 방법을 모르기 때문에 학생들은 확률을 비교하거나 설명할 때 대안적인 방법을 사용하였다. 어떤 학생들은 부분-부분 비교와 관련된 표상을, 어떤 학생들은 부분-전체 비교와 관련된 표상을, 또 다른 학생들은 기이한 표상을 만들어냈다. Tarr(1997)에 따르면 학생들이 확률을 표현하기 위해 만들어낸 방법은 4가지로 분류할 수 있는데, 이 중 3가지는 수업을 받기 전부터 존재하였고 다른 하나는 수업 중에 나타났다. 학생들이 만든 확률 표상을 그림 2의 조건부 확률 과제와 관련하여 살펴보고자 한다.

첫 번째 표상은 학생들이 사건의 확률을 설명할 때 확률의 측정 단위로서 "가능성"이라는 용어를 사용한 것이다. 여러 가지 사건의 수치적 확률을 구할 때 학생들은 대상(사탕)의 전체 개수를 고려하지 않고 가능성의 단위로 개별 대상을 다루었다. 비복원으로 포도 맛 사탕 1개를 꺼낸 다음 조건부 확률을 설명할 때 학생들은 "이미 포도 맛 사탕 1개를 꺼냈기 때문에 포도 맛 사탕 1개를 꺼내는 것은 **가능성이 하나 내려갔고, 레몬 맛 사탕은 가능성이 하나가 올라갔어**."와 같이 설명하였다. 이처럼 사건의 확률을 설명하는 방법은 표본공간을 구성하는 대상의 전체 개수뿐만 아니라 특정 사건이 일어나는 개수도 고려한 결과이다. 이처럼 학생들은 대상의 전체 개수를 고려하기는 하였지만 이 전략은 특정 사건에 대한 대상의 개수와 그 외 다른 대상의 개수를 살피는 부분-부분 비교에 초점을 두고 있다.

두 번째 표상은 사건의 확률을 설명하기 위해 상대도수, 비율, 승산을 사용하는 것과 관련된다. 이러한 표상을 만든 학생들은 원래 사건의 확률이 바뀌는지 바뀌지 않는지를 알아보기 위하여 부분-부분 비교를 사용하였다. 예를 들어, 조건부 확률 과제(그림 2)에 이 표상을 적용한 학생들은 "체리 맛 사탕보다 포도 맛 사탕이 더 많았는데 지금은 각각의 개수가 같기" 때문에 두 번째에서 포도 맛 사탕 1개를 꺼낼 확률이 변하였다고 주장하였다. 이러한 전략을 활용하여 학생들은 각각의 시행 이후에 표본공간의 구성 요소를 나열할 수 있었으며, 조건부 확률과 관련되는 판단을 내릴 때 원하는 결과와 원하지 않는 결과의 개수를 비교할 수 있었다. 또한 학생들은 표본공간에 있는 사건 사이의 상대적인 순위를 검토할 수 있었는데, 예를 들어 포도 맛 사탕의 개수가 더 이상 체리 맛 사탕의 개수보다 크지 않다는 것을 인식할 수 있었다.

사건의 확률을 설명하는 세 번째 표상은 본질적으로 전통적인 수치적 표현과 같다. 이 전략을 통해 학생들은 특정한 사건이 일어날 수 있는 경우의 수를 일어날 수 있는 전체 경우의 수와 비교하였지만 그 방법은 전통적인 방식과는 약간 달랐다. 예를 들어, 학생들은 포도 맛 사탕 1개를 비복원으로 꺼내기 전에는 레몬 맛 사탕 1개를 꺼낼 확률을 "**10분의 1의 가능성**", 즉 10개 중에 1개의 가능성이라고 설명하였으며, 포도 맛 사탕 1개를 꺼낸 다음에는 그 확률을 "**9분의 1의 가능성**"이라고 말하였다. 이처럼 수치적 확률을 사용하는 전략은 앞서 살펴본 예처럼 표본공간에 2가지 사건만 있는 맥락으로 제한되었다. 흥미롭게도, 2가지 이상의 사건이 표본공간을 구성하면 이 학생들은 사건의 확률을 설명하지 못하였다.

수업을 받은 다음, 수치적 확률을 설명하기 위해 대안적인 방법을 사용하였던 학생 대부분은 비율이나 승산, 형식적인 수치적 확률과 같이 사건의 확률을 설명하는 전통적인 방법을 사용하게 되었다. 하지만 일부 학생들은 확률을 표현하기 위해 새로운 대안을 만들거나 이미 만들었던 대안을 계속 사용하였다. 수업 후에 진행된 사후 평가에서 새로운 표현 방법이 등장하였다. 이 학생들은 퍼센트와 비율을 결합하여 "혼합적인(hybrid)" 수치적 확률을 만들었다. 예를 들어, 조건부 확률 과제(그림 2)에서 각 사탕을 꺼낼 확률을 정할 때, 이 학생들은 사과 맛 사탕 1개를 꺼낼 조건부 확률을 "90% 중에서 20%"라고 설명하였는데, 이는 원래 전체 표본공간의 10%를 차지하였던 포도 맛 사탕 1개가 이를 꺼내는 조건 사건에 의해 사라졌기 때문이다. 이러한 전략이 수학적으로는 옳지 않지만 조건부 확률을 설명하기 위해 학생들 스스로 만들어냈기 때문에 학생들에게는 특별한 의미를 갖는 것처럼 보였다. 수업 프로그램을 통해 조건부 확률을 표현하는 적절한 전략을 배우지 못하면 학생들은 조건부 확률을 설명하기 위해 자기 나름의 표상을 만들어내며 이는 수업을 통해 표준적인 표현 방법을 배운 이후에도 지속됨을 알 수 있다.

## 04 확률적 추론 개발을 위한 수업에 주는 시사점

이 절에서는 조건부 확률 지도와 관련된 선행 연구 결과를 중점적으로 살펴보고자 한다. 최근 연구 결과(Castro, 1998; Fischbein & Gazit, 1984; Jones et al., 1999; Kiczek & Maher, 2001; Tarr, 1997)에 따르면 교수 실험에 참여한 학생들의 조건부 확률과 독립성에 대한 이해가 성장하였다. 또한 이들 연구는 확률 교수-학습의 이론과 실제에 시사점을 갖는 학습 환경, 교수 전략, 학습 과제, 평가 활동 등을 구체화하여 학생들의 확률적 사고를 개발하는데 의미있는 통찰을 제공한다.

### 수업이 학생들의 확률적 추론에 미치는 영향

Shaughnessy(1992)는 이제까지의 선행 연구가 "수업이 확률 오개념에 미치는 영향을 특별히 고려하지 않았다"(p. 483)고 지적하였는데, 특히 조건부 확률과 독립성에 대한 학생들의 이해에 수업이 미치는 영향에 대해서는 더더욱 그러하다.

이 장의 전반부에서 논의되었던 것처럼, Fischbein & Gazit(1984)는 조건부 확률에 대한 수업의 영향력을 처음으로 기술하였다. 수업 프로그램에 참여한 학생들의 과제 수행 결과가 만족스럽지 않았기 때문에 Fischbein & Gazit(1984)은 6학년 이전에는 조건부 확률과 관련된 개념을 소개하지 않는 것이 좋겠다고 하였다. 그러나 Fischbein & Gazit(1984)에는 다음과 같은 2가지 주요한 한계가 있기 때문에 이상과 같은 주장에 의문을 제기할 수 있다. 이 연구에는 (a) 학생들의 이해에 있어 성장 여부를 판단하기 위해 필요한 사전 평가가 존재하지 않으며, (b) 교수학적 개입이 의도한 대로 실행되었는지를 확인할 만한 증거가 없다(Shaughnessy, 1992).

수업이 저학년 학생들의 이해에도 영향을 미칠 수 있다는 증거를 제시한 Jones 등(1999)에 따르면 교수학적 개입을 통해 3학년 학생들의 확률 개념을 의미있게 성장시킬 수 있었다. Jones 등(1999)은 16차시로 구성된 소그룹 교수 실험에 참여한 학생들의 표본공간 개념, 사건의 이론적 확률, 확률 비교 능력이 성장하였다고 설명하였다. 그러나 학생들의 조건부 확률에 대한 이해는 다른 요소들에 비해 뒤떨어졌으며, 학생 37명 중 오직 1명만이 조건부 확률에 대한 비형식적인 양적 추론이나 수치적 추론을 사용할 수 있었다. 이 결과는 표본공간과 사건의 이론적 확률을 이해하는 것이 조건부 확률에 대한 이해를 개발하는데 전제가 됨을 보여준다.

Tarr(1997)는 학생들의 학습에 수업이 미치는 영향에 대한 추가적인 근거를 제시하였다. 이 연구의 교수 실험은 조건부 확률과 독립성에 대한 5학년 학생들의 이해에 초점을 맞추었다. 학생들의 확률적 추론에 대한 분석 틀(Tarr & Jones, 1997)에 따라 설계된 수업을 진행함으로써 조건부 확률과 독립성에 대한 학생들의 이해에 통계적으로 유의미한 성장이 나타났다. 수업 전에는 학생 26명 중 19명이 조건부 확률에 대해 1수준 또는 2수준에 해당하는 사고의 특징을 보였지만 수업 후에는 26명 중 22명이 3수준 또는 4수준에 해당하는 사고의 특징을 보여주었다. 또한, 수업이 끝난 지 7주 후에 진행된 사후 평가(retention assessment)에서도 학습 결과가 여전히 지속되고 있음을 확인할 수 있었다. 이와 비슷한 성장 패턴이 독립성과 관련된 학생들의 사고에서도 발견되었다. 특히 조건부 확률과 독립성에 대한 평가 결과에서 통계적으로 유의미한 차이가 드러났다.

### 학습 환경과 수업 전략

앞서 언급한 교수 실험(Fischbein & Gazit, 1984; Jones et al., 1999; Tarr, 1997)의 주요 특징은 수업을 진행하는 동안 학생들의 확률적 추론이 드러난다는 점에 가치를 둔다는 것이다. 각각의 수업 프로그램에서 학생들은 경험적 증거와 상황에 대한 새로운 이해를 바탕으로 특정한 실험 결과를 예측하고 여러 번의 시행을 통해 자료(data)를 수집하며 자신들이 예측한 결과를 검토한다. 이러한 환경에서 학생들은 여러 가지 오개념에 대해 논의하고 반성할 수 있으며, 확률과 관련된 주요 아이디어를 깊이 있게 이해할 수 있다. 다른 연구자들(예, Kiczek & Maher, 2001; Koirala, 2003; Stohl & Tarr, 2002)도 확률 문제를 모둠별로 해결할 기회를 제공함으로써 학생들이 자신들의 초기 오개념을 극복할 수 있게 되었으며 학습한 내용의 의미를 음미할 수 있게 되었다고 설명하였다.

Castro(1998)는 수업과 관련된 모델을 사용하여 다음과 같이 목표가 서로 다른 2가지 수업이 학생들에게 미치는 영향을 비교하였다. (a) 학생들의 사고를 끌어내고 확률 아이디어에 대한 반성을 자극하는데 주목하는 환경(이하에서 "개념적 변화"로 언급된다), (b) 학생들의 개념과 오개념에 대해서는 고려하지 않고 수학적 아이디어를 명확하고 단계적으로 제시하는 것에만 초점을 둔 "전통적인 수업". Castro(1998)는 조건부 확률과 독립성에 대한 오개념이 "개념적 변화" 환경보다는 "전통적인 수업" 환경에서 다시 되살아나는 경향이 있음을 발견하였다. 예를 들어, "전통적인 수업" 환경에서 학습한 학생들은 오개념에 대처하도록 설계된 수업을 경험한 학생들보다 **대표성 전략**을 고수하는 경향이 좀더 높았다.

### 학습 과제와 평가 활동

이상의 결과는 평가와 수업이 유기적으로 결합되어야 함을 강조한다. 특히,

Castro(1998), Jones 등(1999), Tarr(1997)에 따르면 수업 과제는 학생들이 자신의 확률 직관이 타당한지 되돌아볼 수 있도록 자극하여야 하며, 교사들이 학생들의 생각을 이해할 수 있도록 학생들이 지닌 특정한 개념과 오개념을 드러내도록 하는 것이어야 한다. 주의 깊게 설계된 수업 과제를 통해 교사는 학생들의 생각을 가늠할 수 있으며 교수학적 의사 결정을 내릴 수 있다.

Jones 등(1999)과 Tarr(1997)가 사용한 분석 틀을 활용함으로써 교사는 학생들의 확률적 추론 수준을 이해할 수 있으며 이로부터 발문의 형태와 수업 과제를 결정할 수 있다. 예를 들어, Tarr(1997)는 비복원 상황에서도 어떤 확률은 그대로 유지된다고 생각하는 학생들을 관찰한 이후, 밀키웨이 3개, 버터핑거 2개, 스니커즈 바 1개가 들어 있는 가방에서 비복원으로 밀키웨이 1개를 꺼내는 과제를 설계하였다. 그런 다음 연구자는 밀키웨이 1개를 가방에서 꺼낸 후에 스니커즈 바 1개를 꺼낼 확률에 대해 학생들끼리 토론하도록 하였다. 이러한 활동을 통해 학생들은 가방 속에 있는 전체 물건의 개수가 변하였기 때문에 그에 따라 확률도 변하였음에 주목하게 되었다. Jones 등(1999)과 Tarr(1997)에 따르면 학생의 이해를 파악하기 위한 형성평가는 특정한 확률 아이디어를 의미있게 이해하도록 하는 구체적인 과제의 개발을 촉진한다.

## 05 교수-학습을 위한 시사점: 이해의 증진

확률에 대한 최근의 교수 실험 결과는 조건부 확률과 독립성의 교수-학습에 여러 가지 시사점을 제공한다. 특히, 앞서 언급한 학생들의 확률적 추론과 관련된 연구-기반 지식을 활용함으로써 수업 프로그램을 설계하고 실행하여 그 결과를 평가할 수 있다.

### 과제 설계

조건부 확률과 독립성에 대한 수업을 계획할 때 교사는 학생들의 사고를 이끌어내어 전체 학급 토론의 토대를 마련하는데 활용될 수 있는 평가 과제와 핵심 질문을 결정할 필요가 있다. 이러한 과제는 중학생들에게 익숙한 맥락이어야 하며 모둠 활동과 전체 학급 토론을 촉진할 수 있어야 한다. 예를 들어, 할로윈 사탕 가방에서 비복원으로 사탕을 꺼내거나 점심을 가장 먼저 먹으러 갈 학생의 이름을 고르는 것은 조건부 확률 지도에 적절한 맥락을 제공한다. 이상과 같은 맥락에서 복원 추출을 고려하도록 하는 것은 독립성의 개념을 탐구하는데 적절하다. 또한 어떤 게임이 공정한지 공정하지 않은지 분석하도록 하는 문제 맥락을 통해 학생들의 추론이 드러나도록 할 수 있으며 학생들을 수학적 담론에 참여하도록 유도할 수 있다. 예를 들어, 칩을 3번 던진 결과 중 어떤 것이 더 잘 일어날 것인지를 탐구하도록 할 수 있다(독립성 과제, 그림 2). 각각의 결과에 점수를 부여하고(예, 빨간색-흰색-빨간색을 얻으면 1점, 빨간색-빨간색-빨간색을 얻으면 1점), 먼저 5점을 얻으면 게임에서 이기도록 설계한 다음, 게임을 여러 번 하여 얻은 자료를 분석하고 전체 학급 토론의 쟁점으로 사용할 수 있다.

이러한 수업 과제를 통해 흥미있는 상황을 검토하도록 학생들을 격려할 수 있으며 학생들 간에 인지적 갈등을 유발할 수도 있다. 예를 들어, 성인에게도 흔하게 나타나는 확률 오개념(Shaughnessy, 1992; Tversky & Kahneman, 1982; Utts, 2003; Watson & Moritz, 2002)인 $P(A|B) = P(B|A)$을 생각해 보자. 학생들은 Utts(2003)가 제시한 것과 비슷한 실생활 문제를 통해 그 차이점을 검토해 볼 필요가 있다. 스테로이드를 사용하였을 때 양성 반응이 나올 확률과 양성 반응이 나왔을 때 스테로이드를 사용하였을 확률에 대해 생각해보자. 학생들도 성인들과 마찬가지로 이 확률을 같은 것으로 간주할 것이라고 예측할 수 있다. 그러나 주사위 1개를 던졌을 때 일어나는 결과를 검토하도록 함으로써 학생들이 자신들의 초기 추론을 반성하도록 유도할 수 있다. 교사는 학생들에게 다음 두 상황에서 나타나는 확률의 차이에 대해 알아보도록 요구할 수 있다. (a) 짝수가 나왔을 때 그것이 6의 눈일 확률, (b) 6의 눈이 나왔을 때 그것이 짝수일 확률. (a)의 경우에 조건부 확률은 $\frac{1}{3}$이고, (b)의 경우에 조건부 확률은 1이다. 이 2가지 결과의 차이에 대해 논의함으로써 학생들은 $P(A|B) = P(B|A)$과 같은 자신들의 초기 아이디어를 재평가할 수 있다.

앞서 기술하였듯이 학생들의 사고와 관련하여 풍부한 설명을 제공하는 분석 틀(그림 1 참조)을 활용함으로써 교사는 학생들의 오개념을 드러내고 인지적 갈등을 유발하는 과제를 설계할 수 있다. 이러한 과제는 조건부 확률과 독립성에 대한 구체적인 개념과 오개념에 초점을 맞추어 개발되어야 한다.

## 조건부 확률과 독립성에 대한 이해를 위해 표본공간과 사건의 확률에 대한 아이디어를 연결하기

교수-학습 측면에서 볼 때, 조건부 확률을 이해하도록 하는 것의 핵심은 표본공간과 사건의 확률을 연결하는 것이다. "표본공간"과 "사건의 확률"을 이해하도록 함으로써 표본공간의 구성 요소를 검토하고 확률을 비교하며 비복원 상황에서 모든 사건의 확률이 변함을 깨닫도록 하는 인지적 성향을 개발할 수 있다. 이는 Jones, Langrall, Thornton, & Mogill(1996)에서 주장한 결과로, 연구자들에 따르면 3학년 학생들에게 "표본공간"과 "사건의 확률"을 연결시키도록 하고, 확률 상황을 설명할 때 숫자를 사용하도록 함으로써 조건부 확률에 대한 지도가 가능하였다.

조건부 확률에 의한 판단을 내릴 때 표본공간의 역할을 이해하는 것은 분석틀(그림 1)에 나타난 대로 3수준과 4수준 학생들의 두드러진 사고 특징이다. 특히, 대상의 전체 경우의 수를 고려함으로써 학생들은 비복원 상황에서 모든 사건의 확률이 변한다는 것을 보다 잘 이해할 수 있다. 또한 조건부 확률을 가르칠 때 교사는 학생들이 전체에 대한 비교와 함께 다양한 비교를 할 수 있도록 유도할 필요가 있다. 예를 들어, 조건부 확률 과제(그림 2)와 관련하여 포도 맛 사탕 1개를 꺼내기 **전과 후에** "사탕의 전체 개수는 몇 개인가?"과 같은 질문을 함으로써 표본공간을 구성하는 요소의 변화된 개수에 주목하도록 할 수 있다. 이러한 질문을 통해 수치적 확률을 구하는 토대로서 대상의 전체 개수에 주목하도록 유도할 수 있다. 이를 통해 학생들은 비록 레몬 맛 사탕의 개수는 동일하지만 사탕의 전체 개수가 조건부 사건에 의해 10개에서 9개로 감소하였음을 깨닫게 된다.

수치적 확률을 활용함으로써 학생들이 조건부 확률에 의한 판단을 내릴 수 있게 되었다고 하더라도 이를 통해 독립성에 대한 이해를 개발하는 것에는 한계가 있을 수 있다. 독립성에 대한 이해를 개발하기 위해서는 독립 시행을 진행한 다음 확률을 비교해 보도록 하는 것이 중요하다. 기본적으로 확률을 "이전과 비교"하거나 "지난번과 비교"할 수 있는 학생들은 사건의 확률이 변하는 때와 변하지 않는 때를 구별할 수 있다. 예를 들어 조건부 확률 과제(그림 2)를 다룰 때, 교사는 "첫 번째에 레몬 맛 사탕을 꺼낼 확률은 얼마인가? 두 번째에 레몬 맛 사탕을 꺼낼 확률은 얼마인가? 두 확률을 비교하면 어떠한가?"와 같은 질문을 할 수 있다. 이와 달리, 독립성 과제(그림 2)에 대해서 교사는 "첫 번째 던졌을 때 '빨간색'이 나올 확률은 얼마인가? 두 번째 던졌을 때 '빨간색'이 나올 확률은 얼마인가? 두 확률을 비교하면 어떠한가?"와 같이 물어볼 수 있다. 또한 교사는 복원 상황에서 표본공간이 변하지 않고 유지된다는 것과 모든 사건의 확률도 마찬가지로 변하지 않는다는 것을 인식시키기 위해 각각의 시행 전후에 표본공간의 구성 요소를 비교하도록 격려할 수 있다. 따라서 조건부 확률 과제(그림 2)에서 교사는 "포도 맛 사탕 1개를 꺼낸 다음 이 사탕이 다시 **복원된다**면 각 사건의 확률이 어떻게 달라질까?"라고 질문할 수도 있다.

### 동시에 두 개념에 초점을 맞추기

조건부 확률과 독립성의 관계를 고려해 볼 때, 여러 연구(예, Ahlgren & Garfield, 1991)는 조건부 확률의 특별한 경우로서 독립성을 도입하도록 제안하였는데, 이러한 도입이 학생들에게는 좀더 직관적이기 때문이다(Shaughnessy, 1992). 이러한 지적은 두 개념의 차이에 주목하여 진행되는 논의에 참여하도록 함으로써 두 개념에 대한 학생들의 이해를 개발시킬 수 있었다고 주장한 최근 연구(Tarr, 1997)와 같은 맥락에 있다. 어떤 사건의 확률을 설명하는 방법을 학습함으로써 학생들은 모든 사건의 확률이 변하였는지 변하지 않았는지를 판단할 때 이를 비교할 수 있는 능력을 갖추게 된다. 더욱 중요한 것은 각각의 시행 이후에 표본공간의 구성요소에 주목하도록 함으로써, 복원 상황에서는 표본공간이 그대로 유지되며 비복원 상황에서는 표본공간이 변함을 인식하게 된 것이다. 그러므로 교사들은 한 수업 내에서 복원 상황과 비복원 상황의 표본공간에 특별히 초점을 맞추어 두 개념에 대한 논의를 진행할 필요가 있다.

### 조건부 확률과 독립성에 대한 이해를 형성하고 향상시키는데 시뮬레이션 사용하기

확률 개념의 이해를 증진시키기 위한 수단으로 시뮬레이션의 역할을 강조하는 여러 연구가 있다(예, delMas & Bart, 1989; Pratt, 2000; Pratt, 이 책 7장; Stohl & Tarr, 2002; Yáñez, 2002). 그러나 놀랍게도 조건부 확률에 대한 학생들의 사고를 개발하기 위해 시뮬레이션을 활용한 연구는 거의 없다. Yáñez(2002)는 조건부 사건과 관련된 무작위 실험을 모델링하는데 이공계열을 전공한 대학생들이 겪는 어려움을 분석하였다. 이 학생들은 시뮬레이션 방법을 실행하는데 자신감이 없었고 조건부 확률을 예측하기 위해 상대도수 그래프를 해석하는데 어려움이 있었다.

이와는 대조적으로 자료와 가능성 사이의 관계에 주목하도록 함으로써 독립성에 대한 학생들의 사고가 성장하였음을 보인 연구가 있다. 이러한 연구에 따르면(예, delMas & Bart, 1989; Pratt, 2000; Pratt, 이 책 7장; Tarr, 1997) 시뮬레이션은 독립성 개념과 갈등을 일으키는 대표성 전략을 극복하는데 효과적이다. 시뮬레이션을 통해 얻은 개별 자료를 모아 그 결과를 종합하도록 함으로써 학생들은 대표성 전략의 한계를 인식할 수 있다. 놀라운 결과로, Tarr(1997)에 따르면 평가를 위한 면담에 참여하는 동안 무작위 실험을 반복적으로 다룬 통제군의 학생들에게서 학습이 일어났는데, 특히 개별적인 시행의 결과가 예상했던 것과 다를 때 학습의 효과가 두드러졌다. 좀더 구체적으로 살펴보면, 칩을 여러 번 던져서 얻은 결과가 “대표성”이 없어 보일 때 통제군에 속한 여러 학생들은 표본의 크기가 작으면 모집단의 특성이 반영되지 않을 수도 있음을 학습하였다. 이 학생들은 사건이라는 것은 우연에 의해 일어나며 칩에는 “기억력”이 없다는 것도 배웠다. 이는 컴퓨터 시뮬레이션에 의해 얻은 자료를 다룬 학생들은 무작위 실험의 결과를 예측할 수 있다는 신념을 덜 가지며 대표성 전략을 덜 사용하는 경향이 있음을 보인 delMas & Bart (1989)의 연구 결과와 일치한다.

그러나 시뮬레이션을 활용할 때에도 몇 가지 주의할 점이 있다. 중학생들은 1번 시행에서 일어나는 결과를 예측하고 싶어 하기 때문에 잘못된 확률적 추론이 옳다는 것을 보이기 위해 시행 횟수가 작은 시뮬레이션 결과를 활용할 수도 있다. 그러므로 교사는 학생들이 개개의 결과를 예측하는 것 보다는 충분히 많은 시행의 결과를 예측하는데 주목하도록 격려할 필요가 있다. 예를 들어, 1번의 시행에서 나올 것 같은 사탕(조건부 확률 과제, 그림 2)을 예측하는 대신에 사탕을 꺼내는 실험을 여러 번 반복하였을 때 가장 잘 나올 것 같은 사탕을 예측해 보도록 하는 것이 훨씬 유용하다. 자료의 개수가 많을수록 이론적 확률을 더 잘 반영하며, 잘못된 예측을 극복하는데 자료의 경향을 활용할 수 있다. 또한 Shaughnessy, Canada, & Ciancetta(2003)는 "시행 결과의 범위"와 관련된 직관을 개발함으로써 실험 결과의 분포를 통해 확률이 상황화되는 방식을 학생들이 인식하도록 하려면 실험을 반복적으로 시행해보는 활동이 필요하다고 지적하였다. Watson & Kelly(2003) 역시 결과의 분포에 주목하도록 하는 것이 중요하다고 주장하였다. 공학도구를 활용하여 학생들의 확률적 추론을 개발하는 것과 관련된 심도 깊은 논의는 7장을 참조하기 바란다.

## 06 결과

중학교 수학 교육과정을 통해 조건부 확률과 독립성을 다루도록 하는 것은 교사와 학생 모두에게 새로운 도전이 될 수 있다. 그러나 최근 여러 연구는 조건부 확률과 독립성이 중학생들이 다루기에 적절하면서도 주요한 개념이라고 주장하였다. 조건부 확률과 독립성에 대한 학생들의 사고를 분석한 연구-기반 지식을 토대로 수업을 설계함으로써 두 개념에 대한 통합적인 이해를 도모할 수 있다.

### 참고문헌

Ahlgren, A., & Garfield, J. (1991). Analysis of the Probability Curriculum. In R. Kapadia & M. Borovcnik, (Eds.) *Chance encounters: Probability in education* (pp. 107-134). Dordrecht, The Netherlands: Kluwer Academic Publishers.

Australian Education Council and Curriculum Corporation. (1994). *Mathematics — A curriculum profile for Australian schools*. Carlton, VIC: Curriculum Corporation.

Biggs, J. B., & Collis, K. F. (1991). Multimodal learning and the quality of intelligent behavior. In H. A. H. Rowe (Ed.), *Intelligence: Reconceptualization and measurement* (pp. 57-66). Hillsdale, NJ: Erlbaum.

Borovcnik, M. G., & Bentz, H. J. (1991). Empirical research in understanding probability. In R. Kapadia & M. Borovcnik (Eds.), *Chance encounters:*

*Probability in education* (pp. 73-105). Dordrecht, The Netherlands: Kluwer.

Borovcnik, M., Bentz, H.J, & Kapadia, R. (1991). A probabilistic perspective. In R. Kapadia & M. Borovcnik. (Eds.). *Chance encounters: Probability in education* (pp. 27-71). Dordrecht, The Netherlands: Kluwer Academic Publishers.

Bright, G. W., Frierson, D. Jr., Tarr, J. E., & Thomas, C. (2003). *Navigating through probability in grades 6-8*. Reston, VA: National Council of Teachers of Mathematics.

Brown, C. A., Carpenter, T. P., Kouba, V. L., Lindquist, M. M., Silver, E. A., & Swafford, J. O. (1988). Secondary school results for the fourth NAEP mathematics assessment: Discrete mathematics, data organization and interpretation, measurement, number and operations. *Mathematics Teacher, 81*, 241-248.

Castro, C. S. (1998). Teaching probability for conceptual change. *Educational Studies in Mathematics, 55*, 233-54.

Cohen, J. (1957). Subjective probability. *Scientific American, 197*, 128-138.

Department of Education and Science and the Welsh Office (1991). *Mathematics for ages 5 to 16*. London: Central Office of Information.

Department of Education and Skills (1997). *The national numeracy strategy*. Crown, Inc. [available online at http://www.standards.dfes.gov.uk/numeracy/].

delMas, R. C., & Bart, W. M. (1989). The role of an evaluation exercise in the resolution of misconceptions of probability. *Focus on Learning Problems in Mathematics, 11*, 39-53.

Falk, R. (1983). Children's choice behaviour in probabilistic situations. In D. R. Grey, P. Holmes, V. Barnett, & G. M. Constable (Eds.), *Proceedings of the First International Conference on Teaching Statistics* (pp. 714-716). Sheffield, UK: Teaching Statistics Trust.

Falk, R. (1988). Conditional probabilities. Insights and difficulties. In R. Davidson & J. Swift (Eds.), *Proceedings of the Second International Conference on Teaching Statistics*. Victoria, BC: University of Victoria.

Fischbein, E., & Gazit, A. (1984). Does the teaching of probability improve probabilistic intuitions? *Educational Studies in Mathematics, 15*, 1-24.

Fischbein, E., Nello, M. S., & Marino, M. S. (1991). Factors affecting probabilistic judgments in children and adolescents. *Educational Studies in Mathematics, 22*, 523-549.

Garfield, J., & Ahlgren, A. (1988). Difficulties in learning basic concepts in probability and statistics: Implications for research. *Journal for Research in Mathematics Education, 19*, 44-63.

Green, D. R. (1983). A survey of probability concepts in 3,000 pupils aged 11-16. In D. R. Grey, P. Holmes, V. Barnett, & G. M. Constable (Eds.), *Proceedings of the First International Conference on Teaching Statistics* (pp. 784-801). Sheffield, UK: Teaching Statistics Trust.

Hogg, R. V., & Tanis, E. A. (1993). *Probability and statistical inference* (4th ed.). New York: Macmillan.

Jones, G. A., Langrall, C. W., Thornton, C. A., & Mogill, A. T. (1996). Using children's probabilistic thinking in instruction. In L. Puig & A. Gutierrez (Eds.), *Proceedings of the 20th Conference of the International Group for the Psychology of Mathematics Education, Vol. 3* (pp. 137-144). Valencia, Spain: University of Valencia.

Jones, G. A., Langrall, C. W., Thornton, C. A., & Mogill, A. T. (1997). A framework for assessing young children's thinking in probability. *Educational Studies in Mathematics, 32*, 101-125.

Jones, G. A., Langrall, C. W., Thornton, C. A., & Mogill, A. T. (1999). Students' probabilistic thinking in instruction. *Journal for Research in Mathematics Education, 30*, 487-519.

Kahneman, D., & Tversky, A. (1972). Subjective probability: A judgment of representativeness. *Cognitive Psychology, 3*, 430-454.

Kelly, I. W., & Zwiers, F. W. (1988). Mutually exclusive and independences: Unraveling basic misconceptions in probability theory. In R. Davidson & J. Swift (Eds.), *Proceedings of the Second International Conference on Teaching Statistics*. Victoria, BC: University of Victoria.

Kiczek, R. D., & Maher, C. A. (2001). The stability of probabilistic reasoning. In R. Speiser, C. A. Maher, & C. N. Walter (Eds.), *Proceedings of the 23rd meeting of the North American Chapter of the International Group for the Psychology of Mathematics Education.* (pp. 425-436). Columbus, OH: ERIC Clearinghouse for Science, Mathematics and Environmental Education.

Koirala, H. P. (2003). Secondary school mathematics preservice teachers' probabilistic reasoning in individual and pair settings. In N. A. Pateman, B. J. Dougherty, & J. T. Zilliox (Eds.), *Proceedings of the 27th Conference of the International Group for the Psychology of Mathematics Education held jointly with the 25th Conference of PME-NA* (Vol. 3, pp. 149-155). Honolulu, HI: Center for Research and Development Group.

Konold, C., Pollatsek, A., Well, A., Lohmeier, J., & Lipson, A. (1993). Inconsistencies in students' reasoning about probability. *Journal for Research in Mathematics Education, 24*, 392-414.

Lappan, G., Fey, J. T., Fitzgerald, W. M., Friel, S., Phillips, E. D. (1997). *Connected mathematics: What do you expect?* Menlo Park, CA: Dale Seymour Publications. Lovitt, C., & Lowe, I. (1993). *Data and chance: Investigations.* Carlton, Australia: Curriculum Corporation.

National Center for Research in Mathematical Sciences Education & Freudenthal Institute (Eds.). (1997-1998). Mathematics in context. Chicago, IL: Encyclopaedia Brittanica.

National Council of Teachers of Mathematics. (1989). *Curriculum and evaluation standards for school mathematics*. Reston, VA: Author.

National Council of Teachers of Mathematics. (2000). *Principles and standards for school mathematics*. Reston, VA: Author.

Piaget, J., & Inhelder, B. (1975). *The origin of the idea of chance in children* (L. Leake, Jr., P. Burrell, & H. D. Fischbein, Trans.). New York: W. W. Norton. (Original work published 1951)

Pratt, D. (2000). Making Sense of the Total of Two Dice. *Journal for Research in Mathematics Education, 57*, 602-625.

Shaughnessy, J. M. (1977). Misconceptions of probability: An experiment with a small-group, activity-based, model building approach to introductory probability at the college level. *Educational Studies in Mathematics, 8*, 285-316.

Shaughnessy, J. M. (1992). Research in probability and statistics: Reflections and directions. In D. A. Grouws (Ed.) *Handbook of research on mathematics teaching and learning* (pp. 465-494). New York: Macmillan.

Shaughnessy, J. M., Canada, D., Ciancetta, M. (2003). Middle school students' thinking about variability in repeated trials: A cross-task comparison. In N. A. Pateman, B. J. Dougherty, & J. T. Zilliox (Eds.), *Proceedings of the 27th Conference of the International Group for the Psychology of Mathematics Education held jointly with the 25th Conference of PME-NA* (Vol. 4, pp. 159-165). Honolulu, HI: Center for Research and Development Group.

Stohl, H., & Tarr, J. E. (2002). Developing notions of inference with probability simulation tools. *Journal of Mathematical Behavior 21*, 319-337.

Tarr, J. E. (1997). Using middle school students' thinking in conditional probability and independence to inform instruction. (Doctoral dissertation, Illinois State University, 1997). *Dissertation Abstracts International, 49*, Z5055.

Tarr. J. E. (2002). The confounding effects of "50-50 chance" in making conditional probability judgments. Focus on Learning Problems in Mathematics, 24, 35-53. Tarr, J. E., & Jones, G. A. (1997). A framework for assessing middle school students' thinking in conditional probability and independence. *Mathematics Education Research Journal, 9*, 39-59.

Tversky, A., & Kahneman, D. (1982). Causal schemas in judgments under uncertainty. In D. Kahneman, P. Slovic, & A. Tversky (Eds.), *Judgment under uncertainty: Heuristics and biases* (pp. 117-128). Cambridge, UK: Cambridge University Press.

Utts, J. (2003). What educated citizens should know about statistics and probability. *The American Statistician, 57*, 74-79.

Watson, J. (1995). Conditional probability: Its place in the mathematics curriculum. *Mathematics Teacher, 88*, 12-17.

Watson, J. M., & Kelly, B. A. (2003). Statistical variation in a chance setting. In N. A. Pateman, B. J. Dougherty, & J. T. Zilliox (Eds.), P*roceedings of the 27th Conference of the International Group for the Psychology of Mathematics Education held jointly with the 25th Conference of PME-NA* (Vol. 4, pp. 387-394). Honolulu, HI: Center for Research and Development Group.

Watson, J. M., & Moritz, J. B. (2002). School students' reasoning about conjunction and conditional events. *International Journal of Mathematical Education in Science and Technology, 55*, 59-84.

Yafiez, G. C. (2002). Some challenges for the use of computer simulations for solving conditional probability problems. In D. S. Mewborn et al. (Eds.), *Proceedings of the 24th annual meeting of the North American Chapter of the International Group for the Psychology of Mathematics Education* (pp. 1255-1266). Athens, GA: ERIC Clearinghouse for Science, Mathematics, and Environmental Education.

Zawojewski, J. S. (1991). *Curriculum and evaluation standards for school mathematics, Addenda series, Grades 5-8: Dealing with data and chance*. Reston, VA: National Council of Teachers of Mathematics.

# 4부

# 고등학교에서 확률 교수-학습

10장

# 고등학생들은 확률에 대해 어떤 개념과 오개념을 갖고 있는가?

CARMEN BATANERO and ERNESTO SANCHEZ

확률 영역에서 직관과 논리적 구조사이의 관계가 수학의 다른 영역에서와 달리 매우 핵심적인 역할을 한다는 것을 강조하는 것이 중요하다. (Fischbein, 1975, p. 5)

## 01 도입

고등학생들은 단순 표본공간의 확률분포에 기초하여 사건의 가능성을 구할 수 있어야 하며, 단순사건에 대한 무작위 변수의 기댓값을 계산하고 이를 해석할 수 있어야 한다. 또한 복합사건의 표본공간에 대해 설명할 수 있어야 하고, 배반사건과 결합사건(joint event)을 구별할 수 있어야 하며 조건부 확률과 독립성을 이해하여야 한다. 뿐만 아니라 다양한 사건의 확률을 구하기 위하여 조합(combination), 순열(permutation), 세기 전략 등을 배워야 하며, 고등학교를 졸업할 때까지 임의 표본을 활용하여 모집단에 대한 추론을 이끌어내는 방법을 학습하여야 한다. 이는 임의 표본이 어떻게 분포하는지를 이해하는 과정을 포함한다. 이상과 같은 이해는 시뮬레이션 활동을 통해 개발될 수 있으며, 시뮬레이션을 활용하여 학생들은 주어진 모집단에서 추출된 표본의 통계 값 사이에 존재하는 변이성을 탐색함으로써 표집 분포를 다룰 수 있다(NCTM, 2000; Pfannkuch, 이 책 11장).

Borovcnik & Peard(1996)는 확률적 추론이 논리적 추론이나 인과적 추론과는 다르다는 것을 지적하면서 확률에 대한 반직관적인 결과는 초등 수준에서도 발견된다고 하였다. 이는 고도의 추상적인 작업을 수행할 때만 반직관적인 결과를 얻게 되는 수학의 다른 분야와는 완전히 대조를 이룬다. 이러한 확률의 독특한 특징 때문에 고등학교 수준에서도 다양한 오개념과 학습 장애가 발생한다(Shaughnessy, 1983, 1992; Fischbein, Nello & Marino, 1991). 이 장에서는 특히 고등학교 학생들(14~18세)의 확률적 사고에 주목하여 수행된 연구를 개관하고 이를 앞서 언급한 교육과정의 목표와 관련지어 살펴본다. 특히 여러 선행 연구의 결과를 확률 교육과정의 다음 핵심요소와 관련하여 검토한다: 조합적 추론과 문제해결, 무작위성, 확률 오개념, 조건부 확률과 독립성, 상관과 분할표(contingency table), 무작위 변수와 확률분포, 표집과 추론, 시뮬레이션. 또한 이러한 연구가 고등학교에서 확률 교수-학습에 주는 시사점을 기술한다.

## 02 조합적 추론과 문제해결

조합론은 확률을 구하는데 쓰이는 계산 도구 이상의 의미를 지니지만* 확률 영역에서 특히 중요한 역할을 한다. 이러한 이유로 Heitele(1975)는 확률 교육과정의 모든 교수-학습 상황에서 다루어야 하는 기본적인 확률적 아이디어의 목록에 **조합론**(combinatorics)을 포함시켰다. Piaget & Inhelder(1951)에 따르면 조합(combination)은 서열(seriation) 및 대응(correspondence)을 조정하는 것과 관련되며, 순열(permutation)은 이동할 수 있는 가역적 대상을 배열(arrangement)하는 것을 의미한다. 따라서 조합과 순열은 조작에 대한 조작으로 볼 수 있으며 형식적 사고의 주요한 특징이 된다. 피아제와 인헬더에 따르면 형식적 조작기가 지난 15세 이후가 되어야 학생들은 순열과 조합을 구성하는 체계적 절차를 발견할 수 있다(5장 참조). 그러나 최근 연구 결과(Fischbein & Grossman, 1997)에 따르면 형식적 조작기가 지난 학생들이라도 명시적인 지도를 받지 않으면 조합적인 문제해결력을 발달시킬 수 없다.

Dubois(1984)는 간단한 조합적 상황을 선택, 분배, 분할의 3가지 모델로 범주화하였다. 이하에서는 이 모델에 대해서 알아본다.

### 선택 모델

선택 모델에서는 (일반적으로 서로 다른) 대상 $m$개에서 특정한 성질을 갖는 $n$개를 뽑는 상황을 다룬다. 이와 관련하여 다음과 같은 예가 있다(Fischbein & Gazit,

* 조합론은 정수론, 그래프 이론, 운용 과학(operational research), 조합적 기하학 및 위상, 인공지능 등과 같이 수학의 다른 분야에서 기본적인 탐구 도구이다.

1988).

> **문제 1:** 상자 속에 서로 다른 숫자(2, 4, 7, 9)가 쓰여 있는 공 4개가 있다. 공 1개를 꺼내서 공에 있는 숫자를 적은 다음 다시 그 공을 상자 속에 넣는 시행을 반복하여 세 자리 수를 만들고자 한다. 만들 수 있는 서로 다른 세 자리 수는 모두 몇 개인가? 예를 들어, 이러한 시행을 통해 세 자리 수 222를 만들 수 있다.

학생들이 숫자가 적힌 $m$개의 공에서 $n$개를 선택하는 시행으로 세기 전략을 모델링하는 것은 어렵지 않다. 경우에 따라서는 문제 1처럼 하나 또는 그 이상의 원소를 반복해서 꺼낼 수 있지만 다른 경우에는 그렇지 않을 때도 있다. 이러한 특징과 선택되는 대상에서 순서가 중요한지(문제 1) 그렇지 않은지에 따라서 기본적으로 4가지 선택 과정이 존재한다: 복원 상황으로 순서를 고려해야 하는 경우($AR_{m,n}$), 복원 상황으로 순서를 고려할 필요가 없는 경우($CR_{m,n}$), 비복원 상황으로 순서를 고려해야 하는 경우($A_{m,n}$), 비복원 상황으로 순서를 고려할 필요가 없는 경우($C_{m,n}$).*

## 분배 모델

두 번째 유형의 문제는 대상 $n$개를 상자 $m$개에 분배하는 것으로 문제 2와 같은 형태이다(Batanero, Godino & Navarro-Pelayo, 1997).

> **문제 2** : 같은 편지 3개를 노랑, 파랑, 빨강, 초록색 봉투 4개에 넣으려고 한다. 봉투 각각에는 편지를 1개씩만 넣는다고 할 때, 같은 편지 3개를 다른 봉투 4개에 넣는 방법은 모두 몇 가지인가? 예를 들어, 편지 1개는 노란 봉투에, 다른 것은 파란 봉투에, 마지막 것은 초록 봉투에 넣을 수 있다.

수학적 관점에서 볼 때, 대상 $n$개를 상자 $m$개에 분배하는 것은 대상 $n$개를 원소로 갖는 집합에서 상자 $m$개를 원소로 갖는 집합으로 함수(mapping)를 만드는 것과 연관시켜 생각할 수 있다. 서로 다른 두 원소가 서로 다른 상을 갖는 경우(단사함수)에는 배열(arrangement)이 되며, 일대일 대응의 경우는 순열(permutation)이 된다. 조합의 아이디어는 특별한 종류의 함수에 적용하여 설명할 수 없으며, 분배 방법이 달라질 때마다 조합 연산이 달라지는 것도 아니다. 예를 들어 다른 대상 $n$개를 동일한 상자 $m$개에 분배하되, 순서를 고려하지 않는 경우에는 제2종의 스털링 수 $S_{n,m}$을 사용

* 순열(permutation)은 배열(arrangement)의 특별한 경우로서 $m = n$일 때를 이른다.

하여야 한다. 결과적으로, 각각의 분배 문제를 선택 문제로 바꾸는 것은 불가능하다.

### 분할 모델

마지막 모델은 문제 3과 같이 원소가 $n$개인 집합을 부분집합 $m$개로 분할하는 것과 관련된다(Batanero et al., 1997). 대상 $n$개를 상자 $m$개에 분배하는 것은 원소가 $n$인 집합을 부분집합(상자) $m$개로 분할하는 것으로 시각화할 수 있다. 따라서 분할 모델과 분배 모델 사이에는 일대일 대응이 존재하지만, 학생들에게 이러한 관계는 명확하게 인식되지 않을 수도 있다.

> **문제 3** : 1부터 4까지의 번호가 각각 적힌 우표 4장이 있다. 매리와 신디는 우표를 2장씩 나눠 갖기로 하였다. 매리와 신디가 우표를 나누어 갖는 방법은 모두 몇 가지인가? 예를 들어, 매리는 1, 2가 적힌 우표를, 신디는 3, 4가 적힌 우표를 가질 수 있다.

### 조합 문제를 해결하는 과정에서 드러나는 오류

Batanero 등(1997)은 14세에서 15세 학생 700명을 대상으로 위와 같은 3가지 유형의 조합 문제를 해결하도록 하였다. Batanero 등(1997)에 따르면 선택 문제, 분배 문제, 분할 문제를 해결할 때 학생들이 느끼는 어려움은 각각 달랐으며, 이는 조합을 학습한 후에도 마찬가지였다. 학생들은 조합과 관련된 공식을 곧바로 적용할 수 있기 때문에 선택 문제를 가장 쉽게 생각하였다. 반면 다른 2가지 유형에 대해서는 문제의 진술 자체를 선택 문제로 바꾸는 것조차도 제대로 하지 못하였다. 다음은 학생들이 보인 오류 유형이다.

- **순서에 대한 오류** : 학생들은 조합과 배열을 구별하는 기준을 혼동하였다. 즉, 순서를 고려할 필요가 없을 때 순서를 생각하거나, 반대로 순서를 생각하는 것인 필수적인 상황에서는 이를 간과하였다. 예를 들어, 문제 3을 해결할 때 우표의 순서를 고려하였다.
- **중복에 대한 오류** : 학생들은 원소를 중복할 수 있는 상황에서 이를 고려하지 않거나, 원소를 중복해서는 안 될 때, 이를 중복하여 생각하였다. 예를 들어, 문제 1을 다음과 같은 방법으로 해결하였다.

  "247-249-274-279-294-297-427-429-472-479-492-497-724-729-742-749-792-794-924-927-942-947-972-974; 24가지."
- **대상의 유형에 대한 혼동** : 학생들은 동일한 대상을 구별 가능한 것으로 생각하거나 서로 다른 대상을 구별할 수 없는 것으로 간주하였다. 예를 들어 문제 2에서

같은 편지를 다른 것으로 간주하였다.

- **경우를 나열할 때 일부 원소의 누락** : 예를 들어 문자 A, B, C, C, C로 만들 수 있는 모든 순열의 수를 구할 때 일부 학생들은 마지막에 있는 2개의 C는 위치를 고정시킨 다음, 3개의 문자 A, B, C로 만들 수 있는 순열만을 구하였다.
- **비체계적인 나열** : Fischbein & Gazit(1988)이 설명한 바 있는 이 유형의 오류는, 모든 가능성을 구할 수 있는 재귀적(recursive) 절차를 사용하지 않고 시행착오를 통해 문제를 해결하려고 할 때 발생한다.
- **조합 연산에 필요한 공식을 기억하지 못한다.** 예를 들어 Batanero 등(1997)에 참여한 학생 한 명은 문제 1에 대한 정확한 풀이로 $AR_{4,3}$을 제안하였지만 그 공식을 기억하지 못하였다.
- **조합을 구하는 공식에서 매개변수 값의 의미를 기억하지 못한다.** 예를 들어 문제 1에 대한 풀이로 $AR_{3,4}$을 제시하는 경우이다.
- **수형도에 대한 잘못된 해석** : 해를 설명할 때 수형도는 중요한 도구가 되지만, 이에 대해 배운 후에도 학생들은 수형도를 거의 사용하지 않았다. 또한 문제해결에 수형도를 활용하려고 시도한 학생들도 이를 부적절하게 그리거나 그려진 수형도를 부정확하게 해석하였다.

## 03 무작위성에 대한 인식

확률을 지도할 때 기본적으로 쟁점이 되는 것은 학생들이 무작위 현상과 결정론적 현상을 구별할 수 있도록 하는 것이며 이러한 현상에 의해 발생하는 일련의 무작위 결과가 지닌 특징을 인식하도록 하는 것이다. Piaget & Inhelder(1951)는 시뮬레이션 도구를 활용하여 도로의 타일에 떨어진 빗방울의 분포를 만든 다음 이에 대한 학생들의 이해를 조사하였다. Piaget & Inhelder(1951)는 학생들이 **큰 수의 법칙**(무작위로 생성된 분포 각각에는 나름의 변이성이 존재하지만 이와 동시에 전체적인 경향에는 규칙성이 존재함을 설명하는 법칙)을 이해하고 있다는 결론을 내렸다. 그러나 Green(1983, 1989)은 이러한 피아제와 인헬더의 결론을 재검토하는 연구를 수행하였으며, 연구에 참여한 학생 2,930명에 대해 무작위 분포와 준무작위 분포를 인식하는 비율이 학년이 올라감에 따라 감소하는 것을 발견하였다.

Green(1983)은 11세에서 16세 학생의 확률 직관을 알아보기 위해 실시한 검사에서 무작위적인 결과와 그렇지 않은 결과를 구별하는지 알아보는 문제 4와 같은 질문을 제시하였다.

문제 4. 다니엘과 다이아나는 동전 1개를 각각 150번씩 던져 그 결과를 제출하라는 숙제를 받았다. 둘 중에 1명은 동전을 실제로 던져 그 결과를 작성하였고, 다른 1명은 동전을 던져보지 않고 적당히 꾸며서 자료를 만들었다. 앞면을 H, 뒷면을 T라 하고 두 학생이 제출한 자료가 다음과 같을 때, 다니엘과 디아나 중에서 동전을 던져보지 않고 자료를 꾸며서 만든 학생은 누구인지 말하고 왜 그렇게 생각하는지 설명하여라.

다니엘: HTHTTHHTTHHTHTHTTHTTHTHHHTTTHHHTTHTTHTHT
HTTHHTHHHTHTHTHHTTTHHTTHTHTTHHTHTTHHTH
TTHHTHHTHTTTHTTHHTTHTTHTHTHHTHTTHHTHTH
TTHHHTHHTTHTHTTHHTTTHTTTHTHTTHHHTT

다이아나: HHTTTHTTTTHTHHTTTHHTHHTTTHHTHHHTTTHTTTTTTHTHT
HTHTTTTHHHHHHTHHHTHTHHTHHHHHHTHHHTTHHHTHTH
HHHHHHHHTTHTHHHHHHHTTTTTHHHHHTTHTHTHHTHHTH
HTTTTTTHTHHTTHHHTTHHH

실제로, 학생 대부분은 무작위적이지 않은 결과를 무작위적 결과라고 생각하였으며, 무작위성에 대한 학생들의 인식은 학년이 올라가도 향상되지 않았다. 학생들이 자신들의 결정을 정당화하기 위해 사용한 부적절한 이유는 다음과 같다.

- 무작위 결과의 패턴이 너무 불규칙적이다.
- 너무 많은 앞면이 있다(또는 뒷면이 별로 없다). 학생들은 앞면과 뒷면의 상대도수가 50%에 가까워야 한다고 생각하였으며, 상대도수의 변동을 받아들이지 않았다. 이는 학생들이 다음 절에서 설명할 **대표성**(representativeness) 판단 전략을 적용하였음을 보여준다(3장 참조).
- 한 가지 결과가 한꺼번에 너무 많이 나타난다. 이는 **도박사의 오류**(gambler's fallacy)를 보여주는데, 사람들은 무작위 시행에서 같은 결과가 계속 나오면 다음 시행에서는 그 결과가 나올 확률이 작아진다고 생각한다.

Toohey(1995)는 멜버른에 사는 남학생 75명에게 그린이 사용하였던 과제 중 일부를 해결하도록 하였다. 이 연구에서는 무작위성에 대한 학생들의 이해를 살피는데 사용될 수 있는 몇 가지 요소를 같은 가능성(likelihood), 다양한 가능성(possibility), 수학적 모델, 인과성, 예측불가능성으로 구체화하였다. 또한 이 연구는, 이차원 격자(도로의 타일)에 점(눈송이)이 무작위로 분포되어 있는 것이 어떤 것인지를 묻는 문제에 대한 학생들의 반응을 분석하여, 학생들이 생각하는 무작위성의 특징을 2가지 접근(국소적 접근과 전체적 접근)으로 정리하였다. 무작위성에 대한 국소적(local) 접근은 격자에서 점이 위치한 공간적 패턴을 살피는 것과 관련되며, 전체적(global) 접근은 각 칸마다 찍힌 점의 개수가 어떻게 분포되어 있는지를 검토하는 것과 관련된다.

Batanero & Serrano(1999)는 Green(1983, 1989)이 사용한 일부 과제에 대해 학생(14~18세) 277명이 답한 내용을 분석하였다. Batanero & Serrano(1999)는 학생들이 생각하는 무작위 결과의 특징에 주목하여 학생들이 보인 반응을 다음과 같이 분류하였다; 전체적인 패턴(너무 규칙적이거나 너무 불규칙적이다), 여러 가지 사건의 빈도(너무 비슷하거나 너무 다르다), 같은 것이 반복되는 횟수, 다양한 가능성, 예측불가능성. 제공된 과제의 특징에 따라 무작위 결과에 대한 학생들의 논거가 달라졌다. 학생들은 무작위 결과의 특징을 인식하였으며, 학년이 올라가면서 이러한 인식이 향상되었다.

## 04 확률 오개념

### 대표성

Kahneman, Slovic, & Tversky(1982)에 따르면, 통계적인 경험이 부족한 사람들은 판단 전략을 사용하여 확률 문제를 해결한다. 대표성 판단 전략은 어떤 사건이 모집단의 특징을 얼마나 반영하고 있는지에 따라 그 사건이 일어날 가능성을 예측하는 경향을 말한다. 즉, 사람들은 대표성 판단 전략에 따라 크기가 작은 표본이라도 모집단의 분포를 반영하여야 한다거나 무작위적인 결과를 생성하는 과정으로 보여야 한다고 생각한다. 제대로 된 견해에 따르면 문제 5에 제시된 동전던지기 결과가 일어날 가능성은 모두 같지만, 대표성 판단 전략을 사용하는 사람들은 (b)가 다른 것보다 더 대표성을 띠기 때문에 일어날 가능성이 높다고 생각한다. 비슷하게 이항 확률(binomial probability)과 관련된 문제 6에 대해 대표성 판단 전략을 사용하는 학생들은 (c)을 답으로 고르는 경향이 있다.

**문제 5.** 동전 1개를 5번 던진 다음 결과 중 어떤 결과가 일어날 가능성이 가장 큰가? (a) HHHTT; (b) HTTHT; (c) THTTT; (d) HTHTH

**문제 6.** 어떤 병원에서는 남녀 신생아의 수를 기록해 두었다. 다음 중 어떤 결과가 일어날 가능성이 더 큰가? (a) 신생아 10명 중 남자아이가 8명 이상이다; (b) 신생아 100명 중 남자 아이가 80명 이상이다; (c) (a)와 (b)가 일어날 가능성은 같다.

Batanero, Serrano, & Garfield(1996)는 확률을 배운 적이 없는 14세 학생 137명과, 한 달 동안 형식적인 수학적 접근 방식에 따라 확률을 배운 18세 학생 130명에게 문제 5와 문제 6을 해결하고, 답을 선택한 이유도 함께 설명하도록 하였다. 14세 학생의 약 30%는 문제 5에 대해 대표성 판단 전략을 사용하였으며, 이들 중 약 60%가 문제 6에 대해 같은 판단전략을 사용하였다. 18세 학생들이 문제 5를 좀더 많이 해결하였지만 문제 6에 대해서는 별 차이가 없었다. 확률에 대해 형식적인 수업을 받은 대학생들조차도 대표성 판단 전략을 자주 사용한다는 것을 보인 연구가 있다(참조, Hirsch & O'Donnell, 2001).

### 등확률(equiprobability) 편향

Lecoutre & Durand(1988; Lecoutre, 1992)에 따르면 등확률 편향은 무작위 사건의 본질을 "일어날 가능성이 같다"는 것으로 설명하는 것이다(6장 참조). 즉, 등확률 편향에 따른 판단 전략을 지닌 사람은 어떤 사건들이 일어날 가능성이 항상 같다고 생각한다. Lecoutre & Fischbein(1998)에 따르면 많은 학생들이 문제 7에서 (c)를 선택하였으며, 이러한 편향은 학생들의 연령, 문제의 유형에 관계없이 지속적으로 드러났다.

**문제 7.** 주사위 2개를 동시에 던졌을 때, 다음 결과 중 어떤 것이 더 잘 일어날 것 같은가? (a) 5의 눈과 6의 눈; (b) 5의 눈이 2개; (c) 각각의 결과가 일어날 가능성은 같다; (d) 모르겠다.

Fischbein, Nello, & Marino(1991)는 등확률 편향과 관련하여 Lecoutre & Durand(1998)가 활용한 문제를 일반화한 문제 8의 (a)와 (b)에 대하여 학생들의 반응을 비교하였다.

**문제 8.** (a) 주사위 2개를 던졌을 때, 다음 중에서 일어날 가능성이 더 큰 사건은? 5와 6의 눈이 각각 1개씩 나오는 경우, 6의 눈이 2개 나오는 경우. (b) 주사위 2개를 던졌을 때, 다음 중에서 일어날 가능성이 더 큰 사건은? 주사위 2개에서 같은 눈의 수가 나오는 경우, 다른 눈의 수가 나오는 경우.

등확률 편향을 드러내는 고등학생의 비율은 문제 8(a)에서 78%였지만 문제 8(b)에서 43%로 감소하였다. 연구자들은 문제 8(a)는 틀리게 답하고 문제 8(b)는 옳게 답한 학생들이 표본공간의 구조와 규모를 전체적으로 판단하는 직관적인 능력을 가졌다고 보았다. 그러나 문제 8(a)와 같이 질문을 구체적으로 제시하였을 때 학생들은 가능성에 대한 일차 직관에 기초하거나 독립인 두 사건의 결과를 하나로 보아 결합하는 부적절한 반응을 보였다.

### 결과적 접근(outcome approach)

Konold(1989)는 빈도적 확률을 해석하기 위해 사용되는 "결과적 접근" 판단 전략을 발견하였다(3장 참조). 대학생들과의 면담에서 문제 9를 해결하도록 한 결과, 많은 학생들이 비확률적인 방식으로 문제를 해석한다는 것을 알 수 있었다.

> **문제 9.** (a) 내일 비가 올 가능성이 70%라는 말은 무슨 의미인가? (b) 내일 비가 올 가능성이 70%였는데 실제로는 비가 오지 않았다. 비가 올 가능성이 70%라는 말에 대해 어떤 결론을 내리겠는가?

결과적 접근 판단 전략을 사용하는 학생들은 문제 9(a)에서 비가 올 가능성이 70%라는 것은 실제로 비가 오는 것을 의미한다고 답하였으며, 비가 올 확률이 70%라고 예보된 여러 날 중에서 70%에 해당하는 날의 수만큼 비가 오면 예보가 잘못된 것이라고 주장하였다(Konold, 1991). 불확실한 상황에 처했을 때 이러한 학생들은 반복하여 일어나는 어떤 사건의 분포가 지니는 특징을 반영하는 것으로 확률을 이해하는 것이 아니라 1번의 시행 결과를 예측하는 도구로써 활용하였다. 이들은 0%, 50%, 100%에 얼마나 가까운지에 따라 확률을 평가하였다. 확률이 0%에 가까우면 사건이 일어나지 "않는" 것으로, 100%에 가까우면 그 사건은 "확실히" 일어나는 것으로 생각하였으며, 50%에 매우 가까울 때에만 그 사건이 "무작위적"으로 일어난다고 생각하였다. 결과적 접근을 따르는 사람들은 상황을 인과적으로 분석하여 예측하는 경향이 있다. 예를 들어 "비가 올 확률이 70%"라는 것을 습도가 70%라거나 구름의 양이 70%라고 해석한다.

### 서로 다른 상황에서 공통인 수학적 구조를 찾기

위에서 살펴본 것 이외의 다른 오개념은, 서로 다른 확률 문제에 내재된 동일한 수학적 구조를 찾아내는데 어려움을 겪기 때문에 발생한다. Fischbein, Nello, & Marino(1991)는 연령대가 다른 학생들에게 주사위 1개를 3번 던져서 5의 눈이 3번 나올 확률과 주사위 3개를 동시에 1번 던져서 5의 눈이 3개 나올 확률에 대하여 질문하였다. 고등학생(14세)의 12%는 두 상황의 확률이 다르다고 답하였으며, 이 중 50%는 주사위 1개를 3번 던져서 5의 눈이 3번 나올 확률이 더 높다고 생각하였다. 이 학생들은 주사위 1개를 3번 던질 때 일어날 수 있는 결과를 통제할 수 있다고 생각하였다.

고등학생들은 복합 확률을 어려워하는데, 12학년 학생 1,100명 중 28%만이 문제 10에 정답을 제시하였으며(Shaughnessy & Ciancetta, 2002), 8%만이 정답과 이유 모두를 적절하게 설명하였다.

> **문제 10.** 검은색과 흰색이 같은 크기로 나누어져 있는 회전판 2개로 게임을 한다. 회전판을 돌려 2개에서 모두 검은색이 나오면 이긴다. 이 게임에서 이길 확률은 얼마인가?(회전판 2개가 그려진 그림이 제시되며, 각 회전판에서 검은색이 나올 확률은 50%이다).

Shaughnessy & Ciancetta(2002)는 문제 10에 대한 9~11학년 학생들의 반응 결과가 NAEP(National Assessment of Educational Progress)에서 12학년 학생들이 보인 반응과 매우 비슷하다는 것을 발견하였다. Shaughnessy & Ciancetta(2002)에 따르면 고급 수학 과정을 이수한 12학년 학생들은 복합 확률 문제에 익숙하였기 때문에 회전판 과제를 매우 잘 해결하였다(90% 정도가 적절하게 응답하였다). 일부 학생들과의 면담에서, 오개념을 지닌 학생들이 반복 실험을 통해 무작위 변이를 경험한 이후 자신들의 부적절한 개념을 극복하였다는 것을 확인할 수 있었다.

## 05 조건부 확률과 독립성

Tarr & Jones(1997)는 조건부 확률과 독립성에 대한 중학생들의 사고를 4수준으로 분류하는 틀을 개발하였으며(9장 참조), 4~8학년 학생 15명을 대상으로 임상 면담을 실시하여 이를 정교화하였다. 이에 따르면 개발된 틀은 조건부 확률과 독립성 모두를 이해하는데 상당히 안정적인 것으로 드러났다. 각 수준의 특징을 요약하면 다음과 같다:

- 1수준 (주관적) : 확률을 예측할 때 주어진 수치적 정보를 무시하며 잇달아 일어나는 결과를 예측하는데 부적절한 자신감을 보인다.
- 2수준 (과도기적) : 잇달아 일어나는 사건의 관련성을 부분적으로 인식한다. 그러나 조건부 확률을 계산하기 위해 사용하는 수치가 부적절하며 대표성 전략을 보인다.

- 3수준 (비형식적인 양적) : "복원과 비복원 상황"을 구별하는 것이 각 상황의 확률을 수량화할 때만큼 정확하지 않다. 그러나 조건부 확률과 독립성을 판단할 때 표본공간의 구성요소를 모두 구한다.
- 4수준 (수치적) : 두 사건이 서로 관련되기 위한 필수 조건을 말할 수 있으며, 수치적 확률을 정확히 구한다. "복원과 비복원 상황"에서 종속사건과 독립사건을 구별한다.

더 높은 수준에 있는 고등학생들과 대학생들도 조건부 확률 및 독립성에 대해 여전히 어려움을 겪는다. Feller(1968, p. 114)는 "조건부 확률의 아이디어는 확률 이론의 기초이며, 어설픈 용어 때문에 조건부 확률의 단순성이 제대로 드러나지 않는 것은 불행한 일이다"고 지적하였다.

다음에 요약할 여러 연구에서 이 점을 살펴볼 수 있다(9장 참조).

### 인과적 추론과 시간 축 오류(fallacy of the time axis)

Falk(1979, 1989)은 대학생 88명에게 문제 11을 풀도록 하였을 때, 학생들이 (a)는 쉽게 해결하는 반면 (b)는 어려워한다는 것을 발견하였다. 학생들은 첫 번째 공을 꺼내기 전에 두 번째 공을 꺼낼 수는 없기 때문에 두 번째 공의 결과가 첫 번째에 영향을 줄 수 없다고 주장하였다. 이러한 이유로 학생들은 (b)의 확률이 $\frac{1}{2}$이라고 생각하였다.

> **문제 11.** 항아리에 흰 공 2개와 빨간 공 2개가 있다. 공 2개를 임의로 꺼내되, 먼저 꺼낸 공은 다시 넣지 않기로 하자. (a) 첫 번째 공이 빨간색일 때 두 번째 공도 빨간색일 확률은 얼마인가? (b) 두 번째 공이 빨간색일 때 첫 번째 공이 빨간색일 확률은 얼마인가?

포크(Falk)는 학생들이 조건적 추론과 인과적 추론을 혼동한다고 설명하였으며 이를 **시간 축 오류**라고 명명하였다. 즉, 학생들은 어떤 사건은 그보다 먼저 일어나는 다른 사건의 조건이 될 수 없다고 생각하였다. 이는 잘못된 추론인데, 두 번째 사건으로부터 첫 번째 사건으로 어떤 인과적 관계가 없을 때에도 두 번째 공이 빨간색이라는 정보는 첫 번째 공을 꺼내는 상황에서 고려해야 하는 표본공간의 수를 줄일 수 있기 때문이다. 즉, 첫 번째 공을 꺼내는 순간에는 빨간 공 1개와 흰 공 2개가 있다고 생각하면 된다. 따라서 $P(B1\text{이 빨강}|B2) = \frac{1}{3}$이다.

Gras & Totohasina(1995)는 17~18세 고등학생 75명을 대상으로 한 연구에서 조건부 확률에 대해 3가지 오개념을 발견하였다.

- 시간적 관계로서 조건부 확률 $P(A|B)$을 해석하는 **시간 순서적 개념**(chronological conception)으로, 조건 사건 B가 사건 A보다 시간적으로 항상 선행해야 한다.
- 분명한 인과적 관계로서 조건부 확률 $P(A|B)$을 해석하는 **인과적 개념**(causal conception)으로, 조건 사건 B는 원인이고 사건 A는 결과이다.
- 비율인 $\dfrac{\text{Card}(A \cap B)}{\text{Card}(B)}$ 로 조건부 확률 $P(A|B)$을 해석하는 **기수적 개념**(cardinal conception).

위 3가지 추론 중 마지막 추론은 유한 등확률 표본공간에서는 적절하다. 그러나, 연속인 표본공간이나 근원사건의 확률이 같지 않은 경우에는 오류가 발생한다. 일부 학생들은 $P(A|B)$을 $\dfrac{\text{Card}(A)}{\text{Card}(B)}$ 으로 해석하였는데 이는 항상 잘못된 것이다.

이상과 같은 오개념을 지닌 학생들의 비율을 알아보기 위하여 Gras & Totohasina(1995)는 고등학생(17~18세) 70명과 대학생(18~19세) 102명에게 다음과 같은 질문을 제시하였다. 이 질문은 교수 실험을 통해 조건부 확률을 다룬 다음에 제시하였는데, 이 교수 실험에서는 문제해결 도구로 수형도, 이원표(two-way table), 벤 다이어그램 등을 활용하였다.

질문 A. 조건부 확률 $P(A|B)$을 구할 때, 사건 B는 사건 A보다 시간적으로 먼저 일어나야 하는가? (예, 아니오, 잘 모르겠다.)

질문 B. 조건부 확률 $P(A|B)$을 구할 때, 사건 B는 원인이고 사건 A는 결과이어야 하는가? (예, 아니오, 잘 모르겠다.)

연구자들에 따르면 질문 A에 대해 학생 63%가 예라고 답하였으며, 질문 B에 대해 학생 28%가 예라고 답하였다. 통계적 분석을 통해 두 오개념은 서로 독립임을 알 수 있었다. 연구자들은 시간 순서적 오개념과 인과적 오개념은 인지적 원인에서 기인하고, 기수적 오개념은 교육에 의해 유발되는 경향이 있다고 설명하였다. 이러한 오개념은 모두 인식론적 장애가 되며, 조건부 확률의 가역적(reversible) 특징을 간과하게 만든다. 특히 조건부 확률의 가역성에 대한 아이디어는 베이스 정리와 통계적 추론을 이해하는데 필수적이다.

#### 동시적 상황과 잇따른 상황(Synchronical and Diachronical Situation)

여러 연구는 시간 순서 및 조건부 확률과 관련되는 2가지 다른 상황을 다루었다. **잇따**

른 상황은 시간이 흐르면서 진행되는 순차적인 실험의 연속으로 이루어진다. **동시적** 상황은 기본적으로 순서가 있는 실험을 다루지 않기 때문에 정적인 특징을 지닌다. 문제 12(a)는 **동시적** 상황이고, 문제 12(b)는 **잇따른** 상황이다.

**문제 12.** (a) 검은 공 2개와 흰 공 1개가 항아리 A에 있다. 검은 공 1개와 흰 공 4개가 항아리 B에 있다. 각각의 항아리에서 공 1개씩을 임의로 꺼낼 때 2개 모두 검은 공일 확률은 얼마인가? (b) 검은 공 2개와 흰 공 1개가 항아리에 있다. 항아리에서 공 1개를 임의로 꺼내어 색을 확인한 다음 그 공을 다시 항아리에 넣고 잘 섞어 두 번째 공을 꺼낸다. 2개 모두 검은 공일 확률은 얼마인가?

(b)의 잇따른 실험은, 항아리 A와 항아리 B에서 동시에 공을 꺼내는 (a)의 상황으로 볼 수 있기 때문에 위의 두 상황은 형식적으로 동치이다. 한 항아리에 검은 공 a개와 흰 공 b개가 있고, 다른 항아리에 검은 공 c개와 흰 공 d개가 있다면 구하는 답은 곱셈 공식에 의해 $\frac{a}{(a+b)}\times\frac{c}{(c+d)}$이다.

그러나 Sánchez & Hernández(2003)에 따르면 고등학생(17~18세) 196명은 문제 12에서 (a)와 (b)의 상황이 동치라는 것을 인식하지 못하였다. 일부 학생들은 덧셈 법칙($\frac{a}{a+b}+\frac{c}{c+d}$)을 사용하거나 유사 덧셈 법칙($\frac{a+b}{a+b+c+d}$)을 사용하여 (a)의 답을 구하였다. 일반적으로 학생들은 동시적 상황을 쉽게 해결하였으며, 수형도를 배운 학생들은 잇따른 상황과 관련되는 문제를 보다 잘 해결하였다.

### 조건사건을 정의하는 문제

확률에는 다양한 역설이 존재하는데, 이 중 많은 경우가 조건부 확률에 대한 오해에서 비롯된다(Bar-Hillel & Falk, 1982). 이러한 오해는 학생들의 사고를 반영하므로 확률을 가르칠 때 이러한 오류를 염두에 둘 필요가 있다. 다음 예를 보자(Freudenthal, 1973, p. 588).

**문제 13.** 서랍 3개마다 칸이 2개씩 있다. 첫 번째 서랍의 각 칸에는 모두 금화가 있고 두 번째 서랍의 각 칸에는 모두 은화가 있다. 세 번째 서랍의 한 칸에는 금화가 다른 칸에는 은화가 있다. 서랍 하나와 그 서랍의 칸을 임의로 선택하여 금화가 나왔다면 그 서랍의 다른 칸에 금화가 있을 확률은 얼마인가?

위 문제에 대해 대부분의 학생들은 $\frac{1}{2}$이라고 답하는데, 그 이유는 두 칸에 모두 은화가 들어 있는 서랍은 표본공간에서 제외되므로 이 서랍의 다른 칸에는 금화 또는 은화가 있을 것이기 때문이다. 이들은 남은 서랍 2개가 같은 확률을 갖는다고 생각한다. 일단 금화가 나왔으므로 이 서랍은 2칸에 모두 은화가 들어 있는 서랍이 아니라는 것은 사실이지만, "한 칸에서 나온 동전이 금화이다"라는 사건이 문제 13의 조건사건은 아니다. 실제 조건사건은 "두 칸 중 한 칸에서 나온 동전이 금화이다"는 사건이다. 표본공간을 적절히 설명하기 위해서는 서랍마다 두 칸이 있다는 것을 고려하여야 한다. 첫 번째 서랍에 있는 금화를 각각 G1, G2라 하고, 두 번째 서랍의 은화를 각각 S1, S2, 세 번째 서랍의 금화와 은화를 각각 G3, S3라 하자. 그러면 표본공간은 $\Omega = \{(G_1, G_2), (G_2, G_1), (S_1, S_2), (S_2, S_1), (G_3, S_3), (S_3, G_3)\}$가 된다. 각 순서쌍에서 첫 번째 원소를 이미 열은 서랍에서 나온 동전이라고 생각하면 문제 13은 금화가 나온 경우를 다루고 있으므로 구하고자 하는 확률의 표본공간은 $\Omega' = \{(G_1, G_2), (G_2, G_1), (G_3, S_3)\}$로 줄어들고 1번 더 금화가 나오는 사건은 $\{(G_1, G_2), (G_2, G_1)\}$이 되어 구하는 확률은 $\frac{2}{3}$이다.

## 06 분할표contingency table에서 상관 관계

상관 관계를 판단할 때 조건부 확률과 분할표 사이의 관계에 대한 개념적인 한계가 드러난다. Inhelder & Piaget(1955)는 상관 관계에 대한 이해가 확률적 사고 발달의 최종 단계에 나타난다고 생각하였다. 인헬더와 피아제는 눈동자와 머리 색깔 사이의 상관 관계를 묻는 문제를 학생들(13세 이상)에게 제시하였다. 연구자들은 얼굴이 그려진 카드 세트(금발 머리와 갈색 머리; 파란 눈동자와 검은 눈동자)를 실험 도구로 사용하였고 눈동자 색깔과 머리 색깔의 결합이 가능한 4가지 경우를 표 1과 같이 범주화하였다. 표에서 $a$, $b$, $c$, $d$는 각각 금발 머리와 파란 눈동자, 갈색 머리와 파란 눈동자, 금발 머리와 검은 눈동자, 갈색 머리와 검은 눈동자에 해당하는 도수를 나타낸다.

| | 금발 머리(A) | 갈색 머리($A^c$) | 합계 |
|---|---|---|---|
| 파란 눈동자(B) | $a$ | $b$ | $a+b$ |
| 검은 눈동자($B^c$) | $c$ | $d$ | $c+d$ |
| 합계 | $a+c$ | $b+d$ | $a+b+c+d$ |

표 1. 2×2 분할표로 나타낸 자료

인헬더와 피아제에 따르면 일부 학생들은 표 1에서 $a$칸만을 사용하여 양의 상관 관계를 분석하였으며, 그 외 다른 학생들은 두 칸씩 비교하기도 하였다. 학생들은 $d$칸이 상관 관계와 관련이 있다는 것을 인식하기는 하였지만 $a$칸과 $d$칸이 상관 관계에 있어 같은 의미를 갖는다는 것을 알지 못하였으며, 대신에 $a$칸과 $b$칸을 비교하거나 $c$칸과 $d$칸을 비교하였다. 상관 관계를 이해하기 위해서는 단순히 하나의 확률을 계산해보는 것 대신에 $(a+d)$는 양의 상관 관계와 관련이 있고, $(b+c)$는 음의 상관 관계와 관련이 있음을 인식하는 것이 우선적으로 필요하다. 인헬더와 피아제에 따르면 15세 이상이 되어야 이러한 이해가 가능하다. 이후 여러 심리학자들은 분할표를 해석하는 성인들의 능력을 조사하였다. Jenkins & Ward(1965)는 상관 관계를 판단할 때, 두 조건부 확률의 차를 비교하도록 하였다. 좀더 구체적으로 살펴보면 (1)과 같이 구한 $\rho$값이 표 1에서 상관 관계를 판단하는 적절한 전략이 될 수 있다.

$$(1)\ \ \rho = P(A|B) - P(A|B^c) = \frac{ad-bc}{(a+b)(c+d)}$$

완전한 양의 상관 관계가 있을 때($A \Leftrightarrow B$) $\rho = 1$이며, 완전한 음의 상관 관계가 있을 때($A^c \Leftrightarrow B$) $\rho = -1$이고, 변수들이 서로 독립일 때 $\rho = 0$이므로, 식 (1)을 통해 상관계수의 기본적인 성질을 알 수 있다. 이러한 관계는 성인들조차 발견하기가 쉽지 않다. 또한 Chapman & Chapman(1969)에 따르면 사람들은 변수 사이의 관계에 대해 나름의 신념을 갖고 있어서 실험적인 자료를 유심히 살피지 않는다. 변수 사이에 독립성을 보여주는 증거가 있음에도 불구하고 사람들은 자신의 신념을 고집하려는 경향이 있는데 이러한 현상을 "착각의 상관 관계(illusory correlation)"라 부른다.

Batanero, Estepa, Godino, & Green(1996)은 고등학생(17~18세) 213명을 대상으로 2×2, 2×3, 3×3 분할표에 대한 지필 검사를 실시하여 학생들의 반응을 분석하였다. 2×2 분할표에 대하여 양의 상관, 음의 상관, 독립과 같은 3가지 경우 중 하나로 답하도록 하였다. 연구자들은 문제 맥락에 내재된 상관 관계와 표로 제시되는 실험적 상관 관계 사이의 관련성을 통제하였다. 즉, 2가지 상관 관계가 일치할 때도 있고 일치하지 않을 때도 있었다. 학생들에게 제시된 문제 중 하나는 다음과 같다.

**문제 14.** 어떤 병원에서는 흡연과 기관지병 사이에 관련이 있는지 알아보기 위해 250명을 조사하여 다음과 같은 결과를 얻었다.

| | 기관지병 있음 | 기관지병 없음 | 합계 |
|---|---|---|---|
| 흡연 | 90 | 60 | 150 |
| 비흡연 | 60 | 40 | 100 |
| 합계 | 150 | 100 | 250 |

위 표에 따르면 조사한 표본에 대해 기관지병은 흡연과 관련이 있다고 볼 수 있는가? 이유를 설명하여라.

연구자들은 2×2 분할표에서 나타날 수 있는 3가지 경우(양의 상관, 음의 상관, 독립)에 다양한 변화를 주어 양의 상관을 보여주는 2×3 분할표와 독립인 관계를 나타내는 3×3 분할표도 활용하였다. 대다수 학생들이 적절한 직관을 보여주었지만 상관 관계의 유형과 표의 형태가 학생들의 반응에 영향을 미쳤다. 양의 상관 관계를 인식하였던 학생들(90%)이 음의 상관 관계(50%)와 독립(40%)은 적절히 파악하지 못하였다. 많은 학생들이 3×3 분할표를 다루는데 어려움을 겪었다. 학생들은 실험적 자료를 고려하지 않고 특정한 맥락에 대해 사전에 지니고 있던 신념에 따라 상관 관계를 판단하였다. 또한 학생들은 음의 상관 관계가 독립과 같은 것이라고 생각하였다. Inhelder & Piaget(1955)가 설명한 위의 전략뿐만 아니라 일부 학생들은 보다 정교한 전략을 사용하였다. 예를 들어, 학생들은 2개 또는 그 이상의 A값에 대하여 B값 각각에 대한 조건부 상대도수 분포를 주변도수(marginal frequency)*와 비교하거나 각각의 가능한 A값에 대하여 B값의 조건부 상대도수 하나만을 주변도수와 비교하였다. 그러나 대다수 학생들은 일관된 전략을 사용하지 않았으며, 상관 관계에 대해 자신들이 지니고 있는 독특한 개념을 포함하여 다양한 전략을 사용하였다. 상관 관계에 대한 부적절한 개념 4가지는 다음과 같다.

- **상관 관계에 대한 결정론적 개념.** 이 학생들은 완전한 상관 관계만을 고려하여 $b$칸과 $c$칸의 도수는 0이어야 한다고 주장한다.
- **상관 관계에 대한 일방향적 개념.** 이 학생들은 양의 상관 관계가 있을 때만 관련이 있다고 생각하고 음의 상관 관계는 독립으로 간주한다.
- **상관 관계에 대한 국소적 개념.** 이 학생들은 분할표에 제시된 일부 자료만을 사용하여 상관 관계를 판단한다. 이러한 부분적 정보는 종종 1개의 조건부 확률분포나 하나의 칸에 있는 값만으로 이루어지며, 경우에 따라서는 가장 큰 도수만을 고

■
**역자 주** 행 또는 열에 속한 도수의 합계로서 상관표나 분할표의 마지막 행이나 마지막 열에 쓰여 있는 값을 말한다.

려하기도 한다.

- **상관 관계에 대한 인과적 개념**. 상관 관계와 인과관계를 혼동한다.

## 07 무작위 변수와 확률분포

고등학교나 대학 수준의 통계를 지도할 때 가장 어려운 점 중에 하나는 자료 분석에서 통계적 추론으로 사고의 전이가 일어나도록 하는 것이다. 이러한 전이를 돕기 위해 확률분포를 도입하는데, 특히 확률분포 중에서 정규분포가 강조된다.

Huck, Cross & Clark(1986)에 따르면 대학생들이 정규분포를 다룰 때 2가지 잘못된 개념이 있다. 어떤 학생들은 표준 정규분포의 모든 값이 항상 −3과 +3 사이에 있어야 한다고 생각하였으며 다른 학생들은 표준 정규분포의 최댓값과 최솟값에 한계가 없다고 생각하였다. 이러한 신념은 정규분포에 대한 오개념과 연결된다. z-scores가 항상 −3과 +3 사이에 존재한다고 생각하는 학생들은 표준 정규분포에서 나타나는 이러한 변이의 범위에 따라 그림이나 표를 작성하는 경향이 있다. 이와 유사하게 z-scores에는 상계나 하계가 없다고 생각하는 학생들은 정규분포 곡선의 꼬리가 가로축에 한없이 가까워진다는 것을 배웠기 때문에 유한분포는 절대로 정규분포가 될 수 없다는 것을 인식하지 못한다.

Batanero, Tauber & Sánchez(2004)는 대학 입문 과정에 있는 학생(18~19세) 170명을 대상으로 컴퓨터를 활용하는 교수 실험을 진행하였다. 교수 실험의 마지막 단계에서 학생들에게 컴퓨터를 활용하여 다음과 같은 개방형 과제(문제 15)를 해결하도록 하였다. 학생들에게 정규분포를 따르는 변수 2개에 대한 자료 파일과 정규분포를 따르지 않는 변수에 대한 자료 파일을 제공하고 문제 15와 같은 과제를 풀도록 하였다. 학생들은 개별적으로 스테트그래픽(Statgraphics)이라는 소프트웨어(Shin, 1996)를 사용하여 자신들의 주장을 뒷받침하는 표나 그래프, 보고서 등을 작성하였다.

> **문제 15.** 주어진 자료에서 정규분포를 따르는 변수를 찾아라. 그 변수를 선택한 이유와 이를 알아내기 위해 사용한 방법을 설명하여라.

연구자들은 학생들이 자료 파일의 서로 다른 변수를 분석하고 각 변수의 특징을 파악하기 위해 소프트웨어의 여러 기능을 활용하여 어느 변수가 정규분포에 가장 근접하는지 결정할 수 있을 것이라고 생각하였다. 그러나 학생들 중 49%만이 정규분포를 따르는 변수 하나만을 골라낼 수 있었다. 학생들이 작성한 보고서를 질적으로 분석하고 일부 학생을 대상으로 면담을 실시하여 정규분포에 대한 적절한 추론과 부적절한 추론을 범주화하였다. 문제를 해결하기 위해 학생들이 확률밀도함수 그래프와 히스토그램과 같은 컴퓨터 소프트웨어의 여러 가지 그래프를 쉽게 사용한 것을 볼 때 컴퓨터 도구가 그래프에 대한 학생들의 이해를 촉진하는 것으로 보인다. 또한 학생들은 확률밀도함수 그래프의 단봉성(unimodality), 대칭성, 점근선, 매개변수의 영향 등과 같은 여러 가지 추상적인 성질에 대해 적절하게 이해한 것으로 드러났다.

학생들이 겪는 어려움으로 관찰된 것은 다음과 같다: 실험적 자료를 설명하는데 이론적 모델의 유용성을 인식하는 것, 정규분포 곡선으로 둘러싸인 영역의 확률을 해석하는 것, 이산변수가 언제 정규분포를 따르고 언제 따르지 않는지를 구별하는 것. 또한 학생들은 실험적인 분포가 정규분포에 가까워지는지 판단할 때 정규분포의 성질을 사용하거나 그 관계를 파악하는 능력이 부족하였다.

## 08 표집과 추론

표집에 대한 이해는 통계적 소양뿐만 아니라 통계적 추론과 관련된 아이디어를 개발하는데 핵심적인 역할을 한다. 표집과 여론 조사에 대한 통계적 질문과 정보는 신문과 TV에서 매일 등장하지만 고등학생조차도 이러한 정보를 매번 올바르게 해석하는 것은 아니다(11장 참조). Watson & Moritz(2000)는 표집에 대한 단답형 문제와 개방형 문제를 활용하여 3, 6, 9학년 학생 62명을 대상으로 면담을 진행하였다. 면담에 참여한 학생은 설문 검사에 참여한 학생 2,187명 중에서 선정하였다. 설문 검사 문항 중 하나는 다음과 같다.

**문제16.** 어떤 조사에 따르면 미국에 사는 고등학생 10명 중 6명은 총을 가질 수 있으며 그들 중 $\frac{1}{3}$은 한 시간 내에 총을 구할 수 있다. 시카고에 사는 고등학교 1, 2학년 2,508명을 대상으로 한 조사에 따르면 15%는 지난 30일 중에 총을 휴대한 적이 있고 그 중 4%는 총을 가지고 학교에 간 적이 있다(The Mercury, 1993. 7. 21.). (a) 이 기사의 주장을 비평할 수 있겠는가? (b) 당신이 고등학교 교사라면 콜로라도나 아리조나와 같이 미국의 다른 지역에서 구직활동을 하겠는가, 하지 않겠는가? 그 이유는 무엇인가?

학생들의 반응을 그 내용과 구조에 따라 범주화함으로써 표집 개념 발달 수준을 6단계로 구체화였다. 9학년 학생(15세) 대부분은 다음에 설명하는 상위 2단계의 발달 수준 중 하나에 속하는 것으로 분류되었다.

- 임의 추출이나 분포적 추출에 의해 크기가 큰 표본을 고르는 것이 좋다. 구체적인 예를 통해 표본을 설명한 학생들은 평균(average)이라는 용어를 사용하면서 표본을 작은 어떤 것이거나 시험 삼아 해보는 어떤 것이라고 생각하였다. 따라서 표본의 크기는 적어도 20개는 되어야 한다거나 모집단의 1%는 되어야 한다고 주장하였으며, 표본을 추출할 때는 무작위 추출 과정을 따르거나 분포를 고려해야 한다고 설명하였다.
- 크기가 큰 표본은 편향에 민감하다. 앞서 살펴본 것에 추가하여 학생들은 표본을 추출할 때는 편향이 없도록 하여야 한다고 설명하였다. 학생들은 연구 결과를 보도한 신문기사에서 표본의 편향을 파악할 수 있었다. 예를 들어, 문제 16(b)에 대해 어떤 학생은 콜로라도나 아리조나에서는 구직 활동을 포기하지 않겠지만 시카고와 같은 위험한 도시에서는 구직활동을 하지 않을 것이라고 설명하였다. 일부 학생들은 (a)에 대해 보다 많은 도시에서 조사해볼 필요가 있다고 제안하였다.

이 연구에 참여한 9학년 학생 대부분은 통계적 표집에 대해 서로 다른 이해 정도를 보여주었다. 표본의 크기는 크지만 표본이 시카고에서만 추출되어 편향이 있음을 인식한 학생은 6%에 불과하였지만 9학년 학생들은 표본의 크기가 커야 하며 적절한 표본 추출 방법을 선택해야 함을 인식하였다. 대부분의 통계적 추론은 표본과 표집 분포에 대한 아이디어 모두를 필요로 한다. Rubin, Bruce, & Tenney(1991)에 따르면 모수의 추정 값에는 여러 가지가 있으며, 그 변이는 예측 가능한 패턴을 따른다는 사실을 대학생들조차도 제대로 이해하지 못하였다. Well, Pollatsek, & Boyce(1990)은 크기가 큰 표본의 평균은 모평균과 더 유사하다는 사실을 대학생들이 이해하기는 하였지만 표본평균의 변이성이 이러한 사실에 어떤 영향을 미치는지에 대해서는 이해하지 못하였다고 하였다. Lipson(1994)은 표집 분포를 지도하는데 컴퓨터를 활용함으로써 얻을 수 있는 잠재성을 분석하였으며 이후 연구에서(Lipson, 1997) 컴퓨터 시뮬레이션 활동에 참여한 학생들이 표집 분포에 대해 더 잘 이해하게 되었음을 밝혔다. 또한 Lipson(2002)에 따르면 학생들이 표집 분포의 개념에 대해 일반적인 이해를 형성하는데 교사의 역할이 결정적이다.

## 09 시뮬레이션

심화 수학 수준에 도달하지 않은 학생들도 시뮬레이션을 통해 실세계의 다양한 확률 문제를 다룰 수 있다. 실험적인 결과를 토대로 하는 시뮬레이션 활동을 통해 광범위한 이론적 전개를 대신할 수 있기에 때문이다(Lipson, 1997). Girard(1997)과 Batanero 등(10장 참조)에 따르면 시뮬레이션을 통해 학생들은 고전적·빈도적·주관적 확률의 상보성을 이해할 수 있다. Mills(2002)는 주요한 다음 2가지 연구 결과를 제시하였다: (a) 시뮬레이션은 초등적인 개념부터 베이스 방법이나 시계열 분석에 이르기까지 통계의 모든 영역에서 활용될 수 있다. (b) 시뮬레이션이 학생들의 이해를 촉진한다는 전반적인 합의가 있다. 이상의 연구 결과에도 불구하고 시뮬레이션을 활용한 학생들의 이해를 분석한 연구가 거의 없다.

Zimmerman & Jones(2002; Zimmerman, 2002)는 확률 시뮬레이션을 활용하여 복합 실험 활동을 진행하는 고등학생 9명의 사고과정과 신념을 탐구하였다. 연구자들은 Yates, Moore, & McCabe(1999)가 규정한 시뮬레이션 단계를 학생들이 어떻게 지각하는지 분석하였다. (a) 모델과 관련하여 문제와 전제를 기술하기, (b) 무작위 실험에서 생성되는 무작위 변수(random digit)를 모델의 여러 가지 결과에 할당하기, (c) 문제에 주어진 조건에 맞게 시행을 정의하기, (d) 도수의 안정성을 보증할 수 있을 만큼 충분히 시행을 반복하기, (e) 시뮬레이션을 통해 얻은 자료(data)를 활용하여 실험적 확률을 추정하기.

Zimmerman & Jones(2002; Zimmerman, 2002)에서 학생들이 얻게 된 신념은 다음과 같은데, 이는 시뮬레이션에 대한 정상적인 사고 발달과 관련된다: 시뮬레이션 모델에 내재된 전제가 충족되어야 함을 인식(4명), 시뮬레이션의 확률 생성자가 실제 문제 상황으로 주어진 사건의 확률을 반영하여야 함을 이해(모든 학생들), 시행의 횟수가 충분히 크면 실험적 확률이 이론적 확률에 가까워진다는 사실에 대한 확신(6명). 그러나 학생들 중 일부는 실제 문제를 모델링하는데 시뮬레이션을 활용할 수 없다는 잘못된 신념을 지니고 있었으며, 대표성 판단 전략에 기초하여 확률을 결정하거나 구하고자 하는 사건이 항상 첫 번째 시행에서 일어나야 한다고 생각하였다. 또한 복합 실험에 대한 이해의 한계로 인해 새로운 이차원 문제를 시뮬레이션으로 모델링하는데 어려움을 겪었다.

Coutinho(2001)는 그르노블(Grenoble)에 사는 14~16세 중학생 58명을 대상으로 시뮬레이션을 활용하는 교수 실험을 실시하여 각 단계의 특징을 분석하였다. 학생들에게 베르누이의 항아리(2가지 색깔의 공이 $p$ 대 $1-p$의 비율로 들어 있는 항아리)를 다룰 수 있는 소프트웨어 도구를 제공한 다음 주어진 확률 문제를 시뮬레이션하는데 필요한 $p$ 값을 적절히 고르도록 하였다. 소프트웨어는 원하는 횟수만큼 표집을 반복하는 기능, 시행 결과의 상대도수를 계산하고 이를 기록하는 기능 등을 지니고 있었다. 시뮬레이션 활동을 통해 학생들이 확률을 재미있게 학습한 것처럼 보였지만 다음과 같은 어려움도 있었다.

- 익숙하지 않은 소프트웨어를 사용함으로써 시뮬레이션이 필요 이상으로 복잡해졌다.
- 자신이 실행하지 않은 시뮬레이션(예, 다른 친구에 의해 실행된 시뮬레이션)을 통해 얻은 자료(data)를 거부하였다.
- 경험적인 추정 값과 이론적인 확률 값을 구별하는데 어려움을 겪었다.

## 10 교수학적 함의

앞서 논의한 바에 따르면 고등학생들에게조차도 확률을 지도하는 것이 쉽지 않으며, 확률과 관련된 여러 가지 장애가 고등학교와 대학교 수준까지 지속적으로 나타난다. Fischbein(1990)에 따르면 확률 지도에서 연습만을 강조하는 것으로는 확률과 관련된 개념적 구조를 다루고 문제해결 도구로서 확률을 경험하게 하는데 한계가 있기 때문에 확률 교수-학습에는 어려움이 뒤따른다. 학생들은 추론 과정을 경험할 필요가 있으며 의미있는 체계로 구성된 적절한 직관을 발달시켜야 한다. 확률에 대한 다양한 모델과 이러한 모델이 적용되는 상황을 제시해야 하기 때문에 확률을 가르치는 것은 쉽지 않다. 자료로부터 어떻게 정보를 얻었으며, 어떤 모델이 왜 적합한지와 같은 심오한 질문을 제기함으로써 보다 깊게 사고할 수 있도록 하여야 한다. 또한 무작위성이나 인과성 같이 논란이 있는 아이디어를 지속적으로 다루어야 한다.

Garfield(1995)에 따르면 학생들은 새로운 지식을 배울 때 자신들이 사실이라고 생각하는 바를 새로운 정보와 연결시킴으로써 의미를 구성하기 때문에 효과적인 교육은 학생들의 사전 지식에 기초하여 진행하여야 한다. Sáenz(1998)는 14~15세 스페인 학생들을 두 집단으로 나누어 확률 오개념을 비교하기 위한 검사를 수행하였는데, 이 연구에서도 Garfield(1995)와 비슷한 결과가 드러났다. 실험군에 속한 학생들은 자신들의 확률 오개념을 구체적으로 경험할 수 있는 활동을 통해 개념적 변화를 가져올 수 있도록 설계된 수업에 참여하였다. 이와 달리, 대조군에 속한 학생들은 전통적인 지도 방식에 따라 진행된 수업을 받았다. Sáenz(1998)에 따르면 실험군에 속한 학생들이 오개념 검사에서 높은 점수를 받았으며 반직관적인 문제에 옳은 답을 제시하는 비율도 높아졌다.

교사들은 학생들의 사고를 평가하거나 학생들이 다소 잘못하였더라도 자신의 추측과 직관을 표현할 기회를 제공하는 수업 상황을 설계하기 위해 이 책에서 제시되지 않은 다른 문제를 활용할 수도 있다. 그러나 학생들의 부적절한 직관을 교정하고 무작위 상황을 구체화하는데 실험과 시뮬레이션이 무엇보다 중요한 역할을 한다. 또한 고등학생들은 확률 문제를 해결할 때 조합적 사고와 확률 계산을 통해 자신들의 해결 전략을 정당화할 필요가 있다. 이상과 같은 방법을 통해서만이 학생들은 확률에 대한 주관적·고전적·빈도적 관점의 상호보완적인 본성을 이해할 수 있다.

결과적으로 정보통신 테크놀로지를 활용함으로써 확률 교육을 신속하게 변화시킬 수 있음에 주목할 필요가 있다. 엄청나게 많은 양의 다양한 정보를 쉽게 얻을 수 있으며 전문가용이나 교육용 통계 소프트웨어를 활용할 수 있게 됨에 따라 이러한 변화를 구체적으로 실현할 수 있다.

첫째, 실제 자료를 다룸으로써 학생들은 경험적인 현상과 확률 모델 사이의 차이를 인식할 수 있다. 순수한 우연게임뿐만 아니라 실제적인 다양한 현상을 설명하고 예측하며 통제하는데 확률 모델이 지닌 유용성을 이해할 수 있다. 실제 자료를 다루어봄으로써 균등분포뿐만 아니라 다양한 확률분포의 필요성을 느낄 수 있다. 또한 이러한 경험을 통해 학생들은 수학적인 가설과 실제적인 가설사이의 관계를 이해할 수 있으며, 특정한 확률 모델이 어떤 자료 집합에 적합한지 결정할 때 드러나는 한계도 인식할 수 있다.

둘째, 이러한 실제 자료를 그래픽 기능이 내장된 간편한 소프트웨어로 탐색하고 **변형**(transnumeration, 이해를 돕기 위한 자료 변환, Wild & Pfannkuch, 1999)하게 함으로써 학생들의 문제해결 능력을 신장시킬 수 있다. 또한 구체적인 확률적 개념과 절차를 탐색할 수 있도록 설계된 인터넷 애플릿과 다양한 시뮬레이션 소프트웨어를 활용하여 교사들은 확률 실험이 가능한 마이크로월드 환경을 구성할 수 있으며, 이를 통해 학생들이 시뮬레이션 결과와 자신들의 사전 지식을 비교하도록 하여 이 장에서 살펴본 다양한 오개념을 극복하도록 도울 수 있다.

## 참고문헌


Batanero, C., Estepa, A., Godino, J. D. & Green, D. R. (1996) Intuitive strategies and preconceptions about association in contingency tables. *Journal for Research in Mathematics Education, 27*, 151-169.

Batanero, C., Godino, J. D., & Navarro-Pelayo, V. (1997). Effect of the implicit combinatorial model on combinatorial reasoning in secondary school pupils. *Educational Studies in Mathematics, 32*, 181-199.

Batanero, C., & Serrano, L. (1999). The meaning of randomness for secondary students. *Journal for Research in Mathematics Education, 30*, 558-567.

Batanero, C., Serrano, L., & Garfield, J. B. (1996). Heuristics and biases in secondary school students' reasoning about probability. In L. Puig & A. Gutierrez (Eds.), *Proceedings of the 20th conference of the International Group for the Psychology of Mathematics Education* (Vol. 2, pp. 51-58). Valencia, Spain: University of Valencia.

Batanero, C., Tauber, L., & Sanchez, L. (2004). Students' reasoning about the normal distribution. In D. Ben-Zvi & J. Garfield (Eds.), *The Challenge of developing statistical literacy, reasoning and thinking* (pp. 257-276). Dordrecht, The Netherlands: Kluwer.

Bar-Hillel, M., & Falk, R. (1982) Some teasers concerning conditional probabilities. *Cognition, 11*, 109-122.

Borovcnik, M., & Peard, R. (1996). Probability. In A. J. Bishop, K. Clements, C. Keitel, J. Kilpatrick, & C. Laborde (Eds.), *International handbook in mathematics education* (Part 1, pp. 239-288). Dordrecht, The Netherlands: Kluwer.

Chapman, L. J., & Chapman, J. P. (1969). Illusory correlation as an obstacle to the use of valid psycho diagnostic signs. *Journal of Abnormal Psychology, 74*, 271-280.

Coutinho, C. (2001). *Introduction aux situations aleatoires dés le Collége: de la modeélisation à la simulation d'expériences de Bernoulli dans Ienvironment informatique Cabri-géomètre-II.* [Introduction to random situations in high school: From modeling to simulation of Bernoulli experiences with Cabri-géomètre-II]. Unpublished Doctoral Dissertation, University of Grénoble, France.

Dubois, J. G. (1984). Une systematique des configurations combinatoires simples [A system of simple combinatorial configurations]. Educational Studies in Mathematics, 15, 37-57.

Falk, R. (1979). Revision of probability and the time axis. In *Proceedings of the third International Conference for the Psychology of Mathematics Education* (pp. 64-66). Warwick, U K: Organising Committee.

Falk, R. (1989). Inference under uncertainty via conditional probabilities. In R. Morris (Ed.), *Studies in mathematics education: The teaching of statistics* (Vol. 7, pp. 175-184). Paris: UNESCO

Feller, W. (1968). *An introduction to probability theory and its applications* (Vol. 1). New York: Wiley.

Fischbein, E. (1975). *The intuitive sources of probabilistic thinking in children.* Dordrecht, The Netherlands: Kluwer.

Fischbein, E. (1990). Training teachers to teach statistics. In A. Hawkins (Ed.), *Training teachers to teach statistics* (pp. 48-57). Voorburg: International Statistical Institute.

Fischbein, E. & Gazit, A. (1988). The combinatorial solving capacity in children and adolescents. *Zentralblatt fur Didaktik de Mathematik, 5*, 193-198.

Fischbein, E., & Grossman, A. (1997). Schemata and intuitions in combinatorial reasoning. *Educational Studies in Mathematics, 34*, 27-47.

Fischbein, E., Nello, M. S., & Marino, M. S. (1991). Factors affecting probabilistic judgments in children in adolescence. *Educational Studies in Mathematics, 22*, 523-549.

Freudenthal, H. (1973). *Mathematics as an educational task.* Dordrecht, The Netherlands: Reidel.

Garfield, J. B. (1995). How students learn statistics. *International Statistical Review, 63*(1), 23-54.

Girard, J. C. (1997). Modelisation, simulation et experience aleatoire [Modelling, simulation and random experience]. In *Enseigner les probabilités au lycée* (pp. 73-76). Reims: Commission Inter-IREM Statistique et probabilités.

Gras, R., & Totohasina, A. (1995). Chronologie et causalité, conceptions sources d'obstacles épistémologiques à la notion de probabilité conditionnelle [Chronology and causality, conceptions sources of epistemological obstacles in the notion of conditional probability]. *Recherches en Didactique des Mathématiques, 75*(1), 49-95.

Green, D. R. (1983). A survey of probability concepts in 3,000 pupils aged 11-16 years. In D. R. Grey, P. Holmes, & G. M. Constable (Eds.), *Proceedings of the First International Conference on Teaching of Statistics* (pp. 766-783). Sheffield, UK: Teaching Statistics Trust.

Green, D. R. (1989). Schools students' understanding of randomness. In R. Morris (Ed.), *Studies in mathematics education: The teaching of statistics* (Vol. 7, pp. 27-39). Paris: UNESCO.

Heitele, D. (1975). An epistemological view on fundamental stochastic ideas. *Educational Studies in Mathematics, 6*, 187-205.

Hirsch, L. & O'Donnell, A. (2001). Representativeness in statistical reasoning: Identifying and assessing misconceptions. *Journal of Statistics Education 9*(2). [Online: www.amstat.org/publicaions/jse/v9n2]

Huck, S., Cross, T. L., & Clark, S. B. (1986). Overcoming misconceptions about z-scores. *Teaching Statistics, 8*(2), 38-40.

Inhelder, B., & Piaget, J. (1955). *De la logique de l'enfant a la logique de l'adolescent* [The growth of logical thinking from childhood to adolescence]. Paris: Presses Universitaries de France.

Jenkins, H. M., & Ward, W. C. (1965). Judgment of contingency between responses and outcomes. *Psychological Monographs, 79*, 1-17.

Kahneman, D., Slovic, P., & Tversky, A. (1982). *Judgment under uncertainty: Heuristics and biases*. Cambridge: Cambridge University.

Konold, C. (1989). Informal conceptions of probability. *Cognition and intruction, 6*, 59-98.

Konold, C. (1991). Understanding students' beliefs about probability. In E. Von Glasersfeld (Ed.), *Radical constructivism in mathematics education* (pp. 139-156). Dordrecht, The Netherlands: Kluwer.

Lecoutre M. P. (1992). Cognitive models and problem spaces in "purely random" situations. *Educational Studies in Mathematics, 23*, 557-568.

Lecoutre, M. P., & Durand, J. L. (1988). Jugements probabilistes et modeles cognitifs: etude d'une situation aleatoire [Probabilistic judgments and cognitive models: Study of a random situation]. *Educational Studies in Mathematics, 19*, 357-368.

Lecoutre M. P., & Fischbein E. (1998). Evolution avec l'age de "misconceptions" dans les intuitions probabilistes en France et en Israël [Evolution with age of probabilistic intuitions in France and Israel]. Recherches en Didactique des Mathematiques, 18, 311-332.

Lipson, K. (1994). Understanding the role of computer based technology in developing fundamental concepts of statistical inference. In *Proceedings of the Fourth International Conference on Teaching Statistics* (Vol. 1, pp. 65-72). Marrakech, Morocco: The National Institute of Statistics and Applied Economics.

Lipson, K. (1997). What do students gain from computer simulation exercises? In J. B. Garfield & G. Burrill (Eds.), *Research on the role of technology in teaching and learning statistics* (pp. 137-150). Voorburg: International Statistical Institute.

Lipson, K. (2002). Students' understanding of variability in a probability environment. In B. Phillips (Ed.), *Proceedings of the Sixth International Conference on Teaching Statistics*. CapeTown, South Africa [CD-ROM]. Voorburg, The Netherlands: International Statistical Institute.

Mills, J. (2002), Using computer simulation methods to teach statistics: A review of the literature, *Journal of Statistics Education 10*(1). [Online: http://www.amstat.org/publications/jse/vl0n1/mills.html].

National Council of Teachers of Mathematics. (2000). *Principles and standards for school mathematics*. Reston, VA; Author.

Piaget, J. & Inhelder, B. (1951), *La genèse de l'idée de hasard chez l'enfant* [The idea of chance in children]. Paris: Presses Universitaires de France.

Rubin, A., Bruce, B., & Tenney, Y. (1991). Learning about sampling: Trouble at the core of statistics. In D. Vere-Jones (Ed.), *Proceedings of the Third International Conference on Teaching Statistics* (pp. 314-319). Voorburg: International Statistical Institute.

Saenz, C. (1998). Teaching probability for conceptual change. *Educational Studies in Mathematics, 35*: 233-254.

Sanchez, E., & Hernandez, R. (2003). Variables de tarea en problemas asociados a la regla del producto en probabilidad [Task variables in product rule problems in probability]. In E. Filloy (Coord.), *Matemática educativa, aspectos de la investigación actual* (pp. 295-313). Mexico: Fondo de Cultura Económica.

Shaughnessy, J. M. (1983). Misconceptions of probability, systematic and otherwise: Teaching probability and statistics so as to overcome some misconceptions. In D. R. Grey, P. Holmes, V. Barnett, & G. M. Constable (Eds.), *Proceedings of the First International Conference on Teaching Statistics* (pp. 784-801). Sheffield, UK: Teaching Statistics Trust.

Shaughnessy, J. M. (1992). Research in probability and statistics. In D. A. Grouws (Ed.), *Handbook of research on mathematics teaching and learning* (pp. 465-494). New York: Macmillan.

Shaughnessy, J. M., & Ciancetta, M. (2002). Students' understanding of variability in a probability environment. In B. Phillips (Ed.), *Proceedings of the Sixth International Conference on the Teaching of Statistics*, CapeTown, South Africa [CD-ROM]. Voorburg, The Netherlands: International Statistical Institute.

Shin, K. (1996). *Statgraphics Guide for Windows and DOS: Irwin statistical software series* (Vol. 4). Columbus, OH: Irwin/McGraw-Hill.

Tarr, J. E., & Jones, G. A. (1997). A framework for assessing middle school students' thinking in conditional probability and independence. *Mathematics Education Research Journal, 9*, 39-59.

Toohey, P. G. (1995). *Adolescent perceptions of the concept of randomness*. Unpublished master's thesis, University of Waikato, New Zealand.

Watson, J. M. & Moritz, J. (2000). Developing concepts of sampling. *Journal for Research in Mathematics Education, 31*, 44-70.

Well, A.D., Pollatsek, A., & Boyce, S. J. (1990). Understanding the effects of the sample size on the variability of the means. *Organizational Behavior and Human Decision Processes, 47*, 289-312.

Wild, C., & Pfannkuch, M. (1999). Statistical thinking in empirical enquiry (with discussion). *International Statistical Review, 67*(3), 223-265.

Yates, D., Moore, D., & McCabe, G. (1999). *The practice of statistics*. New York: Freeman.

Zimmerman, G. M. (2002). *Students reasoning about probability simulation during instruction*. Unpublished doctoral dissertation, Illimois State University, Normal.

Zimmerman, G. M., & Jones, G. A. (2002). Probability simulation. What meaning does it have for high school students? *Canadian Journal of Science, Mathematics and Technology, 2*, 221-236.

11장

# 학생들이 확률과 통계적 추론을 연결시킬 수 있도록 어떻게 도울까?

MAXINE PFANNKUCH

과거에 통계 수업의 방향을 규정한 연역적 논리에 따르면 확률은 통계의 기초이다. 확률은 수집된 자료의 변이성을 설명하는 가능성의 모델을 제공한다. 그러나 이해의 개발이라는 측면에서 보면 통계가 확률의 기초이다. 자료의 변이성은 곧바로 인식될 수 있지만, 가능성에 대한 모델은 그 모델을 스스로 구성한 경우에만 제대로 이해될 수 있다. (Cobb & Moore, 1997, p. 820)

## 01 도입

삶은 예측불가능하고 우연한 사건으로 가득 차 있는 것처럼 보인다. 키 큰 사람은 몸무게가 더 나가고 젊은이는 자동차 사고를 좀더 많이 내며, 주식 배당금이 연 3%정도 되는 것은 누구나 알 수 있다. 자료에 근거하여 결론을 끌어내는 추론은 대중매체에서도 얼마든지 볼 수 있다. 매일 접하게 되는 대중매체의 기사는 설문조사, 관찰연구, 실험연구의 결과이다. 투표자 58%가 정부 정책을 지지하고, 11세 아동의 몸무게가 점점 늘어나고 있으며, 관절경 수술(arthroscopic knee surgery)은 별 효과가 없다. 이와 같은 예는 각각 다음과 같은 통계적 요소에 기초한다: 18세 이상의 성인 1,000명으로 구성된 무작위 표본으로 오차의 한계는 3.2%, 1985년과 2000년에 각각 11세 아동으로 구성된 표본을 선택하여 이들 표본의 몸무게를 비교한 연구, 가짜 수술과 진짜 수술을 환자군 표본에 무작위로 할당한 비교 연구. 이러한 연구에서는 **통계적** 추론을 사용하는데, 이를 통해 표본에 의해 얻은 자료에 기초하여 모집단의 특징을 기술한다. 자료에 기반한 추론은 일상생활에서 늘 행해지는 일이지만 이러한 사고 유형이 나타난 이유와 방법에 대해서는 약 350년 동안 수수께끼로 남아 있었다(Davis & Hersh, 1986).

1660년경 확률과 통계는 각각 서로 다른 분야로 발생하였다. 확률적 사고는 우연게임에서 시작되었다(12장 참조). 통계적 사고는 1662년에 런던의 인구를 추정하는 것과 같이 자료로부터 추론을 이끌어내기 위하여 공식적인 통계 값을 사용한 그랜트(John Graunt)의 사례로 거슬러 올라간다. 이처럼 아주 다른 배경에서 출발한 두 분야가 연결되는데 250년이 걸렸다. 항아리에 들어 있는 공문제를 실생활 문제와 관련시키는데 겪었던 어려움과, 여러 가지 다양한 원인이 작용하는 실생활 문제의 결과도 예측할 수 있다는 강력한 신념은 확률적 아이디어를 경험적 자료 분석과 통합하는데 장애물이 되었다. 천문학자들은 측정값의 산술평균보다는 측정값에서 드러나는 오차에 주목함으로써 주요한 개념적 진보를 가져왔다. 이러한 인식을 통해 천문학과 측지학(geodesy)에서 측정 오차에 대한 정규분포와 같은 확률분포가 활용되기 시작하였다. Lightner(1991, p. 628)는 "확률로부터 비롯되는 많은 개념이 통계와 분리될 수 없으며, 통계학자들이 수집한 자료로부터 어떤 성질을 추론하기 위해서는 확률 모델을 고려해야 하기" 때문에 앞서 살펴본 천문학자들의 인식을 과도기적 단계라고 설명하였다. 그러나 사람의 신장처럼 사회적 자료에 존재하는 변이를 천문학자들의 오차곡선에 비추어 분포로 재개념화하는 것은 19세기 말이 되어서야 가능하였다. 20세기 전반에 이르러 확률론에 기초한 통계적 추론이 하나의 학문 분야로 정돈되었다.

수학적인 확률 모델이 어떤 그룹(예, 인간 그룹)의 특징을 예측하는 모델로 사용될 수 있다는 생각은 현실을 바라보는 비결정론적 사고에 변화를 가져왔다. 자료로부터 추론을 끌어내는데 확률 모델을 이용하는 것과 관련하여 극복할 필요가 있는 거대한 개념적 장애가 오랫동안 존재하였다. 그러므로 추론적 논증(inferential reasoning)을 지도하는데 수반되는 어려움을 과소평가해서는 안 된다.

학생들의 형식적이거나 비형식적인 추론적 논증을 분석한 연구에 따르면, 확률과 통계적 추론을 적절히 연결시키도록 지도하는 것은 쉽지 않은 일이다. 통계적 자료 분석을 이론적 확률 분포 및 그 모델이 기반하는 전제와 통합하도록 지도하는 것은 확률 교육의 실제적인 난제 중 하나이다.

Biehler(2001)는 학생들의 사고가 형식적 추론으로 나아가도록 하는데 4단계 발달 과정이 있다고 하면서, 상자그림 2개를 비교하는 맥락에서 전문가들이 하는 활동을 예로 들어 각 단계를 설명하였다. 비교한 것을 정교하게 조정하기(EDA* 전문가), 다

■

**역자 주** 탐색적 자료 분석(exploratory data analysis)

양한 변수를 도입하여 맥락을 확대하고 탐색하기(주제 탐구자), 일반화하기(핵심 이론 개발자), 그룹에서 나타난 차이가 "우연에서 기인한 것인가?"와 같은 질문을 제기함으로써 우연에 대해 비평하기(추론 통계학자). 이상과 같은 4단계 발달 과정이 어떻든 간에 학생들의 추론적 논증을 개발하기 위해서는 교수학적 틀을 마련할 필요가 있다. 이러한 교수학적 틀을 통해 교사들은 교육과정에 기술된 통계적 추론과 논증 과정에 대한 목표를 전반적으로 이해할 수 있다. 비형식적 추론의 복잡성에 주목하여 형식적 추론을 지도하기 위한 전략을 숙고하지 않는다면, 학생 대부분은 통계적이면서 확률적인 추론적 논증을 진행할 수 없게 될 것이다.

이 장에서는 우선 상자그림을 비교할 때 학생들이 드러내는 비형식적 추론을 분석한 사례연구를 통해 학생들을 형식적 추론으로 이끌 가능성이 있는 경로를 모색한다. 그 다음으로는 형식적 추론으로 나아가도록 학생들을 어떻게 도울 수 있을지 알아보고, 마지막으로 학생들이 형식적 추론을 진행할 수 있도록 돕는 2가지 전략으로 이론적 방법과 시뮬레이션 방법에 대해 논의한다.

## 02 비형식적 추론

자료에서 드러나는 패턴이 실제적인지 무작위적인지를 알아보는 확정적이면서도 형식적인 추론 방법을 배우기 전에 학생들은 보통 비형식적 추론이 작용하는 상황에 마주치게 된다. 자료 집합을 비교하기 위해 학생들이 사용하는 비형식적 추론을 분석한 연구는 비교적 최근에 시작되었다. Biehler(1997)는 12학년 학생들이 다변수 자료를 다루는 활동을 촬영한 동영상과 이를 전사한 내용을 분석하였다. Biehler(1997)는 통계 전문가가 자료를 취급하는 방법에 비추어 자료 분석 지도와 관련된 여러 가지 문제점을 지적하였다. 이 연구에 따르면 특히 상자그림을 비교할 때, 다양한 패턴을 보이거나 서로 다른 결론을 나타내는 중앙값, 범위, 사분위 범위를 접하게 되면 심지어 전문가라도 결론을 이끌어내는데 상당한 어려움을 겪는다. 또한 Biehler(1997)는 그래프를 말로 설명하거나 해석하는 활동에서 나타나는 어려움을 분석하였는데, 이러한 활동에서 교사와 학생 모두가 부적절한 언어를 사용하고 있다고 기술하였다.

Konold, Pollatsek, Well, & Gagnon(1997, p. 165)은 Biehler(1997)에 참여한 12학년 학생을 연구대상으로 삼아 이 학생들이 "각각의 사례나 동일한 사례 모임에서 드러나는 성질을 파악하고 이를 비교하는 사고는 할 수 있지만 집단 전체의 여러 가지 성질을 파악하여 이를 비교하는 사고로 전환"하는데 어려움이 있다는 가설을 세웠다.

이 연구에서는 자료의 전체적인 경향을 보려는 습관이 필요하다고 주장하였지만, 이러한 사고를 개발하는 방안에 대해서는 설명하지 않았다. 그러나 McClain, Cobb, & Gravemeijer(2000)는 자료가 어떻게 분포하는지 논증하는 것을 학습 목표로 하는 교수 실험을 통해 자료 집합 전체의 경향에 대해 설명하는 7학년 학생들의 능력을 개발할 수 있었다고 하였다. 예를 들어 이 학생들은 처치 X를 받은 사람들의 75%가 처치 Y를 받은 사람들의 75%보다 더 나아졌으므로 처치 X가 권장되어야 한다고 논증하였다. 이 수준에서는 표본의 크기 및 표집 변이(sampling variability)와 같이 논증에서 주요한 논점이 되는 사항에 대해서는 논의가 이루어지지 않았다. Watson(2001)에 따르면 자료로부터 추론을 이끌어낼 때 표본의 크기를 고려하는 능력은 보다 높은 수준의 능력에 해당한다.

Konold & Pollatsek(2002)에 따르면 처음 통계를 지도할 때는 비형식적인 자료 분석에 초점을 맞추어야 하며, 자료를 수집하여 탐구하는 이유와 자료로부터 배울 수 있는 것은 무엇인지에 주목하여야 한다. 자료 분석과 관련된 이러한 탐색적 접근의 아이디어는 Pfannkuch, Rubick, & Yoon(2002)의 연구 결과와도 일치한다. Pfannkuch, Rubick, & Yoon(2002)는 학생들이 가설 생성자, 발견자, 증거제공자의 역할을 염두에 두면서 자료 분석에 착수하여야 한다고 주장하였다. 다시 말하면 통계적인 탐색적 자료 분석은 확률과 완전히 분리되어 진행되는데, 전체적인 경향을 설명하기 위해 변이성을 비형식적으로 수량화하는 활동이나 구체적인 표본 분포의 흩어진 정도를 다른 분포와 비교하는 활동을 통해 진행된다. Shaughnessy(2003)에 따르면 확률 교육은 이러한 통계적인 접근과 항상 연결되어야 한다. Shaughnessy(2003)는 확률 눈제에서 시작하여 자료의 수집으로 나아가야 한다는 선행 연구의 주장이 실은 반대 방향이 되어야 한다고 지적하면서, "통계가 확률적인 질문을 유도하여야 한다"(p. 223)고 주장하였다.

### 사례연구

10학년(15세) 학생들의 비형식적 추론에 대한 사례연구를 통해 학생들이 형식적 추론으로 나아가는 방법과 이유를 제안된 틀에 비추어 설명하고자 한다.

#### ■배경

2002년 뉴질랜드에서는 10학년 학생들을 대상으로 한 평가에 대해 새로운 시도가 있었다. 수학 교육과정이 마무리되는 시점에 최종적으로 1번 시행되는 외부 시험을, 교육과정의 $\frac{1}{3}$이 지난 다음 외부 기준에 따라 시행되는 내부 시험과 나머지 $\frac{2}{3}$가 지난 다음에 시행되는 외부 시험으로 바꾸었다(New Zealand Qualifications Authority, 2001). 내부 시험으로 평가되는 통계에서는 학생들에게 탐색할 자료 집합을 제공하였다. 주로 그래프를 읽고 해석하고, 중심경향 측정값을 구하도록 했던 예전의 외부 평가와 비교하면, 이 새로운 내부 평가에서 10학년 학생들에게 요구하는 통계적 사고 수준은 교사나 학생들에게 상당한 도전이 되었다. 사례연구는 이러한 배경에서 진행되었다.

■ 연구방법

Gravemeijer(1998)와 Skovsmose & Borba(2000)의 아이디어에 따라 이 연구에서는 개발 연구(developmental research) 방법론을 사용하였다(Pfannkuch & Horring, 2004). 연구대상 학교의 학생들은 저소득층에 속하고 문화적으로 다양한 배경을 지니고 있었으며, 교사들은 통계 수업을 개선하는데 관심이 많았다. 연구자들은 교사들을 대상으로 통계적 사고의 본질에 대한 워크숍을 진행하였다(Wild & Pfannkuch, 1999). 워크숍을 마친 다음, 사례연구에 참여하기로 한 교사와 그 외 다른 교사들을 대상으로 통계 수업의 문제점을 구체화하는 면담을 실시하였다(Pfannkuch & Wild, 2003). 면담을 진행한 이후에 교사들에게 4주 동안 지도할 통계 수업의 계획을 작성하도록 하였다. 10학년을 담당하는 모든 교사들이 이러한 계획에 따라 실제로 수업을 진행하였지만 연구 자료는 주로 사례연구에 참여하기로 한 교사들로부터 수집하였다. 수집된 자료는 15차시 수업 동영상, 학생들의 활동지, 평가 과제에 대한 학생들의 반응 결과, 학생 대상 설문조사 결과, 매주 실시한 교사들의 수업 반성에 대한 동영상 등이다. 설문조사 문항에 대한 학생들의 반응뿐만 아니라 교사와 연구자들이 관찰한 바를 통해 학생들의 비형식적 추론을 구체화하였다. 평가 과제로부터 얻은 학생들의 반응은 학생들이 자료로부터 어떻게 추론을 얻어내는지에 주목하여 분석하였다. 이 분석 결과를 토대로 통계학자 5명으로 구성된 자문단은 수업 개선을 위한 방안에 대하여 논의하였다.

■ 평가 과제

네이피어(Napier)와 웰링턴(Wellington)의 여름 최고 온도에 대한 자료를 표로 정리하여 학생들에게 제시하였는데 이 두 자료는 독립적인 2개의 표본인 것처럼 보이도록 하였다. 보다 정교한 수준에서는 순서쌍을 고려하는 분석도 진행하였다. 두 도시 중 어디에서 여름휴가를 보내는 것이 좋을지 결정하는 것과 관련된 논의가 학생들 사이에서 진행되도록 하였다. 학생들에게 질문(예, 여름에는 어느 도시의 최고 온도가 더

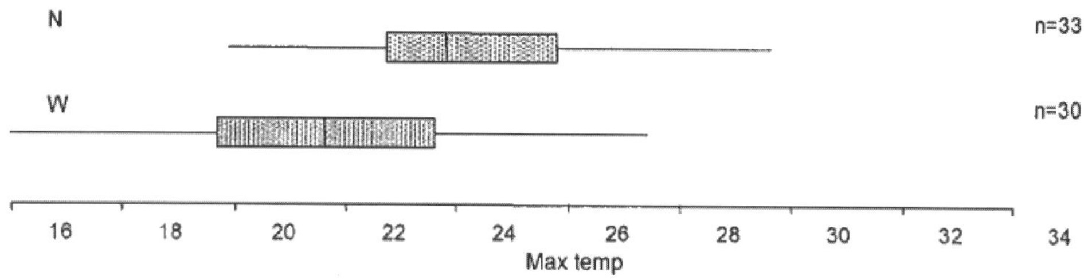


그림 1. 네이피어(N)와 웰링턴(W)의 여름 최고 온도 비교

높은가?)을 제기하고, 자료를 분석하여 결론을 유도하도록 한 다음, 3가지 이유를 들어 결론을 정당화하도록 하였으며, 마지막에는 자신들의 통계적 문제해결 과정을 평가하도록 하였다. 모든 학생들이 요약 통계 값 5개를 구하여 자료를 분석하는 방법을 택하였으며 손으로 상자그림을 그렸다. 그림 1은 공학도구를 사용하여 그린 상자그림이다. 10학년 학생들은 극단적인 값을 해석하는 방법을 배우지 않았기 때문에 수염부분은 관찰된 최저 값과 최고 값을 기초로 그린 것임에 주목할 필요가 있다.

■ 결과

평가 과제에 대한 학생들의 응답은 SOLO 분류(Biggs & Collis, 1982)의 위계적 성취수준에 따라 분석하였다. 자신들이 내린 결론을 정당화하기 위해 학생들이 제시한 3가지 이유를 분석하여 학생들의 응답을 4가지 범주, 즉 동치인 요약 통계 값에 의한 비교, 동치가 아닌 요약 통계 값에 의한 비교, 변이성 비교, 분포 비교로 분류하였다. 이러한 범주에 비추어 SOLO 분류에 따라 학생들의 반응 위계를 구체화하였으며, 질적으로 기술하였다. **무응답**; **전구조적**(prestructural) – 무관한 정보, **단일구조적**(unistructural) – 전혀 구별되지 않으면서 다소 관련 있는 정보, **다중구조적**(multistructural) – 약간 구별되면서 다소 관련 있는 정보, **관계적**(relational) – 질문과 밀접하게 관련이 있으며 정확하게 구별되는 정보. 각각의 범주와 범주 내의 수준에 대해 질적인 해석 틀을 작성한 다음, 연구자와 다른 연구자 1명이 학생들의 모든 응답을 개별적으로 코드화하였으며, 합의를 통해 최종적으로 코드화한 결과를 도출하였다. 학생들의 세부 응답은 표 1과 같으며, 응답의 예는 그림 2와 같다.

학생들이 결론으로 제시한 응답에는 온도를 비교하는데 필요한 언어를 전혀 사용하지 않은 경우부터 통계적인 비교로 볼 수 있는 경우까지 다양하였다. 결론을 정당화한 학생들의 진술을 분석한 바에 따르면, 학생들은 전혀 구별되지 않는 방식으로 상자그림의 특징을 비교한 것으로 드러났다(단일구조적 반응). 학생들은 자신들의 분석이 어

| | 결론 | 동치인 통계 값으로 비교 | 동치가 아닌 통계 값으로 비교 | 변이성 비교 | 분포 비교 |
|---|---|---|---|---|---|
| 무응답 | 2 | 3 | 12 | 9 | 21 |
| 전구조적 | 0 | 2 | 3 | 1 | 0 |
| 단일구조적 | 11 | 8 | 7 | 15 | 9 |
| 다중구조적 | 11 | 7 | 4 | 5 | 0 |
| 관계적 | 6 | 10 | 4 | 0 | 0 |
| 학생 수 | 30 | 30 | 30 | 30 | 30 |

**표 1. 상자그림 비교에서 드러난 학생들의 응답에 대한 세부 내용**

떻게 결론을 지지하는지 설명하려고 하지 않았으나 질문에는 관련 있는 응답을 하였다(관계적 반응).

학생들의 반응 중에는 동치인 요약 통계 값으로 비교하거나(27/30) 질문과 별로 관련이 없는 범위(range)를 언급하면서 변이성을 비교하는 경우(전구조적이거나 단일구조적 반응으로 분류된 16/30)가 가장 많았다. 학생 18명은 동치가 아닌 요약 통계 값을 활용하여 상자그림을 비교하려고 시도하였다(그림 2). 변이성과 관련하여 중앙값의 차이를 비교한 응답(예, 네이피어와 웰링턴의 최고 온도에서 드러나는 변이성을 비교하는 것과 관련하여 중앙값의 차는 상당히 큰 것이라고 볼 수 있는가, 아니면 꽤 작다고 볼 수 있는가?)은 없었으며 분포의 모양을 비교하려는 시도도 전혀 없었다.

녹화된 동영상과 학생들의 활동지를 분석한 결과에 따르면 학생들은 단순히 자료의 특징을 비교하는 것만을 학습한 것으로 보였다. 예를 들어, 교사는 수업에서 다룬 예를 통해서 남학생과 여학생의 시험 점수에서 같은 것은 무엇이고 다른 것은 무엇인가?"와 같은 질문만을 제기하였다. "이러한 질문에 의해 "남학생 자료의 사분위수 범위(IQR)가 여학생 자료의 사분위수 범위보다 작으므로 덜 흩어져 있다"와 같이 표본분포의 특징만을 비교하는 활동이 진행되었다.

평가 과제의 마지막 부분에서 학생들에게 문장 3개로 자신들의 통계적 문제해결 과정을 평가하도록 하였다. 학생 20명은 결론을 내리기 위해서 보다 많은 자료가 주어져야 한다고 말하였다. 그러나 학생 13명은 다음과 같이 전형적인 설명을 하였다.

우선 웰링턴의 온도 자료는 30개인데, 네이피어의 온도 자료는 33개이다. 이는 네이피어의

**결론**
- 네이피어에서 최고온도가 나타난다(단일구조적).
- 네이피어는 웰링턴보다 따뜻하다(다중구조적).
- 네이피어는 웰링턴보다 따뜻한 경향이 있다(관계적).

**동치인 요약 통계 값으로 비교**
- 사분위수 범위를 제외하면 네이피어의 통계 값이 웰링턴보다 높다(단일구조적).
- 네이피어의 중앙값이 웰링턴보다 높다. 네이피어의 최고 온도는 33.1℃이지만 웰링턴의 최고 온도는 27.4℃이다(다중구조적).
- 중앙값을 볼 때, 네이피어의 중앙값은 웰링턴의 중앙값보다 다소 높다(관계적).

**동치가 아닌 요약 통계 값으로 비교**
- 네이피어의 중앙값은 웰링턴의 상위 사분위수(upper quartile)보다 높다(단일구조적).
- 네이피어의 중앙값이 웰링턴의 제3사분위수보다 높기 때문에 네이피어 온도의 절반이 웰링턴 온도의 75%보다 따뜻하다(관계적).

**변이성 비교**
- 네이피어는 웰링턴보다 자료의 범위가 크다(단일구조적).
- 상자그림에 따르면 네이피어의 온도는 범위가 넓고 온도 대부분이 22.75℃부터 23.8℃ 사이에 속한다. 하지만 웰링턴의 온도는 좀더 고르다(다중구조적).

**분포 비교**
- 웰링턴의 상자그림이 네이피어의 상자그림보다 아래쪽에 그려졌다(단일구조적).

그림 2. SOLO 수준으로 분류한 학생들의 응답 예시

> 평균 온도를 구하는데 공정하지 않다. 공정한 비교를 위해서는 두 도시의 온도 자료의 개수가 같아야 한다. 3개의 온도 자료가 결과에 영향을 미칠 수 있다.

학생들은 크기가 다른 자료 집합을 비교하였지만 수업 시간에 이 점에 대해 주의를 기울일 수 있도록 안내되지 않았으며, 이러한 이유로 자료 집합의 크기가 같아야 한다는 자신들의 신념에 대해 명시적으로 논의할 기회를 갖지 못하였다.

■논의

연구자와 통계학자 5명은 학생들이 자료 집합을 비교할 때 결론을 유도하고 이를 정당화하는데 어려움을 겪는 이유에 대한 가설을 세웠다. 1가지 가설은 유의성 검정

과 신뢰구간이 교육과정의 후반부에 배치되어 있기 때문에 학교 교육과정과 교과서에서는 단순히 상자그림의 특징만을 비교하도록 하며 결론을 유도하는 것은 다루지 않는다는 것이다(Wild & Seber, 2000). 또 다른 가설은 평가 과제가 10학년 학생들의 수준에 비해 너무 어려웠다는 것이다. 통계 수업을 통해 '비형식적 추론' 방식이 지도되지 않았거나 인식되지 못했기 때문에 평가 과제가 실제적이지 않았다. 형식적인 추론을 형성하도록 유도하는 지도 방법이 교육과정에 제시되어 있지 않아서, 학생들의 비형식적 추론을 형식적 추론으로 변화시키는 학습 경험을 제공하고 있지 못하고 있는 것으로 보인다.

표본의 크기가 30으로 같고 흩어진 정도가 비슷한 자료 집합을 다루는 명확한 예를 활용하여 학생들의 비형식적 추론을 살펴볼 수도 있었지만, 이는 교사들이 바라는 것이 아니었다. 교사들은 자료 자체가 복잡하여 분명하게 결정하기 어렵고, 맥락적인 설명을 상정하는 것이 가능해서 자료를 흥미 있게 비교하는 것이 가능한 상황을 다루고자 하였다. 비형식적 추론을 지도하려면 교사들은 자료 집합 비교의 토대가 되는 형식적 추론에 대해 좀더 알아야 할 필요가 있다.

연구자와 통계학자 5명으로 구성된 자문단에서는 학생들이 자료 집합을 비교하기 위해서는 비형식적 추론을 진행할 수 있어야 하며, 자료로부터 결론을 유도하기 전에 유의성 검정, 신뢰구간, p-값 등과 같은 개념을 이해하기 위해 4가지 기본 요소에 주목하도록 할 필요가 있다는 점을 발견하였다. 이러한 지도는 다음과 같은 방식으로 구체화될 수 있다. 중심 비교, 표본에서 드러나는 변이성과 관련하여 중심 사이의 차이 고려, 자료의 분포 확인(정규성에 대한 전제, 극단적인 값, 자료가 밀집되어 있는 부분), 표본 크기 효과. 형식적 추론과 관련된 이러한 개념적 토대를 이해하고 학생들의 반응을 파악할 때, **형식적 추론 지도를 위한**(towards formal inference) 교수학적 틀을 개발할 수 있다. 형식적인 추론 개념이 10학년에서는 개발되기 시작하여야 한다는 전제하에 이상의 교수학적 틀을 지속적으로 검토하고자 한다. 이는 학생들의 추론을 개발하기 위하여 교사들이 알아야 하는 사고의 틀을 제공한다:

1. 중심에 주목하기
2. 분포에 대해 생각하기
3. 표집에 대해 생각하기
4. 비형식적 추론에 기초하여 결론을 이끌어내기

이상은 통계적 사고의 핵심인 **변이에 대한 고려**(Moore,1990; Wild & Pfannkuch, 1999)를 토대로 한다. 변이를 고려하도록 하는 것은 학생들의 확률적 사고 개발과 밀접하게 관련된다.

## 03 형식적 추론 지도를 위하여

9학년에서 12학년에 걸쳐 확률과 통계의 연결이 점차로 강조되어야 하며 학생들에게 비형식적으로 소개되어야 한다. 특히 **형식적 추론 지도를 위한** 교수학적 틀을 활용할 때 여러 가지 핵심 원리에 주목할 필요가 있다. 확률은 변이성을 수량화하기 위해 사용되며 자료는 확률 분포를 통해 모델링되고, 여러 가지 원인이 작용하지만 신뢰도에는 한도나 경계가 존재하며 표본은 모집단으로부터 추출된다. 자료 분석과 확률 사이의 관계를 수업에서 의식적으로 다룰 필요가 있다(Biehler, 1994). 이하에서는 형식적 추론 지도에서 교수학적 틀이 되는 4가지 요소를 다루는 방식에 대해 살펴보고자 한다.

### 중심에 주목하기

Wild & Pfannkuch(1999, p. 240)에 따르면 "통계학의 가장 큰 목표는 '소음(noise)' 중에서 '신호(signal)'을 분리해내어 모델링하는" 것이다. 상자그림을 비교할 때, 중앙값은 신호이고 상자그림 내에서 또는 상자그림 사이에 존재하는 변이성이 소음이 된다. 사례연구에 참여한 학생의 3분의 2는 중앙값을 비교하는 것이 통계적 비교에서 가장 중요한 특징이라는 사실을 인지하지 못하였다. Konold & Pollatsek(2002, p. 273)에 따르면 학생들은 "자료 집합의 평균이 변량이 전체 분포에 대해 주요한 특징을 설명해 주는 것으로 해석"하지 못하였다. Konold & Pollatsek(2002)는 평균을 비교하는 것이 두 자료 집합에 차이가 있는지 결정하는 주요한 통계적 방법이라는 사실을 이해하지 못한다면 통계적 추론을 하는 것은 불가능하다고 지적하였다.

교실 사례연구에서 관찰된 결과에 따르면 학생들은 중심을 비교하는 것에 집중하여야 하는 이유를 모르는 것처럼 보였다. Konold & Pollatsek(2002)은 소음 중에서 신호를 찾을 때 중심을 살펴보는 활동이 수업에서 진행되지 않았기 때문에 학생들에게 이러한 개념이 형성되지 않는다고 비판하였다. Konold & Pollatsek(2002)에 따르면 학생들은 중심에 집중함으로써 인과적 유형의 변이성과 이에 내재된 확률적 본성을 검토하여 결과적으로 종 모양 분포에 대해 사고하는 학습 경험을 가질 필요가 있다. Biehler(1994)는, 확률 모델에서 인과적 요인이나 다른 고려사항에 의해 발생하는 변이의 특징을 EDA적 사고방식과 확률적 사고방식을 통해 설명하였다. Biehler(1994)

는 EDA적 사고와 확률적 사고를 연결하여 서로 상호작용하도록 만드는데 어려움이 존재한다고 생각하였다. Biehler(1994)에 따르면 이러한 연결을 형성하는데 갈톤 보드(Galton board)가 유용한데, 이는 Konold & Pollatsek(2002)과 Joiner(1994)의 주장과도 일치한다. 갈톤 보드에는 구슬이 담겨 있는 깔때기, 구슬이 지나가는 일련의 경로, 구슬의 경로에 영향을 미치는 요인으로 작용하는 여러 개의 핀이 있다. 깔때기(신호)로부터 구슬을 떨어뜨리면 구슬은 핀(소음)에 부딪혀서 결과적으로 종 모양 분포를 형성하는데, 이는 신호와 소음을 물리적으로 구체화한 것으로 볼 수 있다. 이러한 아이디어에 기반한 수업을 통해 학생들이 소음 가운데 존재하는 중심이나 신호를 고려하여 이를 찾도록 하는데 도움을 줄 수 있다.

Joiner(1994)는 통학 버스가 도착하는 시간과 같은 자료를 학생들이 직접 수집하여 이를 시계열 그래프(time series plot, 그림 3)로 나타내는 활동을 해볼 필요가 있다고 주장하였다. 시계열 그래프를 통해 자료에 내재된 신호(평균)와 소음이 시각화되며, 대부분의 변이가 포함되는 경계를 비형식적으로 설정할 수 있다. 시계열 그래프를 활용함으로써 학생들은 무작위성을 시각화하고 이에 대해 토론할 수 있으나 종 모양 그래프로는 이러한 활동을 진행하기가 어렵다. 그래프를 질적인 관점에서 해석해 봄으로써 학생들은 특별한 원인 변이(special-cause variation)와 일반적인 원인 변이(common-cause variation 또는 우연 변이)를 구별할 수 있게 된다. 원인을 찾으려고 하는 것은 인간의 자연스러운 본성이기 때문에 이러한 직관은 수업을 통해 개발될 수 있다.

첫 번째 전략은 특별한 원인 변이를 구체화하는 것인데, 이러한 유형의 변이는 보통 위쪽 경계와 아래쪽 경계를 벗어나는 경향이 있다. 이는 일반적인 경우에서 벗어나는 자료로서, 예를 들면 버스가 아주 늦게 온 시간과 같은 것이다. 이처럼 특별한 일은 버스가 고장이 났다거나 승객 중에 누군가가 아팠다거나 운전기사가 결근한 것과 같은 이유로 발생할 수 있다. 이러한 일은 버스 운행의 일반적인 경향과는 무관하다. 특별한 원인 변이는 전체 변이에 비추어 아주 작거나 아주 큰 값으로 드러나기 때문에 일반적인 원인 변이보다 변이에 훨씬 큰 영향을 미칠 수 있다.

일반적인 원인 변이(또는 우연 변이)는 위쪽 경계와 아래쪽 경계 사이에서 나타난다. 버스 도착 시간의 예에서 일반적인 원인이 될 수 있는 요인으로는 다음과 같이 매일매일 일어나는 일상적인 변이가 있다: 교통 혼잡 정도, 버스를 타는 승객의 수, 녹색 신호등, 날씨, 그 외에 알지 못하는 다른 여러 가지 요인. 이러한 요인은 항상 존재한다. 각각의 요인에 의한 영향은 작지만 이들이 혼합되면 그 영향은 커진다. 예를 들어 좋지 않은 날씨에 교통 혼잡이 심하고 버스를 타려는 승객의 수가 많으면 이처럼 혼

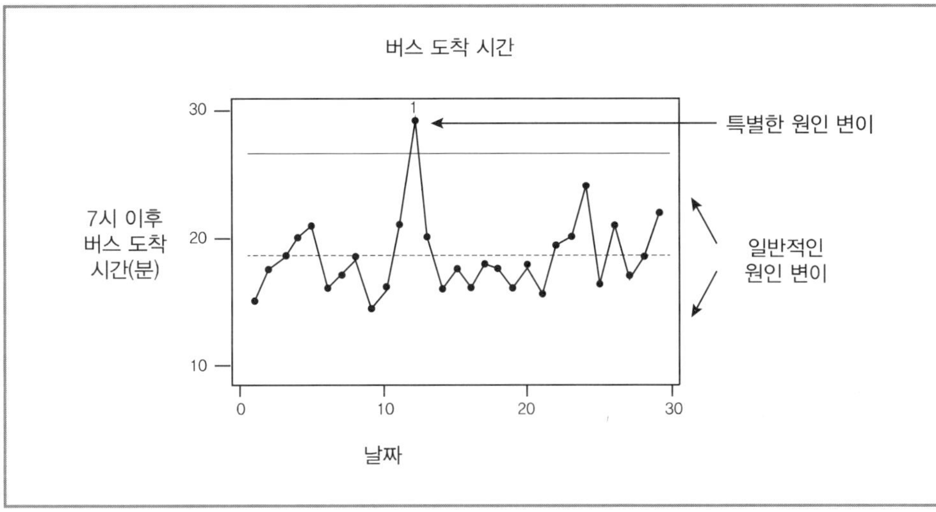


**그림 3. 버스 도착 시간에 대한 학생의 탐구(Joiner, 1994)**

합된 요인에 의해 버스는 평소보다 매우 늦게 도착하게 된다. 자료와 관련하여 이러한 유형의 토론을 진행함으로써 학생들은 변이가 하나의 원인에 의해서가 아니라 무작위 또는 우연 변이로 모델링되는 여러 가지 원인에 의해 영향을 받게 됨을 인식할 수 있다. 무작위 또는 우연 변이로 모델링되는 이러한 변이는 설명될 수 없다. 이와 같은 탐구 활동을 통해 변이가 존재한다는 것을 인식할 수 있으며, 여러 변이 중 어떤 것은 설명할 수 있지만 다른 변이는 설명할 수 없다는 변이의 특징에 주목할 수 있다. 무작위 변이는 확률에 의해 수학적으로 기술될 수 있다. Wild & Pfannkuch(1999, p. 242)에 따르면 "특별한 원인 변이 대 일반적인 원인 변이로 구별하는 것은 변이의 원인을 찾을 때 유용하지만, 설명할 수 있는 변이 대 설명할 수 없는 변이로 구별하는 것은 자료를 탐색하여 그에 대한 모델을 만들 때 유용하다."

버스 도착 시간에 대한 자료(그림 3)를 활용하여, 탐지할 수 없는 패턴인 무작위 현상의 결과를 보여주는 종 모양 그래프(그림 4)를 그릴 수 있다. 개별 사건(매일 매일의 도착 시간)은 예측할 수 없지만 전체 그룹은 안정성의 법칙을 따르며 그 변화 양상을 예측하는 것이 가능하다는 것을 인지할 필요가 있다. 학생들은 우선 무작위 변이와 신호를 시각화하여 경험할 수 있도록 하는 시계열 그래프를 그린 다음 신호와 소음이 비직관적인 방식으로 드러나는 종 모양 그래프를 그릴 수 있어야 한다. 확률 실험에 대한 선행 연구의 주장과 마찬가지로 Konold & Pollatsek(2002)가 제안한 이러한 학습 경험을 통해 학생들은 현실에 대한 비결정론적 견해와 확률적 사고를 형성할 수 있으며, 확률적 사고에 의해 소음으로부터 실재와 신호를 분리해 낼 수 있다. 인과적

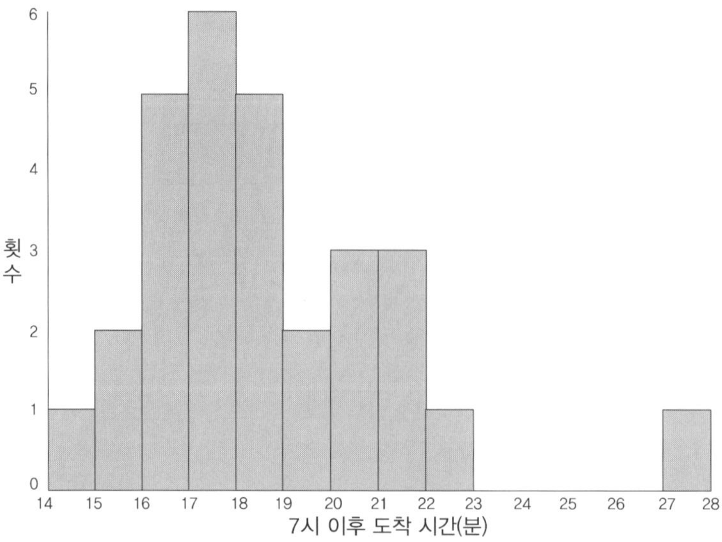


**그림 4. 버스 도착 시간 분포에 대한 학생의 탐구**

요인과 그 외의 다른 여러 요인으로 변이를 설명하는 것과 확률 분포로 변이를 모델링하는 것(Biehler, 1994)을 연결시킴으로써 확률과 자료 분석의 핵심적인 관계를 드러낼 수 있다.

### 분포에 대해 생각하기

네이피어와 웰링턴 온도의 변이성을 비교할 때, 사례연구에 참여한 학생 중 절반은 질문에 답하는 것과는 전혀 관련이 없는 두 도시 온도 자료의 범위(range)를 비교하였다. 형식적인 추론을 위해서는 표본들 사이에 존재하는 변이성과 관련하여 중심의 차이를 알아볼 필요가 있으며, 이는 표준편차, 신뢰구간, 유의성 등을 이해하는데 주요한 전제가 된다. 통계학자들은 표본의 크기를 고려함으로써 모집단의 실제 평균이 속할 신뢰구간을 머릿속으로 가늠해 보고 신뢰구간 사이에 겹치는 부분이 있는지를 시각화한다. 신뢰구간에 대한 경험이 전혀 없는 10학년 학생들은 이러한 추론을 할 수 없다. 그러나 학생들은 자료 집합 내에 존재하는 변이나 자료 집합 사이에 존재하는 변이를 볼 수는 있다. 수업을 통해 사건 A가 사건 B보다 일어날 가능성이 "더 큰지"를 비교하는 것보다 자료 집합에 존재하는 변이성을 기술하고 해석하고 비교하도록 하는 활동에 초점을 맞추어야 한다. 예를 들어, 웰링턴의 온도는 매우 대칭적인 분포를 따르지만 네이피어의 온도는 22.75(LQ)와 23.8(MED) 사이에 높은 밀도로 몰려 있으며, 25.5(UQ)와 33.1(MAX) 사이에서는 좀더 퍼져 있는 다소 비대칭적인 분포를 따른다. 학생들은 모집단의 분포가 아니라 표본의 분포를 설명할 수 있어야 하며, 분포가 나타내는 이러한 특징은 "우연"에 의해 발생한다는 것을 인식할 필요가 있다(그림 5).

최근 연구(예, Konold et al., 2002; Watson, 2002)는 분포를 생각해보도록 하는 것에 주목하여 학생들이 분포에서 드러나는 변이성을 "무더기와 혹(clumps and bumps)"으로 기술하면서 탐구하는 것이 얼마나 중요한지 강조하였으며, 이러한 사고가 확률 및 통계의 본질과 관련된다고 지적하였다. 자료의 분포를 살펴보는 활동은 무작위 사건의 양상과 이를 설명하는 확률 분포를 인식하는데 전제 조건이 된다. 신뢰구간뿐만 아니라 분포에 대한 개념을 형성하기 위해서는 반복적인 확률 실험에서 "일어날 것 같은" 결과의 범위를 고려함으로써 확률과 통계 사이의 연결을 형성하도록 강조할 필요가 있다. Shaughnessy(2003)에 따르면 "신뢰구간은 반복적인 확률 실험에서 얻은 자료 사이에 존재하는 변이성을 모델링한 것으로, 표본공간 개념과 변이성 개념은 밀접한 관련성을 지닌다"(p. 223). Scheaffer, Watkins & Landwehr(1998, p. 17)는 "막대 1개의 높이보다는 분포 전체를 살펴보도록 하는 확률 문제를 다루어야 한다"고 하였다. 확률 실험을 통해 분포와 변이성을 연결시킬 수 있으며, 실생활 자료를 활용하여 분포와 변이성의 관계를 드러낼 수 있다.

특히 네이피어 온도의 50%가 웰링턴 온도의 75%보다 높다는 특징을, 두 도시의 최고 온도에 실제적인 차이가 있음을 보여주는 근거라고 학생들이 생각하지 않도록 주의하여야 한다. 학생들은 이러한 차이가 우연에 의한 결과일 수 있음을 인식하여야 한다. Moore(1990)와 Konold(1994, p. 206)에 따르면 "학생들은 이러한 가능성을 자발적으로는 인식하지 못한다." "우연"이라는 용어가 수업에서 소홀히 다루어져서는 안되는데, 그 이유는 학생들이 이 용어를 주사위 문제와 관련하여서만 이해하고 원인이 알려진 실생활 문제를 통해서는 이해하지 못하기 때문이다(Wild & Pfannkuch, 1999). 학생들이 알아야 하는 것은 표본 자료에 대한 아이디어로, 다른 표본을 얻으면 다른 그래프가 생긴다는 개념이다.

### 표집에 대해 생각하기

Scheaffer 등(1998)에 따르면 모집단에서 표본에 이르는 확률적 사고와 달리, 표본에서 모집단에 이르는 통계적 추론에 대한 아이디어는 대부분의 학생들에게 낯설다. 가상의 모집단에서 선택된 표본의 크기가 갖는 중요성을 인식하는 것이 비형식적인 추론과 관련하여 핵심적인 문제가 된다. 표본 크기 효과에 대한 개념을 형성하는데 여러 방법이 있다. 사례연구를 토대로 주의가 필요한 몇 가지 문제를 제시하면 다음과 같다: 표본 크기가 다른 표본 자료의 비교, 표본 개념, 표본과 모집단 사이의 관계, 표본의 크기와 모집단 사이의 관계, 작은 표본 대 큰 표본의 변이성. 가능성을 지도하는 수업 상황을 통해 이러한 개념이 고려될 필요가 있다(Watson, 2004). Biehler(1994, p. 15)에 따르면 "모집단에서 무작위 표본을 추출하는 것과 실험에서 무작위성을 고려하는 것은 자료 분석에서 통계적 추론으로의 개념적 이동을 견고하게 하는 중간 단계가 된다." 표본과 표집에 대한 아이디어를 학생들이 알도록 해야 한다는 견해와 달리, Saldanha & Thompson(2002)은 반복적인 무작위 추출, 여러 결과 값 사이의 변이성, 분포 사이의 상호 관계에 대한 스키마를 강화할 필요가 있다고 주장하였다.

사례연구에서 참여한 학생들은 우선 자료 집합의 크기가 항상 같아야 한다는 신념을 극복할 필요가 있었다. Curcio(1987)의 그래프 해석을 위한 위계 모델을 사용하여 연구자가 관찰한 내용을 교사들이 확인한 바에 따르면, 학생들은 자료를 읽을 수는 있었지만 자료들 사이에 존재하는 정보를 읽어 내거나 자료를 넘어서서 정보를 얻어내지는 못하였다. 학생들이 자료 집합에서 "누락된 자료"를 추측해 본 적이 있었다면 누락된 온도가 사분위수 범위에 속하든지 적어도 범위 사이에 존재할 것 같다는 사실을 추측할 수 있었을 것이다. 이러한 비형식적인 확률 개념은 가능성과 신뢰구간에 대한 아이디어를 갖게 되는데 필수적이다. 통계에서 자료가 누락되는 일이 자주 일어나므로 학생들은 관찰을 통해 이러한 값을 되살리는 경험을 가질 필요가 있으며, 누락이 있는 자료나 없는 자료 모두를 분석해보는 기회를 가져야 한다. 자신들의 신념에 대해 학생들이 특별히 주의하도록 할 필요가 있으며 크기가 다른 표본에서 유도된 결론을 바꿀 것인지에 대해서도 주목하게 하여야 한다.

Watson(2004)에 따르면 교육과정 내용에 표본 추출과 모집단에 대한 추론이 포함되어 있음에도 불구하고 학교 수학에서는 표본과 표집을 거의 다루지 않는다. Watson(2004)은 이러한 상황이, "표집과 관련된 사고를 개발하는 것은 수치적 능력보다 인문적이면서 사회적인 사고를 개발하는 것이라고 여겨지기" 때문이라는 가설을 세웠다. Watson(2004)에 따르면 학생들은 부적절한 근거에 따라 모집단에 대해 추론하는 경향이 있다. 학생들은 모집단에 변이가 존재한다는 것을 알기는 하지만 표본을 추출할 때 이러한 변이를 어떻게 처리해야 하는지를 모른다. 적절한 변이를 보장하는 우연 생성 과정을 통해 무작위 표본을 추출하는 아이디어는 매우 어려운 개념이다. 학생들은 표본 추출 방법이 모집단 모두를 아우르는 대표성을 띠어야 하며, 모집단에서 공정하게 선택되어야 한다는 상충되는 아이디어 때문에 어려움을 겪는다. Watson(2004)은 학급 토의를 통해 무작위 표본을 추출하는 이유를 학생들에게 확신시킬 수 있으며 Metz(1999)가 주장한 대로 범위(range)가 이러한 토의를 시작하는데 적절한 출발점이 될 수 있다고 주장하였다. 임의 표집은 통계적 추론을 진행하는데 매우 중요한 개념으로, 임의 표집에 내재된 사고는 본질적으로 계산을 토대로 하지 않으며, 모집단에 대한 추론을 위해 표본을 추출할 때 확률과 변이의 영향을 인식하는 것과 관련된다.

Saldanha & Thompson(2001)은 학생들이 가방에서 사탕을 꺼내는 것과 같이 어떤 대상으로 구성된 미지의 모집단에서 임의 표본을 추출하는 활동을 진행하는 교수 실험을 분석하였다. 이 교수 실험에서는 어떤 두 학생이 내린 결과가 적절한지 판단하기 위해 모든 학생들은 두 분포가 언제 같다고 볼 수 있는지를 결정하는 기준을 정하였다. Saldanha & Thompson(2001)에 따르면 학생들의 사고에서 결정적인 전환은, 표본 하나에 대한 사고에서 벗어나 비정상적인 분포처럼 보이는 표본들 전체의 비율을 고려할 때 일어났다. 컴퓨터 시뮬레이션에 의해 얻은 표본이나 손으로 직접 추출한 표본을 사용하여 이와 같이 비형식적인 유의성 검정을 진행해 봄으로써 모집단에 대한 결론을 이끌어내기 위해 제외시킬 자료를 정하는 것이 임의적이기는 하지만 확률을 이용하여 이와 관련된 불확실성을 수량화한다는 사실을 학생들이 이해하도록 도울 수 있다. 시뮬레이션이 가능한 실생활 문제뿐만 아니라 항아리 속에 들어 있는 공 같은 문제를 통해서도 이러한 활동을 진행할 수 있으며, 이를 통해 학생들은 어떤 영향이 실제적인지 아닌지를 스스로 결정해보는 경험을 가질 수 있다. 또한 학생들은 추출할 표본의 크기를 결정할 수 있으며 "모집단을 대표하는 표본의 '적절한 크기'를 이해하여 … 신뢰도와 표본 크기를 관련시킬 수 있게 된다"(Watson & Moritz, 2000, p. 133).

비형식적 추론의 문제는 표본의 크기와 그에 따라 달라지는 변이성으로 인해 복잡해진다. Watson & Moritz(2000)는 표본의 크기에 따라 달라지는 변이성에 대해 학생들과 구체적으로 논의해 봄으로써 이러한 문제를 극복할 수 있다고 하였다. Aspinwall & Tarr(2001)는 항아리에 들어 있는 공문제를 다루도록 함으로써 중학생 대부분이 모집단의 분포를 알아내는데 표본의 크기가 어떤 역할을 하는지 인식하게 되었다고 하였다. 학생들로 하여금 시행의 횟수와 확률 시뮬레이션을 통해 얻은 결과에 주목하도록 하는 수업이 설계될 필요가 있다. 다른 연구(Stohl & Tarr, 2002)에 따르면 확률 시뮬레이션 도구와 주의 깊게 설계된 학습 과제를 다룬 학생 2명이 경험적 확률과 이론적 확률 사이의 관계 및 표본 크기의 역할을 이해하게 되었으며, 확률 실험에서 적절한 추론을 진행할 수 있게 되었다.

모집단에서 크기가 작은 표본 또는 큰 표본을 추출하거나 같은 크기나 다른 크기의 표본을 추출할 때 직접 손으로 해보거나 컴퓨터 시뮬레이션을 활용하는 것 자체도 학습의 일부가 될 수 있다. 이러한 시뮬레이션을 통해 학생들은 표본 평균의 변이성과 표본 사이의 변이성을 “볼” 수 있으며, 표본의 변이성과 모집단의 변이성을 비교할 수 있다(예, 그림 5). 그림 5와 같이 맥락이 없는 시뮬레이션은 표본 크기에 대한 학생들의 생각을 개선하는데 도움이 되지 않을 수 있지만, 현실적인 가상 상황을 문제 맥락에 부여함으로써(예, 다른 해의 여름 온도를 조사한다면 같은 그래프를 얻게 될까? 모집단을 충분히 대표하기 위해서는 표본의 크기가 얼마나 커야 할까?) 학생들이 형식적인 추론의 아이디어를 인식하는데 도움을 줄 수 있다. 형식적인 추론은 “임의 추출”에 대한 아이디어나 독립인 관찰 결과에 근거하여 다루어야 하며, 이때 맥락적인 상황보다는 모델의 전제에 대한 추후 논의가 더욱 중요하다.

### 결론을 이끌어 내기

사례연구에서 두 도시의 최고온도를 나타낸 상자그림 사이에 겹치는 부분이 없다면 두 도시의 최고온도에 대한 평균의 차이가 실제적인지에 대해 형식적인 검토를 할 필요가 없다. 그러나 상자그림이 서로 겹치는 부분이 있다면 이러한 검토가 필요하다. “네이피어 온도의 50%가 웰링턴 온도의 75%보다 높기 때문에” 두 도시의 온도에 실제 차이가 있다는 생각과 표본의 크기인 30이 충분히 크다는 신념을 극복하기 위해서는 시뮬레이션이 진행될 필요가 있다. 예를 들어, 앞서 살펴본 것처럼 같은 모집단에서 임의 추출된 크기가 30인 여러 개의 표본에 대해 생각해 보도록 하기 위해 그림 5의 상자그림 2, 4, 9, 10에 주목하게 유도할 수 있다. 시뮬레이션을 진행하여 얻은 상자그림과 히스토그램을 통해 비형식적인 추론을 할 수 있도록 학생들을 격려하도록 한다.

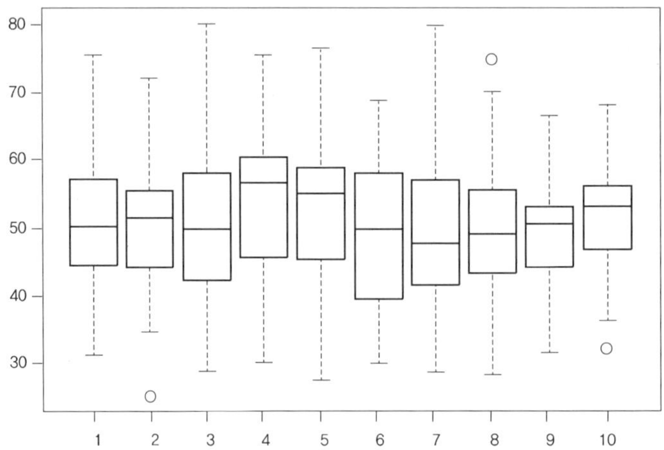


**그림 5. 평균이 50이고 표준편차가 10인 정규분포에서 무작위로 추출된 크기가 30인 표본들**

통계학자 모임은 결론을 이끌어내는 것과 관련하여 10학년 학생들이 "그래프를 살펴보고", 중심, 산포도, 그 밖에 주목할 필요가 있는 모든 것을 비교할 수 있어야 한다고 제안하였다. 각각의 특징을 비교하고 설명함으로써 학생들은 비형식적인 추론을 진행할 수 있다. 예를 들어, "표본 자료에 따르면 네이피어가 웰링턴보다 평균적으로 최고온도가 더 높다". "표본", "따르면", "평균적으로"와 같은 용어가 통계적 추론의 아이디어를 형성하는데 활용되었다. 11학년이 될 때까지 학생들은 결론을 이끌어내는데 근거가 되는 모집단의 특징에 대해 설명할 수 있어야 한다. 타당한 결론을 유도하였는지에 대해 살펴보는 질문은 통계적인 과정 평가를 위하여 개발한 교수학적 틀에 따라 다룰 수 있는데, 다음과 같은 질문을 제기할 수 있다: "결론은 실제로 자신이 알고 있는 바에 비추어 볼 때 적절한가? 다르게 설명할 수는 없는가?"

다양한 학습 경험과 교수학적 틀로 제시된 4가지 요소는, 형식적인 추론을 할 수 있도록 준비시키는데 필수적인 역할을 한다. 이상과 같은 모든 활동에서 **변이를 고려하는 것**이 무엇보다 중요하며, 이는 본질적으로 확률적 이해와 관련된다.

## 04 형식적 추론

통계적 추론에 있어서 기본은 모집단에 대한 예측을 하거나 결정을 내릴 때 표본 자료가 활용될 수 있음을 아는 것이고 추출된 표본은 모집단에서 얻을 수 있는 여러 표본 중 하나에 불과하다는 것을 인식하는 것이다. 형식적 추론의 토대는 중심의 측정값을 비교하는 것뿐만 아니라 표집 분포, 임의 추출, 분포에서 평균의 차이 등을 이해하는 것이다. 최근 여러 연구는 통계적 추론과 관련하여 표집에 대한 개념적 이해를 향상시킬 수 있는 개선된 수업 전략을 제안하였지만(Watson, 2004), 형식적 추론 자체에 대한 연구는 여전히 제한적이다. 그러나 여러 교육학자들은 통계적 추론과 확률분포 모델에 대한 개념적 이해를 도모하기 위한 새로운 전략으로 컴퓨터를 활용하는 시뮬레이션 방식을 연구하고 있다.

통계학자들은(예, Cobb & Moore, 1997) 유의성 검정이 지나치게 남용되고 있다고 지적하면서 통계적으로 얼마나 유의미한지를 살피는 것보다는 표본의 크기가 어떤 영향을 미치는지를 알아보는 것이 무엇보다 중요하다고 주장하였다. 그러므로 유의성 검정에 앞서 신뢰도에 대한 설명이 제시되어야 한다. Scheaffer 등(1998, p. 23)은 시뮬레이션을 통해 신뢰구간을 다룸으로써, 형식화에 앞서 "적절한 모수 값에 대한 '감각을 개발'할 수 있다"고 지적하였다.

### 고전적 접근

전통적으로 추론은 수학적인 용어로 표현되는 확률 이론에 기초하여 설명되었다. 그러나 대부분의 학생들은 이렇게 다루는 이유를 알 수 없다. 사례연구에서 사용된 과제를 해결하는데 상급 학년 학생들이 유의성 검정을 수행하는 사고 과정을 살펴보자. 우선, 학생들은 모집단의 평균에 대한 귀무가설과 단측 검정 또는 양측 검정을 위한 대립가설을 설정한다. 모표준편차는 모르지만 모평균이 각각 $\mu N$과 $\mu W$인 정규분포를 따르는 두 모집단에서 임의 표본 2개를 독립적으로 추출하였다는 전제하에 유의성 검정이 진행된다. 귀무가설이 사실이라는 가정하에, 표준적인 통계 프로그램을 활용하여 검정 통계 값, 신뢰구간, 표준오차, $P$-값, 자유도 등을 계산한다. 검정 통계값은 자유도가 $nN+nW-2$인 $t$-분포에 근사하는 확률 분포를 따르는데, 여기서 $nN$과 $nW$는 표본의 크기, $\bar{x}_N$과 $\bar{x}_W$은 표본 평균, $sN$과 $sW$는 표본 표준편차이다. 학생들은 $P$-값에 기초하여 귀무가설에 반대할 만한 근거가 확실한지를 살펴봄으로써 네이피어와 웰링턴의 최고 온도의 평균에 실제적인 차이가 있다는 근거가 없는지/약한지/강한지를 결정한다. 또는 보다 전통적으로, 귀무가설을 기각하는 것이 좋을지 기각하지 않는 것이 좋을지를 결정한다. 이 사례에서 추론은, 임의 추출에 의해 생성되지 않은 자료를 대상으로 진행된다. 여기에는 확률 모델이 자료 생성을 제어한다는 전제가 있어서 불확실성의 정도는 오직 우연 변이에 의해서만 결정되므로 그 밖의 잠재적인 오차 변인은 고려하지 않는다.

Moore(1990, p. 134)는 고전적 접근에서 "가설을 진술하는 방법이나 검정 통계 값을 계산하는 것", $P$-값을 구하는 방법 등이 "유의성 검정의 핵심적인 사고 과정을 숨기고 있다"고 비판하였다. Moore(1990)는 유의성 검정과 관련된 사고과정이 너무 어렵기 때문에 학교 교육과정을 통해서는 유의성 검정을 다룰 필요가 없다고 주장하였다. 사고과정이 어려울 뿐만 아니라 통계적인 유의성 검정으로 나아가기 위해 다루어야 할 여러 가지 기본 개념을 학생들 대부분이 습득하기에는 한계가 있다.

### 시뮬레이션과 고전적 접근

이론적인 발달을 도모하는 것에 여러 한계가 있음을 인식한 많은 교육자들은, 다양한 테크놀로지를 사용하는 것이 가능해짐에 따라 표집 분포와 중심극한 정리를 다루는데 시뮬레이션을 활용하기 시작하였다. 수업에서 시뮬레이션을 활용하는 것이 강조된 반면, delMas, Garfield, & Chance(1999)는 시뮬레이션이 표집 분포에 대한 학생들의 개념적 이해를 실제로 증진시킨다는 구체적인 근거가 없다고 지적하였다. 예를 들어

Lipson(2002)은 표집 분포와 가설 검정에 대해 고등학생들이 지닌 개념의 특징을 설명하였다. Lipson(2002)은, 학생들이 표집 분포 개념을 적절히 이해하지 못하므로 경험적 활동을 통해 표집 분포 개념이 학생들의 스키마에 주요한 구성요소가 되도록 하여야 한다는 선행 연구에 기초하여, 표집 분포의 형식화와 관련되는 표집 과정을 컴퓨터 시뮬레이션으로 진행하는 학습 전략을 고학년 학생들에게 적용하여 그 특징을 기술하였다. 이 연구에 참여한 학생들은 표본 분포와 표집 분포를 자주 혼동하였다. 학생들의 개념 지도(map)에 따르면 표집 소프트웨어는 표집 분포의 일부 측면을 학생들이 명백히 이해하는데 기여하였지만, 학생들이 표집 분포의 경험적 표상과 이론적 표상을 연결시키거나 가설 검정 및 추정을 표집 분포와 관련하여 이해하는 데는 큰 역할을 하지 못하였다. Lipson(2002)은 표집 분포 개념 발달에 있어서 소프트웨어를 활용하는 지도 전략을 보다 체계적으로 개발할 필요가 있다고 지적하였다.

최근에 Lipson, Kokonis, & Francis(2003)는 가설 검정에서 표집 분포의 역할에 대한 학생들의 개념적 이해를 증진시키는데 컴퓨터 시뮬레이션을 활용하는 지도 자료를 개발하였다. 이들에 따르면 학생들의 개념적 이해는 다음 4단계의 발달 과정을 따른다: (a) 인식(표집 분포는 가상의 모집단에서 반복 추출된 표본의 특징을 요약한다. 표본 통계 값도 확률 변수이다), (b) 종합(관찰된 표본의 위치를 가상의 표집 분포에서 찾는다. 단일 모집단 개념을 갖는다), (c) 모순(관찰된 표본과 가상의 모집단 사이의 불일치를 인식한다. 관찰된 표본은 하나이지만 모집단으로 변이성의 개념을 확장하여 표본이 추출되었을지도 모르는 가능한 모집단의 범위를 고려한다), (d) 설명(모순에 대한 통계적인 설명을 제공한다. 확률에 기초하여 결정을 내린다). 학생들은 "가상의 모집단에서 표본을 추출하였을 확률이 낮다는 것을 인식하였을 때"(p. 7)조차도 통계적 설명보다 맥락적 설명을 찾으려는 한계를 보여주었다. Lipson, Kokonis, & Francis(2003)에 따르면 소프트웨어는 단지 인식 단계에서만 의미있는 역할을 하며 그 외의 단계에서 학생들은 추가적인 지원을 필요로 한다. 연구자들은 "학생들이 표집 과정에서 추출될 것으로 보이는 표본의 종류에 대해 충분히 생각해보는 경험을 가질 필요가 있다"(p. 9)고 지적하였다.

DelMas 등(1999)은 표집 분포에 대한 학생들의 개념적 이해를 증진시키기 위한 방법으로 소프트웨어와 수업 자료를 여러 번 반복 적용하여 개발하였다. DelMas 등(1999)에 따르면 "좋은 소프트웨어를 제공하고 중요한 성질을 명확하게 설명해 주는 방법으로는 이해를 보장할 수 없으며"(p. 8), 오히려 학생들의 오개념을 드러내는 수업 활동을 진행하는 것이 중요하다. "우연 사건에 대한 학생들의 신념과 실제 발생한 경험적인 결과 사이에 존재하는 차이를 평가하도록"(p. 8) 수업 활동을 구조화함으로써 보다 나은 성과를 얻을 수 있었다.

### 시뮬레이션 접근

표집 분포와 그에 대한 유의성 검정 사이의 관계를 학생들이 이해하도록 하는데 약간의 성공이 있었다고는 하나, 이 역시 통계적 추론에 대한 전문적인 지식을 개발하는 여러 가지 주요한 단계 중 하나일 뿐이다. Jones, Lipson, & Philips(1994)에 따르면 표집 분포의 개념을 형성하기 위해 컴퓨터 시뮬레이션을 활용하도록 하는 것과 같은 경험적인 시도는 전반적으로 별로 효과를 얻지 못하였다. 그 이유는 학생들이 "표집 분포에 대한 자신들의 실험적 경험을 고전적 추론에서 사용되는 이론적인 표집 분포 모델로"(p. 257) 통합시키는데 어려움을 겪기 때문이다. Jones, Lipson, & Philips(1994)는 현대에 들어 이론적 접근은 통계 입문과정을 수강하는 학생들에게 거의 효과가 없다고 지적하였다. 다른 교육자들(예, Scheaffer, 1992; Konold, 1994; Biehler, 2001)처럼 Jones, Lipson, & Philips(1994)는 전반적으로 추론이라는 것은 경험적인 측면에서 다루어야 한다고 주장하였다. Scheaffer(1992, p. 80)에 따르면 시뮬레이션 방법을 배운 학생들은 "통계적인 결정이 내려지는 방식을 이해할" 것이며, 고전적인 절차는 "무작위성의 전제를 필요로 한다"는 점을 중요하게 인식할 것이다. 데이터스코프(DataScope, Konold & Miller, 1995)와 패덤(Fathom, Key curriculum Press Technologies, 2000)처럼 학생들을 위해 설계된 컴퓨터 프로그램이 이러한 접근을 가능하게 할 수 있다.

1960년대 후반 사이먼(Julian Simon)에 의해 처음으로 제안된 재추출 접근(resampling approach, Konold, 1994)에는 확률과 자료 분석 사이의 연결을 견고하게 만들 수 있는 잠재력이 있다. 재추출 방법은 여러 번 반복 시행하면 어떤 일이 발생하는지 생각해야 한다는 아이디어에 기초하고 있기 때문에 이를 활용하면 확률이 어떻게 통계적 추론의 이론적 구조를 제공하는지 설명할 수 있다. 최고 온도에서 관찰된 중앙값의 차가 2.2℃가 되었던 사례연구를 예로 들어 살펴보자. 학생들은 다음과 같이 질문할 수 있다. "네이피어와 웰링턴의 최고 온도에 대한 특정 표본은 특정한 중앙값과 산포도를 갖지만 같은 크기의 표본을 다시 뽑으면 다른 중앙값과 산포도를 얻게 된다. 그러면 지금 드러난 네이피어와 웰링턴의 최고 온도 차이가 무작위 변이나 표집 변이에 의해 '우연히' 발생한 것인가, 실제로 차이가 있기 때문에 발생한 것인가?" 재추출 방법을 통해 최고 온도를 모두 가져와서 그 값을 네이피어와 웰링턴에 무작위로 재배정한다. 그 값이 무작위로 배정되었다면 네이피어와 웰링턴의 최고 온도에 대한 중앙값의 차가 "우연"에 의해 발생할 것이다. 학생들은 이렇게 만들어진 그래프를 보

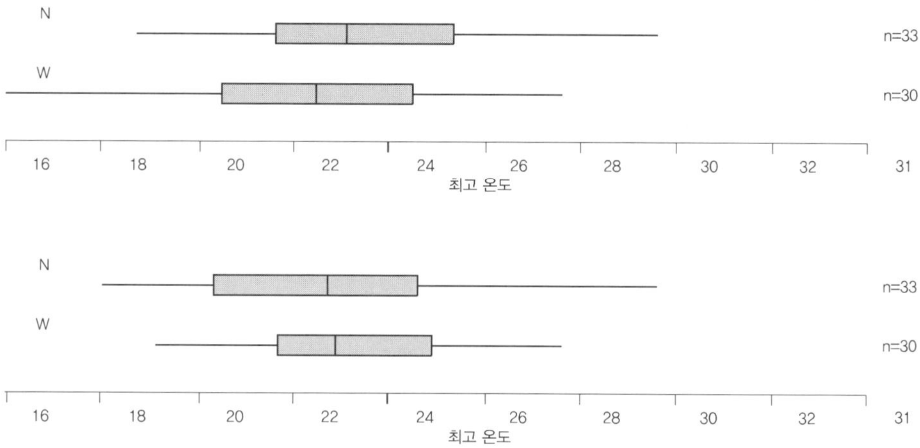


**그림 6. 네이피어(N)와 웰링턴(W)에 무작위로 배정된 최고 온도**

고 다음과 같이 말할 수 있다. "그 차이가 무작위 변이나 표집 변이에 의해 우연히 발생한 것이라면 아마 다음과 같은 그래프(그림 6)를 얻게 되겠지."

컴퓨터를 활용하면 이러한 과정을 이를테면 1,000번 반복하는 것이 가능하며, 각 경우에 중앙값의 차를 계산할 수 있다. 중앙값의 차에 대한 실험적 분포를 히스토그램으로 나타낼 수 있으며(그림 7), 단측 검정을 위한 P-값을 추정할 수 있다. 이때 학생들은 다음과 같이 말할 수 있다. "그 차이가 무작위 변이에 의해 '우연히' 발생한 것이라면 중앙값의 차가 2.2℃가 되거나 그보다 큰 경우가 얼마나 자주 일어나는가? 최

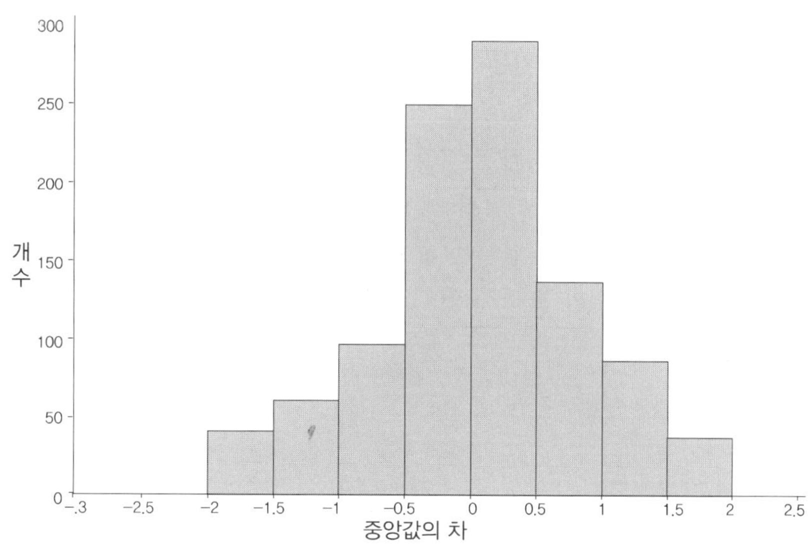


**그림 7. 재추출 1,000번에서 중앙값의 차에 대한 실험적인 표집 분포**

고 온도의 차이가 '우연'에 의해서만 일어나는 일이라면 2.2℃ 또는 그보다 큰 값은 1,000번 중에서 1번도 나타나지 않는다. 따라서 네이피어와 웰링턴의 최고 온도에서 중앙값의 차이는 실제 두 도시 간에 온도 차이가 존재한다는 강한 근거가 된다."

고전적인 통계적 추론에서는 연산을 통해 의사 결정이 진행된다는 점을 전제로 한다. 그러나 P-값의 논리는 결과가 얼마나 놀라운지를 결정하는 것이며, 이를 통해 모집단에 대한 어떤 특징을 주장하는 근거가 어느 정도로 강력한지를 평가하는 것이다(Cobb& Moore, 1997). 재추출 접근은 이러한 P-값이 개념화되는 과정을 좀더 잘 보여준다.

Konold(1994, p. 210)는 고등학교 학생들에게 재추출 접근을 적용하였는데, "심화 단계에서 재추출 방법을 사용한 수업에 참여한 이후에도 많은 학생들이 확률과 자료 분석의 기본적인 성질을 인식하지 못하였다"고 기술하였다. 그러나 Konold(1994)는 재추출 접근을 활용하는 수업의 효과를 무시해서는 안 되며, 재추출 방법을 활용하는 수업이 개념적 이해에 도움이 되는지를 판단할 수 있을 정도로 오랜 기간에 걸쳐 시도될 필요가 있다고 주장하였다. 또한 Simon, Atkinson, & Shevokas(1976)은 재추출 접근을 지속적으로 경험한 학생들이 전통적 접근을 사용하는 학생들보다 좋은 점수를 받았다고 설명하였다. 현 단계에서는 재추출 접근과 관련된 연구가 제한적이다. 무작위 과정, "우연히" 발생하는 결과와 관련되는 아이디어, 특정한 결과가 일어날 가능성을 결정하는데 중앙값의 차에 대한 분포 등이 갖는 의미를 학생들이 충분히 이해할 수 있도록 수업 활동을 설계할 때 컴퓨터 시뮬레이션이 갖는 가치를 탐색하는 다양한 연구가 수행될 필요가 있다. 현재 상황에서는 수업에서 재추출 접근을 활용하는 것이 가장 적절한 전략처럼 보이는데, 이를 통해 학생들이 확률을 통계적 추론과 직관적으로 연결시킬 수 있기 때문이다. 기본적으로 학생들은 자료로부터 드러나는 패턴이 "우연히" 발생할 수 있음을 이해해야 하며, 이러한 추론 과정을 통해 자료로부터 드러나는 패턴이 "실제적"인지 "무작위적"인지를 결정할 수 있어야 한다. 또한 학생들은 확률 용어로 표현된 설명이 결론과 함께 제시되어야 함을 알아야 하는데, 이는 표본이 모집단 전체는 아니므로 결론이 옳다는 근거가 얼마나 믿을 만한지를 나타내야 하기 때문이다. 학생들은 불확실한 요소가 얼마든지 존재할 수 있다는 사실도 인식하여야 한다.

## 05 결론

교사는 학생들이 확률과 통계적 추론을 연결할 수 있도록 어떻게 도울 수 있을까? 현재까지 진행된 연구는 다음 2가지 전략을 제시한다. 첫째, 확률과 추론을 연결하기 전에 자료를 탐색하는 실제적인 경험을 제공할 것을 강조한다. 둘째, 9~12학년에서 형식적 추론을 지도할 수 있도록 교수 경로(teaching pathway)를 설정하기 위해 이 장에서 제안한 것과 같은 교수학적 틀을 만들어야 한다. 여러 교육자들은 재추출 접근이 대학 입문 과정에서 보다 적절하다고 주장하였지만 재추출 접근을 활용하는 형식적 추론이 12학년에 도입될 수도 있다. 수학적으로 재능이 있거나 t-검정을 할 수 있는 학생들을 위해 고등학교 과정에서 재추출 접근과 고전적 접근을 통합하여 운영할 수 있다. Cobb & Moore(1997), Garfield & Ahlgren(1988)는 추론에 대한 개념적 이해를 위해서는 비형식적인 확률이면 충분하다고 주장하였다. 고전적 관점에서 분포를 유도하고 추론을 이해하도록 하는 방안은 후속연구로 남겨둔다.

역사적으로 통계학 분야에서 확률과 통계적 추론이 완전히 통합된 것은 20세기 초반에 와서야 가능하였다. 따라서 통계적 추론과 그에 내재된 확률적 본성에 대한 교수-학습을 위한 연구가 이제 겨우 걸음마 단계에 있는 것은 놀라운 일이 아니다. 형식적인 추론 지도를 위한 새로운 교수 전략을 모색하는 것과 함께 이를 위한 교수 경로 개발을 목표로 하는 공동의 노력이 필요하다. 이러한 연구에서 핵심적으로 다루어야 할 요소는 변이의 아이디어와 확률을 연결시키는 것이다.

### 참고문헌


Aspinwall, L., & Tarr, J. E. (2001). Middle school students' understanding of the role sample size plays in experimental probability. *Journal of Mathematical Behavior, 20*, 229-245.

Biehler, R. (1994). Probabilistic thinking, statistical reasoning and the search for causes: Do we need a probabilistic revolution after we have taught data analysis? In J. Garfield (Ed.), *Research Papers from The Fourth International Conference on Teaching Statistics*, Marrakech 1994. Minneapolis, MN: University of Minnesota.

Biehler, R. (1997). Students' difficulties in practicing computer-supported data analysis: Some hypothetical generalizations from results of two exploratory studies. In J. Garfield & G. Burrill (Eds.), *Research on the role of technology in teaching and learning statistics* (pp. 169-190). Voorburg, The Netherlands: International Statistical Institute.

Biehler, R. (2001, September). *"Girls (tend to) watch less television than boys" — Students' hypotheses and data exploration strategies in group comparison tasks*. Paper presented at LOGOS #10, Mathematics Education Unit, Department of Mathematics, The University of Auckland, New Zealand.

Biggs, J.B., & Collis, K. F. (1982). *Evaluating the quality of learning: The SOLO taxonomy*. New York: Academic Press.

Cobb, G., & Moore, D. (1997). Mathematics, statistics and teaching. *The American Mathematical Monthly, 104*(9), 801-823.

Curcio, F. (1987). Comprehension of mathematical relationships expressed in graphs. *Journal for Research in Mathematics Education, 18*(5), 382-393.

Davis, P., & Hersh, R. (1986). *Descartes' dream*. Orlando, FL: Harcourt Brace Jovanovich.

DelMas, R., Garfield, J., & Chance, B. (1999). A model of classroom research in action: Developing simulation activities to improve students' statistical reasoning. *Journal of Statistics Education 7*(3). [Online: www.amstat.org/publications/jse/v7n3]

Garfield, J., & Ahlgren, A. (1988). Difficulties in learning basic concepts in probability and statistics: Implications for research. *Journal for Research in Mathematics Education, 19*(1), 44-63.

Gravemeijer, K. (1998). Developmental research as a research method. In A. Sierpinska and J. Kilpatrick (Eds.), *Mathematics education as a research domain: A search for identity* (Book 2, pp. 277-295). Dordrecht, The Netherlands: Kluwer Academic Publishers.

Joiner, B. (1994). *Fourth generation management*. New York: McGraw-Hill Inc.

Jones, P., Lipson, K., & Phillips, B. (1994). A role for computer intensive methods in introducing statistical inference. In L. Brunelli & G. Cicchitelli (Eds.), *Proceedings of the First Scientific Meeting of the International Association for Statistical Education* (pp. 199-211). Perugia, Italy: University of Perugia.

Key Curriculum Press Technologies (2000). *Fathom*. Emeryville, CA: Author.

Konold, C. (1994). Understanding probability and statistics through resampling. In L. Brunelli & G. Cicchitelli (Eds.), *Proceedings of the First Scientific Meeting of the International Association for Statistical Education* (pp. 255-263). Perugia, Italy: University of Perugia.

Konold, C., & Miller, C. (1995). *DataScope*. Santa Barbara, CA: Intellimation Library for the Macintosh.

Konold, C., & Pollatsek, A. (2002). Data analysis as the search for signals in noisy processes. *Journal for Research in Mathematics Education, 55*(4), 259-289.

Konold, C., Pollatsek, A., Well, A., & Gagnon, A. (1997). Students analyzing data: Research of critical barriers. In J. Garfield & G. Burrill (Eds.), *Research on the role of technology in teaching and learning statistics* (pp. 151-168). Voorburg, The Netherlands: International Statistical Institute.

Konold, C., Robinson, A., Khalil, K., Pollatsek, A. Well, A., Wing, R., & Mayr, S. (2002). Students' use of modal clumps to summarize data. In B. Phillips (Ed.), *Proceedings of the Sixth International Conference on Teaching Statistics: Developing a statistically literate society*, Cape Town, South Africa. [CD-ROM]. Voorburg, The Netherlands: International Statistical Institute.

Lightner, J. (1991). A brief look at the history of probability and statistics. *Mathematics Teacher, 84*(8), 623-630.

Lipson, K. (2002). The role of computer based technology in developing understanding of the concept of sampling distribution. In B. Phillips (Ed.), *Proceedings of the Sixth International Conference on Teaching Statistics: Developing a statistically literate society*, Cape Town, South Africa. [CD-ROM], Voorburg, The Netherlands: International Statistical Institute.

Lipson, K., Kokonis, S., & Francis, G. (2003). Investigation of statistics students' experiences with a web-based computer simulation. In *Proceedings of the International Association of Statistical Education Satellite Conference on Statistics Education: Statistics education and the internet*, Berlin [CD-ROM]. Voorburg, The Netherlands: International Statistical Institute.

McClain, K., Cobb, P., & Gravemeijer, K. (2000). Supporting students' ways of reasoning about data. In M. Burke & F. Curcio (Eds.). *Learning mathematics for a new century: 2000 Yearbook* (pp. 174-187). Reston, VA: National Council of Teachers of Mathematics.

Metz, K. (1999). Why sampling works or why it can't: ideas of young children engaged in research of their own design. In F. Hitt & M. Santos (Eds.), *Proceedings of the 21st annual meeting of the North American Chapter of the International Group for the Psychology of Mathematics Education* (Vol. 2, pp. 492-498). Cuernavaca, Mexico: PME.

Moore, D. (1990). Uncertainty. In L. Steen (Ed.), *On the shoulders of giants: new approaches to numeracy* (pp. 95-137). Washington, D.C.: National Academy Press.

New Zealand Qualifications Authority (2001). *Level 1 achievement standards: Mathematic* [Online]. Available: http://www.nzqa.govt.nz/ncea/ach/mathematics/index.shtml

Pfannkuch, M., & Horring, J. (2004). *Developing statistical thinking in a secondary school: A collaborative curriculum development*. Unpublished manuscript, The University of Auckland, New Zealand.

Pfannkuch, M., & Wild, C. J. (2003). Statistical thinking: How can we develop it? In *Proceedings of the 54th International Statistical Institute Conference* [CD-ROM],

Voorburg, The Netherlands: International Statistical Institute.

Pfannkuch, M., Rubick, A., & Yoon, C. (2002). Statistical thinking: An exploration into students' variation-type thinking. *New England Mathematics Journal, 34*(2), 82-98.

Saldanha, L., & Thompson, P. (2001). Students' reasoning about sampling distributions and statistical inference. In J. Garfield, D. Ben-Zvi, & C. Reading (Eds.), *Background Readings of the Second International Research Forum on Statistical Reasoning, Thinking, and Literacy*, (pp. 291-296). Armidale, Australia: Centre for Cognition Research in Learning and Teaching.

Saldanha, L., & Thompson, P. (2002). Conceptions of sample and their relationship to statistical inference. *Educational Studies in Mathematics, 51*(3), 257-270.

Scheaffer, R. (1992). Data, discernment and decisions: an empirical approach to introductory statistics. In F. & S. Gordon (Eds.), *Statistics for the twenty-first century*. (MAA Notes, Number 26, pp. 69-81). Washington, D.C.: The Mathematical Association of America.

Scheaffer, R., Watkins, A., & Landwehr, J. (1998). What every high school graduate should know about statistics. In S. Lajoie (Ed.), *Reflections on statistics: learning, teaching, and assessment in Grades K-12* (pp. 3-31). Mahwah, NJ: Lawrence Erlbaum Associates.

Shaughnessy, M. (2003). Research on students' understandings of probability. In J. Kilpatrick, W. G. Martin, & D. Schifter, (Eds.), *A research companion to Principles and Standards for School Mathematics* (pp. 216-226). Reston, VA: National Council of Teachers of Mathematics.

Simon, J., Atkinson, D., & Shevokas, C. (1976). Probability and statistics: Experimental results of a radically different teaching method. *American Mathematical Monthly, 83*, 733-739.

Skovsmose, O., & Borba, M. (2000). *Research methodology and critical mathematics education* (Publication No. 17). Roskilde, Denmark: Centre for Research in Learning Mathematics, Roskilde University.

Stohl, H., & Tarr, J. E. (2002). Developing notions of inference using probability simulation tools. *Journal of Mathematical Behavior, 21*, 319-337.

Watson, J. M. (2001). Longitudinal development of inferential reasoning by school students. *Educational Studies in Mathematics, 47*, 337-372.

Watson, J. M. (2002). Inferential reasoning and the influence of cognitive conflict. *Educational Studies in Mathematics, 51*, 225-256.

Watson, J. M. (2004). Developing reasoning about samples. In D. Ben-Zvi & J. Garfield (Eds.), *The challenge of developing statistical literacy, reasoning, and thinking* (pp. 277-294). Dordrecht, The Netherlands: Kluwer Academic Publishers.

Watson, J. M., & Moritz, J. B. (2000). Development of understanding of sampling for statistical literacy. *Journal of Mathematical Behavior, 19*, 109-136.

Wild, C. J., & Pfannkuch, M. (1999). Statistical thinking in empirical enquiry (with discussion). *International Statistical Review, 67*(3), 223-265.

Wild, C. J., & Seber, G. (2000). *Chance encounters: A first course in data analysis and inference*. New York: John Wiley & Sons, Inc.

# 5부

# 교사와 확률

12장

# 불확실성의 수학화에 대한 교수-학습: 역사적 · 문화적 · 사회적 · 정치적 맥락에서

BRIAN CREER and SWAPNA MUKHOPADHYAY

> 윤리학(ethics)은 우리가 행하는 것을 다루는 학문 분야이다. 확률은 가치를 좌우하지는 않지만 공적으로 행해지는 모든 합리적 선택의 근거가 된다. 어떠한 공적인 의사결정이나 위험 분석, 환경의 영향, 군사 작전 등도 확률에 의해 설명되는 의사결정이론에 의하지 않고는 실행될 수 없다. 우리는 의견을 객관성이라는 이름으로 포장함으로써 계산(computation)으로 판단을 대신한다. (Hacking, 1990, p. 4)

## 01 도입

이 책은 학교에서 확률을 어떻게 효과적으로 가르칠 것인가에 대해 내용적 측면과 교수학적 측면 모두에서 천천히 살펴볼 수 있는 기회를 제공한다. 그러나 이 장에서는 수학교육이 무엇을 **위한** 것인가와 같은 보다 폭넓은 질문의 일부로서 "어떻게"를 넘어서 "왜"를 추가하고자 한다. 따라서 교육의 맥락을 역사적 · 문화적 · 사회적 · 정치적 측면에서 좀더 폭넓게 바라보고자 한다.

이 장의 첫 번째 절에서는 수학의 한 분야로서 역사적으로 그 적용과 밀접하게 관련하여 성장한 확률의 개념 발달에 대해 살펴본다. 두 번째 절에서는 현대 사회에서 확률의 역할을 알아보고, 이러한 분석을 통해 "확률을 왜 가르치는가?"와 같은 핵심적인 질문을 다루기 위한 맥락을 설정한다. 이는 물리적, 사회적 세계를 이해하기 위한 도구로서 확률적 사고를 이해하는 것이 교육적으로 얼마나 중요한지를 논의해 볼 기회를 제공한다. 마지막 절에서는 이러한 노력이 직면한 난관에 대해 고찰하고 이에 대처하기 위한 방안을 모색한다.

## 02 역사적 개념 발달

### 수학적 확률의 출현

인간의 삶은 불확실성의 연속이며 수 세기 전부터 여러 문화권에서 예언, 도박, 우연 게임, 법률, 보험과 같은 사회적 현상을 통해 직·간접적으로 확률을 인식하고 있었음에도 불구하고, Davis & Hersh(1986, p. 21)가 지적하였듯이 "확률 이론의 출현이 늦어진 것은 현대 과학의 수수께끼 중 하나"이다. 1654년에 드 메레(de Méré)가 파스칼(Pascal)에게 제기한 문제를 파스칼과 페르마(Fermat)가 서신왕래를 통해 해결하였기 때문에 일반적으로 1654년이라는 특정한 해를 확률 이론이 시작된 시기로 지목하고 있으며, 확률 이론과 응용 모두가 급속도로 발전한 시기는 17세기 후반으로 간주한다.

불확실성의 수학화가 늦게 발달한 이유를 밝히는 것은 수학사나 과학사 연구자들에게 좋은 탐구 주제가 되었다(예, Daston, 1988; David, 1962; Franklin, 2001; Hacking, 1975). Hacking(1975)은 이러한 연구가 제시한 이유 중에서 설득력이 약한 가설을 다음과 같이 구체화하고 평가하였다.

1. 결정론에 대한 집착. Hacking(1975)은 우연에 대한 연구가 시작되면서 오히려 기계적인 결정론이 함께 출현하였다고 주장하면서 이 가설을 기각하였다.
2. 신의 모습은 제비뽑기와 같은 무작위 과정에서 드러난다는 신념 때문에 무작위성에 대한 이론을 다루는 것은 불경한 것으로 간주되었다. 이 가설은 도박이 만연한 이유를 설명하지 못한다.
3. 실험적 근거의 결핍(예를 들어, 등확률 사건의 아이디어가 출현하기 위해서는 비대칭적인 뼛조각이 아니라 정확하게 대칭적으로 만들어진 주사위가 필요하다). Hacking(1975)은 카이로의 유물 박물관에 있는 고대 주사위의 균일성(uniformity)을 실험적으로 입증함으로써 이 가설에 반론을 제기하였다.
4. 경제적 필요와 관련된 마르크스주의자들의 설명(17세기에 들어서야 채권이나 보험이 등장하였으며 이로부터 확률과 통계 이론에 대한 사회적 요구가 형성되었다). Hacking(1975)은 본격적인 확률 이론이 발달하는데 사회적인 요구와 과학적인 문제가 촉매제 역할을 한 것은 사실이지만 확률 이론의 기원에 대한 이러한 유형의 설명에는 반대하였다.

5. 산술, 미적분과 같은 수학 자체가 확률이 발달할 수 있을 만큼 준비되어 있지 않았다. 그러나 확률 상황을 수학화하는데 미적분이 기본적으로 필요한 것도 아니며, 계산 도구의 한계로 조합론에 대한 초기 연구가 방해를 받은 것도 아니다.

Hacking(1975, p. 12)에 따르면 현대적인 확률 개념이 출현하게 된 배경을 설명하기 위해서는 다음과 같이 2가지 측면을 통합하여 살펴볼 필요가 있다: "한 가지는 우연 현상에 대한 통계적 법칙 자체를 다루고자 하는 통계적 이유이고, 다른 하나는 통계적 배경이라고는 전혀 없는 주장과 관련된 신념의 합리성을 평가하고자 하는 인식론적 이유이다."

확률에 대한 개념적 발달을 초래한 인식론적 전이는 근거에 대한 새로운 아이디어가 생겨났기 때문인데, 근거는 "권위자들"에 의해 공표되는 것이 아니라 본질적으로 권위를 재배치함으로써 얻어지는 결과라는 아이디어가 그것이다. 그 결과 우연게임을 분석하는 과정에서 파생된 확률 개념을 다른 현상에 적용하는 것이 가능해졌다.

Garber & Zabell(1979), Franklin(2001) 등은 Hacking(1975)의 주장을 반박하였다. Franklin(2001)은 법이나 의학과 같은 영역의 사례에서 보듯이 17세기 이전에도 확률 이론이 **있었다**고 강력하게 주장하면서(p. 330), 보다 엄밀하고 적절한 질문은 "17세기 이전에는 … 왜 주사위 던지기에 대한 수학적 이론이 널리 알려지지 않았는가?"(p. 331)라고 지적하였다.

Franklin(2001)이 제안한 설명의 핵심은 17세기에는 2가지 측면에서 수학적인 문화가 급속도로 성장하였다는 것인데, 이는 단지 확률에만 국한되는 것이 아니라 수학의 다른 영역에도 적용된다. 첫째, 이 시기에는 변증법적 논의에 참여하는 비평적인 수학자 집단이 있었으며, 둘째, 기본적인 수학적 도구(십진 기수법, 방향수(directed number), 대수적 기호화, 해석기하적 그래프, 로그 등)가 폭넓게 발달하여 보급되었다. 1657년에 확률에 대한 첫 번째 논문을 쓴 호이겐스(Huygens)는 확률을 다루는데 대수가 엄청난 도움을 주었다고 설명하였다(참조, Franklin, 2001, pp. 332-333).

또한 Franklin(2001)은 추가로 2가지 이유를 더 제시하였다. 첫째(p. 334), 주사위 던지기는 지적인 흥미를 자극하지 않았기 때문에 갈릴레오와 같은 초기의 많은 학자들의 연구에서 아주 약간은 주목을 받았지만 지속적으로 분석되지 못하였다. 둘째, 우연은 과학으로 설명할 수 없는 것이기 때문에 우연에 대한 과학이 있을 수 없다는 신념이 존재하였다. "우연은 … 이성이 어떤 역할을 하기에는 심리적인 불모지와 같다" (Franklin, 2001, p. 337). Garber & Zabell(1979)에 따르면 Hacking(1975)은 17세기 중반 이전에도 확률 개념이 존재하였다는 증거를 과소평가함으로써 급속한 개념적 변혁에 주의를 기울일 수 없게 하였다.

이 장을 통해 위와 같은 저명한 학자들의 역사적이고 철학적인 논쟁을 해결하고자 하는 것은 아니다. Daston(1988, p. 8)은 "선행 개념을 탐색하는 것은 어려운 일로, 확률적 사고의 원형을 드러내는 것은 어디에도 있을 수 있고 아무데도 없을 수도 있다"고 언급한 바 있다. 그러나 이러한 논쟁은 극도로 복잡한 사회적·문화적·정치적 상황 속에서 나타났으며, 사회-역사적 해석에 의존하였기 때문에 오늘날의 확률 교육에 중요한 함의를 갖는다.

다음 세기에는 확률을 적용하여 물리적·사회적 현상을 모델링하는 활동이 급속하게 확산되는 것을 볼 수 있는데, Bernstein(1996), Franklin(2001), Hacking(1975, 1990), Krüger, Daston, & Heidelberger(1987)를 통해서 확인할 수 있다. 이제 바로 20세기와 21세기로 넘어가고자 한다.

### 최근의 지속적인 발전

확률과 관련된 주요 이슈에 대한 논의와 개념적 재구조화가 현대까지 계속되고 있으며 이러한 현상은 앞으로도 지속될 것이다. 우연과 결정론에 대한 가장 기본적인 철학적 질문은 여전히 미해결인 채로 남아있다. Hacking(1990, p. 1)에 따르면 "20세기에 일어난 가장 결정적인 개념적 사건은 세계가 결정론적이 아니라는 사실이 물리학을 통해 밝혀진 것이다." 반면 Stewart(1989, p. 22)에 따르면 "수학자들은 질서와 혼란을 결정론적인 현상의 2가지 다른 측면으로 파악하기 시작하였다."

가장 기본적인 이와 같은 철학적 질문과 함께 확률 이론의 지속적인 발전과 적용, 이 둘 사이의 상호작용을 보여주는 다양한 예가 존재한다. 간단히 살펴보면 이러한 현상은 다음과 같은 사례에서 드러난다.

- 수학을 불확실하고 부정확한 영역으로 확장. 예를 들어 퍼지 이론과 가능성 이론(Yager, Ovchinnikov, Tong, & Nguyen, 1987), 무작위성을 복잡성과 연결시킨 Chaitin(1975)의 연구.
- 확률론에 주관적 확률의 특징과 신념의 정도를 포함시키려는 시도.
- 응용 상황에 대한 뜨거운 논쟁. 예를 들어 심리학에서 사용되는 통계적 검사의 논리성에 대해 제기되는 논쟁(Harlow, Mulaik, & Steiger, 1997).
- 직관과 이론의 관계에 대한 명료화(예, Griffiths & Tenenbaum, 2001).

Hacking(1990)에 따르면 확률은 "20세기 초반의 철학적인 성공담"이라고 특징지을 수 있음에도 불구하고, 어떤 역사학자들이 확률의 지위를 수학에서 별로 중요하게 인정하지 않았다는 사실은 현대 확률론의 역사에서 1가지 특이한 사실이다. 예를 들어,

Kline(1972)은 20세기 초반까지의 수학에서 주요한 아이디어를 요약하였는데, 천 페이지가 넘는 그의 저서에서 확률에 대한 내용은 〈16-17세기의 산술과 대수〉라는 장에 "이항정리 및 그와 관련된 주제"라는 하나의 절로 아주 간단하게 언급하였을 뿐이다. 이 책의 서문(Kline, 1972, Vol.1, p. x)에서 클라인(Kline)은 "수학에서 확률론과 같은 어떤 발전은 … 오늘날에는 중요하지만, 당대에는 거의 중요한 역할을 하지 못하였다."고 설명하였다.

### 비유럽적인 관점의 부족

유럽에서 수학적인 확률이 늦게 출현한 것처럼 다른 문화권에서도 그 발달이 더디게 일어난 것 같다. 유럽 중심적 가치에 따라 특히 산술, 대수, 기하와 관련하여 수학사를 다루어온 불균형에 반발하여 최근 10여 년간 많은 노력이 진행되었으나, 확률과 관련하여 필적할 만한 연구는 거의 존재하지 않는다. "확률"은 《문화를 아우르는 수학(Mathematics Across Cultures, Selin, 2000)》와 같은 민속수학(ethnomathematics)의 주요 연구 목록에 포함되지 못하였다. 그러나 우연게임과 도박에 대한 심도 깊은 연구가 수천년 동안 다양한 문화권에서 존재하였으며(Bennett, 1998; David, 1962), "천문학, 예술, …, 의학, 화학, 보험" 등과 같은 영역에서뿐만 아니라 종교에서도 우연과의 관계가 연구되었다(David, 1962; Gabriel, 1996). 17세기 이전까지의 유럽에서처럼 이러한 모든 연구에서 수식으로 작성된 형식적인 수학적 활동은 제한적으로 일어났다. 예를 들어, 고대 중국이나 인도에서 발달한 조합론이 정교하게 다루어진 예는 거의 존재하지 않는다(Biggs, 1979).

그러나 이상과 같은 이유로 비유럽 문화권에서는 확률적 사고가 높은 수준으로 발달하지 못하였다고 말할 수는 없다. 유럽 중심적 관점에서 수학사를 탐구할 수밖에 없었던 이유는 그 외 문화권에 대한 자료가 발견되지 않았음을 의미한다. 또한 모든 문화권에서 수학의 기원은 다양한 인간 활동, 신념, 사회적 목적과 분리될 수 없다. 따라서 비유럽 문화권에서도 확률적 사고가 존재하였음을 보여주는 보다 많은 중요한 증거가 존재할 것이며, 현재까지는 각각의 문화권 속에서 이러한 증거가 아직 구체화되지 못하였을 뿐이다. 특히 Hacking(1975, p. 8)은 "인디언들이 해박한 확률 지식을 지니고 있었다는 사실이 현재 우리에게 알려지지 않았다"고 주장하였다. 기원전 400년과 기원후 400년 사이에 쓰인 것으로 보이는 인디언 서사시인 〈마하바라타(Mahabharata)〉에는 확률에 대한 정교한 이해를 필요로 하는 도박 전략과 관련된 설명이 풍부하게 제시되어 있다.

### 역사적·개념적 발달의 타당성

확률적 아이디어가 발생한 역사를 살펴보는 것은 심리적·사회적 관점에서 확률 교수-학습에 대한 주요한 논점을 드러내기 때문에 교육과 밀접한 관련이 있다. 확률 개념의 역사적 발달과 인지적 발생 사이에 정확한 평형성이 존재한다고 볼 필요는 없지만 확률적 사고가 발생한 역사적 과정을 연구함으로써 학생들의 학습에 영향을 주는 인지적 장애와 오개념에 대한 통찰을 얻을 수 있다. 1가지 예로, Hacking(1975, p. 3)과 Stewart(1989, p. 22)가 제안하였던 것처럼 결정론적 사고와 확률적 사고 사이의 상호보완적이고 공생적인 관계는 피아제가 제시한 확률적 사고 발달 이론에서 강조된 바 있다(Piaget & Inhelder, 1951/1975). 두 번째 예로, 확률의 기원에 대한 논의에서 Daston(1988, p. 13)은 다음과 같은 차이에 대해 설명하였다: "나는 수학적 확률의 기원과 개념적 확률의 기원이 서로 같다고 생각하지 않는다."

Fischbein(1975, p. 75)은 이러한 차이에 대해 다음과 같이 다시 언급하였다: "승산(odds)을 분명하고 정확하게 계산하기 위한 확률 **개념**과 승산을 주관적이고 총체적으로 추정하기 위한 확률 **직관**을 구별해야 한다."

확률과 그 응용에 대한 역사적 과정을 살펴봄으로써 맥락 속에서 발생하는 수학의 예를 풍부하게 보여줄 수 있다. 또한 이론과 응용이 상호작용하는 사례를 통해 모델링 과정의 본성도 적절하게 제시할 수 있다. Freudenthal(1973, p. 583)은 "수학이 무엇인지 사람들에게 설명할 때 확률이 가장 설득력이 있는 예이다."와 같이 말하기도 하였다.

## 03 현대사회에서 확률

### 일상생활에서 확률

불확실성이 실생활에 널리 퍼져 있음에도 불구하고, 사람들의 확률적 직관이 폭넓게 발달하지 못한 것은 어떻게 보면 상당히 역설적이다. Franklin(2001)은 확률적 사고의 3가지 수준을 다음과 같이 구분하여 설명하였다.

1. 무의식적 추론, 하위상징적(subsymbolic) 수준에서 뇌로부터 자동적으로 전달되는 불확실한 상황에 대한 반응.
2. 확률에 대한 일상 언어적 사고, 이 수준에서는 법률에서 말하는 "합리적인 의심을 넘어서는 증거"나 과학자 또는 수사관이 자신의 가설을 검증할 때 사용하는

비수치적 판단 등과 같이 수치가 전혀 사용되지 않는다.

3. 확률과 통계 교과서에서 찾아볼 수 있는 것과 비슷한 형식적인 수학적 사고. (Franklin, 2001, pp. ix-x)

첫 번째 수준은 생물학적인 진화의 결과이다. Franklin(2001, p. 324)은 “진화의 방향은 위험을 보통 이하가 되도록 도태시키는 쪽으로 진행”되는데, 이는 의식적인 검토로는 일어날 수 없는 반응이 실제로 일어나는 역설을 설명해 준다고 하였다. 진화적 인식론에 따르면 직관적인 확률적 판단은 약 3만 년에서 5만 년 전 문자 기호가 발달하기 이전의 인지 수준과 관련하여 설명될 수 있으며, 특히 지난 4천 년에서 6천 년에 걸친 문자의 발달과도 관련하여 살펴볼 수 있다(Kaput & Shaffer, 2002). 즉, 선택적 기억에 의해 생성된 편향은 인식 이전 단계에서 발생하는 것으로, 단편적이며 모방적이면서 기술적인 특징을 지닌다. 진화론적으로 최근에 들어서야 정교한 확률적 통찰을 발달시키는데 토대가 되는 환경을 적절히 재현하는 것이 가능해졌다. 아주 최근에 이르러 산업화 시대가 도래하면서 정치적 필요에 따라 기록을 보존하고 작업 결과를 표준화하여 재현할 수 있게 된 것이다.

Franklin(2001)이 제시한 두 번째와 세 번째 수준은 문화적인 진화의 결과이다. 확률의 발생 역사에 대한 연구가 진행됨에 따라 확률은 문화적 구성물로서 역사적으로 매우 철학적이면서 종교적인 성격을 지니며, 신념 및 가치와 깊게 관련되고 사회적 관행(법률과 관련된 결정, 보험, 도박, 게임 등)과도 연결된다는 사실이 드러났다. 두 번째 수준의 확률적 사고는 잘못된 직관, 오류, 미신, 종교적 확신, 이데올로기 등에 의해 직접적으로 영향을 받으며, 세 번째 수준에서 나타나는 통찰의 결핍과 결합되어 대중적인 담화와 의사결정(예를 들어 아래에서 논의될 법률적 과정과 같은) 상황에서 드러나게 된다. Franklin(2001, p. ix)에 따르면 “인류는 1654년 이전과 이후에도 수학자들의 도움 없이 불확실성에 대처”하여 왔지만, 사회가 점점 수학적으로 다듬어지면서 이러한 대처에 한계가 드러나기 시작하였다(Davis & Hersh, 1986).

일상생활에서 확률의 역할이 분명하게 인식되고 있다. Hacking(1990, p. 4)은 “황금시간대의 미국 TV방송을 살펴보면 노골적인 폭력 행위보다 확률에 대한 노골적인 진술이 훨씬 더 많다(광고를 세었을 때).”고 하였다. 많은 사람들이 염려하는 바는 대부분 확률과 관련된다: 방사능 유출의 가능성, 암에 걸릴 가능성, 강도 피해를 당할 가능성, 지진이 일어날 가능성, 핵전쟁이 일어날 가능성, AIDS에 걸릴 가능성, 지구 온난화 가능성 등.

위험을 평가하는 기술적 조작이나 형식적인 의사결정 방법, 여론 조사 기법과 확률 모델링의 범위 등은 신문 머리기사에 가려서 일반 대중들에게 제대로 알려져 있지 않다. 교육이 직면한 난제는, 대중이 관심을 갖는 현상을 확률적으로 형식화한 것과 이러한 모델링 활동의 전제와 목표, 한계를 윤리적인 관점에서 비평적으로 바라보려는 대중의 능력 사이에서 발생하는 간극이다. 사회적 실제를 모델링하는 데 수학이 지닌 한계와 관련하여 보일 수 있는 적절한 반응은 회의주의(skepticism)이다(Davis & Hersh, 1986).

수학은 세상을 바라보는 시각을 반영할 뿐만 아니라 그러한 시각을 형성하기도 하므로 "현실의 일부가 모델링되거나 재모델링될 때 이러한 모델링 과정 자체가 현실에 영향을 미친다"(Skovsmose, 2000. p. 5)는 것을 인식하게 됨으로써 이상과 같은 난제의 중요성이 부각되었다. 한편, Skovsmose(2000)가 언급한 "수학의 구성적인 힘"은 기술공학적 발전에 의해 확대되었지만 이것이 새로운 현상은 아니다. Stewart(1989, p. 39)는 역사적으로 "규칙적인 세상에 규칙적인 모델과 신념. 결정론적인 세상에 결정론적인 수학적 모델과 신념"이 있었다고 간결하게 설명한 바 있다. Hacking(1990)은 확률과 통계의 발달이 어떻게 대중과 사회의 본성에 대한 현대 서구의 관점을 바꾸었는지 연구하였다. 또한 Hacking(1990)은 물리적 현상에서는 나타나지 않는 사회과학의 특징을 "비정상이기를 원하는 사람은 없기 때문에 '사람들 대부분'은 스스로가 정상이 되려고 노력하며, 이는 거꾸로 정상이 의미하는 바에 영향을 미친다."(p. 2)와 같은 피드백 효과로 설명하였다.

### 교과목으로서 확률

비교적 최근에 와서야 확률은 여러 나라에서 수학 교육과정의 주류로 다루어졌다(예, Ahlgren & Garfield, 1991; Shaughnessy, 1992). 대부분의 경우 확률에 대한 교사의 준비성에 대해서는 특별히 주목하지 않았고(14장 참조), 확률을 역사적·사회적 맥락과 관련하여 다루지 않았으며 확률에 대한 인식론적 복잡성과 교수학적 어려움에 대해 충분히 의식하지 못하였다. Howson(1991)은 유럽 13개 나라와 일본의 교육과정을 비교하였는데, 이는 영국 국가 교육과정의 서문을 비평하기 위한 의도에서 수행된 것이다. Howson(1991)는 "어떤 교육과정도 이를 실행하는 지도 역량과 별개로 고려될 수는 없다"(p. 26)고 하면서 확률과 관련하여 "확률 교육에 대해 검토되지 않은 낙관적인 여러 전제가 존재한다"(p. 32)와 같이 구체적으로 기술하였다. Ahlgren & Garfield(1991, p. 107)는 "교육과정에 새로운 주제를 포함시킬 때, 이와 관련하여 학생들이 우선적으로 알아야 하는 것은 무엇이며, 이를 왜 알아야 하는지, 이를 활용하는 방법은 무엇이며 새로운 교육과정을 설계하고 실행하는데 발생할 수 있는 어려움은 무엇인지 등이 검토되지 않았을 때 발생할 수 있는 위험"을 경고한 바 있다.

각각의 교육 체제에서 확률을 주류 교육과정에 포함시킨 것은 정치적 의도, 교육적 동향, 영향력 있는 개인이나 이러한 개인이 모여서 구성한 단체의 관심 등에 의한 것이라고 분석할 수 있다. 가장 설득력 있는 분석은 Truran(2001)이 제시한 "광역 생태학적 모델(Broad-scope ecological model)"(p. 186)로, 이는 호주 남부에서 수학 교육과정에 확률이 도입된 상황을 설명해 준다. 이 모델은 여러 이해 집단 사이의 상호작용을 강조한다: 사회적·물리적·학문적(수학 및 수학교육으로 세분된)·교수학적·카리스마적(Charismatic).

다른 연구자들은, 예를 들어 영국과 프랑스의 교육과정에서 일어난 변화의 이면에 있는 요인을 분석하였다. Howson(1991, 3장)은 영국 학생들의 낮은 학업 성취도에 대한 **정치적** 대응으로 1989년에 잉글랜드와 웨일스(스코틀랜드 및 북부 아일랜드와는 약간의 차이를 둔 채로)에서 국가 교육과정이 의무화되었다고 설명하였다. 이 국가 교육과정의 한 "영역"인 "자료 분석(data handling)"에는 확률과 통계가 포함되었다. 많은 사람들은 교육과정이 매우 세부적인 평가 준거가 되고 수업에 직접적으로 영향을 미치기 때문에, 특히 통계에서는 통계적 사고의 본질이나 통계에 대한 과학적·사회적 중요성을 언급하지 않은 채 기법(techniques)을 지도하는 것에만 집중하고 있다고 지적하였다(Holmes, 2002). 이러한 지적이 있은 후에 상황은 다소 나아져서 확률에서 다루는 내용 중에서 기법적인 측면은 많이 감축되었으며, 실질적인 적용이나 사회생활에서 확률의 중요성을 강조하는 내용이 좀더 포함되었다.

홈스(Holmes)는 개인과 조직이 갖는 역할의 중요성에 대해 스스로 모범을 보여주었는데, 이는 Truran(2002) 모델의 카리스마적 요소와 관련이 있다. 홈스는 1983년 셰필드에 통계교육 국립 센터를 설립하는데 앞장섬으로써 학교에서 통계를 교과 내용으로 가르치도록 권고하는데 주목할 만한 기여를 하였다. 또한 홈스는 1982년에 셰필드에서 처음으로 개최된 ICTS(International Conference on Teaching Statistics)에서도 큰 역할을 하였다.

Parzysz(2003)는 프랑스에서 진행된 확률과 통계 교육의 발달을 개관하였다. 고등학교에서 확률이 처음 소개된 것은 "현대 수학"이 도입된 시기와 비슷하다. 이러한 이유로 고등학교 수학에서 집합론, 콜모고로프(Kolmogorov) 공리 등이 다루어졌으며 확률은 근원사건의 발생 가능성이 같다고 가정된 상황에서만 지도되었다. 1980년대에는 확률이 별로 강조되지 않았으며, 1991년에는 빈도적 접근이 소개되었다. 2000년 이후가 되어서야 교육과정에서 확률을 "이론적인 도수"로 뒤늦게 소개함으로써 이를 활용하여 도수분포의 변이성을 탐구할 수 있게 되었다(Parzysz, 2003).

미국의 상황은 국가 교육과정이 없다는 점에서 다르긴 하지만, 가장 유사한 것으로

《학교 수학의 원리와 규준(Principles and Standards for School Mathematics, NCTM, 2000)》이 있다. 9~12학년에 제시되어 있는 "확률의 기본 개념에 대한 이해와 적용"(pp. 331-333)이라는 단원에서는 확률 모델을 적용할 때 필수적인 전제에 대해 논의하도록 요구하였다. 1가지 예로는 자동차의 바퀴 위치에 따라 장시간 주차한 것인지를 판단하는 스웨덴의 규칙이 있다. 이 예는 여러 가지 이유에서 아주 의미가 있다. 첫째, 이는 실제 사건에 근거하고 있다. 둘째, 바퀴 위치에 영향을 주는 것과 그렇지 않은 것에 대한 전제에 따라 다른 모델을 사용할 수 있다. 셋째, 학생들이 경험적으로 수집한 자료를 통해서 의견을 형성할 수 있다. 따라서 이 예는 별 생각 없이 도입되는 실생활 소재에 비하면 대단히 발전한 것으로 볼 수 있다.

위에서 제시된 《규준(Standards)》이 "유치원부터 12학년에 이르기까지 학생들의 수학교육에 영향을 주는 모든 결정을 위한 지침서(p. ix)"로서 매우 의미 있는 영향력을 갖기는 하지만, 이는 법적인 강제성이 없기 때문에 미국의 각 주에서는 자신들이 선호하는 나름의 교육과정 틀과 준거를 마련할 수 있다. 예를 들어, 《캘리포니아 학교 수학의 준거(Mathematics Framework for California School, CDE, 2000)》에 있는 확률 단원은 실생활 상황에서 확률을 적용할 때 일어날 수 있는 복잡성에 대해 전혀 언급하지 않는데, 이는 수학자들의 견해를 반영한 것으로 볼 수 있다.

한편, 확률을 가르치는 교사의 준비도가 충분하지 않음을 보인 연구가 있다. Nemetz(1997)는 중등학교 수준에서 아르헨티나, 호주, 오스트리아, 불가리아, 덴마크, 영국, 에스토니아, 핀란드, 프랑스, 가나, 헝가리, 이탈리아, 레바논, 리비아, 네덜란드, 폴란드, 스페인, 태국, 터키와 같은 19개국의 학자들을 대상으로 설문 조사를 실시하였다. 이 연구에 따르면 $\frac{2}{3}$ 정도의 국가에서 중등학교 교사가 되는데 확률에 대한 기초 과정 하나만을 이수하도록 요구하고 있으며, 확률 교육과 관련된 과정을 요구하는 나라는 단 두 곳에 불과하였다.

적절한 계획과 준비 없이 확률을 교육과정에 추가하는 것은 역효과를 낳을 수 있다. Ahlgren & Garfield(1991, p. 124)는 "확률 개념을 전염병, 의약품 검사, 교통사고 발생률, 범죄 수사, 복권 당첨, 초감각적 인지, 일기 예보, …와 같이 '실생활' 상황의 실제적인 관심사와 관련된 맥락에서 가르치지 않는다면, 확률을 교육과정에 포함시키는 것은 쓸모없는 일이 될 것이다."와 같이 주장하였다.

"Stochastics"이라는 용어는 확률과 통계의 결합을 일컫는 의미로(Shaughnessy, 1992), 교육과정에서 확률과 통계를 하나의 영역으로 함께 다루고자 하는 의도로 사용한다. 확률과 통계에서 다루는 다양한 개념들은 이 용어가 단순히 "정략결혼" 이상의 의미가 있음을 보여준다. 영국 국가 교육과정(DEE, 1999)의 교사용 안내서는 "문제 설정”, “자료 수집”, “분석과 표현”, “해석과 논의”라는 4단계 사이클을 통해 확률과 통계를 가르치도록 하였다. NCTM의 《규준(Standards)》에서는 조건부 확률과 통계적 독립성에 대한 핵심 아이디어를 적절하게 도입하는데 활용되는 도수분포표를 통해 확률을 추정하도록 함으로써(참조, Shaughnessy, 2003) 실생활 자료와 확률 사이의 연결성을 다루도록 권고하였다.

Falk & Konold(1992, p. 151)는 통계적인 연구를 진행하기 위한 배경 지식으로 확률을 간단하게 지도하고자 하는 편협한 견해를 반박하였다:

> 확률은 생각하는 방법이므로 그 자체를 학습하여야 한다. 현대에 들어 확률은 사고의 모든 영역에서 주요한 요소로 통합되었다. 현 세기에 초등 산술을 이해하는 것이 중요한 것처럼 21세기에는 확률을 이해하는 것이 중요하게 될 것이다.

이 장에서 다루어진 다양한 사실 중에서 긍정적으로 평가할 수 있는 하나의 분명한 흐름은 확률(과 통계)이 순수 수학의 한 분야로서만이 아니라 실제적인 문제에 적용하는 것과 관련하여 그 중요성이 강조되고 있다는 것이다. 자연과학 또는 사회과학에서 다루는 내용을 확률과 융합할 가능성이 열려 있기 때문에 확률이 적용되는 상황을 교과목에 포함시켜 가르치는 것은 보기에 따라서는 맥락을 좀더 복잡하게 만든다고 생각할 수도 있고 풍부하게 만든다고 생각할 수도 있다. 그러나 어떤 교육과정에서도 이러한 가능성이 체계적으로 구현된 사례는 거의 없으며, 학교에서 다루는 여러 과목의 자료(data) 분석을 다루는 공동 연구 프로젝트 하나가 있을 뿐이다(Holmes & Rouncefield, 1989).

## 04 왜 확률을 가르치는가?

앞 장에서 분석한 내용은 (a) 수학으로서 확률, (b) 교과목으로서 확률, (c) 대중의 삶의 일부로서 확률 사이의 관계에 대한 여러 가지 핵심 질문을 논의하는데 배경이 된다.

첫 번째 측면에서 볼 때, 학문으로서 수학과 교과목으로서 수학 사이의 관계는 단순하고 분명하다. 학교 수학의 목적은 다음 세대에게 수학이라는 문화적 유산을 경험하도록 하는 것이며, 확률 역시도 마찬가지이다. 그러나 이러한 입장은 확률을 형식적인 요소로 제한시키지 않을 때에만 유효하다. 확률을 “초등 수학에서 개념적으로 다루기에 가장 어려운 내용”이라고 특징지은 다음, Moore(1997, p. 95)는 다음과 같이 지적

하였다: "학생들은 수학이 설명하고자 하는 현상을 충분히 이해하지 못한 채 형식적인 내용만을 배우게 될 위험이 있으며, 이러한 위험에 분명히 직면하게 될 것이다." 확률은 너무 중요해서 수학자들에게만 맡겨놓을 수는 없다.

수학적인 이유 이외에 확률을 교육과정에 포함시키는 또 다른 이유는 현대 자연과학이나 사회과학에서 차지하는 확률의 중요한 역할 때문이다. 확률을 수학 내적인 측면에서만 다루는 것은 필수적이지도 않으며 바람직하지도 않다. 사고방식으로서 확률은 극도로 간학문적인 성격을 갖는다.

수학교육에서 확률의 중요성과 관련하여 일반적으로 설명되는 주된 이유는 확률이 경제적인 성장에 필수 요소라는 점이다. 이러한 견해에 따르면 확률은 상업 및 산업에 적용될 수 있기 때문에 중요하다.

> … 일상생활에서는 항상 이익, 주식, 시장 예측, 위험 평가 등을 다루어야 한다. 따라서 이러한 경제적 활동과 관련된 수학, 예를 들어 비와 비율, 운용 연구(operational research), 최적화, 체계적 분석과 의사결정이론 등과 같은 내용이 학교 수학교육의 일부가 되어야 한다.(Er-sheng, 1999, p. 58)

확률 이론을 개발하고 적용하기 위해서는 심화된 지식을 지닌 전문가 집단이 필요하지만 대중들은 이러한 전문 지식을 지닐 필요가 없다. 실생활에서 확률의 중요성이 강조되면서 학생들이 정보를 잘 다루는 비판적인 시민으로 성장할 수 있도록 적절한 교육을 진행하여야 할 필요성이 대두되었다. 이러한 목적의 핵심은 확률 모델링의 본성과 한계를 이해하도록 하는 것이다. 확률 모델링은 학생들에게 흥미를 줄 수 있고 이를 응용할 수 있도록 하기 때문만이 아니라 모델링 과정 자체를 지도할 수 있는 구체적이며 명확한 영역을 제공한다는 면에서 주요한 가치가 있다(1, 10, 11장 참조). 확률 교육의 목적에 대한 폭넓은 견해를 통해 물리적 세계의 여러 측면뿐만 아니라 사회 공동체나 학생들에게 중요한 정치, 사회적 쟁점을 모델링하는데 확률을 활용하게 되면 일상생활과 확률의 관계는 보다 분명하게 드러날 수 있다. 나아가 교육의 1가지 목적은, 세계를 바라보는 안목을 형성하는데 확률적 개념이 어떻게 기여하는지에 대한 통찰을 제공하는 것이어야 한다.

요약하면, 수학의 한 부분으로서 확률과 수학교육에서의 확률 사이의 관계가 보다 주의 깊게 분석될 필요가 있으며, 교실에서 다루어지는 확률과 일상생활에서 사람들이 개인적으로든 사회 구성원의 일원으로서든 활용하는 확률 사이의 연결성이 충분히 강조되어야 한다.

## 05 확률 교수-학습의 난제

수학 교사들이 당면한 문제는 다양한 사회 문화적 맥락을 통해 꾸준히 심화되고 있는 수학 교수-학습의 복잡성에서 기인한다. 또한 학생, 교사, 학교는 경제적 성장에 필요한 노동력 양성이라는 실리적인 목적을 추구하는 정치적인 압박을 받으며, 표준화된 평가에서 적절한 성과를 보여주어야 하는 책무성을 갖는다.

확률 교수-학습과 관련하여 가장 명확한 어려움은 확률적인 사고 자체가 기본적으로 매우 어렵다는 점이다. 이러한 측면은 이 책에서 충분히 다루어졌기 때문에 여기서는 확률 교수-학습에 영향을 주는 일반적인 요소에 대해 살펴보고자 한다.

### 교과목으로서 확률의 빈약한 표상

#### ■지나친 형식화

> 수학에서 자유로운 사고 활동의 본보기를 보여주는 이 영역이 그와는 정반대인 엄밀한 규칙의 체계로 바뀌는 것을 보는 것은 두려운 일이다.(Freudenthal, 1973, p. 590)

교육과정 지침이나 평가 도구의 압박 때문에 교육 내용을 공식으로 나열하거나 공식을 기계적으로 적용하는 것과 같이, 가르치기 쉬운 방식으로 다루고자 하는 경향이 있다. Nemetz(1997)는 16개 나라의 교육체제에서 드러나는 교육과정 접근법을 분석하여 표 24와 같은 결과를 얻었는데, 이 중에서 확률이 모델 구축을 위한 도구로 개발

| 교육과정 접근 | 도수 |
|---|---|
| 공리적 체계로서 개발된 | 5 |
| 확률로 가장한 조합론으로 | 9 |
| 항아리 문제와 게임으로 제한된 | 9 |
| 응용으로 확장된 | 5 |
| 모델 구축을 위한 도구로서 개발된 | 1 |
| 실험과 프로젝트 활동을 통해 개발된 | 2 |
| 추론적 논증을 강조하는 관점에서 | 1 |

표 29. 확률 교육에 대한 교육과정의 접근(Nemetz, 1997)

된 경우는 1가지뿐이었다.

전형적으로 수업과 평가 모두에서 예제는 상황을 공식에 정확하게 대응시키는데 별 문제가 없다는 방식으로 제시되어 왔다. 통계적인 독립성을 가정하기 힘든 예제에서도 이러한 사실이 암암리에 전제되거나 그렇게 가정하도록 지도되었다. 다음과 같은 흥미로운 예제가 있다: "평균적으로 폴은 일주일에 3번 자전거로 등교하며, 피터는 일주일에 2번 자전거로 등교한다. 어느 날, 두 학생이 모두 자전거를 타고 등교할 확률은 얼마인가?"

이 예제의 "모범" 답은 $\frac{3}{5}\times\frac{2}{5}=\frac{6}{25}$ 이다. 그러나 두 학생의 결정 모두에 영향을 미치는 날씨와 같은 요인이 있기 때문에 이 예제에서는 독립성을 가정할 수 없다. 따라서 확률은 $\frac{2}{5}$ 정도로까지 올라갈 수 있다. 가장 흥미로운 상황은 자전거가 1대뿐이라서 구하는 확률은 0이 될 수도 있다는 것이다.

심지어 전문가들조차도 1가지 정확한 모델이 존재한다고 가정하는 경향이 있다. Davis & Hersh(1986, p. 24)가 제시한 "루카 문제(Luca's problem)"를 생각해 보자.

> A와 B가 동전을 던져서 내기를 한다. 앞면이 나오면 A가 이기고 뒷면이 나오면 B가 이긴다. 내기에 걸린 상금은 100달러이고 6번을 먼저 이긴 사람이 상금을 차지하기로 하였다. A가 5번을 이기고 B가 3번을 이긴 상황에서 내기를 중단하게 되었다. 상금을 어떻게 분배하면 좋을까?

표준 이론에 따르면 "정확한" 답은 $\frac{7}{8}:\frac{1}{8}$의 비율로 A가 더 가지는 것이며, 이 답은 다른 조건 없이 거의 모든 교과서에 제시되어 있다. 그러나 Davis & Hersh (1986, p. 27)에 따르면 이 문제와 관련하여 다른 모델을 필요로 하는 다양한 조건이 존재하며 따라서 답도 여러 가지가 있을 수 있다. 수학을 유일하고 정확한 답을 이끌어내는 활동으로 개념화한 교사들에게 확률이 갖는 이러한 개방성이 어려움을 초래할 수 있다. Hawkins(1990, p. ix)는 다음과 같이 설명하였다.

> 통계를 지도하는 교사들은 수학적인 배경에서 관습적으로 형성되어 온 접근에 따라 통계를 "하나의 옳은 방법", "하나의 옳은 답"으로 다루려는 시도에서 벗어나야 한다. 교사들은 통계적 활동 전반에 걸쳐 갈등, 이분법, 논쟁 등과 같은 상황을 경험하여야 하며, 통계의 발달에서 이러한 갈등, 이분법, 논쟁 등이 차지하는 관련성을 볼 수 있어야 하고, 통계 교육에 이를 반영할 수 있어야 한다.

확률 수업이 빈곤하게 되는 가장 주된 요인은 시험과 교육과정을 통해 제공되는 자료에서 비현실적이고 전혀 흥미롭지 않은 예제가 주종을 이루기 때문이다. 확률에 대한 학생들의 이해와 관련하여 가장 흥미롭고 중요한 측면을 평가하기 위해서는 지필평가만으로는 충분하지 않으며, 프로젝트, 실제적인 과제, 포트폴리오, 대중매체에 대한 비평문 쓰기 등과 같은 다양한 형태의 평가 방법이 필요하다(Garfield & Chance, 2000). 이상과 같은 평가 방법이 일반적으로 수학에서도 필요하지만, 확률에는 인식론적 복잡성, 직관에 의해 통제되는 정도, 일상 언어 표현의 어려움 등과 같은 요인이 존재하기 때문에 더욱 시급하게 도입될 필요가 있다.

대안적인 평가 방법이 논의되었지만(Gal & Garfield, 1997; Jolliffe 이 책 13장), 지필평가는 여전히 수업에 핵심적인 영향을 미치고 있다. 학생과 교사에게 교육과정에서 중요하게 다루어야 하는 내용이 무엇인지를 알려주는 것이 평가의 1가지 기능이기 때문에 지필평가의 중요성은 여전히 존재한다. Truran(2001)은 양질의 자료를 통해 수집한 방대한 평가 문항을 대상으로 면밀한 분석을 진행하였는데, 영국 시험지에서 얻은 극단적인 사례를 살펴보자.

> 파울라는 주중에 험블가(Humble Road)의 모든 집에 신문을 배달한다. 금요일에 신문을 배달하는데 걸리는 시간을 X분이라 하면, X는 평균이 $\mu$ 이고 표준편차가 2.35인 정규분포를 따른다. 금요일에 신문을 배달을 하는데 걸리는 시간이 17분 이상일 확률은 0.1이다.
> (a) $\mu = 14.0$임을 보여라. (4점)
>
> 앨런은 주말에 험블가의 모든 집에 신문을 배달한다. 토요일에 신문을 배달하는데 걸리는 시간을 $Y$분이라 하면, $Y$는 평균이 13이고 표준편차가 3인 정규분포를 따른다.
> (b) $X, Y$가 서로 독립인 임의의 변수일 때, 금요일에 파울라의 배달 시간이 토요일에 앨런의 배달 시간보다 최소한 5분 이상 더 걸릴 확률을 구하여라. (5점)
>
> (일반학력인정시험, 영국, 2002년 1월, 심화단계. www.aqa.org.uk/qual/gceasa/qpms/AQA-MAS2-W-QP-Jan02.pdf에서 2003년 10월 27일에 검색).

위 문제가 학교 수학에서 다루는 일반적인 내용을 토대로 하고 있기는 하지만 문제 맥락의 비현실성은 참으로 기이하다. 이렇게 구체적이고 정확한 확률분포를 어떻게 "알 수" 있겠는가? 또한 이러한 확률분포를 구태여 누가 찾으려고 하겠는가? 문제 (b)를 물어보기 위해 **그럴듯한** 상황을 만들어낸 사람에게 상을 주어야 할까?

### 문화적 지원의 부족

교수-학습은 학교라는 사회적 상황에서 일어나는 활동으로, 이는 사회를 통해 상황화된다. 매우 일반적인 수준에서 보건데, 과학 특히 물리학에서의 결정론을 넘어서는 개념적 전환은 아직 대중의 인식에까지는 스며들지 못하였다. 실제로 학교 수학은 "결정론적인 인식론적 체계"(Metz, 1997, p. 234)를 학생들에게 가르친다. 확률을 수학적으로 다루게 된 것이 상대적으로 늦은 이유에 대해 일찍이 제기된 이유 중 하나로 Fischbein(1975, p. 124)은 다음과 같은 세계관의 함의를 지적하였다: "엄격한 결정론을 따르지 않는 어떤 것, 불확실성, 의외성, 무작위성과 관계가 있는 어떤 것은 일관되고 합리적인 과학적 설명이 불가능한 대상으로 간주되었다." Fischbein(1975)은 이러한 세계관에 대해 "지적인 작업을 수행할 때 개연적인 것과 필연적인 것 사이에 진정한 구성적 균형이 필요하다"(p. 131)는 말로 비평하였다.

대체로 수학을 가르치는 일은 상당히 어려운데, 이러한 어려움은 일반인들의 낮은 수 감각, 심지어 수 감각이 있을 것이라고 기대되는 사람들의 저조한 능력 때문에 발생한다. 다음에서 살펴볼 2가지 사례에 따르면 사건의 확률을 적용하는 것과 실생활에서의 확률적인 활동 사이의 관계는 이중적인 방향성(bidirectional)을 띤다. 이와 같은 관계는 학교에서의 확률 교육과 일상생활 모두에 다음과 같은 두 가지 측면에서 영향을 미친다. 한 측면은 학생들을 포함하여 모든 사람들은 사회적 상황에서 확률이 응용되거나 오용되는 방식에 따라 자신들이 확률을 다루는 배경을 설정한다는 것이다. 또 다른 측면은 확률 교육에서 풀어야 할 숙제로서 사회적 상황에서 적절한 확률 모델링을 활용하도록 하는 것과 관련된다.

#### 사례 1: 확률과 대중매체

대중매체는 일반적으로 확률적 추론을 설명하는 좋은 예로 간주되었다(몇 가지 사례가 Paulos(1996)에 소개되어 있다). 예를 들어, 표본 조사를 통해 여론이나 투표 결과를 예측하는 것은 여러 나라에서 보편적인 일이지만, "오차범위"나 "통계적인 접전(dead heat)"과 같이 자주 언급되는 용어에 대한 설명은 거의 제공되지 않는다. 더욱이, 표집 변이에 의해 발생하는 작은 변화에 대해 그럴싸한 이유를 들어 인과적인 설명이 부여되는 사례가 있다. 특히 질병을 진단하기 위한 검사에서 드러나는 작은 변화에 대해 조건부 확률을 사용하여 명확한 설명을 시도함으로써 사람들이 위험률을 좀더 잘 이해하게 하려고 노력하기도 한다. 통계적 설명이나 확률적 주장에 대한 오해는 무지의 결과이거나 상황을 그렇게 만들고자 하는 의도에 의한 것이므로(Best, 2001), 대중매체를 다룰 때 좀더 비판적인 판단을 내릴 수 있도록 대중을 교육하거나 적절한 안내를 제공할 필요가 있다.

### 사례 2: 확률과 법률

확률과 법률 사이에는 밀접한 관련이 있다. Daston(1988)에 따르면 17세기의 법률적 관행과 관련된 2가지 주요 특징인 확실성 정도 및 예측 정도에 대한 개념이 수학적인 확률론의 출현에 가장 핵심적인 역할을 하였다. 법률적 상황에 확률 모델링을 적용한 초기 사례는 콩도르세(Condorcet), 라플라스(Laplace), 포아송(Poisson)이 배심원의 결정을 분석한 경우이다(Hacking, 1990, p.87).

재판에서 "합리적인 의심을 넘어서는" 준거를 사용하여 서로 상이한 증거를 조합하려 한다면 누군가는 법률 제도를 통해 적절한 확률적 절차가 적용되고 있다고 순진하게 생각할지도 모른다. 그러나 확률이 잘못 적용된 놀라운 사례가 많이 있으며, Finkelstein & Levin(1990)은 이에 대하여 분석하였다. Finkelstein(1998)에 따르면 개념적 복잡성은, 증거가 없을 때보다는 있을 때 어떤 사실이 발생할 가능성이 다소간 커진다는 점에서 기인하며, 이러한 개념은 베이스 정리와 관련되기 때문에 보다 정교한 확률 지식이 필요하다. Finkelstein(1998)은 대법원에서 조차도 통계적으로 유의미한 결과를 귀무가설이 참일 가능성이 5% 이하라는 의미로 해석하였다고 설명하면서 (조건부 확률과 그 반대 경우의 조건부 확률을 혼동하는 대표적 사례), 잘못된 추론이 어떻게 발생하는지를 보여주었다. Hawkins & Hawkins(1998b)는, 질적인 증거에 수학적인 확률 값을 부여하도록 하는 전문가의 증언이 허가되어서는 안 된다고 지적한 영국 항소법원의 사례를 제시하였다. Hawkins & Hawkins(1998a, 1998b)의 실험 연구에 따르면 법률가들은 수학에 약할 뿐만 아니라 고전적인 확률 오개념도 지니고 있었다. 예를 들어, 비율을 활용하여 합리적인 의심을 넘어서는 범죄의 증거에 따라 피고를 평가할 때 굉장히 큰 변이가 있었다. Franklin(2001, pp. 365-367)은 확률을 적절하게 사용하는 것과 관련하여 법률가들이 보이는 저항을 명확하고 유머러스하게 개관하였다.

이러한 2가지 사례를 일반화해 보면, 일상생활에 영향을 미치는 정치적·행정적 결정을 내릴 때 확률을 제대로 이해하도록 하는 것이 교육에서 필수적으로 다루어야 할 요소이며, 이는 학교 수학이 존재하는 근거가 됨을 알 수 있다.

## 06 무엇을 할 수 있을까?

이 책의 목적은 수학교육의 핵심 요소로서 확률을 지도하기 위해서 현재까지 수행된 연구와 발달의 주요 내용을 소개하는데 있다. 이 책에서 전반적으로 지적된 바와 같이, 확률을 수학교육의 핵심 요소로 지도하려는 시도에는 상당한 어려움이 존재한다. 이러한 시도는 다음과 같은 방향으로 확장될 필요가 있다.

- 역사적·인식론적·문화적 분석을 깊이 있게 진행하기
- 학교에서 학습한 확률과 일상생활에서 활용되는 확률 사이의 연결을 강화하기
- 사회적·정치적 쟁점에 대한 비판적인 분석 도구로서 확률 모델링을 교육하기

이상과 같은 관점으로부터 다음 내용을 제안하고자 한다.

### 확률을 교육과정에 통합시키기

대부분의 나라에서 정규 교육과정을 통해 확률을 다루고 있지만, 학생들의 확률적 사고를 효과적으로 신장시키는 것과 관련된 진전은 여러 가지 이유에서 심각하게 제한되어 있다. 특히, 다양한 종류의 압박에 의해 확률은 정형화된 문제에 일련의 공식을 적용하는, 틀에 박힌 내용으로 지도되는 경향이 있다. 피슈바인(Fischbein)과 다른 연구자들이 주목했던 결정론적 사고와 확률적 사고 간의 불균형을 해소하기 위한 방안을 모색하는데 일관성 있는 토대를 제공하는 교육과정이 필요하다. 긴급하게 강조되는 또 다른 요구는 확률과 통계 사이에 적절한 관계를 형성하는 것으로(Borovcnik & Peard, 1996), 확률이 통계를 위한 선행 조건 이상이라는 사실을 인식하는 것이다(Falk & Konold, 1992).

올바른 직관을 형성하기 위해서 확률 교육이 좀더 일찍 시작되어야 한다는 것과 확률 교육은 실제적인 경험에 근거해야 한다는 점에 폭넓은 공감대가 형성되어 있다. 예를 들면, 1960년대 헝가리의 수학교육 발전에 중요한 역할을 한 바르가(Varga)는 다음과 같이 말하였다(Varga, 1983, p. 71).

> [어린 아동은] 놀이와 게임 같은 일상생활에서 실제로 경험한 무작위 현상에 대해 공부하고 싶어 한다.
>
> … 무작위 현상을 경험할 때 우선 일어날 수 있는 결과를 예측한 다음 실험을 수행하고 마지막으로 실험의 결과와 예측한 결과를 비교하도록 함으로써 학생들의 몰입 정도를 높일 수

있다. 경우에 따라서는 간단한 이론(mini-theory)을 활용하여 결과의 패턴을 설명하도록 하는 심화 단계를 시도할 수도 있다. 이러한 활동을 통해 학생들은 확률적 사고를 더욱 향상시킬 수 있다. 게임을 할 때 학생들은 가능성을 높이는 전략을 고안하기 위해 노력한다 …

그러나 불완전한 직관과 잘못된 추론에 대한 연구가 보여주듯이 단순히 경험하는 것만으로는 충분치 않으며, 적절한 확률 교육을 위해서는 연구에서 발견된 결과를 종합하는 것이 필요하다.

폭넓은 경험 및 그에 대한 반성이 가능한 확률적 상황을 설계해야 하는 또 다른 이유는 앞서 살펴보았던 것처럼 결정론적 사고방식과 확률적 사고방식 사이에 존재하는 불균형 때문이다. 이 점에 대해 Metz(1998, p. 152)는 다음과 같이 언급하였다: "확률과 통계 교육과정이 불확실성에 대처하는 수학적인 전략의 발판을 제공하면서, 아동들이 비결정론적인 방식으로 세계를 개념화하는 것을 잠재적으로 도울 수 있게 되었다."

가르쳐야 할 내용으로 이미 포화상태가 된 교육과정에 새로운 학습 요소로 확률(또는 통계)을 도입하자는 주장은 또 다른 문제를 발생시킬 수 있다. 그 자체로 중요성을 가지면서도 이러한 문제에 대처하는 1가지 전략은 교육과정의 다른 영역과 확률을 더욱 긴밀하게 통합시키는 것이다. 예를 들어, 확률 계산을 도입하기 위한 전제 조건으로 분수와 비례적 추론을 다루는 대신에 이러한 산술 개념을 개발하는데 확률적인 상황을 의미 있는 맥락으로 활용하는 것이다. 심화 단계에서 확률이 일반화와 구조를 다루는 대수와 긴밀하게 연결되는 것은 당연하다. 또한 확률은 자연과학 및 사회과학 모두와 통합하여 융합학문으로 발전할 수 있는 풍부한 가능성을 지니고 있다.

### 모델링 측면을 강조하기

확률은 대부분 모델링과 관련된다. Moore(1997, p. 93)에 따르면 "수학적 모델링이 교육과정을 이끄는 핵심 원리 중 하나라면 확률은 특히 매력적이다. 실제로, 압정 하나를 던져 침이 있는 부분이 나올 확률을 구하기 위하여 순수한 구성적 활동과 모델링을 통해 어떤 수치를 정한 다음 이를 그 확률로 배정할 수 있다. 이러한 견해에 따르면 구성주의자들이 확률에 대해 더 많은 관심을 보이지 않은 점이 이상할 뿐이다."(Greer, 2001, pp. 28-29)

역사적 발달 과정을 되돌아보면 우연게임을 다루는 상황은 확률적 구조에 직접적으로 대응된다. 우연게임 맥락을 통해 실제로는 예측하지 못한 결과가 일어날지라도 **선험적인** 확률에 비추어 보면 어떤 결정이 합리적인지를 보여줄 수 있다. 우연게임은 구체물이나 컴퓨터를 활용한 시뮬레이션을 가능하도록 하지만, 확률 교육에서 중대한 오류는 확률적으로 모델링된 모든 상황을 "명확한" 것으로 꾸미는 것이다.

Franklin(2001, p. 334)은 이 점에 대하여 "불확실성에 대해 사고해야 하는 대다수의 경우를 고려할 때 주사위는 가장 나쁜 모델이다."와 같이 지적하였다.

앞서 언급한 자동차 바퀴의 예와 같이, 학생들은 모델링된 상황과 관련하여 통계적 모델을 비판적으로 평가할 수 있어야 한다. 다음과 같은 간단한 예시가 있다. 어떤 연구자가 결혼한 성인을 임의 추출하여(논의를 타당하게 진행하기 위하여 적절한 방식으로 임의 추출을 진행하였다고 가정하자), 단어 1개만 다른 다음과 같은 2가지 질문을 한다고 생각해 보자.

- 어떤 사람이 토요일에 태어났을 확률은 얼마인가?
- 어떤 사람이 토요일에 결혼하였을 확률은 얼마인가?

실제 사건과 관련하여 학생들이 갖고 있는 지식을 고려하면(문화적 맥락이 적절하다고 가정하자), 초등학생들도 첫 번째 질문에 대해서는 등확률 조건을 가정하는 것이 합리적이라는 점을 알 수 있지만(적어도 현재 성인인 사람들의 출생일은, 주말에 골프를 가는데 방해되지 않도록 분만일을 조정하려는 의사들이 나타나기 이전이었기 때문에), 두 번째의 질문에서는 그렇지 않다는 것을 이해할 수 있다(경험에 비추어 보면). 이 예시는 또한 생물학적 현상과 사회적 현상 사이에 차이가 있을 수 있음을 보여준다.

앞서 논의되었던 것처럼 실제로 확률은 수학적 구조와 실생활의 다양한 측면을 연결시키는 고리로서 모델링의 본성을 소개하는데 탁월한 영역임에 분명하다. 또한 이 책의 1장에서 Batanero, Henry, & Parzysz가 지적하였듯이, "통계적 질문에 대한 확률 모델링은 모델과 실제 사이에 존재하는 혼동에서 유래한 다양한 역설을 해결하는 데 기여할 수 있기 때문에 교육과정에서 핵심적인 역할을 한다." 확률 영역에는 학생들의 현실 상황과 직접 관련되거나 미래 시민으로서 사회생활을 영위하는데 필요한 확률 모델링에 부합하는 실제적인 사례가 풍부하다.

여기서 상세히 다룰 수는 없지만 후속 연구의 구체적인 목표는 무엇보다도 모델링의 인식론적 함의와 확률 통계적 모델링에 활용되는 Fathom(Erickson, 2001)과 같은 탐구적 소프트웨어에 대해 깊이 이해하는 것이어야 한다. Kaput & Shaffer(2002, p. 291)가 강조한 바와 같이, 소프트웨어는 프로그래밍과 관련된 수학적인 전문 지식을 더 이상 요구하지 않는다는 면에서 모델링을 변화시키고 대중화시켰다. 그러나 Hawkins(1996)는 "대중적인 오해(myth conceptions)"[■]을 다양하게 제시하면서 **잠정적으로** 교육에 강력한 영향을 미칠 수 있는 혁신적인 소프트웨어에 대해 긍정적인 설

■

**역자 주** 실제로는 사실이 아니지만 많은 사람들이 사실이라고 생각하는 것을 말한다.

명만을 제공할 것이 아니라 좀더 주의 깊은 연구가 필요하다고 강조하였다. 소프트웨어의 가장 분명한 장점은 통계적인 도구를 시뮬레이션할 수 있다는 것이지만, 구체물에 의한 직접적인 경험과 기호적 시뮬레이션으로 드러나는 표상 사이를 연결하는 방법을 개발할 필요가 있으며, 학생들이 얻을 것이라고 기대되는 경험을 실제로 하고 있는지를 면밀히 조사하는 연구도 진행될 필요가 있다(Hawkins, 1996, p. 11; Pratt, 이 책 7장).

## 일상생활과 연결하기

■ 문화적 차이

수학적 확률을 처음 나눈 연구자들에 대한 역사적 기록과 수학적 확률이 출현하게 된 복잡한 이야기를 통해 확률적 사고가 문화적으로 어떻게 정착되었는지를 살펴볼 수 있지만, 이 점과 관련하여 교육적인 시사점을 분석한 연구는 거의 없다. Shaughnessy(1992, p. 489)는 여러 문화를 아우르는 연구가 없음을 지적하였는데, 이러한 상황이 그동안 별로 나아지지 않았다. 예를 들어 키프로스(Lamprianou & Afantiti Lamprianou, 2002)와 레소토(Polaki, 2002) 같은 몇몇 나라에서 수행된 연구는 주로 영국과 미국에서 수행된 연구를 토대로 한 반복 연구로서, 연구대상이 속한 문화적 차이가 그들의 확률적인 사고방식에 어떤 영향을 미쳤는지에 대한 논의가 진행되지는 못하였다. 거의 전 세계적으로 확률 교육과정(미국이나 유럽에서 직수입되지 않았더라도 여러 나라들이 미국과 유럽으로부터 많은 영향을 받은)이 동일하기 때문에, 이러한 연구에서는 실생활과 분리된 수업 활동 및 평가 문항의 특성과 관련하여 학생들이 속한 문화적 배경이 확률적 사고에 미치는 영향을 고려하지 않는 것으로 보인다. 즉, 이들 연구가 주목한 것은 일반적인 학교 교육의 영향과 사회적 상호작용의 특수한 형태로 제공된 연구 자체의 효과를 살피는 것이었다.

반대로, Amir & Williams(1999)는 표준화 검사 문항의 수준을 넘어서는 질문을 활용하여 반-구조화된 면담을 실시하였다. 연구자들은 11~12세 학생들의 "우연"과 "운"에 대한 이해, 이들 개념에 대한 설명, 종교적 신념과 불확실한 사건에 대한 태도, 확률을 표현하기 위해 사용하는 일상 언어, 우연게임 또는 다른 확률적 현상에 대한 경험 등을 묻는 질문을 제시하였다. Amir & Williams(1999, p. 88)은 문화적 요소(신념, 언어, 경험)가 비형식적인 확률 지식(비형식적 개념, 일차 직관, 판단 전략)에 영향을 미치며 이로 인해 형식적인 확률 학습에도 영향을 미친다고 하였다. 연구자들은 문화적으로 서로 다른 표본에서 얻은 결과를 토대로 연구에서 관찰된 차이가 언어적 차이에서 기인하였다고 설명하였다. 이 연구에서 흥미로운 것은 연구자들이 세운 가설로, 많은 아동들이 우연 사건의 결과를 신의 탓으로 돌리는 반면(기독교를 믿는 아동보다 이슬람교를 믿는 아동들이 더욱 그러하였다), "사고와 추론에서 별개의 2가지 사고양식이 서로 피해를 주지 않으면서 공존할 수 있다"(p. 95)는 것이다. 이상과 같은 결과는 별로 놀라운 것이 아닌데, 이 또래의 학생들은 학교에서 배운 지식과 실생활 지식을 분리하여 이해하며 특히 확률(학교에서는 6의 눈이 나올 확률이 $\frac{1}{6}$이지만, "실생활"에서는 그렇지 않다)과 관련하여서는 더욱 그러하기 때문이다. 실험에서 사용하는 내용을 다양화하여 학교 안과 밖으로 연구의 범위를 확대해 보는 것이 후속 연구의 중요한 방향이 될 수 있다.

다문화 교실에서 수학을 가르칠 때와 이주민을 대상으로 교육과정을 실행할 때는 문화적 차이를 민감하게 고려할 필요가 있다. 두 경우 모두에서 "다른" 세계관은, 대부분의 국가에서 사용하는 동일한 교육과정의 토대인 표준화된 서구적 세계관과는 (명시적으로 또는 암묵적으로, 분명하게) 차이가 있는 것처럼 보인다. 안타깝게도 이러한 이슈를 다룬 선행 연구가 거의 없기 때문에 우리가 할 수 있는 것이 몇 가지 일반적인 관점과 원칙으로 제한될 수밖에 없다.

첫째로 중요하고 분명한 점은 앞서 언급하였던 것처럼 문화적 차이, 특히 종교와 역사적 배경을 통해 매개될 수 있는 차이에 대해 민감성을 지니는 것이다. 예를 들어, Gabriel(1996)는 토착 미국인들 사이에 존재하는 의식과 도박 사이의 복잡한 관계를 분석하였는데, 이는 특수한 문화적 배경을 지닌 아동을 가르치는데 영향을 미칠 수 있다. 두 번째는 모든 문화에 기본적으로 존재하는 전통적인 우연게임과 관련되는 사례를 활용하려고 노력해야 한다는 것이다(예, Doumbai, 1989; Ismael, 2001). Ismael(2001)은 전통 게임을 사용해야 하는 이유는 흥미와 동기 부여라는 일반적인 이유뿐만 아니라 학생들 자신의 문화 속에 수학을 자리 잡도록 한다는 면에서도 중요하다고 주장하였다. 이는 식민지배 하에 있는 나라에서는 자신들의 역사를 기억하도록 한다는 점에서 정치적으로도 중요한 의미를 갖는데, "주사위 놀이(ludo), 뱀과 사다리(snakes-and-ladders), 유럽과 비슷한 기원을 갖는 놀이 등을 장려하기 위해 아프리카의 토속 게임을 식민지 교육 당국이 금지하였다는 사실은 믿을 수 없는 일이다"(Zaslavsky, 1973, p. 131). 그러나 운(luck)과 경쟁에 대한 신념을 규정하는 문화적 가치에 주목하지 않으면서 일반적인 확률론을 지도하기 위한 맥락으로 게임을 사용하는 것은 잘못된 것이며, 문화적 기반을 벗어나서 게임을 장려하는 것도 피해야 할 일이다.

확률적인 요소를 담고 있는 대중매체의 내용은 어떤 교사라도 시사적인 흥미나 개인적인 관심사를 다루는데 활용할 수 있는 값진 자료가 된다. 그러한 자료를 수월하게 찾을 수 있는 유용한 웹사이트가 상당히 많다. 미국에는 워털루 대학에서 만들어내는 가능성 뉴스(Chance news)가 있으며 웹사이트 주소는 http://www.dartmouth.edu/~chance/chance_news/news.html이다. 호주에서는 왓슨(Jane Watson)이 설립한 머큐리(The Mercury)의 《교육 신문(Newspaper in Education)》이 있으며, 확률과 관련된 주제는 '뉴스와 산술 능력(Numeracy in the News)'이라는 사이트에서 찾을 수 있다: http://ink.news.com.au/mercury/mathguys/mercury.htm. 또 다른 훌륭한 자료는 《통계교육 학회지(Journal of Statistical Education)》라는 온라인 저널에서 피터슨(William Peterson)이 편집장을 맡고 있는 '신문과 잡지에서 살펴볼 주제(Topics for Discussion from current Newspapers and Journals)'라는 사이트이다(참조, http://www.amstat.org/publications/jse/). 일반적으로 대중매체를 활용하여 통계적 소양을 개발하고자 하는 이러한 프로젝트는 확률을 지도할 때 결핍되기 쉬운 문화적 자원을 제공하는데 적절하다.

흥미로운 사례(Van Dooren, 2003)는, 최근 유럽 축구 챔피언십의 조 추첨과 관련하여 플랑드르 잡지에 실린 기사이다(Mulder, 2003). 추첨 결과에 따르면 강팀 5개가 모두 약팀 5개와 경기를 하도록 되어 있는데, 이는 재정적인 이유 때문에 경기할 팀을 미리 정해놓고 추첨을 한 것이라는 의심을 불러일으켰다. 이러한 논쟁은 대중의 충분한 공감대를 얻었다. 만약 추첨이 공정하게 이루어졌다면, 이러한 결과가 나올 확률은 $\frac{8}{63}$이 된다. 뭔가 불공정한 일이 발생한 것 같다(실제로 기사는 거대한 스포츠 사업에 팽배한 부정과 부패에 대해 지적하고 있다)는 주관적인 확률을 고려하여 이러한 상황을 해석해야 하므로 통계학의 베이스 정리를 적용하는 것이 자연스럽다. 예를 들어, 불공정한 일이 발생할 사전 주관적 확률을 $\frac{1}{2}$이라고 하면, 사후 주관적 확률은 $\frac{63}{71}$이 된다.

학교 수학과 일상생활에서 다루는 수학 사이의 간극을 메우기 위한 다른 방법으로는 학생들이나 공동체, 또는 학생들이 살고 있는 사회 전반에 직접적으로 영향을 미치는 사회적 쟁점을 소개하는 것이다. 브라질의 "동물 복권(Animal Lottery)"을 활용하여 수행된 수업은 좋은 본보기가 된다. 불법임에도 불구하고 이 게임(Nobre, 1989, p. 175)은 "브라질 고유 풍습이며 나라 전역에서 유행한다." Nobre(1989)는 이를 활용한 수업 과정을 다음과 같이 3단계로 설명하였다.

1. "게임과 관련되는 대중적인 신념과 신비주의"에 대하여 학생이 교사에게 설명하

는 상황으로 시작하여 게임에 대한 정보를 상호 교환하기(p. 176).

2. 가능성(승산)을 수학화하기.
3. 해석. 이익을 보는 사람이 결국은 그 사업을 소유한 사람이라는 결론을 내림으로써 이와 관련된 부패의 정치적인 영향을 인식하기.

Nobre(1989)의 다음과 같은 결론을 눈여겨볼 필요가 있다(p. 177). "자신의 힘으로 사회를 이해하기 위해 수학적인 요소를 활용함으로써 학생들은 사회를 다른 시각으로 바라보게 되며, 방관자로 머무는 것을 멈추고 사회적 현상에 개입할 수 있게 된다." 그러나 이 수업 사례는 수학교육과 관련하여 윤리적인 질문을 야기한다. 확률 이론을 설명하기 위하여 일상생활에 널리 퍼져 있기는 하지만, 특히 가난한 사람들에게 영향을 미치는 관행에 대해 사회적인 비용을 고려하지 않은 채 도박과 관련된 예를 활용하는 것이 정당한가 하는 점이다.

이 사례에서 보듯이 사회적 쟁점에 적용된 수학은 아주 강력한 비판적 도구가 될 수 있다. 남아프리카의 인종차별 정책 이후 이러한 교육의 목적이 국가 교육과정(Department of Education, 2003, p. 14)에 다음과 같이 구체화되었다.

> 확률과 우연에 대한 기본적인 이해가 … 깊어짐으로써 예를 들어, 학생들은 인기 있는 우연 게임에서 실제로 이길 가능성과 도박장에서 선전하는 가능성을 비교할 수 있다. 일상생활에서 일어나는 사건의 확률을 계산하고, 이를 예측하는데 활용하면서 확률에 대한 기본적인 이해가 더욱 발전할 것이다. 탐구할 맥락은 어느 것이든지 가능하며, 갈등관계에 있는 견해, 환경과 건강에 대한 문제 등을 포함하는 시사적인 이슈와 함께 인권에 대한 쟁점에도 초점을 맞추게 될 것이다.

## 07 결론

일반적으로 대중들이 확률을 제대로 이해하도록 돕는 데는 상당한 어려움이 따른다. 극단적으로 Fischbein(1990, p. 54)의 가설에 따르면 "우리 모두는 확률을 두려워한다". 확률은 아이디어의 역사, 모델링을 통한 이론과 응용의 상호작용, 대중의 삶과 관련된 일상, 직관과 신념, 가치관의 복잡한 심리적 상호작용, 이상적인 현상의 표준화된 이론 등과 관련되는 굉장히 흥미롭고 중요한 분야이다. 이러한 이유 때문에 확률을 가르칠 때는 이 분야의 지적인 흥분과 실제적인 중요성, 도입부에서 인용하였던 판단과 계산 사이의 관계 등을 보다 효과적으로 다룰 수 있도록 유의하여야 한다.

## 참고문헌


Ahlgren, A., & Garfield, J. (1991). Analysis of the probability curriculum. In R. Kapadia & M. Borovcnik (Eds.), *Chance Encounters: Probability in Education* (pp. 107-134). Dordrecht, The Netherlands: Kluwer.

Amir, G. S., & Williams, J. S. (1999). Cultural influences on children's probabilistic thinking. *Journal of Mathematical Behavior, 18*(1), 85-107.

Bennett, D. J. (1998). *Randomness*. Cambridge, MA: Harvard University Press.

Bernstein, P. L. (1996). *Against the gods: The remarkable story of risk*. New York: Wilcy.

Best, J. (2001). *Damned lies and statistics*. Berkeley, CA: University of California Press.

Biggs, N. L. (1979). *The roots of combinatorics*. Historia Mathematica, d, 109-136.

Borovcnik, M., & Peard, R. (1996). Probability. In A. J. Bishop, K. Clements, C. Keitel, J. Kilpatrick, & C. Laborde (Eds.), *International handbook of mathematics education* (Part 1, pp. 239-287). Dordrecht, The Netherlands: Kluwer.

California Department of Education (2000). *Mathematics framework for California public schools*. Sacramento, CA: Author.

Chaitin, G. J. (1975). Randomness and mathematical proof. *Scientific American, 232*, 47-52.

Daston, L. (1988). *Classical probability in the enlightenment*. Princeton, NJ: Princeton University Press.

David, F. N. (1962). *Games, gods, and gambling*. New York: Hafher Publishing Company.

Davis, P. J., & Hersh, R. (1986). *Descartes' dream: The world according to mathematics*. Sussex, England: Harvester.

Department of Education (2003). *National Curriculum Statement, Grades 10-12 (General): Mathematics. Pretoria*, South Africa: Government of South Africa. (http://education.pwv.gov.za/content/documents/112.pdf)

Department for Education and Employment (1999). *Mathematics: The national curriculum for England*. London: Her Majesty's Stationery Office.

Doumbia, S. (1989). Mathematics in traditional African games. In C. Keitel, P. Damerow, A. Bishop, & P. Gerdes (Eds.), *Mathematics, education, and society* (pp. 174-175). Paris: UNESCO.

Erickson, T. (2001). *Data in depth: Exploring mathematics with Fathom*. Emeryville, CA: Key Curriculum Press.

Er-sheng, D. (1999). Mathematics curriculum reform facing the new century in

China. In Z. Usiskin (Ed.), *Developments in mathematics education around the world.* (Vol. 4, pp. 58-70). Reston, VA: National Council of Teachers of Mathematics.

Falk, R., & Konold, C. (1992). The psychology of learning probability. In F. Gordon & S. Gordon (Eds.), *Statistics for the twenty-first century* (pp. 151-164). Washington, DC: Mathematical Association of America.

Finkelstein, M. O. (1998). Teaching statistics to law students. In L. Pereira-Mendoza, L. S. Kea, T. W. Kee, & W. K. Wong (Eds.), *Proceedings of the Fifth International Conference on Teaching Statistics* (Vol. 1, pp. 505-511). Voorburg, The Netherlands: International Statistical Institute.

Finkelstein, M. O. & Levin, B. (1990). *Statistics for lawyers.* New York: Springer-Verlag.

Fischbein, E. (1975). *The intuitive sources of probabilistic thinking in children.* Dordrecht, The Netherlands: Reidel.

Fischbein, E. (1990). Training teachers for teaching statistics. In A. Hawkins (Ed.), *Training teachers to teach statistics: Proceedings of the International Statistical Institute round table conference, Budapest, July, 1988* (pp. 48-58). Voorburg, The Netherlands: International Statistical Institute.

Franklin, J. (2001). *The science of conjecture: Evidence and probability before Pascal.* Baltimore, MD: John Hopkins University Press.

Freudenthal, H. (1973). *Mathematics as an educational task.* Dordrecht, The Netherlands: Reidel.

Gabriel, K. (1996). *Gambler way: Indian gaming in mythology, history, and archaeology in North America.* Boulder, CO: Johnson Books.

Gal, I., & Garfield, J. B. (Eds.). (1997). *The assessment challenge in statistics education.* Amsterdam, The Netherlands: IOS Press.

Garber, D., & Zabell, S. (1979). On the emergence of probability. *Archive for History of Exact Sciences, 21*(1), 33-52.

Garfield, J., & Chance, B. (2000). Assessment in statistics education: Issues and challenges. *Mathematical Thinking and Learning, 1/2*, 99-126.

Greer, B. (2001). Understanding probabilistic thinking: The legacy of Efraim Fischbein. *Educational Studies in Mathematics, 45*, 15-33.

Griffiths, T. L., & Tenenbaum, J. B. (2001). Randomness and coincidences: Reconciling intuition and probability theory. In J. D. Moore & K. Stenning (Eds.), *Proceedings of the 23rd Annual Conference of the Cognitive Science Society*, Edinburgh, Scotland (pp. 370-375). Mahwah, NJ: Erlbaum.

Hacking, I. (1975). *The emergence of probability.* Cambridge: Cambridge University Press.

Hacking, I. (1990). *The taming of chance.* Cambridge: Cambridge University Press.

Harlow, L., Mulaik, S., & Steiger, J. (Eds.) (1997) *What if there were no significance tests?* Mahwah, NJ: Lawrence Erlbaum Associates.

Hawkins, A. (Ed.). (1990). *Training teachers to teach statistics: Proceedings of the International Statistical Institute round table conference, Budapest, July*, 1988. Voorburg, The Netherlands: International Statistical Institute.

Hawkins, A. (1996). Myth-conceptions. In C. Batanero (Ed.), *Proceedings of the International Association for Statistical Education roundtable on research on the role of technology in teaching and learning statistics* (pp. 11-14). Granada, Spain: University of Granada.

Hawkins, P., & Hawkins, A. (1998a). Lawyers' likelihoods. In L. Pereira-Mendoza, L. S. Kea, T. W. Kee, & W. K. Wong (Eds.), P*roceedings of the Fifth International Conference on Teaching Statistics* (Vol. 1, pp. 525-531). Voorburg, The Netherlands: International Statistical Institute.

Hawkins, P., & Hawkins, A. (1998b). Lawyers' probability misconceptions and the implications for legal education. *Legal Studies, 18*(3), 316-335.

Holmes, P. (2002, July). *Some lessons to be learned from curriculum developments in statistics*. Paper presented at Sixth International Conference on Teaching Statistics, CapeTown, South Africa.

Holmes, P., & Rouncefield, M. (1989). *From co-operation to co-ordination*. Sheffield, England: Centre for Statistical Education.

Howson, A. G. (1991). *National curricula in mathematics*. Leicester, England: The Mathematical Association.

Ismael, A. (2001). *An ethnomathematical study ofTchadji: About a Mancala type boardgame played in Mozambique and possibilities for its use in mathematics education* Unpublished doctoral dissertation, University of the Witwatersrand, Johannesburg, South Africa.

Kaput, J. J., & Shaffer, D. W. (2002). On the development of human representational competence from an evolutionary point of view. In K. Gravemeijer, R. Lehrer, B. van Oers, & L. Verschaffel (Eds.), *Symbolizing, modeling and tool use in mathematics education* (pp. 277-293). Dordrecht, The Netherlands: Kluwer.

Kline, M. (1972). *Mathematical thought from ancient to modem times*. New York: Oxford University Press.

Kruger, L., Daston, L. J., & Heidelberger, M. (1987). *The probabilistic revolution*. Cambridge, MA: MIT Press.

Lamprianou, I., & Afantiti Lamprianou, T. (2002). The nature of students' probabilistic thinking in primary schools in Cyprus. In A. D. Cockbum & E. Nardi (Eds.), *Proceedings of the 26th Conference of the International Group for the Psychology of Mathematics Education* (Vol. 3. pp. 273-280). Norwich, England:

University of East Anglia.

Metz, K. E. (1997). Dimensions in the assessment of students' understanding*The assessment challenge in statistics education* and application of chance. In I. Gal & J. B. Garfield (Eds.), (pp. 223-238). Amsterdam, The Netherlands: IOS Press.

Metz, K. E. (1998). Emergent ideas of chance and probability in primary-grade children. In S. P. Lajoie (Ed.), *Reflections on statistics: Learning, teaching, and assessment in grades K-12* (pp. 149-174). Mahwah, NJ: Lawrence Erlbaum Associates.

Moore, D. S. (1997). Probability and statistics in the core curriculum. In J. Dossey (Ed.), *Confronting the core curriculum* (pp. 93-98). Washington, DC: Mathematical Association of America.

Mulder, J. (2003). Bedrog [Cheated]. *Humo, 3294*(44), p. 9.

National Council of Teachers of Mathematics (2000). *Principles and standards forschool mathematics*. Reston, VA: Author.

Nemetz, T. (1997). State of the art of teaching probability at secondary level. In B. Phillips (Ed.), *Papers on statistical education presented at ICME-8, Seville, Spain, July 14-21, 1996* (pp. 75-86). Hawthorn, Australia: Swinburne University of Technology.

Nobre, S. R. (1989). The ethnomathematics of the most popular lottery in Brazil: The "Animal Lottery". In C. Keitel, P. Damerow, A. Bishop, & P. Gerdes (Eds.), *Mathematics, education, and society* (pp. 175-177). Paris: UNESCO.

Parzysz, B. (2003, August). *From frequency to probability: Some questions posed by the new French senior high school curricula*. Invited paper at 54th Conference of the International Statistics Institute, Berlin.

Paulos, J. A. (1996). *A mathematician reads the newspaper*. New York: Anchor Books.

Piaget, J., & Inhelder, B. (1975). *The origin of the idea of chance in children* (L. Leake, Jr., P. Burrell, & H. D. Fischbein, Trans.). London: Routledge and Kegan Paul. (Original work published in 1951)

Polaki, M. V. (2002). Using instruction to identify key features of Basotho elementary students' growth in probabilistic thinking. *Mathematical Thinking and Learning, 4*(4), 285-313.

Selin, H. (Ed.). (2000). *Mathematics across cultures: The history of non-Western mathematics*. Dordrecht, The Netherlands: Kluwer.

Shaughnessy, J. M. (1992). Research in probability and statistics: Reflection and directions. In D. Grouws (Ed.), *Handbook of research on mathematics teaching and learning* (pp. 465-494). New York/ Reston, VA: Macmillan/ National Council of Teachers of Mathematics.

Shaughnessy, J. M. (2003). Research on students' understandings of probability. In

J. Kilpatrick, W. G. Martin, & D. Schifter (Eds.), A research companion to *"Principles and standards for school mathematics"* (pp. 216-226). Reston, VA: National Council of Teachers of Mathematics.

Skovsmose, O. (2000). Aporism and critical mathematics education. *For the Learning of Mathematics, 20*(1), 2-8.

Stewart, I. (1989). *Does God play dice?* London: Penguin.

an, J. (2001). *The teaching and learning of probability, with special reference to South Australian schools from 1959-1994.* Doctoral thesis, Adelaide University, Australia. [Online:http://thesis.library.adelaide.edu.au/public/adt-SUA20020902.154115/]

Van Dooren, W. (2003, November). Personal communication.

Varga, T. (1983). Statistics in the curriculum for everyone — how young children and their teachers react. In D. R. Grey, P. Holmes, V. Barnett, & G. M. Constable (Eds.), *Proceedings of the First International Conference on Teaching Statistics* (pp. 71-80). Sheffield, England: Statistics Teaching Trust.

Yager, R. R., Ovchinnikov, S., Tong, R. M., & Nguyen, H. T. (1987). *Fuzzy sets and applications: Selected papers* by L. A. Zadeh. New York: Wiley.

Zaslavsky, C. (1973). *Africa counts: Number and patterns in African culture*. Boston: Prindle, Weber, and Schmidt.

# 확률적 사고와 추론의 평가

FLAVIA JOLLIFFE

> 확률의 기초가 수학적으로는 단순하기 때문에 확률과 관련된 개념이 직관과 충돌할 수 있다는 사실이 쉽게 간과되며 이러한 갈등은 중등학교에 이르기까지 극복되기 어렵다. 학생들은 정형화된 시험 문제에 정답을 말할 수 있지만 여전히 오개념을 갖고 있다. (Moore, 1990, p. 119)

## 01 도입

이 장에서는 평가를 폭넓게 해석하여, 형식적인 평가뿐 아니라 학생들의 사고와 추론을 비형식적으로 살피는 평가도 다루고자 한다. 수학교육 연구 논문에서 사용된 과제는 살펴보겠지만 맥락을 기반으로 한 단일 연구에서 활용된 평가를 다루지는 않을 것이다.

Holmes(2002)에 따르면 평가에는 형성적(formative)·진단적(diagnostic)·총괄적(summative)·교수적(evaluative)이라는 4가지 목적이 있다. 형성 평가는 주로 학생과 교사, 부모, 학생의 발달에 관심이 있는 사람들에게 피드백을 제공하기 위해 사용된다. 형성 평가에서 교사는 학생들에게 문제를 내고 학생들의 풀이 과정에 대해 점수를 부여하지만, 교실에서 이루어지는 비형식적인 관찰도 형성 평가의 1가지 유형이다. 여기에는 학생들이 문제를 해결하는 동안에 나눈 이야기, 개별적으로 또는 모둠별로 연습문제를 해결할 때 논의된 내용, 학급 전체와 모둠 논의를 진행하는 과정에서 관찰된 활동 등이 포함된다. 이러한 평가 활동을 진행할 때 어려운 점은 학생들의 성취 정도를 적절히 기록하는 방안을 찾는 것이다. 형성 평가를 통해 부여한 점수는 학생에게 피드백을 주기 위해서만 활용한다. 그러나 여러 연구에 따르면 형성 평가 점수를 학생들에게 알려주는 것은 다른 유형의 피드백만을 주는 것보다 덜 효과적이다(Holmes, 2002).

저학년에서 총괄 평가는 학급 내에서 아동이 차지하는 위치나 해당 아동이 어떤 교육기관에 진학해야 하는지를 결정하는데 활용된다. 일반적으로 총괄 평가는 학생들이 장차 받게 될 교육 내용을 결정하고 직업을 선택하는데 활용되기 때문에 총괄 평가를 통해 얻은 점수는 매우 중요한 역할을 한다. 진단 평가는 학생들의 지식에 결함을 찾는데 활용된다. 진단 평가가 형성 평가처럼 진단적이기는 하지만, 교육과정을 통해 지도된 내용보다는 학생들의 배경 지식이나 선천적인 능력을 평가하는데 주요한 목적을 둔다. 이러한 측면에서 진단 평가는 특히 확률적 사고 및 추론과 밀접하게 관련된다. 교수 평가(evaluative assessment)는 학생의 능력보다는 교수 효과를 평가하는데 활용되지만, 총괄 평가를 통해서도 이러한 목적을 달성할 수 있다.

때때로 확률은 통계와 별개로 다루어지기도 하지만, 통계라는 용어는 확률을 포함하는 경우도 있기 때문에 이 장에서 확률은 수학적인 주제로서보다는 통계의 한 부분으로 간주하고자 한다. 이에 Gal & Garfield(1997)과 같이 통계적 능력을 평가한 연구, Hawkins, Jolliffe, & Glickman(1992)에서 평가에 대해 설명한 10장 등이 확률적 능력을 평가하는 것과 관련하여 다양한 시사점을 줄 수 있다. 통계적 사고와 추론에 대한 평가를 목적으로 수행된 여러 연구가 확률과 관련된 내용을 담고 있지 않더라도 이러한 연구가 기초하는 분석 틀과 방법론, 연구 결과는 확률적 사고와 추론을 평가하는데 중요한 의미를 갖는다(Jolliffe, 1991).

확률적 사고와 확률적 추론의 의미를 설명하기 위해 Garfield, delMas, & Chance (2003)에서 소개한 통계적 사고와 통계적 추론에 대한 설명을 활용하고자 한다. 확률적 사고는 확률과 관련된 아이디어를 토대로 추론하고 확률적 정보를 이해하는 방법이라고 정의할 수 있다(4장 참조). 확률적 추론은 이해력을 의미하는 것으로 확률적인 문제 해결 과정을 설명하고 정당화하는 능력을 말한다(6장 참조). 좀더 구체적으로 살펴보면 확률적 사고는 무작위 현상을 시뮬레이션하는데 모델을 활용하는 방법, 확률을 추정하기 위해 자료를 생성하는 방법 등을 이해하는 것이며, 상황의 대칭성 및 다른 여러 성질이 확률을 결정하기에 적합한지를 알아내는 능력을 포함한다. 또한 이는 문제를 풀 때 맥락을 이해하고 활용하는 능력, 주관적인 확률을 사용하여야 하는 상황을 인식하는 능력 등과 관련된다.

사고와 추론은 모두 이해를 포함한다. 이들은 추상적인 개념이기 때문에 간접적으로만 평가할 수 있지만, 확률 교수-학습의 주요 토대가 된다. 일반적으로 평가는 과정보다 결과에 집중하는 경향이 있다. 이는 이해를 평가하기 위한 문항을 개발하는 것보다 기계적인 계산과 조작에 대한 문항을 출제하고 채점하는 것이 더 쉽기 때문이다. 등급을 매기기 위하여 과거에 사용한 평가에서는 이해를 평가하기 위한 문항이 특히 부족하였다. 교실에서 진행되는 수업이 학생들의 총괄 평가 준비에 집중할수록 확률을 가르치는 의미는 위태로워진다. 나중에 일어날 진전과 장기적인 기억만을 추구하며, 이해를 도외시하고 정답을 맞추는 것에만 주목하는 교육의 효과에 대해 반성적으로 검토할 필요가 있다. 그러나 최근에는 평가와 교실 활동 모두가 교육에 대한 권고와 동일한 방향으로 변화되는 조짐이 보인다(14장 참조).

확률은 전형적으로 가능성을 측정하는 다양한 접근으로 도입되는데, 특히 상대도수나 등확률 접근, 표본공간의 개념, 확률의 성질, 배반인 두 사건에 대한 확률의 덧셈, 조건부 확률, 독립사건 등과 관련된다. 그러나 확률 분포와 표집 분포에 대한 이론을 이해하고 적용하기 위해서는 확률적 사고와 추론 능력이 필요하다. 확률은 고전적인 추론 전략(유의수준, 영향력, p-값, 신뢰구간 해석)에 대한 이론을 이해하고 적용하는데 필수적이며 베이스 통계학에서도 중요하다. 이 장에서는 평범한 사람들이 확률에 대해 어떻게 이해하는지를 보여주는 맥락을 통해 확률적 사고와 추론을 평가하는 방법에 대해 알아보고, 확률 입문 과정에서 확률적 사고와 추론을 평가하는 방안을 주로 다룬다. 여러 가지 확률 문제가 조합적 추론을 다루지만 이 장에서는 조합적 추론 **자체**를 평가하는 것에 대해서는 논의하지 않을 것이다. 조합적 추론에 대한 연구는 Batanero, Godino, & Navarro-Pelayo(1997)와 Batanero & Sanchez(이 책 10장)가 있다.

다음 절에서는 확률적 사고와 추론을 평가하는데 필요한 여러 가지 평가 틀을 소개하고자 한다. 다음으로는 평가 과제의 유형에 대해 간단히 설명한 후, 구체적인 확률 문제의 예를 살펴본다. 여기서는 이러한 문제들이 확률적 사고와 추론을 평가하는데 적합한지에 대한 깊이 있는 논의를 진행한다. 확률적 사고와 추론을 평가하기 위해 이러한 문제를 어떻게 수정하면 될 것인지도 제안한다. 다음 절에서는 확률 개념 및 확률적 사고와 추론에 대한 조사 연구를 소개한다. 이러한 연구는 평가 도구를 적절히 설계하는데 시사점을 줄 수 있다. 전통적인 평가 방법과 다른 대안적인 평가 방법을 살펴보고 이러한 평가를 실행하는데 교사의 역할을 알아보는 것으로 이 장을 마무리 한다.

## 02 평가를 위한 틀

평가는 학생들이 알고 있는 바를 살펴보는 것에 관심을 두기 때문에 교수-학습과는 다른 측면에 주목하지만, 평가와 교수-학습을 분리하여 생각할 수는 없다(Holmes, 2002). 따라서 평가를 고려할 때 교수-학습의 틀과 모델을 검토하는 것이 효과적이다. 이는 교육과정의 목표와 교육 내용에 대한 공적인 설명을 분석하는 것도 포함한다. 학습의 어떤 특징이 평가되는지 확인하기 위해서 평가 과제를 이러한 틀과 비교하여 살펴볼 필요가 있다.

교수-학습 및 평가에 대한 여러 체계는 인지적 측면에서 수행된 블룸(Bloom)의 교육목표 분류에 기초한다. 이를 토대로 Wood(1968)는 수학 교육의 목표를 설명하였으며, Wood(1968)의 체계는 통계(Jolliffe, 1991)와 확률에 적용할 수 있다. 확률과 통계를 가르치는 목표는 (a) 지식과 정보(knowledge and information), (b) 기술과 기법(techniques and skill), (c) 이해(comprehension), (d) 적용(application), (e) 발명(inventiveness) 등을 다루는 것이다. 이러한 목표는 단순한 것에서 복잡한 것 순으로 나열된 것으로, 상위 목표는 하위 목표를 토대로 구성된다.

블룸의 5가지 목표 중 이해는 사고 및 추론과 가장 가까워 보이지만, 사고 및 추론은 발명과도 관련된다. Wood(1968)의 체계는 번역(translation), 해석(interpretation), 외삽(extrapolation)이라는 3가지 유형의 이해를 제시하였다. 번역은 의사소통의 형태를 바꾸는 것으로, 예를 들면 $P(A|B)$과 같이 표현된 조건부 확률을 말로 설명하는 것이나 $P(A|B)$을 구체적인 사건 $A$, $B$와 연결시키는 것 등을 말한다. 해석은 자료를 재배치하는 것으로, 예를 들면 표에 있는 빈도수를 확률의 추정 값으로 바꾸는 것을 의미한다. 외삽은 해석을 확장한 것으로 의사소통 결과에 대한 논의와 관련되는데, 예를 들면 사건 $A$의 확률을 추정하기 위해 어떤 표본에서 사건 $A$가 일어날 것으로 보이는 횟수를 추정하는 것이다.

Wood(1968)는 발명을, 아직 분명하지 않은 패턴이나 구조를 규정하기 위해 어떤 요소나 부분을 조립하는 것이라고 정의하였다. 이는 학생들이 어떤 것을 발견하거나 즉흥적으로 만들 때, 학생들에게 새로운 방안을 찾아보도록 함으로써 드러날 수 있다. 확률을 예로 들면, 동전 던지기 결과에서 드러나는 어떤 경향성을 학생들이 알아내려고 시도하는 과정과 관련된다. 사고와 추론은 분명히 발명을 위한 필수 조건이다. 한편, 이 체계는 이해를 지식 및 기술보다 더 높은 수준에 둔 것에 대해 비판을 받을 수도 있다. 이해 없이 지식을 습득할 수 있을까? 이와 비슷하게 어떤 사람들은 지식과 정보를 가르치기 위해서는 학생들이 이를 스스로 찾아야 한다(발명의 일부)고 주장할 수도 있다.

특히 어린 아동에게 확률을 가르칠 때는, 통계 교육을 위한 왕립 통계 학회(Royal Statistical Society Centre for Statistical Education, http://science.ntu.ac.uk/rsscse/)에서 출판된 소책자에 쓰여 있는 것처럼 확률과 관련된 실험과 게임 등을 출발점으로 삼는 것이 유용할 수 있다(추가 논의를 위해서는 Pang, 2002 참조).

통계 입문 과정과 관련하여 제안된 것이기는 하지만 Chervany, Collier, Fienberg, Johnson, & Neter(1977)가 제시한 통계적 추론 모델은 확률적 추론 평가 틀로서 유용할 수 있다. 이 추론 모델의 3가지 주요 단계는 (I) 이해(comprehension), (II) 계획과 실행(planning and execution), (III) 평가와 해석(evaluation and interpretation)이다. 여기서 이해는, 학생들이 주어진 문제의 의미를 알고 문제를 기술하는데 활용된 개념에 대한 지식을 가지고 있는 것으로 첫 번째 단계에 속하는 것이 논리적으로 적절하다. 계획과 실행은 문제를 해결하는 방법을 알고 실제로 문제를 해결하는 것과 관련된다. 평가와 해석은 유사한 문제를 해결하였던 지식을 토대로 주어진 문제의 풀이 방법을 정당화하고 좀더 쉽게 그 결과를 설명해 보는 것을 말한다.

Nitko & Lane(1991)은 교사들이 통계적 활동과 이해를 이론적으로 개념화하여 평가 과제를 만들 수 있도록 기본 틀을 제시하였다. 연구자들은 통계적 활동을 통계적 문제해결, 통계적 모델링, 통계적 토론의 3가지 영역으로 나누었다. 또한 연구자들은 이해를 기술하는 5가지 방식으로 다음과 같이 표상으로서 이해, 지식의 구조로서 이해, 지식 유형들 사이의 연결로서 이해, 지식의 적극적인 구성으로서 이해, 상황 인지로서 이해에 주목하였다.

표상으로서 이해는 내면화된 개념, 기호, 체계 사이의 이동을 의미하는 것으로, 우드(Wood)의 체계에서 번역과 비슷하다. 지식의 구조로서 이해는 문제 해결에 필요한 지식을 선택하고 조직하는 것을 말한다. 상징적 지식과 형식적, 비형식적 지식이 모두 지식 유형의 예이다. 학생들은 동전 1개를 던진 횟수의 절반 정도는 앞면이 나온다는 비형식적 지식과 동전에서 앞면이 나올 확률은 $\frac{1}{2}$이라는 형식적 지식을 연결시킴으로써 확률을 이해할 수 있다. 지식의 적극적인 구성으로서의 이해는 개념과 원리를 통합하기 위해 지식의 구조와 사고 전략을 확장하는 것을 말한다. 이는 일정기간에 걸쳐 학생들이 과제를 해결하는 과정을 통해 평가될 수 있다. 상황 인지로서 이해는 학습이 실생활 맥락을 통해 일어나는 것과 관련된다.

Garfield(1994)는 평가의 다양한 측면을 반영하여 평가 틀을 제안하였는데, 이는 다음 5가지 차원을 지닌다. 무엇을 평가하는가, 평가의 목적은 무엇인가, 누가 평가하는가, 평가 방법은 무엇인가, 평가 결과에 대한 평가자의 피드백은 학생들에게 어떤 형태로 제공되는가. 평가 활동은 모든 차원을 동시에 사용하여 범주화될 수 있지만, 각

차원이 겹치는 부분은 겹치지 않는 부분에 비해 덜 중요하다. Wood(1968)의 체계와 Chervany 등(1997) 모델의 공통점은 **무엇을 평가하는가**이다. 무엇을 평가하는가와 관련되는 차원은 개념, 기능, 적용, 태도, 신념으로 나뉜다. 사고와 추론이 명시적으로 언급되지는 않지만 이것들이 "무엇을 평가하는가" 차원에서 벗어나는 것은 아니다. 가필드(Garfield)의 다른 연구에서 이해 및 사고와 추론은 교육 목적으로 주요하게 간주되며 무엇을 평가하는가의 중요한 지표로 다루어진다.

확률적 사고와 추론을 평가할 때 고려할 필요가 있는 다른 틀은 어린 아동의 확률적 사고를 평가한 연구에서 찾아볼 수 있다(Jones, Langrall, Thornton, & Mogill, 1997; Jones, Thornton, Langrall, & Tarr, 1999). 이는 대칭성, 횟수, 간단한 기하적 측정을 통해 확률이 결정되는 상황을 해석하기 위해 개발되었다. 이 기본 틀에는 표본공간, 사건의 확률, 확률 비교, 조건부 확률이라는 4가지 구성 요소가 존재한다. 확률 과제에 대한 아동들의 반응에서 드러나는 사고는 4가지 수준으로 범주화되었다. 1수준은 주관적 사고와 관련되며, 2수준은 주관적 사고와 초보적인 양적 사고 사이의 과도기적 단계이며, 3수준에서 아동들은 비형식적인 양적 사고를 활용하며, 4수준에서는 수치적인 사고를 사용한다. 이는 특별히 확률에 대한 사고를 다루었다는 점에서 앞서 논의된 다른 틀과는 차이가 있다. 어린 아동의 확률적 사고를 살피기 위해 개발되었지만 보다 큰 학생들의 확률적 사고를 분석하는데도 적용할 수 있다(Tarr & Jones, 1997; Tarr & Lannin, 이 책 9장).

## 03 평가 과제의 유형

학습의 여러 가지 차원을 평가하는데 활용될 수 있는 다양한 평가 유형이 존재하는데(Garfield, 1994), 어떤 것은 다른 것보다 특정 능력을 평가하는데 더 적절하다. 평가방법은 학생들의 연령과 수준에 적합하여야 하며, 평가의 목적에도 부합하여야 한다. 학생들의 이해를 포괄적으로 살피기 위해서는 다양한 평가 방법이 필요하다.

다른 사람들이 개발한 평가 과제에서 부족한 부분을 찾아내는 것은 쉽지만 평가 과제를 적절히 설계하는 것은 어렵다. 그러나 평가 문항 개발과 관련하여 웹기반 프로젝트 ARTIST : Assessment Resource Tools for Improving Statistical Thinking (Garfield et al., 2003; http://www.gen.umn.edu.artist/)의 도움을 받을 수 있다. 이 프로젝트는 통계 입문 과정에 초점을 맞추고 있으며, 확률은 이 프로젝트에서 다루는 주제 중 하나이다. 이 사이트를 통해 관련 문헌과 같은 연구 자료를 내려 받을 수 있으며, 양질의 평가 도구도 살펴볼 수 있다. 또한 교육 내용과 인지적 반응 유형(Garfied at al., 2003)에 기초하여 코딩된 평가 결과를 볼 수 있는데, 이때 인지적 반응에는 사고와 추론이 포함된다. 이 사이트는 다양한 유형의 평가 도구와 과제를 제공하고 있으며 이 중에는 학생들에게 개념을 설명하도록 하거나 의문스러운 점을 질문하도록 하는 과제, 이 장 6절에서 논의하게 될 프로젝트나 포트폴리오와 같은 쓰기 과제 등이 있다. ARTIST 프로젝트의 쓰기 과제는 아직 개발 초기 단계에 있지만, 이는 살펴볼 만한 주요 자료로 발전할 가능성이 크다.

Jolliffe(1997)의 견해에 따르면 평가는 실제 지식에 대한 평가, 계산 능력에 대한 평가, 컴퓨터 활용 능력에 대한 평가로 나누어볼 수 있다. 평가 문항은 선다형이나 개방형으로 제시될 수 있다. 프로젝트와 실제적인 활동 과제는 주로 개방형으로 제시된다. 평가는 지필평가나 구술평가로 진행할 수 있으며, 개별 평가나 모둠 평가로도 진행할 수 있다. 확률적 사고와 추론은 모든 유형의 과제를 통해 평가할 수 있는데, 각각의 과제가 그렇게 활용될 목적으로 설계되지 않은 경우에도 가능하다.

문제에 주어진 단어를 학교에서 배운 공식과 연결하여 공식의 어느 부분을 문제에 주어진 숫자로 대체하면 되는지를 학생들이 알 수 있도록 만들어진 과제를 버클리(Berkeley)의 학생들은 "플러그인 기법(pluginski)" 과제라고 불렀다(Freedman, Pisani, & Purves, 1978). 이러한 과제는 문제를 해결하는 지름길을 그대로 드러내기 때문에 학생들에게 권할 만한 것이 못 된다. "플러그인 기법" 과제는 문제의 유형을 파악하여 계산을 수행할 수 있는지를 살피는 것 외에 그 이상의 확률적 사고나 추론에 대해서는 결코 평가하지 않는다.

## 04 전형적인 확률 문제

이 절에서는 일상생활 맥락을 통해 기본적인 확률 내용을 다루는 전형적인 문제 사례를 살펴보고자 한다. 이러한 문제는 확률적 사고와 추론을 평가하는 것보다는 확률 법칙에 대한 지식과 기능을 평가하는데 그 주요 목표가 있는 것처럼 보인다. 이러한 문제의 결점을 살펴보고, 평가자가 원래 의도한 것은 아니지만 학생들의 반응으로부터 확률적 사고와 추론을 알아내는 방법에 대해 몇 가지 제안을 하고자 한다. 또한 확률적 사고와 추론을 보다 직접적으로 평가하기 위해 이러한 문제를 수정하는 방안도 알아보고자 한다.

이러한 문제는 확률에 대해 기본적인 내용을 학습한 학생들을 대상으로 활용하기에 적합할 수 있지만, 어떤 맥락은 어린 학생들에게 맞도록 조정할 필요가 있다. 이러한 문제는 학생들이 이전에 유사한 문제를 풀어본 경험이 없다면 어려울 수밖에 없으며, 이러한 의미에서 평가 문항으로서 불공평하다. 학생들은 문제 해결에 필요한 규칙을 알아야 할 뿐만 아니라 문제를 이해할 수 있어야 하며 문제에 쓰인 용어를 다른 표상으로 바꿀 수 있어야 한다(Wood, 1968 번역, Nitko & Lane, 1991, 〈표상으로서 이해〉).

**문제 1**

1,000가구가 사는 주거지역에서 800가구는 컴퓨터를 가지고 있고 600가구는 비디오를 가지고 있으며 102가구는 팩스를 가지고 있다. 컴퓨터를 가지고 있는 가구의 60%가 비디오를 가지고 있으며, 컴퓨터를 가지고 있는 가구의 9%가 팩스를 가지고 있다. 45가구는 컴퓨터, 비디오, 팩스를 모두 가지고 있다. 20가구는 비디오와 팩스를 가지고 있으나 컴퓨터는 가지고 있지 않다. 이 주거지역에서 무작위로 한 가구를 택할 때 선택된 가구가 (a) 3가지 중 아무 것도 가지고 있지 않는 경우 (b) 1가지만 가지고 있는 경우 (c) 3가지 모두 가지고 있는 경우에 대한 확률을 각각 구하여라.

이 문제는 벤다이어그램을 그려서 각 칸에 3가지 가정용품을 가지고 있는 가구의 수를 각각 써넣으면 매우 쉽게 풀 수 있다. 문제 조건에 확률이 아니라 숫자가 언급된 것을 보면 이러한 풀이 방법이 적합하다는 것을 알 수 있다. 이는 확률 문제라기보다는 산술이나 논리를 연습하는 문제에 더 가깝다. 이 문제는 배반이 아닌 2개 이상의 사건으로 확률의 덧셈 법칙을 확장함으로써 풀 수 있지만, 이러한 문제를 통해 확률적 사고나 추론을 평가할 수는 없다. 실제적인 상황을 만들기 위해 노력을 하기는 하였지만, 계산을 수월하게 할 수 있도록 주어진 수를 주의 깊게 선택하였다. 판매부서라면 확률에 관심이 있을 수도 있지만 각 가구에서 가지고 있는 가정용품의 수를 안다는 것은 각 가구마다 어떤 가정용품을 가지고 있는지도 모두 알고 있다는 의미가 된다. 이런 상황에서 누가 한 가구만을 선택하는 일을 하겠는가? 가구 중에 일부가 이사를 갈 가능성, 언급된 가정용품을 사거나 팔 가능성과 같이 문제에 주어진 수가 시간이 지나면서 바뀔 가능성 등을 생각해보게 함으로써 학생들이 주어진 수의 실제성에 대해 반성해 보도록 할 필요가 있다.

**문제 2**

런던 도심에서 보낸 소포가 하루, 이틀, 사흘 만에 도착할 확률이 각각 0.4, 0.5, 0.1이고, 교외에서 보낸 소포가 하루, 이틀, 사흘 만에 도착할 확률은 각각 0.3, 0.4, 0.3이다. 소포 1개를 런던 도심에서, 다른 1개는 교외에서 각각 독립적으로 보냈다고 할 때, 런던 도심에서 보낸 소포가 교외에서 보낸 소포보다 먼저 도착할 확률은 얼마인가?

학생들은 주어진 확률을 바탕으로 도심에서 보낸 소포가 교외에서 보낸 소포보다 먼저 도착하는 사건을 표현하는 방법을 생각해야 하는데, 모든 경우를 다 쓰지는 않더라도 적절한 표본공간을 구성하여야 한다. 이는 확률적 사고보다는 상식과 관련된다. 염두에 두어야 하는 사건은 3가지이고, 각 사건의 확률을 구하기 위해서는 주어진 확률을 적절히 곱한 다음 3가지 사건의 확률을 더하면 된다.

문제에 쓰인 "독립적으로"라는 용어는 일반적인 의미를 나타내지만 통계적인 독립을 가정하는 것이 적합하다. 학생들이 이러한 사실에 대해 논의를 진행할 수 있을까? 학생들에게 문제를 해결하기 위하여 자신들이 설정한 전제를 설명해 보라고 하면 그렇게 할 수 있을까? 어떻게 답을 구해야 할지 모르는 학생들은 주어진 확률이 적절한지, 도착이 무엇을 의미하는지에 대해 의문스러워 할 수 있다. 어디로 도착한다는 말인가? 도착은 배달과 같은 의미인가? 소포 2개를 같은 목적지로 보냈는가? 런던 도심에서 런던 도심으로 보낸 소포는 교외에서 멀리 떨어진 인도로 보낸 소포보다 당연히 먼저 도착할 것이다.

이 문제에서 모든 소포와 모든 날에 대해 확률이 하나로 고정될 수 있는지에 대해 설명해 보도록 하거나 문제에 주어진 확률을 어떻게 구했을지 생각해 보도록 하는 질문이 있다면 확률적 사고와 추론을 평가할 수도 있다. 같은 도착지로 소포를 발송하는 맥락이 제시된다면 실제성을 다소 부여할 수 있다. 발송 담당자는 런던 도심에서 보낸 소포가 교외에서 보낸 소포보다 먼저 도착할 가능성이 어느 정도인지 궁금할 수도 있다. 또한 구하고자 하는 확률이 실제로 일어날 수 있는 상황을 학생들에게 제안해보도록 할 수도 있다. 두 경우 모두 특정 시간에 실시되는 총괄 평가보다 형성 평가로 다루어지는 것이 용이하다. 후자의 경우에는 지나치게 많은 정보를 학생들에게 제시하거나 상대적으로 짧은 시간에 상황을 생각해 내도록 요구해서는 안 된다.

**문제 3**

맹인 여성이 파란 양말 9개와 초록 양말 5개가 있는 더미에서 양말 2개를 선택한다고 할 때, 양말 2개의 색이 같을 확률은 얼마인가? 또한 양말 2개의 색이 다를 확률은 얼마인가?

이 문제에 "명확한" 답을 제시하기 위해서 학생은 양말을 무작위로 선택한다고 가정할 수 있어야 한다. 학생은 "양말 1개를 선택하는" 사건이 일어날 확률이 동등한지 의문을 가질 수 있다. 이 여성은 양말 더미의 아래보다는 위에서 양말을 선택하지 않을까? 혹은 작은 것보다는 큰 것을 선택하지 않을까? 실크로 된 것보다 울로 된 양말을 선택하기가 쉽지 않을까? 어떤 양말은 다른 양말과 함께 선택될 수도 있지 않을까?

이런 점을 고민하는 학생들은 확률적 사고를 지닌 것으로 볼 수 있는데, 이는 등확률 전제와 관련되기 때문이다.

이 문제에서는 선택한 양말을 복원하지 않는다고 가정하는 것이 적절해 보이지만 이 여성이 두 번째 양말을 선택하기 전에 첫 번째 양말을 되돌려 놓는지 여부에 대해서는 설명하지 않는다. 또한 이 여성은 첫 번째 양말의 크기나 두께가 자신이 생각했던 것과 달라서 두 번째 양말을 선택하기 전에 첫 번째 양말을 되돌려 놓을 수도 있다.

개념적으로 이 여성은 양말 2개를 한꺼번에 선택하거나 차례로 선택할 것이라고 생각할 수도 있다. "양말 2개를 한꺼번에 선택할 것"이라고 생각하는 학생은 후자를 생각하는 학생보다 높은 사고 수준에 있다고 볼 수 있다. 그러나 이 여성이 양말 2개를 1번에 선택한다면 멀리 있는 양말보다는 가까이에 있는 것을 선택할 확률이 높아진다. 이러한 사실에 대해 고민하는 학생들은 이 점에 대해 적절한 설명이 주어지지 않는다면 문제 해결을 포기할 수도 있다.

이 문제를 다양하게 변형할 수는 있지만, 확률 "법칙"을 토대로 쉽게 모델링할 수 있는 상황을 생각해내기가 얼마나 어려운지에 주목할 필요가 있다. 나아가, 학생들이 이러한 법칙을 자연스럽게 활용할 수 있도록 문제의 용어를 표현하는 것은 더욱 어렵다.

이 문제를 "플러그인 기법"으로 해결한 학생들에게는 확률적 사고와 추론 능력이 거의 없다고 볼 수 있다. 학생들은 문제에서 주어진 두 번째 질문이 첫 번째 질문에 대한 여사건을 언급하는 것으로 파악하여 문제를 해결할 수 있다. 학생들에게 어떻게 문제를 해결할 수 있었는지를 묻거나 왜 문제를 해결할 수 없다고 느꼈는지를 묻는 것으로 이 질문 자체를 상당히 보완할 수 있다.

위 상황에서 언급된 모든 어려움은 항아리에 들어 있는 공을 꺼내는 유사한 문제로 바꿈으로써 해결할 수 있다. 문제 상황은 좀더 분명해지고 확률 법칙을 적용하여 정답을 구할 수 있게 된다. 그러나 이러한 문제 상황을 통해서는 확률적 사고와 추론을 거의 평가할 수 없다. 바뀐 문제는 다음과 같다.

파란 공 9개와 초록 공 5개가 들어 있는 항아리가 있다. 임의로 공 2개를 비복원추출할 때 공 2개의 색이 같을 확률은 얼마인가? 또한 공 2개의 색이 다를 확률은 얼마인가?

**문제 4**

어느 커피숍에서 사용하는 머그잔 중 35%가 파란색이고, 25%가 빨간색, 40%가 갈색이다. 파란색 머그잔의 10%, 빨간색 머그잔의 5%, 갈색 머그잔의 7%에 금이 가 있다. 어떤 여성이 주문한 커피의 머그잔에 금이 가 있다면 이 머그잔이 파란색일 확률은 얼마인가?

표면상으로 이 문제는 조건부 확률을 묻는 문제이며, 베이스 정리의 공식에 문제에서 주어진 수를 대입하여 답을 구할 수 있다. 다른 풀이 방법은 표본공간을 단위 정사각형으로 표현하고, 서로 다른 머그잔의 색을 나타내기 위해 넓이가 각각 0.35, 0.25, 0.40인 직사각형으로 정사각형을 나눈 다음 각 직사각형을 금이 간 비율로 다시 나누는 것이다. 금이 간 파란색 머그잔을 나타내는 영역의 넓이를 금이 간 머그잔 전체를 나타내는 영역의 넓이로 나누어 원하는 확률을 구할 수 있다. 이러한 방법으로 문제를 해결하는 학생들이 플러그인 기법으로 문제를 해결하는 학생들보다 확률적 추론이 뛰어나다고 볼 수 있다.

그러나 이 문제는 그럴듯한가? 머그잔에 금이 가 있을 때 그것이 파란색 머그잔인지를 알고 싶어 하는 사람이 있을까? 어느 경우에도 분명한 사실은 금이 간 머그잔에는 커피를 담을 수 없으므로 이 머그잔은 버리거나 급한 상황에서 쓰기 위해서 보관해 둘 것이라는 점이다. 또한 서로 다른 색 머그잔의 비율이나 금이 간 머그잔의 비율 등이 모두 정수일 수 있는가? 예를 들어, 이 조건을 만족하는 머그잔의 수를 찾기 위해 전체 머그잔의 수가 1000개라고 가정하여 문제를 해결하려고 시도하는 학생은 곧바로 실패하게 된다. 앞서 논의된 다른 문제와 마찬가지로 실제 상황을 도입하려는 시도는 성공하지 못하였다. 그러나 학생들에게 문제를 해결할 때 자신들이 설정한 가정을 설명하고 그러한 가정이 적절하였는지에 대해 논의하도록 함으로써 주어진 문제를 좀더 개선할 수 있다. 베이스 이론을 의미있게 적용할 수 있는 의료 사례나 법률 사례를 통해 적절한 문제를 만들 수 있다. 검사 결과가 양성으로 나왔을 때 병에 걸렸을 확률과 병에 걸렸을 때 검사 결과가 양성으로 나올 확률이 같지 않다는 것을 알게 됨으로써 어떤 검사 결과가 양성일 때 다소간 안정을 찾을 수 있다.

이 절에서 살펴본 문제들은 확률 입문 과정에서 기본적으로 다루는 내용과 관련된다. 문제들이 얼핏 흥미로운 실생활 맥락과 관련된 것처럼 보이지만 실제로는 얼마나 비현실적인 상황을 담고 있는지 검토하기 위하여 상세하게 살펴보았다. 또한 이러한 문제들에서는 확률을 구하기 위하여 실제 상황에서는 전혀 일어날 것 같지 않은 사실을 가정해야 한다. 따라서 평가 문항을 개발할 때는 질문과 관련된 상황을 주의 깊게 고려하는 것이 중요하다. 한편 이 절에서는 확률 계산을 연습하는 데는 적절하지 않은 문제가 확률적 사고와 추론을 평가하는 데는 얼마나 적합할 수 있는지에 대한 여러 가지 시사점을 제시하였다.

## 05 연구에서 활용된 과제들

확률 개념에 대한 이해를 살핀 여러 연구에 따르면 아동과 성인들 모두 확률적인 사건의 결과에 대해 다양한 오개념을 가지고 있다(Batanero & Sanchez, 이 책 10장; Kahneman, slovic, & Tversky, 1982; Green, 1983, 1988, 1991; Jolliffe, 1994a; Jones & Thornton, 이 책 3장; Konold, 1995; Metz, 1997; Watson, 이 책 6장). 아동기에 가지고 있던 오개념은 가능성에 대한 개념 발달에 영향을 미친다(Fischbein, 1975; Piaget & Inhelder, 1951/1975). 성인들이 지닌 오개념의 특징은 덜 분명하지만, 일부 연구에 따르면 성인들은 근원사건이 동등하게 일어난다고 생각하는 경향이 있다(Konold, Pollatsek, Well, Hendrickson, & Lipson, 1991; Jolliffe, 1994a). Konold(1995)에 따르면 확률을 예/아니오로만 생각하는 결과 지향적인 사람들에게서 50%의 가능성이라는 것은 결과에 대한 지식의 부족으로 해석된다. Konold(1995)에는 이외에도 다른 오개념이 잘 설명되어 있는데, 모집단에서 선택된 표본이 모집단과 동일한 분포를 따라야 한다는 대표성(representativenes) 전략과, 구체적인 사건의 사례를 고려하는 것이 얼마나 쉬운지를 보여주는 이용가능성(availability) 전략 등이 있다. Hawkins & Kapadia(1984)와 Shaughnessy(1992)에 이러한 오개념과 관련된 논의가 제시되어 있다.

학교에서 학생들의 확률적 사고와 추론을 관찰하고 평가하기 위한 도구를 설계할 때 위와 같은 연구의 결과와 방법론을 살펴볼 필요가 있다. 이를 통해 학생들의 발달 단계와 평가 의도에 적합한 평가 도구를 개발할 수 있으며, 연구에서 활용된 과제를 약간씩 수정하여 평가에 사용할 수도 있기 때문이다.

연구에서 활용된 문제들 중에는 확률적 사고와 추론을 평가하려는 의도에서 개발된 것도 있다. 이러한 문제들은 법칙에 대한 지식이나 기법을 적용하는 것보다는 직관에 좀더 관심을 둔다. 예를 들어, Nisbett, Krantz, Jepson & Kunda(1983)는 학생들에게 아주 작은 섬에서 탐험가들이 파란색 슈리벨(shreeble)이라는 새 한 마리를 발견하였다고 상상한 다음 이 섬에 서식하는 슈리벨 중 몇 퍼센트가 파란색일지 예측해 보도록 하고 그렇게 예상한 이유를 설명하도록 하였다. 다른 유형의 문제에서는 세 마리 혹은 스무 마리의 파란색 슈리벨이 관찰된 경우를 다루고 있다. 이 문제는 큰 수의 법칙에 대한 일관적인 신념을 탐색하기 위해 고안되었다.

Fong, Krantz, & Nisbett(1986)의 연구는 대표적인 3가지 유형의 문제를 활용하였다. **확률적인**(probabilistic) 문제에서 연구대상은 무작위로 추출한 표본으로부터 모집단에 대한 결론을 끌어내야 한다. **객관적인**(objective) 문제의 경우에 표본 자체는 객관적이지만 무작위로 추출된 것인지가 불분명하다. **주관적인**(subjective) 문제에서 표본은 명백히 주관적이다. 각 유형의 문제는 6가지의 기본적인 문제 구조를 사용하였다. 예를 들어, 큰 표본 대 작은 표본, 분석하고자 하는 모집단과 비슷하기는 하지만 동일하지는 않은 모집단에서 추출한 큰 표본 등이다. 응답자의 반응은 결정론적 반응, 부적절한 통계적 반응, 적절한 통계적 반응으로 코드화하였다. 이러한 문제는 무작위성과 확률을 밀접하게 관련시킨다는 점에서 확률적 사고와 추론을 평가하기에 적합하다.

Fong 등(1986)에서 활용한 확률적인 문제 중에는 대학생 10,000명 중에서 기숙사에서 생활할 5,000명을 선택하는 과정을 설명한 것이 있다. 3일에 걸쳐 대학생들에게 1부터 10,000이 각각 적힌 쪽지가 들어있는 상자에서 쪽지 1개씩을 뽑도록 한다. 5,000 이하의 수를 뽑은 학생은 기숙사에서 생활할 수 있다. 첫째 날 조(Joe)는 학생 5명에게 쪽지를 뽑으라고 하였고 이 중에서 4명이 5,000 이하의 수를 뽑았다. 조는 쪽지가 잘 섞이지 않았다고 생각하여 서둘러 쪽지를 뽑았더니 그 수도 5,000 이하였다. 나중에 조는 둘째 날 또는 셋째 날에 쪽지를 뽑은 학생들 4명을 만났는데 이 학생들은 모두 5,000보다 큰 수를 뽑았다고 하였다. 이로부터 조는 쪽지가 잘 섞이지 않았다는 생각에 더욱 확신을 갖게 되었다. 연구대상에게 조의 추론에 대해 어떻게 생각하며 그렇게 생각하는 이유가 무엇인지 설명하도록 하였다.

객관적인 문제 중에는 미시간(Michigan) 대학 심리학과와 관련되는 것이 있다. 입학전형위원회는 소규모 개방대학에서 지원한 한 학생의 입학을 허가할지에 대해 논의하였다. 한 위원은 이 학생과 비슷한 개방대학 출신 학생들이 미시간 학생들보다 전반적으로 성취도가 낮다는 자료를 근거로 이 학생의 입학을 반대하였다. 다른 위원은 해당 학생과 동일한 대학 출신으로, 2년 전에 입학한 한 학생은 심리학과에서 가장 우수한 학생 3명에 포함된다고 지적하면서 이 학생의 입학을 허가해야 한다고 하였다. 연구대상에게 두 위원의 주장을 비평하고 이 두 주장의 장점과 단점을 설명하도록 하였다.

주관적인 문제 중에는 어떤 남자가 3세인 아들에 대해 설명하는 내용이 있는데, 이 남자는 자신의 아들이 자기처럼 스포츠를 별로 좋아하지 않을 것 같다고 말하였다. 이 남자는 아들이 친구들과 공놀이 하는 것을 2번 보았는데, 그때마다 별로 재미있어 하지 않았다고 자신의 주장을 정당화하였다. 연구대상에게 이 남자의 주장에 동의하는지 그 이유는 무엇인지 설명하도록 하였다.

이상과 같이 Fong 등(1986)에서 활용한 문제들은 일반적인 확률적 직관과 이해를 살펴보기 위한 것으로 확률적 사고와 추론을 평가하기에 적합하다. 또한 저학년 학생들에게 활용하기에 적절하지 않은 맥락은 손쉽게 각색할 수 있다. 예를 들어, 대학 기숙사 문제는 상품 5,000개가 있는 복권 문제로 수정함으로써 저학년 학생들의 흥미를 자극할 수 있다. 이러한 문제는 관찰 평가, 진단 평가, 형성 평가에 활용될 수 있지만, 등급을 매기는 것이 주관적일 수 있기 때문에 등급을 필요로 하는 평가에는 다소 한계가 있다.

Green(1983, 1988, 1991)은 7~16세 영국 학생을 대상으로 다양한 연구를 수행하여 가능성과 확률 개념에 대한 이해를 조사하였다. 연구에서 활용된 검사 문항 중에는 무작위성에 대한 질문과 승률(odds)을 비교하는 것에 대한 질문이 있어서 교실과 같이 비연구적인 상황에서도 활용할 수 있다. 무작위성과 관련된 질문 중 하나는, 학생들에게 동전 1개를 던진 시뮬레이션을 시행한 것처럼 보이도록 앞면 50개와 뒷면 50개가 있는 유사무작위 배열을 만들어보도록 한 것이다(Green, 1991). 승률을 비교하는 문제(Green, 1983)에는 "한 면은 **빨간**색이고 다른 면은 **초록**색인 동그란 칩이 있다. **빨간**색 면이 계속 나온 상태에서 다시 1번 칩을 던졌을 때 이번에는 어느 면이 더 잘 나올 것 같은가, 혹은 차이가 없는가?"와 같은 것이 있다. 이 문제에서 택할 수 있는 보기는 다음과 같다. (a) 빨간색 면이 더 잘 나올 것 같다, (b) 초록색 면이 더 잘 나올 것 같다, (c) 차이가 없다, (d) 모르겠다. 이 문제에서 어린 학생들은 부적 최근성(negative recency)을 보이는 경향이 있는데, 빨간색 면이 계속 나왔기 때문에 다음번에는 초록색 면이 나올 차례라고 생각한다. 이 문제에서 모르겠다는 보기를 주는 것은 매우 중요한데, 이를 통해 학생들에게 반드시 답을 골라야 할 필요는 없다는 것을 알려줄 수 있어서 답을 찍는 것을 방지할 수 있기 때문이다. 또한 특정한 답을 선택한 이유를 알아보는 것도 매우 중요한데, 때때로 답은 맞았지만 그 이유가 부적절할 수 있기 때문이다(Konold et al., 1991; Jolliffe, 1994b). 이처럼 학생의 사고를 살피는 것은 간단한 문제에 대해 학생이 부적절한 답을 하였을 때 유용하다. 이는 지필 평가보다는 구술 평가로 진행하는 것이 좀더 적절한데, 학생의 답변이 명확하지 않을 때 평가자가 다시 질문할 수도 있고 학생이 답하는 것을 어려워할 때는 조언도 할 수 있기 때문이다. 그러나 학생이 말한 내용을 기록하는 것은 학생을 당황하게 할 수도 있다.

## 06 대안적인 평가 방법

최근 몇 년 동안 교육자들은, 20세기 말에 출판된 교과서의 표준 문항을 활용하는 전통적인 지필평가에 대한 대안으로 다양한 평가 방법을 개발하였다. 대안적인 방법에는 참 평가(authentic assessment: Colvin & Voss, 1997), 포트폴리오 평가(Keeler,

1997), 구술 평가, 모둠활동 평가, 컴퓨터를 활용한 평가, 프로젝트나 다른 조사연구에 의한 평가 등이 있다. 전형적으로 컴퓨터-기반 평가는 선다형 문항으로 구성되며, 즉각적인 피드백이 주어지도록 설계되지만, 이 장에서는 다루지 않는다.

참 평가에서는 학교 밖의 실생활 상황과 관련된 과제로 학생들을 평가한다. 따라서 맥락은 현실적이어야 하며, 적어도 실제와 비슷해야 한다. 저학년 학생들을 평가하는 확률 문제는 다양한 게임에서 이길 가능성을 생각해 보도록 하거나 과자봉지에 들어있는 쿠폰을 모두 모을 가능성을 알아보도록 하는 상황으로 구성할 수 있다. 고학년 학생들은 복권에 당첨될 가능성, 치료제의 위험률, 선거 여론 조사 등에 흥미를 가질 수 있다. 이와 같은 시사적인 사례는 http://www.dartmouth.edu/~chance에서 제공하는 가능성 잡지(Chance newsletter)나 Everitt(1999)에서 찾을 수 있다.

포트폴리오 평가를 위해서는 학생들이 작성한 다양한 자료를 수합하여야 한다. 교사와 학생은 해당 학생이 무엇을 배웠는지 보여주는 자료를 선택하는데 의견을 공유할 수 있다. 포트폴리오는 시간의 경과에 따라 학생이 얼마나 발전하였으며 성과를 이루었는지를 보여준다. 포트폴리오 평가는 특히 프로젝트 활동을 진행할 때 적합한데, 학생들은 자신들이 무엇을 배웠는지에 대해 나름의 의미를 구성할 수 있으며 포트폴리오의 일부가 되는 성찰 일기(reflective journal)를 작성할 수도 있다. 확률적 사고에 대한 포트폴리오에는, 첫째 아이의 성별과 같은 무작위 현상을 모델링하는 과제가 활용될 수 있는데, 이 과제로부터 학생들은 첫째 아이가 남자 아이일 확률을 추측하기 위해 자료를 수집할 수 있고 그 결과에 기초하여 장남에게만 상속의 특권이 주어지는 사회에 주는 시사점을 유도할 수도 있다. Keeler(1997)는 포트폴리오 평가와 관련된 다양한 이슈에 대해 전반적으로 논의한 바 있다.

확률적 사고와 추론에 대한 구술 평가는 여러 연구에서 확률 개념에 대한 이해를 분석할 때 활용하였으므로 유용한 사례들이 많이 있다. 연구를 위해 사용한 과제는 교실에서도 사용할 수 있다. 학생들이 문제를 풀 때 자신의 풀이 방법을 설명하도록 함으로써 구술 평가를 실행할 수 있다. 구술 평가의 장점 중 하나는 교사와 학생의 상호작용이 활발히 일어나서 이를 통해 교사가 학생의 사고를 쉽게 파악할 수 있다는 것이다. 특히 구술 평가는 시각적 표상이나 실제 상황과 관련된 문제를 다룰 때 적합하다. 예를 들어 회전판의 크기와 관련하여 확률을 물어보거나 어떤 확률적 상황을 이야기로 나타내도록 요구할 수도 있다(Kafoussi, 2004). 구술 평가에서 점수를 매기기 위해서는 질문과 질문하는 방식을 표준화할 필요가 있다. 여기에는 다소 주관적인 측면이 있기는 하지만, 거의 이해를 못한 학생에게는 0점, 아주 우수한 학생에게는 2점, 0점과 2점 사이의 중간 수준 정도인 학생에게는 1점을 주는 점수 부여 방식이 적합하다. 구술 평가는 어떤 학생들에게는 불리하게 작용할 수 있는데, 예를 들어 모국어가 아닌 언어로 평가를 받게 되는 학생이나 부끄러움을 많이 타는 학생에게 그러하다. 구술 평가와 관련된 좀더 다양한 논의는 Hawkins 등(1992, pp. 209-210)과 Jolliffe(1997, p. 202)를 참조하기 바란다.

프로젝트와 실제 탐구 활동에 대한 평가는 개별 학생을 대상으로 하는 것보다 모둠 단위로 시행하는 것이 적절한데, 학생들에게 컴퓨터 환경을 제공할 필요가 있을 때도 있다. 따라서 이 평가 방법은 Hawkins 등(1992, pp. 205-209)과 같이 모둠별로 시행하는 것이 수월할 수 있다. 실제 탐구 활동에 대한 평가는 통계에서와 같이 확률에서도 일반적으로 유용하며, 확률에서 사용할 수 있는 프로젝트 평가의 예로는 에이즈의 획산이나 줄서기 전략 등을 모델링하는 과정이 있을 수 있다. 시뮬레이션 과정에서 분명히 컴퓨터를 활용할 것이다. 확률을 주제로 하는 프로젝트의 성패는 학생이 확률적으로 사고하고 추론할 수 있는지 여부에 달려 있다. 실제 탐구 활동을 통해 학생들이 이러한 방식으로 사고하고 추론하도록 격려할 수 있다. 학생들이 스스로 문제의 세부 사항을 파악해야 한다면 학생들이 수행한 활동의 질을 교사가 평가하는 것은 더 쉽다. 예를 들어 학생들에게 어떤 표가 무작위 숫자로 이루어져 있는지를 판단하도록 하였다고 해보자. 학생들에게 각 숫자의 비율이나 어떤 숫자가 계속해서 나타나는 정도 등을 관찰해보라고 제안하는 대신에, 우선 학생들이 이 표를 어떻게 검토할지 결정하는 과정을 살펴보는 것이 좋다. 프로젝트와 실제 탐구 활동에서 평가하고자 하는 바를 객관적인 틀로 설정하는 것이 중요하지만, 구술 평가처럼 이 역시도 일정 부분 주관적인 평가가 될 수밖에 없다. 모둠 활동을 평가할 때 1가지 어려운 점은 학생 개개인이 기여한 정도를 평가하는 것이다. 1가지 방안은 모둠원 각자가 다른 모둠원이 기여한 정도를 비율을 사용하여 나타내 보도록 하는 것이다.

## 07 교사와 확률 평가

교사들도 확률에 대해 부적절하게 이해하는 경우가 있으며 오개념을 가지고 있기도 하다(Fischbein, 1990; Pratt, 이 책 7장; Stohl, 이 책 14장). 이러한 이유로 교사들은 학생들의 오류를 인지하는데 어려움을 겪는다. 또한 일부 교사는 산술 능력(numeracy)과 관련되는 주제를 지도하는데 자신감이 떨어지는데, 이는 평가 과제를 개발하거나 실행하는 것과 같이 학습 지도의 다양한 측면에 영향을 미친다. 이러한 문제를 구체화하고 극복하는데 교사의 신념과 태도에 대한 연구가 유용할 수 있다.

교사들은 학생을 평가하는 방안에 대하여 배울 필요가 있는데, 이는 여러 가지 측면에서 진행될 수 있다. 교사들은 평가 도구를 어떻게 개발하고 활용할지, 평가할 시간을 확보하기 위하여 수업을 어떻게 조직할지, 평가 결과를 어떻게 기록할지 등에 대해 알아야 한다. 앞서 언급하였듯이 교사가 학생들을 관찰한 경우에는 평가 결과를 기록하는 것이 특히 어렵다. 이제까지는 몇몇 프로젝트를 제외하고는 어떻게 평가할 것인가 보다 어떻게 가르칠 것인가와 관련된 교사 교육(Hawkins, 1990)에 많은 노력을 기울여 왔다. 다른 사람이 출제한 시험을 채점해야 하는 교사는 의도된 채점기준에 따라 점수를 부여할 수 있도록 안내와 교육을 받았다. 이러한 현상은 전 세계 학생들이 치르는 수학자격시험(General Certificate of Education)과 같은 국가 고사에서 늘 발생하는 일이다.

교사들은 관찰과 형성 평가를 통해 학생들이 잘못 이해한 개념과 방식을 다룰 수 있는 시간을 마련함으로써 교실 수업을 이상적으로 조직할 수 있어야 한다. 학생을 관찰하는 것은 가르치는 과정에서도 진행할 수 있는데, 예를 들면 학생들에게 무작위 사건에 대한 자신들의 예측을 검토하도록 하거나 자신들의 오개념을 살펴보도록 할 때에도 가능하다(Chance, 2002).

## 08 결론

이 장은 다양한 각도에서 확률적 사고와 추론의 평가에 대해 다루었다. 평가의 목적과 틀에 비추어 확률적 사고와 추론의 평가를 살펴보았다. 확률적 사고와 추론의 정의는 통계적 사고와 추론이 의미하는 바에 근거하여 규정하였다. 평가 과제의 유형과 다양한 평가 방법을 설명하였으며, 확률 교육과 관련된 연구에서 활용한 과제를 포함하여 여러 가지 평가 과제의 사례를 제시하였다.

평가를 계획하고 실행하는 과정에서 교사의 역할을 살펴보았으며, 특히 몇몇 예를 통해 어떤 과제가 확률적 사고와 추론을 평가하기에 적합한지를 교사들이 확인하도록 돕는 논의를 진행하였다. 흥미로운 평가 방법이 학교와 대학에서 사용되기 시작하고, 교육 방법에 대한 관심이 확대되어 전 세계적으로 이해의 중요성이 강조될 때 평가의 질은 향상될 수 있다.

## 참고문헌


Batanero, C., Godino, J.D., & Navarro-Pelayo, V. (1997). Combinatorial reasoning and its assessment. In I.Gal & J. B. Garfield (Eds.), *The assessment challenge in statistics education* (pp. 239-252). Amsterdam, The Netherlands: 10S Press.

Chance, B. (2002). Concepts of statistical thinking and implications for instruction and assessment. *Journal of Statistics Education, 10*(3). [Online:www.amstat.org/publications/jse/vl 0n3/chance.html]

Chervany, N. L., Collier, R. O. Jr., Fienberg, S. E., Johnson, P. E., & Neter, J. (1977). A framework for the development of measurement instruments for evaluating the introductory statistics course. *The American Statistician, 31*(1), 17-23.

Colvin, S. & Vos, K. E. (1997). Authentic assessment models for statistics education. In I. Gal & J. B. Garfield (Eds.), *The assessment challenge in statistics education* (pp. 27-36). Amsterdam, The Netherlands: IOS Press.

Everitt, B. S. (1999). *Chance rules: an informal guide to probability, risk, and statistics*. New York, USA: Copernicus.

Fischbein, E. (1975). *The intuitive sources of probabilistic thinking in children*. (C. A. Shepherd, Trans.) Dordrecht, The Netherlands: Reidel.

Fischbein, E. (1990). Training teachers for teaching statistics. In A. Hawkins (Ed.), *Training teachers to teach statistics.* (pp. 48-57). Voorburg, The Netherlands: International Statistical Institute.

Fong, G.T., Krantz, D. H., & Nisbett, R. E. (1986). The effects of statistical training on thinking about everyday problems. *Cognitive Psychology, 18*, 253-292.

Freedman, D., Pisani, R., & Purves, R. (1978). *Instructor's manual for statistics*. New York: Norton.

Gal, I. & Garfield, J. B. (Eds.). (1997). *The assessment challenge in statistics education*. Amsterdam, The Netherlands: IOS Press.

Garfield, J. B. (1994). Beyond testing and grading: Using assessment to improve student learning. *Journal of Statistics Education* (Online), *2*(1). [Online: www.amstat.org/publications/jse/v2nl/garfield.html]

Garfield, J., delMas, R. C. & Chance, B. (2003, April). *The Web-based ARTIST: Assessment resource tools for improving statistical thinking*. Paper presented at the annual meeting of the American Education Research Association, Chicago, USA. Available: http://www.gen.umn.edu/artist/

Green, D. R. (1983). A survey of probability concepts in 3,000 pupils aged 11-16 years. In D. R. Grey, P. Holmes, V. Barnett & G. M. Constable (Eds.), *Proceedings of the First International Conference on Teaching Statistics* (Vol. II, pp. 766-783). Sheffield, UK: Teaching Statistics Trust Sheffield University.

Green, D. R. (1988). Children's understanding of randomness: a survey of 1,600 children aged 7-11. In R. Davidson & J. Swift (Eds.), *Proceedings of the Second International Conference on Teaching Statistics.* (pp. 287-291). Victoria, Canada: University of Victoria.

Green, D. R. (1991). A longitudinal study of pupils' probability concepts. In D. Vere-Jones (Ed.), *Proceedings of the Third International Conference on Teaching Statistics* (Vol. 1, pp. 320-328). Voorburg, The Netherlands: International Statistical Institute.

Hawkins, A. (Ed.) (1990). *Training teachers to teach statistics.* Voorburg, The Netherlands: International Statistical Institute.

Hawkins, A., Jolliffe, F. & Glickman, L. (1992). *Teaching statistical concepts.* London: Longman.

Hawkins, A., & Kapadia, R. (1984). Children's conceptions of probability-A psychological and pedagogical review. *Educational Studies in Mathematics, 15*, 349-377.

Holmes, P. (2002). Teaching, learning and assessment: Complementary or conflicting categories for school statistics. In B. Phillips (Ed.), *Proceedings of the Sixth International Conference on Teaching Statistics* [CD-ROM]. Hawthorn, VIC: International Statistical Institute.

Jolliffe, F. R. (1991). Assessment of the understanding of statistical concepts. In D.Vere-Jones (Ed.), *Proceedings of the Third International Conference on Teaching Statistics* (Vol. 1, pp. 461-466) Voorburg, The Netherlands: International Statistical Institute.

Jolliffe, F. (1994a). Proportions, probability, and other matters. In L. Brunelli & G. Cicchitelli (Eds.), *Proceedings, International Association for Statistical Education First scientific meeting, Italy 1993* (pp. 377-383). Perugia, Italy: University of Perugia.

Jolliffe, F. R. (1994b). *Why ask why? In, Proceedings of the Fourth International Conference on Teaching Statistics*. (Vol. 1, pp. 57-64), Morocco. (Reprinted in Research Papers from the 4th International Conference on Teaching Statistics, edited by Joan Garfield. The International Study Group for Research on Learning Probability and Statistics, 1995.)

Jolliffe, F. (1997). Issues in constructing assessment items for the classroom. In I. Gal & J. B. Garfield (Eds.), *The assessment challenge in statistics education* (pp. 191-204). Amsterdam, The Netherlands: IOS Press.

Jones, G. A., Langrall, C. W., Thornton, T. A., & Mogill, A. T. (1997). A framework for assessing and nurturing young children's thinking in probability. *Educational Studies in Mathematics, 52*, 101-125.

Jones, G. A., Thornton, C. A., Langrall, C. W., & Tarr, J. E. (1999).

Understanding students' probabilistic reasoning. In L. V. Stiff & F. R. Curcio (Eds.), *Developing mathematical reasoning in Grades K-12: 1999 Yearbook* (pp. 146-155). Reston, VA: National Council of Teachers of Mathematics.

Kafoussi, S. (2004). Can kindergarten children be successfully involved in probabilistic tasks? *Statistics Education Research Journal, 3*(1), 29-39. [Online:www.stat.auckland.ac.nz]

Kahneman, D., Slovic, P., & Tversky, A. (1982). *Judgement under uncertainty: Heuristics and biases.* Cambridge: Cambridge University Press.

Keeler, C.M. (1997). Portfolio assessment in graduate level statistics courses. In I. Gal & J. B. Garfield (Eds.), *The assessment challenge in statistics education* (pp. 165-178). Amsterdam, The Netherlands: IOS Press.

Konold, C. (1995). Issues in assessing conceptual understanding in probability and statistics. *Journal of Statistics Education 3*(1). [Online:www.amstat.org/publications/jse/v3n1/konold.html]

Konold, C., Pollatsek, A., Well, A, Hendrickson, J., & Lipson, A. (1991). The origin of inconsistencies in probabilistic reasoning of novices. In David Vere-Jones (Ed.), *Proceedings of the Third International Conference on Teaching Statistics* (Vol. 1, pp. 357-362) Voorburg, The Netherlands: International Statistical Institute.

Metz, K. E. (1997). Dimensions in the assessment of students' understanding and application of chance. In I. Gal & J. B. Garfield (Eds.), *The assessment challenge in statistics education* (pp. 223-238). Amsterdam, The Netherlands: IOS Press.

Moore, D. S. (1990). Uncertainty. In L. A. Steen (Ed.), *On the shoulders of giants: New approaches to numeracy* (pp. 95-137). Washington, DC: National Academy Press.

Nisbett, R. E., Krantz, D. H., Jepson, C., & Kunda, Z. (1983). The use of statistical heuristics in everyday statistical reasoning. *Psychological Review, 4*, 339-363.

Nitko, A. J., & Lane, S. (1991). Solving problems is not enough assessing and diagnosing the ways in which students organise statistical concepts. In D. Vere-Jones (Ed.), *Proceedings of the Third International Conference on Teaching Statistics.* (Vol. 1, pp. 467-474) Voorburg, The Netherlands: International Statistical Institute.

Pange, J. (2002). Can we teach probabilities to young children using educational material from the internet? In B. Phillips (Ed.), *Proceedings of the Sixth International Conference on Teaching Statistics* [CD-ROM]. Hawthorn, VIC: International Statistical Institute.

Piaget, J., & Inhelder, B. (1975). *The origin of the idea of chance in students* (L.

Leake, Jr., P. Burrell, & H. D. Fischbein, Trans). New York: Norton (Original work published 1951)

Shaughnessy. J. M. (1992). Research in probability and statistics. In D. Grouws (Ed.), *Handbook of research in mathematics education teaching and learning* (pp. 465-494). New York: Macmillan.

Tarr, J. E., & Jones, G. A. (1997). A framework for assessing middle school students' thinking in conditional probability and independence. *Mathematics Education Research Journal, 9*, 39-59. Wood, R. (1968). Objectives in the teaching of mathematics. Educational Research, 10, 83-98.

14장

# 교사 교육과 전문성 개발에서 확률

HOLLYLYNNE STOHL

학생들의 확률적 추론을 개발하기 위해 설계된 확률 교육과정의 성패는 확률 오개념과 같은 쟁점을 교사가 얼마나 깊이 있게 이해하고 있는가와 함께 확률 자체를 교사가 어떻게 이해하고 있는가하는 것에도 크게 의존한다. (이 책 14장 참조).

## 01 도입

이 장의 목적은 확률에 대해 교사들이 갖고 있는 이해의 특징과 관련된 문제를 살펴보는 것이다. 이 장은 학생들의 확률적 이해를 증진시키기 위한 교사들의 노력에 영향을 주는 논점을 다루는 것으로 시작한다. 그런 다음 확률에 대한 교사들의 지식과 신념, 확률적 아이디어를 지도하는 능력, 확률에 대한 교사 지식을 개발하기 위해 설계된 교사 교육 과정을 통해 교사들이 학습하는 것 등에 대해 알아본다.

확률과 통계(stochastics, probability and statistics)는 지난 10~15년에 걸쳐 학교 교육과정의 주요 영역으로 다루어져 왔다(예, NCTM, 1989, 2000). 그러나 교사 대부분은 중·고등학교 시절과 교사 교육 과정을 통해 확률과 통계를 다루어본 경험이 거의 없다. 1990년대 들어 교사 교육 프로그램의 수학 교육 과정에서 확률이나 통계에 주목하게 되면서 예비 교사를 위한 전문성 개발에 노력을 기울이게 되었다. 교사 교육 전문가들은 NCTM(1989)이 제안한 K-4 규준의 확률과 통계에 대해 그 적절성과 유용성에 의문을 제기하였다(Vacc, 1995). NCTM의 교육과정은 몇몇의 초등 교사 교육 프로그램이 확률에 주목하도록 하는데 영향을 미쳤다. 대부분의 중등학교 교사 교육 프로그램 역시 확률을 포함하는 통계 교육과정을 필요로 하였지만 중등학교 교사 교육 프로그램에서는 주로 순수 이론적 관점에서만 이를 진행하였다. 그러나 많은 중등학교 교사들은 가르쳐야 하는 기능과 개념에 대해 의미있는 이해를 거의 갖추지 못한 상태에서 확률과 통계에 대한 실제적인 내용을 가르치도록 요구받고 있다.

여러 연구에 따르면 성인과 대학생들은 확률과 관련하여 다양한 오개념을 지니고 있다(예, Fischbein & Schnarch, 1997; Konold et al., 1993; Shaughnessy, 1977). 확률과 통계에 대한 구체적인 교육을 받지 못함에 따라, 예비교사들과 현직교사들, 일부 교사 교육자들은 신념과 직관에 의존하는 경향이 있으며, 이 연구에서 설명할 오개념과 유사한 오개념을 지니게 된다. 이 책의 앞 장에서 살펴본 내용은 확률 교육과 교사 교육에 여러 가지 시사점을 준다. 이에 따르면 교사들과 교사 교육자들은 다음과 같은 능력을 지닐 필요가 있다.

- 확률 개념을 이해하기
- 확률에 대한 학생들의 개념을 이해하기
- 학생들의 확률적 아이디어 발달과 관련된 연구 결과를 수업 설계의 수단으로 활용하기 위하여 비판적으로 검토하기

이상은 자신들이 가르치는 학생들과 비슷한 신념, 직관, 오개념을 지니고 있는 교사와 교사 교육자에게 상당히 어려운 요구일 수 있다.

이 장은 확률에 대한 교사의 이해, 신념과 오개념, 확률 교육를 위한 수업 실행, 확률 교수-학습에 대한 교사 교육 프로젝트의 성과 등에 대해 살펴보고자 한다. 이 장에서 진행될 논의의 틀로서 확률 교육에 대한 교사들의 학습에 영향을 미치는 주요 논점을 먼저 알아본다.

## 02 확률을 가르치는 것을 배우는 것과 관련된 논점

대부분의 교사들은 수학을 계산 위주로 지도하려는 경향이 있는데, 이는 수학을 하는 것이 법칙을 따르는 것이기 때문에 옳은 활동과 틀린 활동으로 구분된다는 신념에서 유래하는 것으로 보인다(Thompson, 1984; Thompson, Philipp, Thompson, & Boyd, 1994). 이러한 경향에 의해 수학을 가르치는 일은 절차와 기능을 습득하도록 하는 활동에 주목하게 된다. 일부 교사들은 수학을 가르치는 목적을 계산력 배양 이상으로 확장시켜서 학습에 대한 구성주의 모델에 대한 신념을 아우르는 개선-지향적(reform-oriented) 견해를 채택하기 시작하고 있다. 이러한 학습 모델은 의미를 구성하

는 개인(von Glasersfeld, 1995)과 개인들 사이에 진행되는 사회적 상호 작용 및 협상(Voigt, 1996)을 모두 중시한다. 사회적 상호작용은 개인을 통제하거나 자극하며, 개인들로 이루어진 집단이 효과적으로 작동하고 전체적으로 의사소통할 수 있도록 공유된 의미를 개발하는데 필수적인 역할을 한다(Cobb, 1994). 그러나 Heinz, Kinzel, Simon, & Tzur(2000)에 따르면 좀더 개선-지향적인 아이디어로 나아가는 과도기에 속한 교사들은 가르침과 관련하여 "해석-기반적인(perception-based)" 접근을 따르는데, 이는 학생들을 위한 교육의 목표와 활동에 영향을 미친다. 즉, 이러한 교사들은 자신들이 수학을 이해하는 것처럼 학생들이 수학을 해석하도록 가르친다. 교사의 관점이 지도 방식을 결정하기 때문에 해석-기반적인 견해를 지닌 교사는 학생의 사고를 주의 깊게 검토하지 않을 수도 있다. 교사는 현재 발생 과정에 있는 학생들의 이해에 기초하여 활동을 설계하기보다는, 교사 자신의 수학적인 이해에 비추어 적합한 활동을 계획하며 도구나 표상을 사용한다.

계산 위주로 수업을 진행하는 교사는 종종 확률을 가르치거나 배울 때 결정론적인 견해를 취하기 쉽다. 즉, 교사들은 확률 교수-학습의 목적이 이론적 확률을 계산하는 절차에 대해 가르치는 것이라고 생각하기 때문에 실생활에 이러한 확률을 적용하는 것에는 관심을 두지 않는다. 그러나 확률을 학습하는 상황은 수학의 다른 영역(예, 함수, 수치적 연산, 기하)에서 고려하는 결정론적인 상황과는 근본적으로 다르다. "확률론"이라고 부르는 이론적인 분야도 수학의 다른 영역처럼 많은 절차와 구조를 가지고 있다. 그러나 이론적인 연습 문제와 함께 이러한 구조를 주사위 던지기나 일기예보와 같은 실제 상황과 곧바로 연결시키는 것은, 학교에서 다루는 수학의 다른 영역처럼 타당하지는 않다.

주사위 1개를 던져서 "4"의 눈이 나올 것인지 아닌지를 예측하는 것이 불가능한 이유는 물리 현상(예, 공기 저항, 속도, 마찰)의 복잡한 성질을 인류가 직접적으로 설명하는 것이 불가능하기 때문이다. 따라서 정육면체 주사위 1개를 던졌을 때 "4"의 눈이 나올 실제 확률을 정확하게 결정할 수는 없다. 그러나 물리적 현상의 복잡성과 주사위의 명백한(약간은 불완전한) 대칭성을 **구체화한** 라플라스의 고전적 접근을 사용하여 주사위를 던져 "4"의 눈이 나올 확률은 $\frac{1}{6}$이라고 가정할 수 있다. 이처럼 이론적으로 유도한 $\frac{1}{6}$이라는 확률은 알지 못하는 실제 확률의 **추정값**일 뿐이다. 주사위 1개를 주어진 횟수만큼 던진 다음 빈도적 접근을 통해 "4"의 눈이 나온 비율을 활용하여 실험적 확률을 설명할 수 있다. 그러나 이러한 실험적 추정은 주사위를 무작위로 던진 결과에 기초하여 "4"의 눈이 나올 확률을 설명해 줄 뿐이다. 주사위를 여러 번 반복하여 던진 결과는 실제 확률과 관련하여 서로 다른 실험적 추정 값을 생성할 것이다. 실험 결과의 불확실성을 고려해 볼 때, 학교에서 교사들 대부분이 확률과 관련하여 가능한 한 고전적 접근 방법을 택하려고 하는 것은 그리 놀라운 일이 아니다. 확률에 대한 고전적 접근은 세기 전략에 따라 어떤 사건의 확률과 관련하여 하나의 이론적인 답만을 구하도록 하며, 그 값의 실제적인 해석을 피할 수 있게 한다.

확률을 추정함에 있어 고전적 접근과 빈도적 접근 모두를 고려하는 지도 방법에 의해서만 적절한 확률 직관을 개발할 수 있으며, 앞 장에서 살펴본 여러 가지 유형의 오개념을 피할 수 있다(3, 6, 10장 참조). 실험 결과를 이론적으로 유도한 확률과 비교하여 해석하는데 핵심이 되는 수학적인 정리는 큰 수의 법칙이다. 불행하게도 많은 오개념(예, 도박사의 오류, 작은 수의 법칙)이 발생하게 된 원인 중 하나는 실험적 확률이 이론적인 확률에 **수렴한다**는 의미로 큰 수의 법칙을 잘못 해석한 것에서 유래한다. 이 법칙은 시행 횟수가 많아질수록 실험적 확률과 이론적 확률 간의 차이가 커질 확률이 0에 수렴한다는 것을 의미한다.* 그러므로 실제 그런 일이 일어날 것 같지는 않지만, 시행을 충분히 반복하였더라도 실질적으로는 이론적 확률과의 차이가 아주 큰 실험적 확률을 얻을 수도 있다.

교사들은 큰 수의 법칙을 잘못 해석하여 충분히 많은 시행을 거치면 실험적 확률이 수렴할 수밖에 없다는 기대를 학생들이 갖도록 잘못 가르칠 수 있다. 이러한 문제는 실험적 확률의 “수렴”이 빨라야만 한다는 생각에 의해 더욱 악화된다. 일부 교사들과 교과서는 시행을 충분히 많이 하면 실험적 확률이 이론적 확률에 가까워질 것이라는 점만을 언급한다. 그렇지 않은 경우에는 실험적 확률이 이론적 확률에 접근한다거나 점점 더 가까워진다는 식으로 설명할 때 사용하는 단어를 약간만 바꿀 뿐이다. 이러한 용어는 미적분 영역에서 극한 개념을 설명할 때 사용하는 것으로, 충분히 많은 시행이 있은 후에는 실험적 확률과 이론적 확률 사이에는 의미 있는 차이가 절대로 있을 수 없다는 것을 뜻한다. 때문에 학생들은, 아마 교사들도, 실험적 확률이 이론적 확률에 빠르게 가까워져서 그 이후부터는 실험적 확률이 이론적 확률에 크게 벗어나지 않는 적절한 표본의 크기가 존재한다고 생각할 수도 있다.

그림 1은 동전 1개를 7,000번 던진 2개의 시뮬레이션 결과를 보여주는 그래프이다. 그림 1A의 결과는 실험적 확률이 이론적 확률에 수렴해야 한다고 생각하는 학생들에게 혼란을 일으킬 수 있다. 시행이 500번 정도 되었을 때, 앞면이 나온 비율은 0.5에

■

**역자 주** 큰 수의 법칙은, 어떤 시행에서 사건 A가 일어날 확률이 $p$일 때, $n$ 회의 독립시행에서 사건 A가 일어나는 횟수를 $X$라고 하면, 임의의 양수 $h$ 에 대하여 $\lim_{n\to\infty} P(|\frac{X}{n}-p|<h)=1$이 성립한다는 것이다.

가깝지만, 시행이 600번이 되었을 때 그 값은 0.52에 가깝다. 시행이 1,000번일 때, 앞면이 나온 비율은 이제 0.48이 되었으며 시행이 6,000번에 이르러서 그 값이 기대했던 0.5에 가까워질 때까지 앞면이 나온 비율은 0.48 근처에 머무르는 경향을 보인다. 시행의 횟수가 늘어나면서 실험적 확률과 이론적 확률인 0.5 사이에 의미 있는 차이가 생길 가능성이 줄어들기는 하지만, 3,000번의 시행 이후에도 0.475라는 실험적 확률을 얻을 가능성이 여전히 있다. 불행히도 교과서는 큰 수의 법칙을 설명하기 위해 그림 1B의 그래프를 사용하는데, 이 시행에서는 실험적 확률이 이론적 확률인 0.5에 매우 빠르게 안정화되기 때문이다. 여러 가지 시뮬레이션 결과를 나타낸 그래프를 활용하여 다양한 가능성을 보여주는 것이 큰 수의 법칙을 적절하게 설명하는데 도움이 될 것이다.

일부 교사들은 큰 수의 법칙이 갖는 복잡성 때문에 실험적 확률과 이론적 확률 사이의 관계에 대한 교실 토론을 회피하려고 한다. 그러나 이론적인 구조만을 다루는 것으로 확률 수업을 진행하게 되면 다음과 같은 비판에 직면하는 것을 감수하여야 한다. "확률 지식은 특수한 이론적 특징을 지니고 있기 때문에 수학 교육의 어떤 분야보다

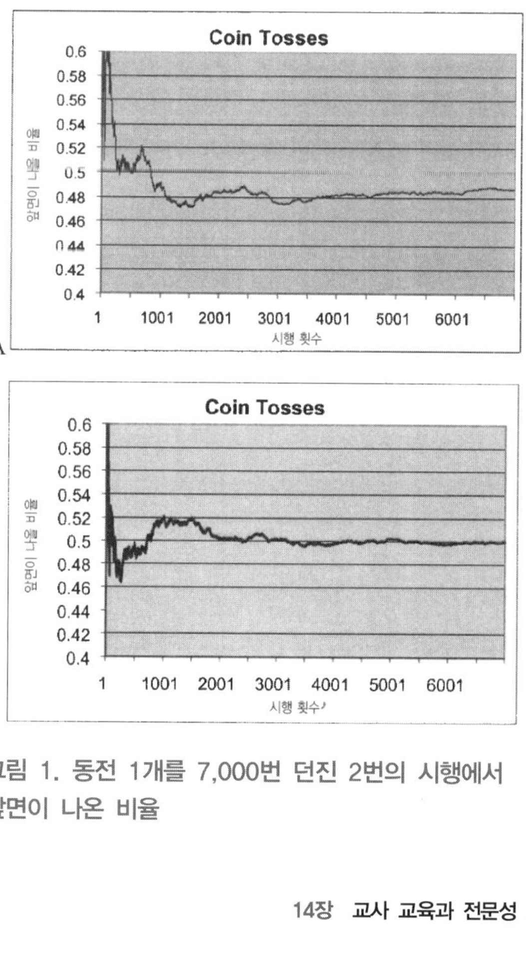

A

B

그림 1. 동전 1개를 7,000번 던진 2번의 시행에서 앞면이 나온 비율

도 더 나쁘다"(Steinbring, 1991a, p. 139).

슈타인브리그(Steinbring)는 교실에서 확률을 가르칠 때 교사들이 느끼는 어려움은 고전적 접근이나 실험적 접근 하나만으로는 제대로 설명할 수 없는, 확률 정의의 순환성 및 확률 자체가 갖는 본성에서 기인한다고 주장하였다. 슈타인브리그은 이론적 확률이 설명할 수 있는 대상과 실험적 상황에서 얻어지는 상대도수로서의 확률 개념 사이에 상호 의존성이 존재한다고 하였다. 또한 이론적 확률과 실험적 확률 중 어떤 것도 단독으로는 확률의 의미를 특징지을 수 없으므로 이를 함께 다루는 방법을 모색할 필요가 있다고 강조하였다. Steinbring(1991b)은 개념, 기호, 대상을 꼭짓점으로 하는 인식론적 삼각형을 활용하여 학생들이 확률 개념을 이해하게 되는 과정을 설명하였다. 슈타인브리그은 확률을 "기호"(라플라스의 이론적 확률) 또는 "대상"(실험적 도수)을 활용하여 명확하게 정의하지는 않았지만, 학생들이 확률 개념을 이해하게 됨에 따라 이 둘 사이의 관계가 "개방적이면서 주체적으로 발달하게"(p. 507)된다고 설명하였다 (3장 참조).

확률에 대한 개념적인 복잡성은 교사 지식을 개발하는데 주요한 문제가 된다. 그러나 확률을 이해하고 가르치는 데에 있어서 교사들이 느끼는 어려움은 또한 확률과 통계 사이에 존재하는 비연결성과 관련되기도 한다. 학교 수학에서 확률은 때때로 통계를 지도할 때 하위 개념으로만 소개되어 자료 분석, 기술 통계, 확률 사이의 연결성이 거의 다루어지지 않는다. 확률을 활용하는 가장 강력하고 유용한 방법은 표본에서 얻은 통계 값을 이해하고 이로부터 모집단에 대한 의견을 생성하는 것이다. 예를 들어, 미국에 사는 교수 950명을 대상으로 "커피를 마시는가?"라는 설문 조사를 실시하여 950명 중 커피를 마시는 교수의 비율에 해당하는 통계 값을 얻었다고 하자. 설문 조사 결과 68%가 그렇다고 응답했다는 가정하에 미국에 사는 교수의 68%가 커피를 마신다고 주장하기 위해서는 어떤 정당화가 필요한가? 이러한 질문에 답하기 위해서는 확률을 적용하여 통계적 의미를 해석하는 방법을 이해할 필요가 있다. 만약 교사들이 확률과 관련하여 하나의 정답만을 강조하는 고전적 접근 방법에 따라 수업을 하였다면, 교사들이나 그들의 학생들은 "교수 950명 중 68%"와 같은 통계 값이 모든 교수들의 특징을 설명하기에 적절한 비율이라고 해석할 것이다. 대신에 학생들이 확률(예, 주사위의 공정성)이나 모집단의 분포(예, 공이 몇 개 들어 있는지 알 수 없는 항아리에 들어 있는 녹색 공의 비율)를 추측하기 위해 자료를 수집하는 실험이나 시뮬레이션을 수행하도록 하면, 이러한 문제를 해결하는데 추정 값 1개가 아니라 신뢰구간을 사용하게 됨으로써 확률과 통계 사이의 관계를 보다 깊게 이해할 수 있게 될 것이다.

1992년에, 쇼네시(Shaughnessy)는 확률에 대한 교사의 이해를 연구할 필요가 있다고 주장하였다. 그러나 오늘날까지도 이와 관련된 연구가 거의 없다. 여기서 논의할 주요 문제는, 교사들의 확률 지식에 관해 알려진 것, 내용 영역으로서 확률에 대한 교사 지식을 개발하고자 한 프로젝트의 결과, 확률 교육과 관련하여 이러한 프로젝트의 효과를 요약함으로써 다루고자 한다. 이 장을 통해 교사들의 확률 지식과 관련된 특징을 개관하여 불확실한 상황에서 적절한 추론을 형성할 수 있도록 학생들을 지도하기 위해 교사들을 준비시키는데 필요한 교사 교육 과정에 대한 시사점을 모색하고자 한다.

## 03 확률을 가르치는데 필요한 지식

Shulman(1986)의 주장대로 확률에 대한 교사들의 내용 지식과 확률 지식 자체를 넘어서서 확률 교수-학습의 쟁점을 이해하는 교수학적인 내용 지식을 살피는 것은 무엇보다 중요하다. Ball(2000)에 따르면 교사 교육자들은 교사 지식이 일상적인 활동(예, 과제 선택하기, 교실 토론 중에 학생들의 반응에 주목하기, 적절한 평가 문항 만들기)에서 가르치기 위해 사용하는 지식으로 어떻게 확장되는지뿐만 아니라, 교사들이 지니고 있는 수학 내용 지식 자체에도 주목할 필요가 있다. 학생들의 확률적 추론을 개발하기 위한 확률 교육과정의 성패는 학생들의 오개념(이 책의 다른 장에서 깊이 있게 논의된)이나 표상과 도구를 사용(7, 11장 참조)하는 것과 관련된 논점에 대해 이해하는 것뿐만 아니라 확률 자체에 대한 교사 자신의 이해에 달려 있다. 또한 교사들은 비결정론적 사고를 증진시킬 수 있는 과제, 통계와의 연결성을 강화시킬 수 있는 과제의 목록도 알고 있어야 한다.

확률에 대한 학생들의 이해를 설명한 이 책의 다른 장과 비교해 볼 때, 교사의 확률**에 대한** 지식과 확률을 가르치기 **위한** 지식을 분석한 연구가 거의 없지만 이러한 연구를 다음 4가지 범주에 따라 개관하고자 한다:

- 확률에 대한 교사의 신념과 내용 지식
- 학생들이 확률을 어떻게 이해하는지에 대한 교사의 이해
- 교사들의 확률 수업 실행
- 교사들 자신의 학습과 가르침을 위해 시뮬레이션 도구의 사용

### 확률에 대한 교사의 신념과 내용 지식

초등 예비교사 12명과 현직교사 22명을 대상으로 한 Begg & Edward(1999)의 연구

에 따르면 $\frac{2}{3}$ 정도의 교사만이 등확률 사건을 이해하였으며 독립성에 대해 이해하는 교사는 거의 없을 정도로 확률에 대한 교사들의 이해가 미흡하였다. 교사들은 순서나 패턴이 무작위 사건과는 관련이 없다고 생각하였으며, 모든 사건의 결과나 표본이 주어진 모집단을 대표하여야 한다는 대표성 판단 전략(representative heuristic)을 종종 사용하였다. 예를 들어, 교사들은 로또 추첨에서 1, 2, 3, 4, 5, 6이나 동전 던지기에서 HTHTH와 같은 사건은, 2, 13, 19, 27, 30, 38이나 TTHTH와 같이 "더 무작위적인" 사건들보다 덜 일어날 것 같다고 판단하였다. 이러한 교사들은 그래프를 그리거나 통계적인 계산을 수행하는 것과 비교하여 확률을 가르치는 자신들의 능력에 대해 자신감이 낮았다. 또한, 교사들은 확률과 통계에서 다루는 개념에 대해 자기 자신들의 지식을 확장하는 것보다는 교실에서 활용할 수 있는 활동 등에 대한 아이디어를 얻는데 좀더 관심을 보였다.

Carnell(1997)은 중등 예비교사 13명의 조건부 확률에 대한 이해를 분석하였다. 조건부 확률과 관련하여 Falk(1988)에 의해 언급된 어려움(예, 조건 사건을 정의하기, 조건 사건과 목표 사건의 시간적 순서, 인과성과 조건성의 혼동; 이 책 3, 9, 10장 참조)과 관련되는 오개념을 각각의 예비교사들이 지니고 있었다. Carnell(1997)에 따르면 일반적으로 교사들은 목표 사건보다 시간적으로 늦게 일어난 조건 사건을 무시함으로써 가상의 사건을 조건 사건으로 사용하였으며, 독립성을 부적절하게 사용하였고 확률을 구할 때 계산 절차를 잘못 이용하는 오개념 등을 보여주었다. 교사들이 가르칠 학생들과 동일한 오개념을 지니고 있다면 조건부 확률에 대한 학생들의 이해를 증진시키기 위한 적절한 수업과 과제를 어떻게 개발할 수 있겠는가?

1990년대 중반에 Watson(2001)은 확률과 통계에 대한 교사들의 내용 지식과 교수학적 내용 지식에 대한 정보를 수집하기 위한 검사 도구를 개발하였다. 이 검사 도구를 활용하여 왓슨(Watson)은 호주 전역에서 참여한 초등학교 교사 15명과 중등학교 교사 28명을 대상으로 연구를 수행하였다. 왓슨은 검사 도구의 질문에 대한 교사들의 응답을 검토하여 교사들이 보이는 일반적인 특징을 설명하고 패턴을 분석하였다. 이 연구에서는 확률에 대한 교사 지식과 관련하여 몇 가지 흥미로운 사실이 드러났다.

Watson(2001)에 따르면 교사들에게 가능성(chance)이나 자료(data)와 관련하여 하나의 주제를 선택한 다음 간단한 지도안을 작성하도록 요구하였을 때, 초등교사들 대부분은 설문 조사, 그래프 그리기, 가능성에 대한 일반적인 아이디어, 구체적인 맥락(예, 주사위 던지기)에서의 확률 등과 같은 주제를 선택하였다. 중등교사들 대부분은 가능성에 대한 일반적인 아이디어를 선택하였으며, 일부 교사들은 확률 분포를 선택하였다. 또한 교사들의 53%는 자신들이 수업을 해본 주제를 선택하였다. 일반적으로,

교사들은 "표본" 개념보다 "평균" 개념을 더 친숙하고 편안하게 생각하였다. 이는 확률과 통계에서 표본 개념이나 표본이 갖는 핵심적인 역할에 대해 교사들이 얼마나 불편하게 느끼는지를 보여준다. 이는 또한 교사들이 계산적인 요소와 관련되는 개념에 대해 지니는 선호도를 나타내기도 한다. 예를 들어, 교사들은 자신들이 평균을 계산할 수 있기 때문에 그 개념을 이해하고 있다고 느낄 수 있다. 이와 반대로 표본 개념은 교사들이 편안하게 느끼기에 너무 많은 불확실성을 담고 있다. 또한 교사들은 "승산(odd)"을 가르치는 자신들의 능력에 대해 낮은 자신감을 보였다. Watson(2001)은 초등 교사들이 등확률 사건, 기본적인 확률 계산, 표집 등을 가르치는 자신들의 능력에 대해 중등 교사들보다 낮은 자신감을 보인다고 하였다.

여러 연구에 따르면 교사들은 확실한 상황에서 요구되는 결정론적 추론과 불확실한 상황에서 요구되는 비결정론적 추론의 차이를 이해하고 적용하는데 어려움이 있다. Nicholson & Darnton(2003)은 수학적인 배경 지식은 많지만 통계적 이해 수준이 떨어지는 교사들이 "정답을 계산하는 절차적 측면"(p. 1)에 집중하는 경향이 있으며, 추론과 의사 결정에 필요한 무작위 과정을 연구하거나 가르치는 데 불편함을 느낀다고 설명하였다. Pereira-Mendoza(2002)에 따르면 초등 교사들의 수학적인 경험은 그들이 확률적 개념을 이해하는데 부정적인 영향을 미치며, 확률을 가르치는 교사로서의 발전을 가로막는 경향이 있다. 이러한 사실은 앞서 논의되었던 것처럼, 확률을 선험적으로(어떤 시행을 행하기도 전에) 계산하는 것에만 주목하는 고전적 접근에 따라 결정론적 사고방식을 적용하는 교사들의 생각과도 일치한다.

Gattuso & Pannone(2002)에 따르면 이탈리아의 중등학교 교사 91명은 통계가 중요한 내용이기는 하지만, 수학 교육과정의 다른 영역보다는 덜 중요하다고 생각하였다. 이는 별로 놀라운 일이 아닌데, 실제로 다른 나라 교사들도 거의 비슷한 의견을 가지고 있다. 이탈리아 교사들은 또한 통계 내용을 제대로 가르치는 방법에 대해 자신감이 부족하였는데, 이는 교사들의 통계적 지식이 부족해서가 아니라 통계적 아이디어를 가르치는 적절한 교수법을 배운 적이 없기 때문인 것으로 드러났다. 이 교사들은 확률과 통계를 지도하기 위해서는 별도의 교수학적 내용 지식이 필요하다는 사실을 간파한 것으로, 이는 Ball(2000), Shulman(1986), 다른 연구자들이 지적한 핵심과 일치한다.

### 학생들이 확률을 어떻게 이해하는지에 대한 교사의 이해

가르칠 내용과 관련하여 학생들이 가질 수 있는 어려움을 아는 것은 교수학적 내용 지식의 중요한 측면이다. 그러나 확률과 관련하여 학생들이 느끼는 어려움에 대한 교사들의 이해 정도를 살핀 연구가 거의 없다.

Watson(2001)은 검사 도구를 활용하여 확률과 통계에 대해 학생들이 가질 수 있는 어려움에 대한 교사들의 지식을 평가하였다. 교사들에게 "7:2"를 해석하고 학생들이 이와 관련하여 보일 수 있는 적절한 반응과 부적절한 반응의 예를 제시하도록 요구함으로써, "승산(odds)"이라는 개념을 지도할 때 교사들의 자신감이 상당히 낮다는 사실을 발견하였다. 몇몇 교사들은 이 비율을 어떻게 해석해야 하는지 모른다고 답하였으며, 교사 대부분은 학생들이 보이는 부적절한 반응의 예를 제시할 수 있었지만 적절한 반응에 대해서는 고등학교 교사 15명만이 그 예를 제시할 수 있었다. 교사 대부분은 이 비율을 승산으로 바르게 해석하는데 어려움을 보였으며, 부분-부분 승산으로 해석하는 것(7:2)과 부분-전체 확률로 다루는 것($\frac{7}{9}$와 $\frac{2}{9}$) 사이에 이행을 자유롭게 하지 못하였다. 이는 분수, 비율, 비례, 확률에 대한 교사들의 이해에 극단적인 단절이 존재함을 보여준다.

왓슨은 교사들에게 학생들이 겪을 수 있는 어려움을 설명해보도록 하였는데, 초등교사는 오직 2명만이 "확률을 구하는 것"이라고 말하였고, 중등교사 13명은 대부분 절차적인 측면(예, 확률과 순열 계산하기, 수형도 그리기)과 관련하여 답하였으며, 교사들 중 소수만이 개념적 측면(예, 이론적 확률, 추론, 조건부 확률)을 언급하였다. 이에 따르면 교사들은 확률과 관련하여 학생들이 겪을 수 있는 어려움을 구체화할 수 있기는 하지만, 확률의 절차적 측면에 우선적으로 집중하며 고전적으로 하나의 답만을 구하는데 주목하여 확률을 계산하는 교수법을 사용한다고 볼 수 있다. 이러한 현상에 대해 Watson(2001)은 다음과 같은 의견을 제시하였다.

> 고등학교 수준에서 일부 교사들은 확률과 통계를 이론적 관점에서 가르치며 해당 교육과정은 전통적인 방식으로 잘 정리되어 있다. 이러한 주제와 관련하여 학생들이 겪을 수 있는 어려움은 비교적 충분히 인식되고 있지만 확률과 통계를 이론화하는데 필수적인 시뮬레이션이나 표본 추출과 같은 실제적인 활동을 도입하려는 노력은 거의 존재하지 않는다(p. 325).

또한, 초등학교 교실에서 가능성에 대한 다양한 활동-기반 수업이 진행되고는 있지만, 가능성 개념을 지도하는 것과 관련하여 일관적인 접근이 존재하지 않는다. 이는 여러 가지 확률 개념을 지도할 때 교사들이 보이는 낮은 자신감과 관련이 있으며, 교사 교육과정의 개선이 절실히 필요함을 시사한다.

### 교사들의 확률 수업 실행

교사들이 교실에서 실행하는 확률 수업을 분석한 연구가 거의 없다. 이러한 이유로,

학생들이 확률적으로 추론하도록 가르치는 복잡한 과정에서 확률에 대한 교사의 지식이 어떤 영향을 미치는지를 살핀 Steinbring(1991b)과 Haller(1997)는 매우 뜻깊은 연구라고 볼 수 있다.

Steinbring(1991b)은 독일 교실의 에피소드를 확률에 대한 기본 개념에 주목하여 관찰함으로써 일반적인 패턴을 기술하였다. 교사와 학생들은 보통 가능성과 관련된 몇 가지 실험을 수행한 다음 그 결과에 대해 토의하였다. 간단한 규칙에 따라 실험 결과를 설명하였으며, 이러한 규칙에 비추어 예상되는 이론적인 값과 실험을 통해 얻은 실제 결과 값 사이의 차이에 대해 논의하였다. 대부분의 경우 이러한 차이는 실험의 주요한 요인인 "우연(chance)"에 의한 것으로 설명되었으며, 이는 이론적 확률과 실험적 확률의 차이를 나타내는 것으로 다루어졌다. 즉, "우연"은 통제될 수 없는 어떤 것을 설명하기 위해 "운(luck)"과 같은 신비로운 개념으로 다루어졌다. 슈타인브리그은 에피소드의 사례를 자세히 논한 다음 "교실내의 초기 상호작용에서 드러났던 개방성은 수업이 진행됨에 따라 점점 축소되었다" (p. 512)고 언급하였다. 슈타인브리그은 에피소드에서 드러난 교사의 행동을 통해 학생과 교사 모두가 인식론적 삼각형의 세 번째 꼭짓점과 관련하여 가능성 개념(chance concept)을 개발한다고 해석하였다. 이때, 인식론적 삼각형의 다른 두 꼭짓점에는 각각 "대상(object)" 수준의 실험 결과와 "기호(symbol)" 수준의 이론적 확률 계산이 놓여 있다고 설명하였다. 이와 같은 방식으로 가능성을 이해한 학생들은 이론적인 모델과 상당한 차이가 있는 실험 결과의 타당성과 사건의 독립성에 대해 의문을 제기하지 않을 수 있다. 실험적 확률과 이론적 확률에 대한 교사의 이해뿐만 아니라 교실에서 진행되는 수업의 맥락 역시 실험적 확률과 이론적 확률 사이의 관계를 지나치게 단순화하는 문제를 야기할 수 있다.

Haller(1997)는 유리수를 주제로 진행된 연수에 참여한 중학교 교사 4명의 수업을 분석하였는데, 이는 해당 연수의 사후 검사로 진행된 것이었다. 이 연수는 학생들이 보이는 전형적인 오개념과 함께 확률 지도와 관련된 교수학적 논점 및 확률에 대한 3일간의 강의를 포함하였다. 이 연수에 참여한 교사들의 확률 수업을 관찰한 결과에 따르면 연수 기간에 시행된 사전, 사후 검사 결과에서 낮은 수준의 내용 지식을 보였던 교사들은 가르칠 내용을 틀리게 지도하였으며 수업에서도 오개념을 드러내었다. 또한 이 교사들은 교과서에 지나치게 의존하는 경향을 보였으며 확률 맥락에서 분수·소수·퍼센트 사이의 관계를 증진시킬 기회를 갖지 못하였다. 이와 달리 높은 수준의 내용 지식을 지닌 것으로 평가되었던 교사들은 수학적인 오류를 범하지 않았으며, 소수·분수·퍼센트를 서로 연관시켜 설명하였고 질문과 활동을 통해 교과서의 부족한 부분을 충분히 보충하였다. 교육 경력은 확률에 대한 이해만큼 교사의 확률 수업에 큰 영향을 미치지 않았다.

### 교사들의 시뮬레이션 도구 사용

지난 10년 동안 많은 연구들이 확률과 통계 교육에서 공학도구의 역할을 강조하였지만(예, Biehler, 1991; Ben-Zvi, 2000; NCTM 2000; CBMS, 2001), 확률 개념을 이해시키는데 교사들이 이러한 도구를 어떻게 이용할 수 있으며, 이를 활용하여 실제 수업을 어떻게 실행할 수 있는지에 대한 연구가 거의 진행되지 않았다. Dugdale(2001)는 초등 예비 교사들이 컴퓨터 소프트웨어를 활용하여 한 쌍의 주사위를 던졌을 때 나온 눈의 수의 곱이 짝수일 가능성과 홀수일 가능성이 같아지도록 주사위의 면을 설계하는 상황을 관찰하였다. 교사들은 충분히 많은 횟수만큼 시행을 반복하여 상대 도수를 구해봄으로써 눈의 수의 곱이 짝수일 가능성과 홀수일 가능성이 동등한 주사위를 설계하는데 성공하였다고 확신하였다. 연구자에 따르면 예비 교사들은 담화를 촉진하고 확률에 대한 통찰을 개발하는 도구로 소프트웨어를 활용할 수 있었는데, 이는 실제 주사위를 사용하였을 때처럼 시행 횟수가 제한되는 현상이 발생하지 않았기 때문이다. 또한 연구자는 예비 교사들이 컴퓨터 시뮬레이션을 통해 얻은 상대도수를 관찰하는 것에만 만족하지 않았음을 강조하였다. 예비 교사들은 컴퓨터에 의해 생성된 결과를 검증하기 위해 이론적 확률에 대한 추론을 진행하였다.

Sanchez(2002)의 연구에 참여한 고등학교 교사들은 변이성과 같은 개념을 잘 이해하였으며, 확률 상황을 시뮬레이션함으로써 얻을 수 있는 유용성을 적절히 인식하였다. Sanchez(2002)가 지적한 1가지 문제는 학생들의 개념적 이해를 촉진하기 위해 소프트웨어 도구를 효율적으로 활용하는 방안을 교사들이 잘 이해하지 못한다는 점이다. 교사들은 확률 결과를 이론적으로 검증한 이후나 구체물을 활용하여 물리적인 시뮬레이션을 진행한 다음에야 컴퓨터 시뮬레이션 활동이 효과를 얻을 수 있다고 생각하였다. Sanchez(2002)에 참여한 현직 교사들은 Dugdale(2001)에 참여한 초등 예비 교사들처럼 이론적 모델에 기초하여 시뮬레이션 결과의 타당도를 살피거나 시뮬레이션 결과를 분석하는데 컴퓨터 도구가 갖는 역할을 높이 평가하는 것처럼 보이지 않았다. 고등학교 교사들은 일반적으로 전형적인 교과서 문제를 시뮬레이션하려고 하였으며, 분포의 기본 아이디어를 무시하고 도수에만 주목하였다.

확률 교수-학습에 공학도구를 활용하는 것과 관련된 교사들의 이해를 분석한 연구 결과가 별로 희망적이지는 않지만, 우연 사건을 시뮬레이션하기 위해 컴퓨터를 활용하는 초등학교 교사와 고등학교 교사 간에 존재하는 차이점이 상당히 인상적이다. 고등학교 교사들은 수학적인 배경 지식이 많기 때문에 보다 형식적이면서 이론적인 접근법을 택하는 반면, 초등 예비 교사들은 주사위 2개를 사용하는 게임 맥락과 같이 실험적인 접근을 진행하는데 좀더 개방적인 모습을 보여주었다. 많은 고등학교 교사들에게는 세기 전략, 조합, 이론적 확률을 가르치는 것이 다음과 같은 이유 때문에 더 중요해 보였다.

> 컴퓨터 시뮬레이션을 실행하거나 큰 수의 법칙에 대해 논의하는 것, 선거 여론 조사에서 표본을 추출하는 것이나 비가 올 확률이 40%라는 일기예보의 의미를 해석하는 것보다 더 수학적이다(Scheaffer, Watkins, & Landwehr, 1998, p.16).

확률의 이론적 본질이 중요하다고 생각하는 교사들의 신념은 수업에서 교사들이 컴퓨터 시뮬레이션을 활용하는데 커다란 영향을 미칠 수 있다. 또한 이러한 신념 때문에 Sanchez(2002)의 연구에 참여한 교사들은 이론적 접근을 진행한 다음에 시뮬레이션을 진행해야 한다고 생각하는 것으로 보인다. 즉, 교사들은 시뮬레이션을 사전에 결정된 이론적인 값을 비교하거나 확인하는 수단으로 여기는 경향이 있다.

최근 연구에서 Stohl(2004)은 중학교 교사 35명이 시뮬레이션 도구(**확률 탐색기**, Stohl, 1999~2002)를 활용하는 학생들의 활동을 어떻게 해석하는지 분석하였다. 이러한 교사들의 해석은 시뮬레이션 도구를 활용하는 학생들의 활동을 분석한 연구 결과에 비추어 그 유사점과 차이점이 기술되었다. 이 연구에서 교사들은 먼저 시뮬레이션 도구를 활용하여 과제를 해결한 다음, 같은 과제를 해결하는 학생들의 활동을 촬영한 비디오 자료 3개를 시청하고 분석하였다. 교사들이 학생들의 활동을 분석한 결과에 따르면, 교사들은 학생들이 시뮬레이션 도구를 활용하여 자료를 수집하는 방법(예, 표본의 크기 결정하기)과 실험 결과를 이해하기 위하여 사용한 표상(예, 막대그래프, 원그래프, 자료 표) 등에 동조하는 것으로 보였다. 그러나 교사들은 종종 학생들의 행동과 언어에서 드러나는 미묘한 특징을 간과하였다: 확률적 아이디어에 대한 이해와 관련하여 유의미한 성장을 나타내는 특징. 대신에 교사들은 형식적인 확률 개념(예, 이론적 확률과 독립)에 대해 학생들의 이해가 부족하다며 성급하게 비판하였다. 이상에 따르면 교사들은 확률적 아이디어(예, 큰 수의 법칙)가 복잡한 과정을 거쳐 발달하기 때문에 이를 평가하는 것이 상당히 어렵다는 사실을 제대로 이해하는 것 같지 않다.

## 04 교사 교육 프로젝트

NCTM(1989, 2000)과 같은 기구를 통해 개정 교육과정 자료가 개발되면서 확률과 통계 수업을 효과적으로 실행할 수 있는 교사 교육에 대한 요구가 증가하였다. 확률을 강조하는 새로운 교육과정을 위한 수업 자료가 학교에 배부된 후, 교사들은 자신들의 내용 지식과 교수학적 내용 지식을 증진시켜야 할 필요성을 느끼게 되었다. Haller(1997)에 따르면 새로운 교육과정을 적용하기 위해 진행되는 교사 교육에서는 "학생들의 잠재적인 질문뿐만 아니라 단위 수업을 통해 일어날 수 있는 다양한 상황에서 교과서를 적절히 활용할 수 있는지 비판적으로 검토하는 기회가 있어야 한다"(p. 200). 교육과정에 제시된 과제를 활용하는 교사의 능력은 확률 및 확률 교육과 관련된 교사 지식의 특징에 커다란 영향을 받는다.

지난 15년 동안 교사 전문성 개발 프로그램과 교사 교육 자료가 다양하게 개발되어 실행되었지만, 확률 자체에 대한 교사 지식과 수업 실행에 이러한 프로그램이 미친 영향을 분석한 연구가 거의 없었다. 여러 프로그램이 통계와 자료 분석에 대한 교사들의 이해에 주목하였지만, 확률에 대해서는 거의 다루지 않았다(예, 통계 지도, Friel & Joyner, 1997; 반대자들을 위한 가능성과 자료, Watson, 1997; 앨라배마 양적 소양 연수, Yarbrough, Daane, & Vessel, 1998). 또한 극히 적은 수의 프로그램만이 통계 개념에 대한 교사 지식을 연구하였다(예, Friel & Bright, 1993; McClain, 2002a, 2002b).

맥클레인(McClain)에 의해 수행된 연구 프로그램은 확률 맥락과 관련하여 유용한 결과를 제시하였다. McClain(2002b)에 따르면 교사들은 단일변량(univariate) 자료 집합을 분석할 때 그들의 학생들보다 정교한 이해력을 발휘하였다. 즉, 교사들은 확률과 통계 과제를 자신들이 가르치는 학생들과는 전혀 다른 방식으로 접근할 가능성이 있다. 이러한 차이가 존재함을 인식하지 못한 교사들은 학생들이 특정 과제에 대해 교사 자신의 관점과 아주 흡사한, 좀더 나은 이해력을 가져야 한다고 생각할 수도 있다. 교사들이 교사 교육과정에서 다루었던 과제와 동일한 과제를 교실에서 학생들과 해결하려고 시도할 때, 교사들은 학생들이 과제에 접근하는 방법을 살펴보는 교수학적 내용 지식을 사용하지 않고 해석-기반적인(perception-based) 관점(Heinz et al., 2000)만을 따르려고 할지도 모른다. 결과적으로, 교사들은 현재 학생들의 이해 상태보다 과제에 대해 자신들이 이해한 정도에 기초하여 교수학적인 결정을 내릴 수도 있다.

Yarbrough, Danne, & Vessel(1998)은 앨라배마 양적 소양 연수(Alabama Quantitative Literacy Workshop)에 참여한 초등 교사들의 연수 경험이 그들의 수업

실행에 긍정적인 영향을 미쳤다고 설명하였다. 이 연수는 10개월에 걸쳐 9일 동안 진행되었으며 초등 교사와 중등 교사 60명이 참여하였다. 연수 목표는 교사들에게 다양한 수업 전략을 소개할 뿐만 아니라 확률과 통계 자체에 대해 실제 강의를 제공하여 교사들의 확률과 통계 지식을 증대시키는데 있었다. 연수 과정은 여름 동안 진행된 집중 수업 기간(5일)과 학기 중에 진행된 사후 수업으로 구성되었다. 초등 교사 10명이 실행한 교실 수업을 관찰하고 사후 조사와 면담을 통해 얻은 결과에 따르면, 교사들은 연수 활동에서 배운 여러 가지 내용을 교실 수업에 적용하였으며, 자신들이 가르치는 학생의 수준에 따라 수업 활동을 손쉽게 조정하였다. 또한 교사들은 고립된 하나의 단원이 아니라 교육과정 전반을 아우르면서 확률과 통계에서 사용되는 개념을 지도하였다.

관찰한 교실 수업에서 담화 패턴은 자료와 다양한 표상에 대한 학생들의 추론에 집중되었으며, 확률과 실험 결과에 대한 이해에 주목하여 진행되었다. 교실에서 진행된 논의와 교사가 제공한 수업 자료에서 몇 가지 수학적인 오류 요소가 있기는 하였지만, 교사들은 확률과 통계를 지도하는데 자신감을 갖게 되었다.

Haller(1997)는 중학교 교사들의 유리수에 대한 이해를 도모하는 4주간의 여름 프로젝트(4-week Rational Number Project Middle Grades Teacher Enhancement summer institute)에 참여한 교사들의 확률 지식이 성장하였다고 보고하였다. 이 프로젝트의 주요 목표는 NSF(National Science Foundation)의 지원으로 개발된 중학교 교육과정을 학교에서 활용할 수 있도록 교사들을 교육시키는 것이었다. 이러한 목표를 성취하기 위하여 프로젝트는 교사의 내용 지식과 교수학적 내용 지식 모두에 초점을 맞추어 진행되었다. 프로젝트 기간 중 3일 동안 확률을 주로 다루었는데 사전 평가 결과에 따르면 교사 대부분은 NSF가 개발한 교육과정을 실행할 때 교사 자신이나 학생들에 의해 제기될 수 있는 질문에 답하기 위해 필요한 확률 지식을 거의 지니고 있지 않았다. 교사들 중 $\frac{1}{3}$만이 여러 단계로 확률을 정확히 계산할 수 있었지만, 이 교사들 역시 작은 크기의 표본, 대표성, 부적 최근 효과 등과 관련되는 전형적인 오개념을 지니고 있었다. 3일간에 걸친 수업이 끝난 다음 시행된 사후 평가 결과에 따르면 확률 지식에 대한 교사들의 자신감이 상승하였을 뿐만 아니라 교사들의 확률 지식 자체도 성장하였다.

Haller(1997)는 여름 프로젝트가 끝난 다음 사후 검토를 위해 교사 4명의 확률 수업을 관찰하였다. 교사 30명이 여름 프로젝트에 참여하였지만 확률을 실제로 가르치면서 자신들의 수업을 촬영하도록 허락할 만큼 자신감이 있는 교사를 선택하는데 어려움이 있었다. 일부 교사들은 학년 말에 시간만 충분하다면 확률을 가르칠 것이라고 말하였는데, 이러한 반응은 매우 흔한 현상이다. Haller(1997)는, 교사들이 확률을 효과적으로 가르치고 학생들의 반응을 이용하여 교실 논의를 진행하며 교사 자신이 사용할 수 있는 교육과정 요소를 극대화하는 능력에 결정적으로 영향을 미치는 것은 교사들이 확률을 지도해 본 경험이 아니라 확률에 대해 교사 자신이 지니고 있는 내용 지식이었다는 점을 강조하였다.

Stohl(2004)의 연구에 참여한 교사 35명은 중학교에서 자료(data) 및 확률을 지도하는 것과 관련된 대학원 과정을 수강하였는데, 이는 북부 캐롤라이나 중학교 수학 프로젝트(North Carolina Middle Mathematics Project)의 일환으로 진행된 것이었다. 이 대학원 과정에서는 교사들에게 자료나 확률에 대한 내용을 지도하는 자신들의 수업 상황을 녹화하도록 요구하였다. 이렇게 수집된 수업 녹화 자료의 일부를 활용하여 확률을 가르치는 수업에서 교사들이 구체물이나 공학도구와 같은 시뮬레이션 도구를 어떻게 활용하는지 분석하였다. 이러한 분석 결과를 통해 Haller(1997)의 연구 결과를 보강할 수 있었으며, 교수학적 내용 지식과 공학도구를 활용하는 수업 활동과 관련된 교사 지식의 특징을 살펴볼 수 있었다.

Haller(1997)에 참여한 모든 교사들은 "확률을 가르치기 어렵다"(p. 204)는 것에 동의하였다. 이와 관련하여 교사들은 확률 지도의 어려움에 대해 장황하게 설명하였다. 학생들은 다양한 오개념을 갖고 있으며, 무작위로 시행된 실험에서 얻은 활동 결과는 예측불가능하고, 구체적인 활동만으로는 학생들이 어떤 개념을 학습하였는지 평가하기가 어렵다. 확률 지도와 관련하여 교사들이 갖고 있는 이러한 우려는 이 장의 도입부에서 이미 논의된 핵심적인 문제들과 동일하다. 교사들은 예측불가능성에 대해 불편함을 느끼고 구체적인 활동은 이론적 접근만큼 "수학적"이지 않다고 생각한다. 이상과 같은 견해는 교사들이 지니고 있는 신념에서 기인한 것으로, 교사들은 본질적으로 결정론적 관점을 지니고 있으며, 계산력 배양이라는 측면에서 수학을 다루려는 일반적인 성향을 지닌다. 특히 교사들은 확률을 고전적으로 접근하려는 신념을 지니고 있다. 구체적인 활동을 통해 학생들이 무엇인가를 배울 수 있을 것인가에 대한 우려는 수학 수업을 전통적인 방식에서 새로운 방식으로 변화시키고자 하는 많은 교사들이 갖게 되는 생각으로, 이는 Heinz 등(2000)이 언급한 해석-기반적인 성향과 관련이 있다.

## 05 교사 교육을 위한 제언

이 장의 도입부에서 논의한 주요 문제는 확률에 대한 다양한 연구 결과를 교사 교육과 관련하여 소개하는데 핵심적인 틀이 되었다. 확률과 관련된 교사 교육을 위한 시사점을 모색하면서 확률 교수-학습에 대한 교사의 내용 지식과 함께 교수학적 내용 지식(Shulman, 1986)을 고려하는 것은 어찌 보면 당연한 것이다. 그러나 이 장에서 다룬 여러 연구(예, Haller, 1997; Watson, 2001)에서 지적한 것처럼, 확률에 대한 내용 지식이 무엇보다 중요하다.

확률(probability)을 잘 가르치기 위해 교사들은 큰 수의 법칙에 대한 깊은 이해와 함께 확률과 통계(stochastics)에 대해 제대로 알아야 하며, 확률을 다양한 맥락에 적용해 봄으로써 실세계의 결정론적 특징과 비결정론적 본성을 반성적으로 검토할 수 있어야 한다(Lopes & de Moura, 2002). Kvatinsky & Even(2002)은 확률에 대한 교과 내용 지식의 구조를 제안하였는데, 이는 다른 내용 영역에도 적용되었던 Even(1990)의 교과 내용 지식에 대한 일반적인 구조를 확장한 것이다. Kvatinsky & Even(2002)의 구조는 확률과 관련하여 교사들이 알아야 하는 교과 내용 지식을 다음과 같이 7가지 측면으로 설명하였다.

- 비결정론적 현상과 관련되는 확률의 본질적 특성, 확률에 대한 고전적 접근과 빈도적 접근, 판단 전략에 따라 확률을 해석하는 주관적 접근.
- 자연현상을 설명하는 필수 요소로서 확률이 갖는 영향력, 양자 역학과 같은 새로운 학문 분야가 등장하도록 한 세계에 대한 확률적 견해.
- 확률을 구하고 해석할 때 활용되는 서로 다른 표상과 모델(예, 벤다이어그램, 수형도)을 사용하고 해석하는 방법.
- 확률에 대한 대안적 접근(즉, 고전적 접근이나 빈도적 접근)을 사용하는 시기와 방법.
- 어떤 개념이 활용되는 전형적인 활동의 예(예, 독립성에 대해 논의하기 위해 주사위 1개를 연속적으로 던진 결과를 검토하기).
- 직관적인 지식과 형식적인 이론적 확률을 구별하는데 필요한 다양한 지식과 이해, 특히 확률과 관련하여 직관적인 지식은 혼란을 야기할 수 있음을 알기.
- 수학의 어떤 측면이 확률적 지식의 발달에 기여하거나 억제하는지를 알기(예, 표본공간에 있는 모든 사건에 대한 확률을 더한 값은 1이라는 공리, 큰 수의 법칙을 추정 값의 극한으로 보지 않고 확률의 극한으로 다루는 문제)

수리과학 연구 위원회(Conference Board of Mathematical Sciences, CBMS, 2001)와 같은 기구는 초등학생, 중학생, 고등학생을 가르치는 교사가 알아야 할 구체적인 내용 지식을 더욱 정교화하였다. 이 장에서 앞서 강조한 주요 논점, Kvatinsky &

Even(2002), CBMS(2001)를 동시에 고려해 보건데, 교사 교육 과정에서 이러한 연구 결과 및 주요 문제가 분명하게 다루어질 필요가 있다.

확률에 대한 수업을 적절하게 계획하고 실행하기 위해 필요한 교수학적 내용 지식은 확률에 대한 연구만큼 복잡하기 때문에 교사 교육에서 이를 간과해서는 안된다. 교사들은 학생들이 실험을 통해 자료를 수집하고 분석하는 것을 돕기 위해 서로 다른 표상과 도구(예, 공학도구, 구체물)를 활용하는 방법을 이해해야 하며, 개념을 부각시키는 다양한 표상의 특징(예, 분자와 분모가 맥락과 관련된 특정한 의미를 갖는다면 확률을 설명할 때 분수를 간단히 나타낼 필요가 없다)을 알아야 한다. 또한 교사들은 학생들의 오개념을 다룬 연구로부터 다양한 사례를 활용하여 과제를 설계하거나 교실 토론을 준비할 수 있어야 한다. 더욱 중요한 것은 교사들이 이러한 사례와 관련하여 학생들이 갖고 있는 전형적인 직관을 이해하여 학생들이 자신들의 사전 직관에 의문을 품을 수 있도록 교실 활동을 설계하는 것이다. 그러나 이 장의 전반부에서 강조하였듯이 교사들은 확률 개념의 복잡성(예, 큰 수의 법칙)에 대해 자기 자신이 먼저 알고 있어야 하며, 확률에 대한 고전적 접근과 하나의 답만을 강조하는 결정론적 사고방식에 빠져들지 않도록 부단히 노력하여야 한다.

Shaughnessy(1992)는 교사 전문성 개발과 교사 교육에 의미있는 시사를 주는 확률과 관련된 교사 지식에 대한 연구가 더 많이 필요하다고 주장하였다. 교사들에게 가장 효과적인 교육의 기회를 제공하는데 필요한 내용 지식 및 교수학적 내용 지식의 특징에 대해서 충분히 밝혀지지는 않았지만, 교사 교육에 대한 현재까지의 노력이 충분하지 않았다는 점만은 분명하다. 이와 관련하여 더욱 많은 연구가 진행되어야 하며, 특히 새롭게 개발된 교사 교육 프로그램이나 전문성 개발 노력의 효과에 대한 연구가 다양하게 진행되어야 함을 다시 1번 강조한다. 교사 교육자들은 현재까지 알아낸 사실을 숙지하여 교사들이 의미있는 교육 기회를 가질 수 있도록 주요한 결정을 내려야 한다. 또한 교사 교육자들은 이러한 전문성 개발 노력이 교사 지식과 수업 실행에 미치는 영향을 비판적으로 검토하여야 한다.

## 참고문헌

Ball, D. L. (2000). Bridging practices: Intertwining content and pedagogy in teaching and learning to teach. *Journal of Teacher Education, 51*, 241-247.

Begg, A., & Edwards, R. (1999, December). *Teachers' ideas about teaching statistics*. Paper presented at the combined annual meeting of the Australian Association for Research in Education and the New Zealand Association for Research in Education. Melbourne, Australia.

Ben-Zvi, D. (2000). Toward understanding the role of technological tools in statistical learning. *Mathematical Thinking and Learning 2*(1 & 2), 127-155.

Biehler, R. (1991). Computers in probability education. In R. Kapadia & M. Borovcnik (Eds.), *Chance encounters: Probability in education*, (pp. 169-211). Boston: Kluwer Academic Publishers.

Carnell, L. J. (1997). *Characteristics of reasoning about conditional probability* (preservice teachers). Unpublished doctoral dissertation, University of North Carolina-Greensboro.

Cobb, P. (1994). Where is the mind? Constructivist and sociocultural perspectives on mathematical development. *Educational Researcher, 23*(7), 13-20.

Conference Board of the Mathematical Sciences. (2001). *The mathematical education of teachers*. Providence, RI: American Mathematical Society.

Dugdale, S. (2001). Pre-service teachers' use of computer simulation to explore probability. *Computers in the Schools 17*(1/2), 173-182.

Even, R. (1990). Subject matter knowledge for teaching and the case of functions. *Educational Studies in Mathematics, 21*, 521-544.

Falk, R. (1988). Conditional probabilities: Insights and difficulties. In R. Davidson & J. Swift (Eds.) *Proceedings of the Second International Conference on Teaching Statistics* (pp. 292-297). Victoria, B.C.: University of Victoria.

Fischbein, E., & Schnarch, D. (1997). The evolution with age of probabilistic, intuitively based misconceptions. *Journal for Research in Mathematics Education, 28*(1), 96-105.

Friel, S. N., & Joyner, J. (1997). *Teach-Stat for teachers: Professional development manual*. Palo Alto, CA: Dale Seymour Publication.

Friel, S. N., & Bright, G. W. (1998) Teach-Stat: A model for professional development in data analysis and statistics for teachers K-6. In S. P. Lajoie (Ed.), *Reflections on statistics: Learning, teaching, and assessment in Grades K-12* (pp. 89-117). Mahwah, NJ: Lawrence Erlbaum.

Gattuso, L., & Pannone, M. A. (2002). Teacher's training in a statistics teaching experiment. In B. Phillips (Ed.), *Proceedings of the Sixth International Conference on the Teaching of Statistics* (On CD). Hawthorn, VIC: International Statistical Institute.

Haller, S. K. (1997). *Adopting probability curricula: The content and pedagogical content knowledge of middle grades teachers*. Unpublished doctoral dissertation, University of Minnesota.

Heinz, K., Kinzel, M., Simon, M. A., & Tzur, R. (2000). Moving students through steps of mathematical knowing: An account of the practice of an elementary mathematics teacher in transition. *Journal of Mathematical Behavior 19*(1), 83-107.

Konold, C., Polletsek, A., Well, A., Lohmeier, J., & Lipson, A. (1993). Inconsistencies in students' reasoning about probability. *Journal for Research in Mathematics Education, 24*(5), 392-414.

Kvatinsky, T., & Even, R. (2002). Framework for teacher knowledge and understanding of probability. In B. Phillips (Ed.), *Proceedings of the Sixth International Conference on the Teaching of Statistics* (On CD). Hawthorn, VIC: International Statistical Institute.

Lopes, C. A. E., & de Moura, L. A. R. (2002). Probability and statistics in elementary school: A research of teachers' training. In B. Phillips (Ed.), *Proceedings of the Sixth International Conference on the Teaching of Statistics* (On CD). Hawthorn, VIC: International Statistical Institute.

McClain, K. (2002a). Supporting teachers' understanding of statistical data analysis: Learning trajectories as tools for change. In B. Phillips (Ed.), *Proceedings of the Sixth International Conference on the Teaching of Statistics* (On CD). Hawthorn, VIC: International Statistical Institute.

McClain, K. (2002b). Learning trajectories as tools for supporting teacher change: A case from statistical data analysis. In, D. Mewborn (Ed.), *Proceedings of the 24th annual meeting of the North American Chapter of the International Group for the Psychology of Mathematics Education* (Vol. 3, pp. 1545-1555). Athens, GA.

National Council of Teachers of Mathematics. (1989). *Curriculum and evaluation standards for school mathematics*. Reston, VA: Author.

National Council of Teachers of Mathematics (2000). *Principles and standards for school mathematics*. Reston, VA: Author.

Nicholson, J. R., & Darnton, C. (2003). Mathematics teachers teaching statistics: What are the challenges for the classroom teacher? In *Proceedings of the 54th Session of the International Statistical Institute*. Voorburg, The Netherlands: International Statistical Institute.

Pereira-Mendoza, L. (2002). Would you allow your accountant to perform surgery? Implications for the education of primary teachers. In B. Phillips (Ed.), *Proceedings of the Sixth International Conference on the Teaching of Statistics* (On CD). Hawthorn, VIC: International Statistical Institute.

Sanchez, E. S. (2002). Teachers' beliefs about usefulness of simulations with the educational software Fathom for developing probability concepts in statistics classroom. In B. Phillips (Ed.), *Proceedings of the Sixth International Conference on the Teaching of Statistics* (On CD). Hawthorn, VIC: International Statistical Institute.

Schaeffer, R. L., Watkins, A. E, & Landwehr, J. M. (1998) What every high-school graduate should know about statistics. In S. P. Lajoie (Ed.), *Reflections on statistics: Learning, teaching, and assessment in Grades K-12* (pp.

3-31). Mahwah, NJ: Lawrence Erlbaum.

Shaughnessy, J. M. (1977). Misconceptions of probability: An experiment with a small-group, activity-based, model building approach to introductory probability at the college level. *Educational Studies in Mathematics, 8*, 285-316.

Shaughnessy, J. M. (1992). Research in probability and statistics: Reflections and directions. In Grouws, D.A. (Ed.). *Handbook of research on mathematics teaching and learning* (pp. 465-494). New York: Macmillan.

Shulman, L. (1986). Those who understand: Knowledge growth in teaching. *Educational Researcher, 15*(2), 4-14.

Steinbring, H. (1991a). The theoretical nature of probability in the classroom. In R. Kapadia & M. Borovcnik (Eds.), *Chance encounters: Probability in education* (pp. 135-167). Dordrecht, The Netherlands: Kluwer Academic Publishers.

Steinbring, H. (1991b). The concept of chance in everyday teaching: Aspects of a social epistemology of mathematical knowledge. *Educational Studies in Mathematics 22*(6), 503-522.

Stohl, H. (1999-2002). *Probability Explorer*. Software application available at http://www.probexplorer.com. Published by Author.

Stohl, H. (2004). *Middle school teachers' development of stochastic understanding as it applies to pedagogical understanding when using simulations*. Manuscript in preparation.

Stohl, H. & Rider, R. (2003). Are these die fair: An analysis of students' technology-based exploration. In N. Pateman, B. Dougherty & J. Zilliox (Eds.), *Proceedings of the 27th annual meeting of the International Group for the Psychology of Mathematics Education* (Vol. I, p. 325). Honolulu: Center for Research and Development Group, University of Hawaii.

Thompson, A. G. (1984). The relationship of teachers' conceptions of mathematics teaching to instructional practice. *Educational Studies in Mathematics, 15*, 105-127.

Thompson, A. G., Philipp, R. A., Thompson, P. W., & Boyd, B. A. (1994). Calculational and conceptual orientations in teaching mathematics. In A. Coxford (Ed.) *Professional development for teachers of mathematics: 1994 Yearbook* (pp. 79-92). Reston, VA: National Council of Teachers of Mathematics.

Vacc, N. N. (1995). Supervisor and teacher educator perceived relevance of recommendations in the NCTM curriculum standards. *School Science and Mathematics 95*(6), 310-319.

Voigt, J. (1996). Negotiation of mathematical meaning in classroom processes: Social interaction and learning mathematics. In L. P. Steffe, P. Nesher, P. Cobb, G. A. Goldin, & B. Greer (Eds.), *Theories of mathematical learning* (pp. 21-50). Mahwah, NJ: Lawrence Erlbaum Associates.

von Glasersfeld, E. (1995). *Radical constructivism: A way of knowing and learning*. Washington, DC: Falmer Press.

Watson, J. M. (1997). Chance and data for luddites. *Australian Mathematics Teacher 53*(3), 24-29.

Watson, J. M. (2001). Profiling teachers' competence and confidence to teach particular mathematics topics: The case of chance and data. *Journal of Mathematics Teacher Education 4*(4), 305-337.

Yarbrough, S. J., Daane, C. J., & Vessel, A. M. (1998, November). *An investigation of ten elementary teachers' quantitative literacy instruction as a result of participation in the Alabama Quantitative Literacy Workshop*. Paper presented at the annual meeting of the Mid-South Educational Research Association. New Orleans, LA.

# 맺음말

GRAHAM A. JONES

확률 교수-학습에 대한 여러 연구의 발자취를 따라온 여정의 끝사리에서 이세까시 지나온 길을 되돌아보고 앞으로 나아갈 방향을 살펴보는 것은 의미있는 일이다. 이 책을 집필할 때 직면하였던 특별한 난제는 확률 교육에 대한 초기 연구 논문들 중 일부의 저자가 이 책의 저자라는 것으로, 이러한 연구 결과는 전 학년에 걸친 학교 교육과정의 일부가 되었기 때문이다. 이러한 이유로 이 책의 2, 3, 4부는 초등학교, 중학교, 고등학교에서 확률 교수-학습에 주목하게 되었다. 또한 이 책을 통해 확률 수업에서 교사와 학생에게 영향을 미치는 주요 쟁점을 검토한 주요 이유는 지난 15년 동안 확률이 학교 수학 교육과정의 주류가 되었기 때문이다.

교실에서 논의할 필요가 있는 확률의 본성에 대해 설명할 때, Kapadia & Borovcnik (1992)은 다음과 같이 대가들의 견해를 활용하였다.

> 개념이라는 것을 처음부터 정교하게 정의할 수는 없다. 개념은 수학이 구성되는 과정에서 손질되기도 하고 심지어 폐기되기도 한다. 피슈바인(Fischbein)은 교사들이 학생들의 직관적인 수준에 특별한 주의를 기울일 필요가 있다고 주장하였다. 버스펠드(Bauersfeld)가 설명한 주관적인 경험 영역에 따르면 교사들은 적절한 실험 맥락을 준비하여야 하며 학생들이 지닌 개념에 대해 피드백을 제공할 수 있어야 한다. 프로이덴탈(Freudenthal)은 수학적인 개념의 조직적인 힘을 충분히 드러내면서도 학생들이 이를 이해함으로써 개념에 대한 심상을 구성할 수 있고, 이를 통해 수학이 실제를 어떻게 조직하는지 알아볼 수 있는 응용 상황을 어떻게 개발할 것인지에 대해 탐구하였다(pp. 19-20).

위 서술은 일반적으로 수학에서 상식과 같은 말이지만 특히 확률 교수-학습에는 더욱 관련이 깊다. 위와 관련된 쟁점을 앞 장에서 다루었지만 교사의 직관이 아니라 학생들 자신의 확률 직관에 따를 수 있도록 학생들을 돕거나 탐색과 실험을 통해 드러나는 학생들의 주관적인 확률 개념을 모니터링하고 평가하는 것, 학생들이 실제적 우연에 대해 다양하고 적절한 모델을 개발하도록 돕는 것 등에는 아직도 해야 할 연구가 많다.

이 책은 우연과 확률의 본성을 살펴보는 것으로 시작하여 확률이 다양하지만 일관된 지식 체계가 되기까지의 철학적·수학적 측면을 검토하였다. 역사·문화적으로 볼 때 우연, 무작위성, 확률은 아동들이 영향을 주고받는 실세계와 밀접하게 관련이 있다. 이는 학교에서 확률을 배워야 하는 정당한 이유를 제공할 뿐만 아니라 어떤 내용을 배워야 하는가와 관련된 쟁점을 야기하는데, 이는 앞서 확률적 소양의 구성 요소와 관련하여 논의한 바 있다. 복잡한 과학기술계에는 지식의 토대를 확장하는 것에 대해 여러 문제가 있으며, 학교 교육과정은 배워야 할 것들로 이미 가득 차 있다. 따라서 이 책은 지난 50년 동안의 확률 교수-학습에 대한 여러 연구들이 강조하고 있는 확률적 소양과 관련된 논의를 위한 틀을 제공하고자 하였다.

이 책에서는 **초등학교 수준**과 관련하여 결정론적 현상과 우연 현상, 무작위 혼합과 분포, 조합 등에 대한 아동들의 추론에 주목한 연구를 검토하였다. 또한 확률 아이디어의 주요 구성 요소인 표본공간, 실험적 확률과 이론적 확률, 조건부 확률과 독립 등에 대해 아동들이 어떻게 생각하는지를 살펴보았으며, 아동들이 문제 해결 과제를 해결할 때 조합론을 어떻게 활용하는지도 알아보았다. 더불어 학생들의 확률적 추론을 위계적 수준에 따라 특성화할 수 있는 여러 인지적 틀을 확인하였는데, 이는 수업을 설계하고 실행하며 평가하는데 주요한 시사를 제공한다.

초등학교 아동들의 확률적 추론을 살피는 연구가 활발하게 진행되고 있지만 확률에 대한 빈도적 접근과 관련된 연구, 즉 실험적 확률에 대한 아동들의 인지를 다룬 연구는 거의 없다. 실제로 교사들이 수업을 통해 고전적 접근과 빈도적 접근을 연결시키도록 지도하고는 있지만, 아동들이 확률에 대한 고전적 접근과 빈도적 접근을 연결시킬 수 있는지를 살핀 연구는 거의 없다. 수업에서 확률과 관련하여 학생들이 드러내는 개별적인 사고나 모둠별 사고를 분석하는 연구가 필요한데, 이러한 연구는 어린 아동들도 사용할 수 있는 공학도구나 소프트웨어를 활용하는 교실 수업의 효과를 기술하여야 한다.

확률에 대한 **중학생**들의 사고를 분석한 연구도 초등학생을 대상으로 하는 연구 분야와 비슷한 영역에서 활발히 진행되고 있다. 이러한 연구는 확률과 관련하여 학생들이 사용하는 용어, 무작위 현상, 운, 공정성, 확률 계산, 표집과 분포 등에 대한 학생들의 추론을 다루고 있다. 이러한 연구의 대부분은 종단적 연구를 수행하거나 충분히 큰 표본을 활용함으로써 주요한 가치를 덧붙였다. 또한 이 책에서는 복합사건 맥락에서 표본공간과 확률 아이디어를 경험하도록 하는 과제를 해결할 때 학생들이 따르는 인지적 작동기제를 살펴봄으로써 무작위성, 분포, 큰수의 법칙 등에 대한 중학생들의 사고를 미시적으로 분석하였다. 교수 실험 설계는 이러한 미시적 분석을 확장시켰으며, 전자의 경우에 마이크월드 환경은 학습과 수업에 대해 공학도구가 지닌 추가적인 함의를 제공하였다. 또한 이 책에서는 중학교 교육과정에서는 상대적으로 새로운 두 개념인 조건부 확률과 독립에 대한 중학생들의 사고를 다루었다. 조건부 확률에 대한 학생들의 개별적인 사고 특징과 집단적인 사고 경향은 임상면담과 교수실험을 토대로 기술하였다. 이는 교육과정 개발자들과 교사들에게 의미있는 이론적·실행적 지식을 제공한다.

초등학생을 대상으로 한 연구와 마찬가지로 중학생에 대한 연구도 실험적 확률 및 실험적 확률과 이론적 확률 사이의 관계에 대해 중학생들의 사고를 분석하는 것에는 제한적이다. 상대도수, 가능성에 대한 고전적인 추정 값, 큰 수의 법칙 등은 이 연령대에 속한 학생들이 다루기에 아주 적절한 개념임에도 불구하고 이와 관련된 임상면담이나 수업을 분석한 연구가 거의 없다. 확률 수업을 분석하는 연구는 개별 학생이 보이는 사고 특징과 학생들이 공통적으로 보이는 사고 경향을 살펴볼 필요가 있다. 이러한 연구를 통해 확률에 대한 고전적 접근과 빈도적 접근을 시도하는 전략과 같이 확률 교수-학습에 대한 구체적인 방안을 개발하는데 이론적인 지식을 얻을 수 있다. 특히 "자료(data)를 통해 확률"(Gigerenzer, 1994; Hopfsenberger, Kranendonk, & Scheaffer, 1999; Shaughnessy, 2003)을 도입하는 수업 방법을 평가하거나 확률적 사고의 메타 인지적 측면을 분석한 교실 연구가 절실히 필요하다.

확률에 대한 **고등학생**들의 추론에 주목한 연구가 초등학생이나 중학생들의 확률적 추론을 살핀 연구들에 비해 늦게 시작되었지만, 고등학생을 대상으로 한 연구가 최근 몇 년간 급성장하였다. 이 책에서는 무작위성, 조합적 추론, 조건부 확률과 독립, 인과성, 시뮬레이션, 확률분포, 추론 등에 대한 고등학생들의 이해를 다룬 연구를 제시하였다. 이러한 연구 결과의 다수는 수업을 받기 전 학생들의 사고를 살피는 임상면담을 통해 얻어졌지만 수업에서 드러나는 고등학생들의 사고를 분석한 연구들도 일부 발견할 수 있었다. 또한 이 책에서는 고등학생들이 배워야 할 주요 내용으로 간주되는 통계와 확률의 연결성에 대해 주목한 연구도 주의 깊게 살펴보았다. 확률과 통계적 추론에 대한 교수-학습과 관련되는 골치 아픈 질문을 이론적 접근(고전적 추론)과 시뮬레이션 접근(비형식적 추론)에 비추어 검토하였다.

확률에 대한 고등학생들의 사고를 다룬 연구의 대부분은 수업에 들어올 때 학생들이 지니고 있는 오개념에 주목하였다. 이러한 연구가 교사들에게 의미있는 시사를 제공하기는 하지만, 고등학생들이 수업에 참여할 때 나타나는 확률적 추론과 성향을 분석한 연구가 좀더 필요하다. 조건부 확률 및 독립과 같은 내용 영역에 대해 고등학생들이 다양한 오개념을 지니고 있다는 것을 보인 연구는 여럿이지만 수업에서 이러한 직관이 어떻게 변화하는지에 대해 알려주는 연구가 매우 부족하며, 확률과 관련하여 학생들의 정상적인 사고 발달을 이끄는 수업은 어떤 형태여야 하는지를 보여주는 자료는 거의 없다. 확률과 통계의 연결성과 관련된 연구 분야는 굉장히 광범위하다. 확률과 통계적 추론을 인지적 측면 또는 교수학적 측면에서 다룬 유서 깊은 이론 연구가 있기는 하지만 무작위 변수, 확률분포, 고전적인 통계적 추론 및 실험적인 통계적 추론과 같은 주요 아이디어의 발달 과정에 주목한 실증적인 연구가 필요하다. 또한 이러한 연구를 통해 정교한 시뮬레이션 및 표집 분포 소프트웨어를 다루는 학습 환경에 대해서도 검토할 필요가 있다.

이 책의 마지막인 5부에서는 확률 교육에서 교사가 지닌 핵심 역할 및 교수법, 평가, 교사 교육과 전문성 개발 등에 대한 쟁점을 다루었다. 교수법 측면에서 볼 때, 학생들의 일상생활 경험을 수학적으로 모델링하는데 활용하는 간학문적인 학습 요소로 확률이 다루어질 수 있음을 보인 연구가 있다. 평가에 주목한 연구들도 일상생활 경험과 관련된 이러한 아이디어를 주요하게 간주하였다. 특히 평가에 대한 연구는 척박한 교실 환경을 넘어서는 과제를 활용하여 학생들의 능력을 살피는 참평가와 고전적인 평가를 비교하여 설명하였다. 교사는 확률 교수-학습에 대한 모든 논의의 핵심이며 교사와 교실을 다룬 연구는 이상과 같은 연구 분야에 중요한 연구 방법을 제공한다. 이 분야의 연구가 아직 초기 단계에 있기 때문에 이 책에서는 확률에 대한 교사 자신의 지식에만 주목하였으며, 이를 학생들의 확률적 사고에 대한 교사 지식까지 확장하지는 못하였다.

확률 교육과 평가에서 교사의 역할에 대해 이 책에서 살펴본 바에 의하면 이 분야에 대한 후속 연구가 절실하다. 모델링의 관점에서, 특히 문화적·사회적·정치적 맥락을 통합하여 다룬 연구가 거의 없다. 수학교육 분야에서 상대적으로 최근에 주류로서 다루어지기 시작한 확률을 참평가의 관점에서 살펴본 연구도 많지 않다. 연구자들이 개발하고 검토한 평가 도구가 많지만, 연구대상의 수가 클 때 지필평가나 면담평가에 활용할 수 있는 평가 도구가 절실히 필요하다. 확률 영역에서 교사를 대상으로 하는 연구가 이제 막 시작 단계라는 것을 이미 언급한 바 있다. 확률에 대한 교사 자신의 지식과 학생들의 인식에 대한 교사 지식을 다룬 연구를 시작으로 연구자들은 교사 지식의 여러 측면을 개발하는 프로그램이 교사 전문성 발달에 미치는 영향을 살펴볼 필요가 있다.

확률 교수-학습과 관련하여 이제까지 살펴본 다양한 요구 사항에 대한 논의를

Bennett(1999)의 격언을 소개하는 것으로 마무리하고자 한다.

> 시행 횟수가 작으면 우연 현상은 변덕스럽고 불공정한 것처럼 보인다. 시행 횟수가 커짐에 따라 무작위성과 확률에 대한 오개념에 근거한 우리들의 부적응적 행동을 일정 부분 수정할 수 있기 때문에 시행을 여러 번 반복하는 것은 무엇보다 중요하다. 확률의 반직관적 측면, 오개념, 모순, 역설 등을 고려해 볼 때, 확률에 대한 옳은 직관을 개발하는데 인류가 문명화된 이래로 오랜 시간이 걸린 것은 전혀 놀라운 일이 아니다. 또한 우리는 인류가 적합한 확률 감각을 지니고 있지 못하다는 것을 매일 매일의 삶속에서 경험하고 있다(pp. 187-188).

실제로 Bennett(1999)의 격언은 이 책에서 논의하고자 하는 많은 것들, 특히 가능성과 확률의 매력적인 복잡성 및 승산(odds)에 대한 직관에 기대어 가능성과 확률을 학습할 때 발생하는 어려움 등을 압축하여 보여 준다. 확률 교수-학습에 대해 다룬 이 책을 통해 다음 세대의 아동들과 성인들이 좀더 "적합한 확률 감각"을 개발하는데 도움을 줄 수 있을 것이라고 믿는다.

## 참고문헌

Bennett, D. J. (1999). Randomness. Cambridge, MA: Harvard University Press.

Gigerenzer, G. (1994). Why the distinction between single event probabilities and frequencies is important for psychology (and vice versa). In G. Wright & P. Ayton (Eds.), *Subjective probability* (pp. 129-161). Chichester, UK: Wiley.

Hopfsenberger, P., Kranendonk, H., & Scheaffer, R. (1999). *Data driven mathematics: Probability through data*. Palo Alto, CA: Dale Seymour Publications.

Kapadia, R,, & Borovcnik, M. (1992). The educational perspective. In R. Kapadia & M. Borovcnik (Eds.), *Chance encounters: Probability in education* (pp. 1-26). Dordrecht, The Netherlands: Kluwer

Shaughnessy, J. M. (2003). Research on students' understanding of probability. In J. Kilpatrick, W. G. Martin, & D, Schifter (Eds.), *A research companion to principles and standards for school mathematics* (pp. 216-226). Reston, VA: National Council of Teachers of Mathematics.

# 저자에 대하여

**Carmen Batanero**은 스페인 그라나다 대학(University of Granada)의 부교수이다. 그녀의 초기 연구는 순수 통계학 분야에 속하며, 지난 15년 동안은 통계 교육에 주목하였다. 그녀는 통계 교육과 관련된 여러 논문을 집필하였으며, 국외 서적 출판에 폭넓게 참여하였다. 그녀는 '국제 통계 교육 학회(International Association for Statistical Education)'의 회장을 역임하였으며, '수학교육 국제협회(International Commission for Mathematical Instruction)'의 이사로 활동하고 있다. 또한 《통계 교육 연구 학술지(Statistics Education Research Journal)》의 편집장을 지냈으며, 여러 국제 학회에 이사로 참여하였다. 그녀는 현재 2006년에 브라질에서 열릴 ICOTS-7을 위한 국제 프로그램 위원회의 회장을 맡고 있다.

- 주소: Facultad de Educación, Campus de Cartuja, 1807 1, Granada, Spain.
- 이메일: batanero@ugr.es, http:Nwww.ugr.esllocal/batanero.

**Lyn English**는 호주 브리즈번의 퀸즐랜드 공과대학(Queensland University of Technology) 수학교육 교수이며, 호주 사회과학 학회(The Academy of the Social Sciences)의 회원이다. 그녀는 《수학적 사고와 학습(Mathematical Thinking and Learning)》이라는 국제 학술지의 초대 편집장이었다. 그녀의 주요 연구 분야는 K단계부터 10학년에 속하는 학생들의 수학적 추론, 문제 해결, 모델링 활동이다. 그녀는 상당히 많은 논문과 저서를 출판하였는데, 최근에 출간된 저서로는 《수학교육의 국제 연구 편람(Handbook of international research in mathematics education)》, 《어린 학습자의 수학적 추론과 유추(Mathematical and analogical reasoning of young learners)》, 《수학적 추론: 본성, 형태, 발달(Mathematical reasoning: Nature, form, and development)》, 《수학적 추론: 유추, 은유, 심상(Mathematical reasoning: Analogies, metaphors, and images)》이 있으며, 굿차일드(Simon Goodchild)와 공동 편집자로 참여한 《수학 교실 연구: 방법론에 대한 비판적 검토(Classroom research in mathematics: A critical examination of methodology)》가 있다.

• 주소: School of Mathematics, Science, and Technology Education, QUT, Victoria Park Road, Kelvin Grove, Brisbane, Australia, 4059.
• 이메일: I.english@qut.edu.au

**Iddo Gal**은 이스라엘 하이파 대학(University of Haifa) 사회복지학과의 부교수로 질적 연구 방법론, 서비스 관리 및 권한 등과 관련된 강좌를 맡고 있다. 펜실베이니아 대학(University of Pennsylvania)에서 인지심리학으로 박사학위를 받은 후 그는 의사결정 및 확률적 추론에 대한 연구를 진행하였으며, 통계적 추론과 확률적 능력을 일반적으로 어떻게 개선할 수 있을지에 관심을 두었다. 그의 연구 중 일부는 통계와 산술능력의 개념화, 이해, 교육, 평가와 관련된 쟁점을 다루었는데, 근래에 들어 그는 실생활에서 성인들이 마주하는 수치적 · 통계적 요구 사항에 관심을 두고 있다. 그는 가필드(Joan Garfield)와 함께 《통계 교육에서 평가의 난제(The assessment challenge in statistics education, IOS Press, International Statistical Institute, 1997)》를 공동 편집하였으며, 《성인의 소양 개발 : 이론, 연구, 실행(Adult numeracy development: Theory, research, practice, Hampton Press, 2000)》을 편집하였다. 또한 그는《통계 교육 연구 학술지(Statistics Education Research Journal)》의 공동 편집자로 활동하였으며, 펜실베이니아 대학의 국제 소양 연구소(International Literacy Institute)에서 중견 연구 조언자로 활동하였다.

• 이메일: iddo@research.haifa.ac.il

**Brian Greer**는 미국 샌디에이고 주립대학(San Diego State University) 수리통계학과와 수학 · 과학 교육 연구 센터에서 근무하고 있다. 최근에 그는 포틀랜드 주립대학 서부 교수-학습 센터에서 일하면서 안식년을 보내고 있다. 그는 '수학적 사고와 학습(Mathematical Thinking and Learning)'의 부편집장이며 '수학적 행동(Journal of Mathematical Behavior)'과 '수학교육연구(Educational Studies in Mathematics)'의 편집위원으로 활동하고 있다. 그는 연구경력 초기에 심리학 분야에서 활동하였던 경험에 따라 심리학과 수학교육학 사이의 이론적인 관계에 대해 오랫동안 관심을 갖고 있으며, 미국 심리학회의 1996년 《교육 심리 편람(Handbook of educational psychology)》의 수학 교수-학습에 대한 장의 공동 저자로 참여하였다. 또한 사고의 발달과 문장제에 대한 아동들의 해석을 연구하고 있으며, 《문장제 이해하기(Making sense of word problems)》라는 단행본 출간에 공동 저자로 참여하였다. 최근에 그는 역사적 · 문화적 · 정치적 맥락에서 수학교육을 검토하는 것에 주목하고 있다.

• 주소: 2632, NE 7th Avenue, Portland, OR 97212, USA.

• 이메일: brianl060ne@yahoo.com

**Michel Henry**는 프랑슈콩테 대학(University of Franche-Comté)에서 퇴임하였다. 그는 수학자이자 확률론 학자로, 비선형해석학 분야에서 학위논문과 초기 연구 논문을 발표하였다. 이후 그는 수학 교수-학습, 특히 예비교사 교육에 관심을 갖게 되어, 15년 동안 프랑슈콩테 대학 교사 교육학과의 학과장을 역임하였으며, 브장송(Besançon)에 있는 수학교육 연구소(Research on Mathematics Education, IREM) 소장으로 근무하였다. 1990년대에 그는 여러 IREM으로 구성된 국가 과학 위원회(National Scientific Committee)의 회장을 역임하였으며, 확률과 통계 교수-학습에 대한 다양한 논문을 발표하였다. 특히 그는 《확률에서의 모델링(Around modeling in probability)》이라는 교사 연수 교재 집필을 위한 위원회를 조직하였는데, 이 책은 확률과 통계에 대한 국가 IREM 위원회에서 출판되었다.

• 주소: IREM, Université de Franche-Comté, F-25030 BESANCON CEDEX, France.

• 이메일: michel.henry@univ-fcomte.fr

**Flavia Jolliffe**는 영국 켄트 대학(University of Kent) 통계학과의 명예 교수이다. 그녀는 1970년대 이후 통계교육에 관심을 두고 있으며, 여러 학술지와 학회지에 정기적으로 논문을 발표하고 있다. 그녀는 6번의 국제 통계교육 학회와 2번의 원탁회의에 참여하였다. 그녀는 《경제학자를 위한 통계학 입문(Commonsense statistics for economists and others)》, 《설문 설계와 분석(Survey design and analysis)》이라는 책을 집필하였으며, 호킨스(Anne Hawkins), 그릭맨(Leslie Glickman)과 공동 저자로 《통계적 개념 교육(Teaching statistical concepts)》을 집필하였다. 1993년부터 1998년까지 그녀는 '왕립통계학회(Royal Statistical Society, RSS)' 소식지에 RSS 뉴스와 교육칼럼을 기고하였다. 그녀는 2002년 이래로 《통계 교육 학술지(Journal of Statistical Education)》의 편집위원으로 활동하고 있으며, 《통계 교육 연구 학술지(Statistics Education Research Journal)》의 공동편집장을 맡고 있다. 그녀는 1999년부터 2002년까지 RSS 교육 분과의 책임자를 역임하였으며, '국제 통계 교육 협의회(International Association for Statistical Education)'가 출범할 때부터 회원으로 활동하고 있다.

• 주소: Institute of Mathematics, Statistics and Actuarial Science, University of

Kent, Canterbury, Kent, CT2 7NF, UK.
• 이메일: F.Jolliffe@kent.ac.uk

**Graham Jones**은 호주 골드코스트 캠퍼스(Gold Coast Campus)의 그리피스 대학(Griffith University)과 미국 노말(Normal)의 일리노이 주립대학(Illinois State University)의 명예교수이다. 그는 적어도 30년 이상 확률과 통계 교수-학습에 관심을 가져왔으며, 확률과 통계에 대한 다수의 연구 논문을 출간하였다. 또한 그는 확률과 통계에 대해 다음과 같은 여러 서적을 공동 집필하였다. 《자료, 우연, 확률(Data, chance and probability)》, 《중학생을 위한 대수, 자료, 확률: 그래픽 계산기 활용(Algebra, data and probability explorations for the middle school: A graphics calculator approach)》, 《TI-82 그래픽 계산기를 활용하여 확률과 통계 탐구하기(Investigating probability and statistics: Using the TI-82 graphics calculator)》. 그는 호주 '수학교육연구회(Mathematics Education Research of Australasia, MERGA)'의 초대 회장을 역임하였으며, 다음과 같은 여러 학회지의 편집위원으로 활동하였다. 《수학교육연구를 위한 학술지(Journal for Research in Mathematics Education)》, 《수학적 사고와 학습(Mathematical Thinking and Learning)》, 《수학교육연구 학술지(Mathematics Education Research Journal)》, 《수학교육자(Mathematics Educator)》.
• 주소: School of Education and Professional Studies, Griffith University, Gold Coast Campus, PMB 50 Gold Coast Mail Centre, Queensland 9726, Australia.
• 이메일: g.jones@griffith.edu.au

**Cynthia Langrall**는 미국 일리노이 주립대학(Illinois State University)의 교수이다. 그녀의 주요 연구 분야는 확률과 통계에서 아동들의 사고와 중학생들의 대수적 추론 발달이다. 이러한 분야와 관련하여 그녀는 《수학적 사고와 학습(Mathematical Thinking and Learning)》, 《수학교육연구를 위한 학술지(Journal for Research in Mathematics Education)》, 《수학교육연구(Educational Studies in Mathematics)》 등에 다수의 논문을 게재하였으며, 여러 서적을 공동 집필하였다. 그녀는 대학원생을 대상으로 하는 이론과 연구 강좌를 맡고 있으며, 초등학교와 중학교 예비교사를 대상으로 하는 수학내용과 연구 방법론을 맡고 있다. 또한 그녀는 학교급에 관계없이 학생들의 수학 학습을 촉진하고자 하는 현직교사들과 연구하는 것에 주요한 관심을 두고 있다.
• 주소: Department of Mathematics, Campus Box 4520, Illinois State University, Normal, IL, 61790-4520, USA.

• 이메일: langrall@ilstu.edu

**John Lannin**은 미국 미주리-컬럼비아 대학(University of Missouri-Columbia)의 조교수이다. 그는 아동들의 확률적 사고와 대수적 사고에 대해 중점적으로 연구하고 있다. 그는 《수학적 사고와 학습(Mathematical Thinking and Learning)》, 《교육에서 연구와 개발을 위한 학술지(Journal for Research and Development in Education)》, 《수학교사(Mathematics Teacher)》, 《중학교에서 수학 교육(Mathematics Teaching in the Middle School)》과 같은 학술지에 여러 논문을 게재하였다.

• 주소: University of Missouri-Columbia, Columbia, MO 65211, USA.
• 이메일: LanninJ@missouri.edu

**Edward S. Mooney**는 미국 일리노이 주립대학(Illinois State University)의 조교수이다. 그는 통계에서 중학생들의 이해와 추론에 특히 관심을 두고 있다. 그는 《위험에 처해 있는 학생들을 위한 교육학술지(Journal of Education for Students Placed At Risk)》, 《수학적 사고와 학습(Mathematical Thinking and Learning)》, 《뉴잉글랜드 수학 학술지(New England Mathematics Journal)》, 《통계교육(Teaching Statistics)》과 같은 학술지에 저자 또는 공동저자로서 여러 논문을 게재하였다.

• 주소: Illinois State University, Campus Box 4520, Normal, IL, 61790-4520, USA.
• 이메일: mooney@ilstu.edu

**Swapna Mukhopadhyay**는 미국 포틀랜드 주립대학(Portland State University)에서 교육과정과 수업이라는 전공을 맡고 있는 조교수로 비판적인 수학교육학자이다. 수학은 인간 활동의 구성물이라는 견해에 따라 그녀는 교육과 연구에 있어 인간의 사고에 영향을 미치는 사회 조직으로서 문화적·정치적·사회적 측면에 주목한다. 그녀는 이러한 관점에 근거하여 예비교사와 현직교사 교육을 진행하고 있다. 왁스맨(Barbara Waxman), 로빈슨(Nancy M. Robinson)과 함께 그녀는 1996년에 코네티컷 대학(University of Connecticut)의 연방 영재 센터(National Center on the Gifted and Talented)에서 출판된 두 권의 소책자인 《수학 영재아 부모 교육(Parents nurturing mathtalented young children)》과 《수학 영재아 교사 교육(nd Teachers nurturing math-talented young children)》을 공동 집필하였다. 그녀의 최근 연구 주제는 민속수학(ethnomathematic), 평등과 사회 정의 문제, 형식적·비형식적 학습, 형식적 학습과 실세계의 연결 등이다.

• 주소: Portland State University, P.O. Box 751, Portland, OR 97207, USA.
• 이메일: swapna@pdx.edu

**Bernard Parzysz**는 프랑스 오를레앙(Orléans)의 교사 교육대학 연구소의 명예교수이다. 그는 파리 7대학의 DIDIREM 실험실에서 연구를 하였는데, 연구 분야에 고등학교 기하 교육과 예비 교사 교육이 포함된다. 최근 10년 동안 IREM(Institute for Research on Mathematics Education)에서 확률과 통계 교육에 특별한 관심을 두고 연구하고 있다. 확률과 통계 영역에서 그는 영어와 프랑스어로 된 여러 논문을 집필하였으며, 10년 동안 《수학교육연구(Educational Studies in Mathematics)》의 편집위원을 역임하였다.

• 주소: IREM Universitk Paris-7. Case 7018.2 place Jussieu 75005 Paris, France.
• 이메일: bernard.parzysz@orleans-tours.iufm.fr

**Maxine Pfannkuch**는 뉴질랜드 오클랜드 대학(University of Auckland)의 부교수이다. 최근 10년 동안 그녀는 통계적 사고와 소양에 대해 연구하였다. 현재 그녀가 수행하고 있는 연구 프로젝트에는 중학생들의 확률·통계적 사고를 개발하는 것, 대중매체에서 주어지는 통계 관련 정보를 평가하는데 필요한 통계적 소양을 고등학생 대상으로 개발하는 것 등이 포함된다. 그녀는 확률과 통계 교수-학습에 대한 논문뿐만 아니라 《경험적인 탐색활동에서의 통계적 사고(Statistical thinking in empirical enquiry)》와 같이 통계적 사고의 본성을 분석하는 여러 논문을 공동으로 집필하였다. 현재 그녀는 《통계 교육 연구 학술지(Statistics Education Research Journal)》의 부편집장이다.

• 주소: Mathematics Education Unit, Department of Statistics, The University of Auckland, Private Bag 92019, Auckland, New Zealand.
• 이메일: m.pfannkuch@auckland.ac.nz

**Mokaeane Polaki**는 남아프리카 레소토에 있는 레소토 국립대학(National University of Lesotho)의 부교수이다. 그의 주요 연구 분야는 확률과 통계 교수-학습이다. 그는 《수학적 사고와 학습(Mathematical Thinking and Learning)》, 《캐나다 과학·수학·공학교육을 위한 학술지(Canadian Journal for Science, Mathematics and Technology Education)》에 학생들의 확률에 대한 사고를 주제로 여러 논문을 게재하였다. 또한 그는 레소토 교육 연구재단(Lesotho Educational Research Association, LERA), 남아프

리카 수학·과학·공학교육 연구 재단(Southern African Association for Research in Mathematics, Science and Technology Education, SAARMSTE)과 같은 여러 연구재단의 이사를 역임하였다. 한편 그는 《남아프리카 수학·과학·공학교육 연구 학술지(African Journal of Research in Mathematics, Science, and Technology Education, AJRMSTE)》에 여러 편의 논문 비평을 게재하였으며, 2004년 이후부터는 《통계교육 연구 학술지(Statistics Education Research Journal, SERJ)》의 부편집장을 맡고 있다.

• 주소: Department of Science Education, Faculty of Education, National University of Lesotho, P. 0. Roma 180, Lesotho, Southern Africa.
• 이메일: mv. polaki@nul.ls

**Dave Pratt**은 영국 워릭 대학(University of Warwick)의 교육공학 연구 센터(Centre for New Technologies Research in Education)의 책임자이다. 그의 주요 연구 분야는 수학적 사고와 공학도구 사이의 관계이다. 특히 그는 컴퓨터를 활용하여 확률과 자료 분석에 필요한 직관을 개발하거나 확률과 자료 분석을 위해 마이크로월드와 그 외 여러 도구를 순환적으로 탐구하는 연구를 수행하였다. 현재 그는 교실에서 수행한 활동과 습득한 지식의 전이를 이해하는데 필요한 원리를 개발하고 있다. 그는 《과학 학습 학술지(Journal for Learning Sciences)》, 《수학교육을 위한 연구 학술지(Journal for Research in Mathematics Education)》, 《수학교육연구(Educational Studies in Mathematics)》, 《컴퓨터를 활용하는 수학 학습에 대한 국제 학술지(the International Journal of Computers for Mathematical Learning)》 등에 여러 편의 연구 논문을 게재하였다. 현재 그는 《통계 교육 연구 학술지(Statistics Education Research Journal)》와 《컴퓨터를 활용하는 수학 학습에 대한 국제 학술지(International Journal of Computers for Mathematical Learning)》의 편집위원으로 활동하고 있다. 또한 그는 중등 수학 교사 교육에 대해 가르치고 있다.

• 주소: Institute of Education, University of Warwick, Coventry CV4 7AL, UK.
• 이메일: dave.pratt@warwick.ac.uk

**Ernesto Sánchez**은 수학자이면서 수학교육 박사학위를 가지고 있다. 그는 멕시코 국립 연구 센터에서 연구자로 일하고 있다. 그의 주요 연구 분야는 확률과 통계, 수학적인 증명, 동적 기하와 같은 수학교육적인 주제와 관련된다. 그는 프랑스에서 출간되는 학술지에 확률 지도와 관련된 여러 논문을 게재하였다.

• 주소: Departamento de Matemática Educativa, Av. Instituto Politécnico Nacional,

2506, Col. San Pedro Zacatenco, México D. F. 07360. México.
• 이메일: esanchez@cinvestav.rnx

**Hollylynne Stohl**은 미국 캐롤라이나 북부 주립대학(North Carolina State University)의 수학교육 전공 조교수로 근무하고 있다. 그녀의 연구는 공학 도구를 활용할 때 학생들의 수학적인 추론의 특징을 알아보는 것과 관련된다. 그녀는 특히 확률 교수-학습에 관심을 두고 있으며, 교사들이 공학 도구를 효과적으로 사용하는 방법을 어떻게 알게 되는지와 공학 도구를 활용하는 수업 환경을 어떻게 설계하는지 등에 주목하고 있다. 그녀는 《공학과 교사 교육 협의회(Society for Technology and Teacher Education)》 및 《수학교사교육 위원회(Association of Mathematics Teacher Education)》가 주최한 제1회 '수학교육에서 공학도구 활용에 선도적인 역할을 한 우수 연구자(National Technology Leadership Initiative Fellowship for Mathematics Education)' 상을 2002년에 수상하였다. 그녀는 확률 탐색기(Probability Explorer) 소프트웨어(www.probexplorer.com)의 개발자이며 이 공학도구와 관련된 여러 논문을 출간하였다. 그녀는 '수학교사(Mathematics Teacher)'의 공학도구 도움말 칼럼의 편집자이며, 국제 수학교육 심리학회(International Group for the psychology of Mathematics Education)의 확률적 추론에 대한 연구모임의 공동 책임자를 맡고 있다.
• 주소: Department of Mathematics, Science, and Technology Education, North Carolina State University, 326 Poe Hall, Raleigh, NC, 27695, USA.
• 이메일: hollylynne@ncsu.edu

**James E. Tarr**는 미국 컬럼비아 미주리 대학(University of Missouri)의 수학교육 전공 부교수이다. 그는 중·고등학교 예비교사 및 현직교사와 함께 연구하고 있으며, 교사들의 학위 논문을 지도하고 있다. 그는 중학생들의 확률적 사고, 수학 교수-학습에서 공학도구의 역할, 학습과 교실 환경에 교육과정이 미치는 영향 등을 주로 연구하고 있다. 그는 《6~8학년 확률 탐구(Navigating through Probability in Grades 6-8, NCTM)》, 《교육적인 성장을 위한 평가(2003 National Assessment of Educational Progress)》와 같은 책을 공동으로 집필하였다. 그는 확률에 대한 여러 연구 논문을 출간하였으며, 다양한 책에 공동 저자로 참여하였다.
• 주소: Department of Learning, Teaching & Curriculum, 303 Townsend Hall, University of Missouri, Columbia, Missouri 6521 1-2400, USA.
• 이메일: tarrj@missouri.edu

**Carol Thornton**는 미국 노말의 일리노이 주립대학(Illinois State University) 수학교육학과에서 퇴임한 명예교수이다. 지난 10년 동안 그녀는 확률·통계 영역에 대한 학생들의 사고와 추론에 대해 연구하였다. 그녀의 연구 결과는 특별한 학습 요구를 지닌 학생을 위한 수학 수업과 교사 교육 및 전문성 개발에 중요한 함의를 지닌다. 그녀는 100권의 책과 90편의 연구 논문 등에 단독 저자나 공동 저자로 참여하였다. 확률 분야에서 특히 그녀가 주목하는 부분은 학생들의 인지적 과정과 수준을 구체화하여 확률적 사고의 특징을 설명하고 예측할 수 있는 인식론적 틀을 개발하여 검증하는 것이다.

• 주소: Mathematics Department, Campus Box 4520, Illinois State University, Normal, IL 61790-4520, USA.
• 이메일: thornton@ilstu.edu

**Jane Watson**은 호주 호바트에 있는 태즈메이니아 대학(University of Tasmania)의 수학교육 전공 부교수이다. 1990년대에 '우연과 자료(chance and data)'가 학교 교육과정의 한 요소로 포함된 이래로 그녀는 이 분야에 주요한 관심을 두고 있다. 그녀는 호주 연구 센터에서 진행하는 이 분야의 여러 연구 프로젝트뿐만 아니라 공학도구 및 정보통신(위성 텔레비전, 화상 회의 전국망, CD롬과 웹사이트 생산, 대면 연수)을 활용하여 교사 전문성을 개발하는 국가 차원의 프로젝트에 책임자로 참여하였다. 1999년에 그녀는 '호주에서 과학 및 공학도구의 성공적인 응용에 기여한 우수 연구자'에게 수여하는 이안 클루니 로스(Ian Clunies Ross) 메달을 수상하였다. 확률·통계 분야와 관련하여 그녀의 저작물은 학생들의 인지발달 수준, 인식론적 갈등과 관련된 종단적 변화, 협동학습의 성과, 수업 개선, 교사 지식, 통계적 소양 개발을 위한 모델 등과 관련된다.

• 주소: Faculty of Education, University of Tasmania, Private Bag 66, Hobart, Tasmania 7001 Australia.
• 이메일: Jane.Watson@utas.edu.au.

# 찾아보기

Exploring Probability in School: Challenges for Teaching and Learning
edited by Graham A. Jones



**확률**, 왜 그리고 어떻게 가르칠까?

엮은이 그레이엄 A. 존스
옮긴이 신보미 · 이경화
펴낸이 조경희
펴낸곳 경문사
펴낸날 2017년 10월 16일 1판 1쇄
등 록 1979년 11월 9일 제313–1979–23호
주 소 04057, 서울특별시 마포구 와우산로 174
전 화 (02)332–2004 팩스 (02)336–5193
이메일 kyungmoon@kyungmoon.com
facebook facebook.com/kyungmoonsa

값 20,000원

ISBN 979–11–6073–056–2

★ 경문사 홈페이지에 오시면 즐거운 일이 생깁니다.
http://www.kyungmoon.com

한국과학기술출판협회 회원사